VADE-MECUM

DES

HERBORISATIONS PARISIENNES

CONDUISANT

SANS MAITRE

AUX NOMS

D'ORDRE, DE GENRE ET D'ESPÈCE

DES PLANTES

SPONTANÉES OU CULTIVÉES EN GRAND

DANS UN RAYON DE 25 LIEUES AUTOUR DE PARIS

PAR

EUGÈNE DE FOURCY

Inspecteur général des Mines

TROISIÈME ÉDITION

COMPRENANT LES MOUSSES ET LES CHAMPIGNONS

PARIS

ADRIEN DELAHAYE, LIBRAIRE-ÉDITEUR

PLACE DE L'ÉCOLE-DE-MÉDECINE

—

1872

VADE-MECUM

DES

HERBORISATIONS PARISIENNES

DU MÊME AUTEUR

1844. **Carte géologique du département du Finistère**, en 6 feuilles, avec texte explicatif.

1844. **Carte géologique du département des Côtes-du-Nord**, en 4 feuilles, avec texte explicatif.

1848. **Carte géologique du département du Morbihan**, en 4 feuilles, avec texte explicatif : (en collaboration avec M. Th. Lorieux, Ingénieur en chef des Mines).

1854. **Notice sur les anciennes carrières de Paris**, brochure. Paris, chez Dunod, quai des Augustins, 49.

1859. **Carte géologique du département du Loiret**, en 4 feuilles, avec texte explicatif.

PARIS. — IMP. VICTOR GOUPY, RUE GARANCIÈRE, 5.

VADE-MECUM

DES

HERBORISATIONS PARISIENNES

CONDUISANT SANS MAITRE

AUX NOMS

D'ORDRE, DE GENRE ET D'ESPÈCE

DES PLANTES

SPONTANÉES OU CULTIVÉES EN GRAND

Dans un rayon de 25 lieues autour de Paris

PAR

EUGÈNE DE FOURCY

INSPECTEUR GÉNÉRAL DES MINES

TROISIÈME ÉDITION

comprenant

LES MOUSSES ET LES CHAMPIGNONS

PARIS

ADRIEN DELAHAYE, LIBRAIRE-ÉDITEUR

PLACE DE L'ÉCOLE-DE-MÉDECINE, 23

1872

A

MON MAITRE ET AMI

M. AD. CHATIN

La Flore de Paris n'est plus à faire : MM. Cosson et Germain de Saint-Pierre l'ont donnée si exacte et si complète, qu'il y aurait témérité à y revenir après eux. Leur livre tiendra toujours la première place dans la bibliothèque du botaniste

a.

parisien. Ces auteurs ont, pour l'usage des herborisations, publié un *Synopsis* de leur ouvrage, où ils n'ont inséré que les clefs dichotomiques de familles, de genres et d'espèces, avec la description de chaque famille et de chaque genre. Mais le but qu'ils s'étaient proposé ne nous a point paru complétement atteint. Des clefs dichotomiques sans descriptions d'espèces ne conduisent point avec certitude à la détermination de toutes les plantes.

L'élégante petite Flore de M. Bautier s'arrête, comme le *Synopsis* de MM. Cosson et Germain, au nom des espèces, et n'est ainsi, comme lui, qu'un guide d'une sûreté parfois douteuse.

Nous ne parlerons point des Flores plus anciennes, qui, recommandables à divers titres, sont aujourd'hui fort en arrière des progrès de la science ou des découvertes de l'herborisation.

Les difficultés que rencontrèrent nos premières études, les mécomptes dont les commençants nous rendirent si souvent témoin, nous ont engagé à faire un petit volume de poche offrant les avantages de ceux qui l'ont précédé, sans en avoir les inconvénients. Une série de doubles questions (méthode dichotomique) y conduit progressivement aux noms d'ordre, de genre, d'espèce; et, si le lecteur s'est égaré dans sa marche, la description de la plante qu'il croit avoir trouvée l'avertit immédiatement de sa méprise. Les caractères adoptés dans nos clefs dichotomiques ont toujours été choisis parmi ceux qui frappent les yeux les moins exercés. La loupe et le scalpel sont des instruments de cabinet qu'il faut à peu près exclure d'une promenade botanique. Aussi ne considérons-nous qu'à la dernière extrémité le fruit, organe d'un développement tardif et d'une observation minutieuse. La forme des feuilles, la taille de la plante, la couleur de la fleur, le nombre des étamines ou des styles sont, au contraire, des caractères très-faciles à saisir; c'est à ceux-là que nous nous sommes attaché de préférence.

Par un simple artifice de numérotage, nos clefs laissent successivement apparaître les ordres, les genres et les espèces à leur rang naturel, ce qui n'avait point encore été fait jusqu'ici. Notre classification est celle de la Flore de France publiée par MM. Grenier et Godron. Nous nous sommes de plus presque toujours astreint à conserver la nomenclature de ces auteurs. Ce n'est pas que nous approuvions la multiplicité de genres et d'espèces introduite dans la botanique moderne. Combien d'espèces ont été élevées au rang de genre, combien de variétés au rang d'espèce, sans que cet excès d'honneur ait eu souvent d'autre raison d'être qu'une satisfaction d'amour-propre personnel ou un hommage d'amicale confraternité ! Il en résulte que bon nombre de plantes portent aujourd'hui cinq ou six noms différents. Pour faire justice de cette exubérante synonymie, il faudrait une imposante autorité dans la science; nous avons, par esprit de discipline, admis, tout en les déplorant, ces trop nombreuses atteintes au *Species*, monument du génie de notre grand Linné.

Un mot encore. Nos clefs dichotomiques s'appliquent exclusivement aux plantes comprises dans les limites de la Flore parisienne, c'est-à-dire dans un rayon de 25 lieues. Employées hors de ces limites, elles pourraient induire en des erreurs, dont il serait injuste de les rendre responsables.

Nous avons admis dans cette troisième édition quelques espèces qui ne figuraient point dans les précédentes (*). Mais ce qui la distingue surtout de ses deux aînées, c'est l'extension des clefs dichotomiques aux Hépatiques, aux Mousses et aux Champignons. Les Flores de Chevallier et de Mérat sont les seules qui aient embrassé toute la Cryptogamie parisienne. Malheureusement, elles ne donnent aucune clef, et pour déterminer une Mousse ou un Agaric, le commençant n'a d'autre

(*) Le *Maclura aurantiaca* planté en haies sur le chemin de fer du Nord, le *Lilium Martagon* trouvé près de Mantes par M. Lécureur, le *Juncus Gerardi* reconnu à l'Ile-Adam par M. Chatin, dans une herborisation de 1870, le *Stratiotes aloides* naturalisé par M. Weddell dans quelques mares de la forêt de Marly, le *Vallisneria spiralis* introduit par M. Chatin dans les eaux du bois de Boulogne, etc.

ressource que la comparaison de l'échantillon récolté avec les 258 Mousses ou les 350 Agarics décrits dans l'un ou dans l'autre des deux ouvrages. Nous avons voulu épargner aux botanistes ce long et pénible labeur. Notre essai a dû, il est vrai, se borner aux espèces les plus communes : sinon, il eût démesurément grossi notre Florule et fait mentir le titre sous lequel nous la publions. Il en résulte que nos clefs analytiques peuvent se montrer rebelles à la détermination d'une espèce cryptogame, ou parce qu'elles sont mal employées, ou parce qu'elles ne s'adaptent réellement point à l'espèce cherchée. Il sera toujours loisible à l'amour-propre du lecteur de rejeter sur elles son mécompte.

Notre petit volume a paru pour la première fois en 1859. Nous nous sommes, depuis, constamment efforcé de le rendre moins indigne du public,

> Vingt fois sur le métier remettant notre ouvrage,
> Le polissant sans cesse et le repolissant.

Nous ne regretterons point les heures qu'il

nous a coûtées, s'il devient le fidèle compagnon des amis d'une science aussi salutaire au corps que douce à l'esprit, science charmante, qui nous procure sans cesse d'agréables délassements et dont nous souhaitons faire partager à d'autres les pures et faciles jouissances.

ERRATA

—

Page 29, ligne 19, au lieu de **8—**, lisez **28—**

— 90, ligne 1, au lieu de **Chysosplenium**, lisez **Chrysosplenium**.

— 102, dernière ligne, au lieu de 3.**Lonicera**, lisez 4.**Lonicera**.

— 146, ligne 31, au lieu du renvoi. . . 3, lisez. 2

— 179, ligne 15, au lieu du renvoi. . . **66,** lisez . . . **266**

— 285, colonne de gauche, ligne 24, au lieu de *ceyperoides*, lisez *cyperoides*.

EXPLICATION DES SIGNES

1- devant un adjectif signifie. . . . uni.
2- . . . . bi.
3- . . . . tri.
4- . . . . quadri.
et ainsi de suite.

Exemples : Feuille 2-pinnée.... Feuille bipinnée (2 fois pinnée).
Pédoncule 2-3-flore. Pédoncule bi-triflore (à 2-3 fleurs).

A la suite d'un nom de plante :
L signifie : nomenclature de... Linné.
GG . . . . Grenier et Godron (*Flore de France*).
CG . . . . Cosson et Germain (*Flore des environs de Paris*).

Un nom de plante qui n'est suivi d'aucune désignation d'auteur, appartient à la fois aux trois nomenclatures. Si une plante est indiquée sous deux noms, dont un seul avec désignation d'auteur, l'autre nom est commun aux deux autres nomenclatures. Une plante portant deux noms, suivis chacun d'une désignation d'auteur, manque dans la troisième nomenclature.

DC, dans quelques cas très-rares d'ailleurs, indique un nom adopté par De Candolle.

15-20 m. signifie. . de 15 à 20 mètres.
0,1 . . . . 1 décimètre.
0,01 . . . . 1 centimètre.
0,001 . . . . 1 millimètre.

Ex. : 1,2 -1,5... de 1 mètre 2 décimètres à 1 mètre 5 décimètres.
0,05-0,12.. de 5 à 12 centimètres.

---

① Annuel. ② Bisannuel. ♃ Vivace.

C, commun. — AC, assez commun. — CC, très-commun. — CCC, extrêmement commun.

R, rare. — AR, assez rare. — RR, très-rare. — RRR, extrêmement rare.

? (après un nom de lieu) indique une localité douteuse.

VOCABULAIRE

A

Acaule. Sans tige apparente ; les feuilles sont rapprochées en rosette au collet de la racine.
Accresc. Accrescent. Prenant un grand accroissement après la floraison.
Acéphale. Sans tête.
Aciculaire. En aiguille.
Acotylédoné. Dépourvu de cotylédons. *Voyez* Cotylédon.
Acum. Acuminé. Terminé en pointe.
Adhér. Adhérent. Soudé avec un organe voisin, comme les étamines avec la corolle, le calice avec l'ovaire.
Agglom. Aggloméré.
Aig. Aigu.
Aiguill. Aiguillon.
Aile. Membrane bordant une graine, un fruit, une tige, un pétiole.
Ailée (feuille). *V.* Pinnée.
Ailes. Pétales latéraux de certaines fleurs, (Papilionacées).
Ak. Akène. Fruit sec, indéhiscent, ne renfermant qu'une graine non adhérente au péricarpe.
Alim. Alimentaire.
Allong. Allongé.
Alt. Alternes. Non placés vis-à-vis les uns des autres.
Alvéolé. Creusé d'alvéoles ou fossettes, comme un gâteau de ruche.
Ampl. Ample. — **Ampl**[t]. Amplement.
Anastomosé. Entrelacé, en réseau.
.....**Andrie.** Terminaison tirée du grec, signifiant mari ou étamine. *Monandrie*, une étamine..... *Polyandrie*, plusieurs étamines.
Androcée. Ensemble des organes mâles de la fleur.
Androgyne. Ayant des fleurs mâles et des fleurs femelles groupées sur le même pédoncule.
Angul. Anguleux.
Antér. Antérieur. — **Antér**[t]. Antérieurement.
Anthère. *V.* Étamine.
Apétale. Sans pétales
Apiculé. Terminé par une pointe courte.
Appliq. Appliqué.
Apprimé Exactement appliqué contre un autre objet.
Aquat. Aquatique.

Aranéeux. Couvert de poils fins et mous comme ceux de la toile d'araignée.
Arbriss. Arbrisseau.
Arid. Aride.
Arist. Aristé. Terminé en arête droite ou tordue.
Arom. Aromatique.
Arq. Arqué.
Arrond. Arrondi.
Articles. Pièces placées bout à bout et articulées entre elles.
Artic. Articulation. Articulé.
Ascend. Ascendant. Étalé ou arqué à la base, puis redressé.
Attén. Atténué. Insensiblement rétreci ou aminci.
Auric. Auriculé. Muni d'expansions latérales ou *oreillettes.*
Avort. Avortement.
Avr. Avril
Axill. Axillaire. Sortant de l'aisselle d'un rameau, d'une feuille, c'est-à-dire de l'angle formé soit par le rameau ou la feuille avec la tige, soit par la feuille avec le rameau.

B

Bacciforme. En forme de baie.
Baie. Fruit mou, succulent, à graines ou pépins, (Raisin, Groseille).
Bale. Enveloppe propre de chaque fleur dans l'ordre des Graminées, composée d'une ou plusieurs écailles dites *glumelles.*
Barb. Barbu.
Blanch Blanche.
Blanchâtr. Blanchâtre.
Bouq. Bouquet.
Bract. Bractée. Feuille placée à la base des axes ou des *pédoncules* floraux, et différant ord[t] des autres feuilles par la forme et la couleur.
Bractéol. Bractéole. Bractée placée à la base des *pédicelles* floraux.
Briév[t]. Brièvement.
Brusq[t]. Brusquement.
Bulbe. Souche souterraine, arrondie, composée : 1° d'un plateau charnu donnant infér[t] naissance à des racines fibreuses; 2° de tuniques (Oignon, Jacinthe), ou d'écailles (Lis), représentant des bases de feuilles insérées sur le plateau; 3° d'un bourgeon intérieur formé de feuilles et de fleurs rudimentaires; d'un ou plusieurs bourgeons latéraux (*caïeux*), destinés à reproduire la plante.
Bulbille Corpuscule en forme de bulbe, naissant : tantôt à la place des fleurs dans les ombelles de certains Allium ; tantôt à l'aisselle ou sur le bord des feuilles, (Lilium bulbiferum, Dentaria bulbifera).

C

Cad. Caduc. Se dit du calice ou de la corolle qui se détachent de très-bonne heure, des feuilles qui tombent à la fin de l'année.
Caïeu. *V.* Bulbe.

Cal. Calice. Enveloppe extérieure de la fleur, ord[t] verte. Les folioles ou divisions du calice se nomment *sépales*. Le calice est *polysépale*, quand ses sépales sont entièrement distincts. Il est *monosépale*, quand ses sépales sont soudés entre eux par leur base, et qu'on peut l'enlever d'une seule pièce. On nomme *tube* la partie du calice où la cohérence des sépales s'est opérée; *limbe* celle où les sépales sont restés libres; *gorge*, le raccordement entre le tube et le limbe.

Calicule. Petit calice accessoire, formé par un ensemble de bractées, qui constituent un verticille situé immédiatement au-dessous du calice, (Œillet, Mauve).

Caliculé. Muni d'un calicule.

Calleux. Muni d'une callosité ou épaississement, durillon, granule compacte, etc.

Camp. Campanulé. Dilaté dès la base et s'évasant graduellement en cloche.

Canalic. Canaliculé. Plié ou creusé longitudinalement en gouttière.

Capill. Capillaire. Fin comme un cheveu (plus fin que *filiforme*, moins fin que *sétacé*).

Capit. Capitule. Agrégation de fleurs, de carpelles, sur un *réceptacle* ou sur un *axe commun*, au sommet d'un pédoncule.

Caps. Capsule. Fruit sec, à une ou plusieurs loges. La capsule est souvent formée de plusieurs pièces (*valves*), qui, d'abord soudées, se séparent à la maturité pour laisser échapper les graines.

Caractère. Signe distinctif des plantes.

Si l'on sème un épi de blé, on produira autant d'*individus* semblables qu'il y avait de grains dans l'épi; ces individus en fourniront d'autres semblables à leurs auteurs, et ainsi de suite. Ces individus, tous pareils, constituent une *espèce*. Les individus d'une même espèce présentent parfois, dans quelques-unes de leurs parties, des différences accidentelles dues à la nature du sol, au climat, à la culture, etc.....; les plantes qui manifestent ces différences accidentelles sont des *variétés*.

Pour faciliter la connaissance des plantes, on distribue les espèces en groupes ou *genres*. Chaque genre comprend les espèces qui se ressemblent dans un grand nombre d'organes, surtout dans ceux de la reproduction, mais qui diffèrent dans plusieurs parties moins essentielles. Une plante se désigne par deux noms, l'un *générique*, l'autre *spécifique*.

La réunion de plusieurs genres qui offrent entre eux certaines analogies forme l'*ordre* ou la *famille*. Un ordre ne renferme qu'un genre, si la structure des plantes de ce genre ne permet de les faire entrer dans aucun des ordres déjà établis.

Les ordres sont groupés en *classes*.

Enfin les classes sont réparties entre trois *embranchements* : les dicotylédonées, les monocotylédonées et les acotylédonées.

Carène. Saillie longitudinale d'un organe en forme de carène de vaisseau. — Pétale inférieur des corolles papilionacées.

Caréné. Présentant une carène.

Carp. Carpelle. *V.* Pistil.

Caryopse. Fruit sec, indéhiscent, à une seule graine entièrement soudée avec un péricarpe mince, (grain de blé).
Caul. Caulinaire. Appartenant à la tige.
Cespiteux. En touffe serrée.
Chap. Chapeau.
Chaq. Chaque.
Chaton (Queue de chat). Epi de fleurs ord[t] unisexuelles et apétales, articulé à la base et se détachant d'une seule pièce, après la floraison pour les chatons mâles, après la maturité pour les chatons femelles.
Chaume. Tige ordinairement creuse, non rameuse, munie de nœuds ou articulations donnant naissance aux feuilles, (Graminées).
Cil. Cilié. Muni de cils.
Circonf. Circonférence.
Claviforme. En forme de massue, le gros bout en haut.
Cohér. Cohérent.
Collet. Ligne de jonction, plus ou moins distincte, tantôt renflée, tantôt rétrécie, d'où partent, en sens inverses, les fibres montantes de la tige et les fibres descendantes de la racine.
Color. Coloré. Tout ce qui n'est pas vert.
Comest. Comestible.
Complét[t]. Complétement.
Comp. Composé. — (épi). Formé de plusieurs épis partiels ou épillets réunis sur un même pédoncule. — (feuille). Dont le pétiole porte plusieurs petites feuilles (*folioles*); le pétiole de la feuille composée se nomme *pétiole commun*, celui de chaque foliole *pétiolule*. — (ombelle). Dont chaque pédoncule porte une ombellule. — (grappe). Divisée en grappes plus petites.
Compr. Comprimé.
Condim. Condiment. Assaisonnement.
Confl. Confluent. Se rapprochant pour se confondre.
Coniq. Conique.
Conné. Se dit de deux feuilles opposées soudées par leur base.
Connectif. V. Etamine.
Conniv. Connivent. Se rapprochant par le sommet, sans se confondre.
Cord. Cordé ou **Cordiforme.** En forme de cœur. — (feuille). Échancrée à la base et pointue au sommet.
Coriac. Coriace.
Cor. Corolle. Enveloppe florale, ord[t] *colorée*, placée en dehors des étamines et en dedans ou au-dessus du calice. Les pièces ou feuilles de la corolle se nomment *pétales*. Si les pièces de la corolle sont libres jusqu'à leur point d'insertion, la corolle est *polypétale*. Si ces pièces sont plus ou moins soudées entre elles, la corolle est *monopétale*: les portions de pétales non soudées constituent le *limbe*; la naissance du limbe se nomme *gorge*.
Corymbe. Bouquet de fleurs dont les pédoncules naissent à différents niveaux et parviennent cependant presque tous à la même hauteur, (Sureau).
Corymbif. Corymbiforme. En forme de corymbe.

Cotylédon. Substance formant la plus grande portion de la semence. Elle renferme l'*embryon*, et le nourrit pendant son développement. Elle le protége encore à sa sortie de terre, et les cotylédons ont alors l'apparence de feuilles charnues différant par leur forme de celles qui doivent plus tard orner la plante. Il y a des plantes qui n'ont point de cotylédon : ce sont les *acotylédonées* (Cryptogames) ; d'autres qui n'en ont qu'un, *monocotylédonées*, (Graminées); d'autres enfin, et c'est le plus grand nombre, qui en ont deux et quelquefois davantage, *dicotylédonées*, (Amandier, Haricot, Pois).
Couch. Couché.
Courb. Courbe.
Court. Courte.
Crén. Crénelé. Muni de dents arrondies.
Cryptogame. N'ayant ni étamine, ni pistil.
Cult. Cultivé.
Cunéif. Cunéiforme. En forme de coin.
Cupule. Organe en forme de coupe.
Cusp. Cuspidé. Terminé par une pointe large à la base et un peu raide.
Cylindr. Cylindrique.

D

Décomp. Décomposé — (feuille). Dont le pétiole se divise en plusieurs pétioles secondaires portant chacun plusieurs folioles ou plusieurs lambeaux de feuille distincts.
Découp. Découpure. Découpé.
Décurr. Décurrente (feuille). Dont le limbe se prolonge sur la tige et y forme des *ailes* foliacées.
Déhisc. Déhiscent. Qui s'ouvre de soi-même à la maturité.
Dent. Denté. A bord muni de dents. Une feuille est dentée en *scie*, lorsque les dents regardent son sommet.
Dentel. Dentelé. A bord muni de petites dents.
Dentic. Denticulé. A bord muni de très-petites dents.
Dépass[t]. Dépassant.
Déprimé. Aplati comme par une pression de haut en bas.
Diad. Diadelphes (étamines). En 2 faisceaux, égaux ou inégaux.
Dichotome. Divisé en 2 branches opposées, chaque branche en 2 autres, et ainsi de suite.
Diclines (fleurs). Monoïques, dioïques ou polygames.
Dicotylédoné. *V.* Cotylédon.
Didyme. Formé de deux organes globuleux soudés entre eux.
Didynames (étamines). Au nombre de 4, dont 2 plus grandes.
Diff. Diffuse (tige). Rameuse dès la base, à rameaux étalés et entrelacés.
Digit. Digitée (feuille). Composée de folioles insérées en éventail à l'extrémité d'un pétiole commun, et imitant les doigts étalés de la main.
Dilat. Dilaté. Élargi latéralement.
Dioïq. Dioïque. Dont les fleurs mâles et les fleurs femelles habitent des individus différents.
Discolore. De couleurs différentes.

Dissembl. Dissemblable.
Distiq. Distiques — (feuilles). Naissant de nœuds alternes placés sur 2 faces opposées de la tige, (If). — (épillets). Naissant régulièrement sur deux rang opposés.
Divariqué. Divergent à angle droit.
Diverg. Divergent.
Div. Division. Divisé.
Dors. Dorsal. Du côté du dos, ou naissant sur le dos.
Double (fleur). Dont les étamines ont été transformées en pétales par abondance de sève, ou dont les pétales se sont multipliés pas dissociation de leurs éléments.
Doubl[t]. Doublement.
Dress. Dressé.
Drupe. Fruit charnu, renfermant un noyau, (Cerise, Pêche, Noix).

E

Ecail. Ecaille. Ecailleux.
Ecart. Ecarté.
Echancr. Echancrure. Echancré.
Eg. Egal. — **Eg[t]** Egalement.
Ellipt. Elliptique. En forme d'ovale régulier.
Emarginé. Très-faiblement échancré.
Embrass. Embrassante (feuille). Entourant la tige soit par son pétiole dilaté, soit par la base de son limbe.
Engaîn. Engaînante (feuille). Dont la base constitue un tuyau qui enveloppe la tige en forme de gaîne, (Graminées).
Ent. Entier.— (feuille). A bord non denté. — **Ent[t].** Entièrement.
Env. Environ. Environs.
Epaiss. Epaisse.
Epars. Eparse.
Eperon. Prolongement inférieur en forme de corne, que présentent les sépales d'un calice ou les pétales d'une corolle.
Epigyne (corolle ou étamine). Insérée, ou paraissant insérée sur l'ovaire.
Epill. Epillet. Petit épi.
Epin. Epine. Epineux.
Esp. Espèce. *V.* Caractère.
Etal. Etalé.
Etam. Etamine. Organe mâle de la fleur, ord[t] composé d'un filet et d'une anthère. Le *filet* est une petite colonne plus ou moins déliée qui supporte l'anthère. L'*anthère* est une bourse ou un sachet, ord[t] à deux loges réunies par une nervure médiane nommée *connectif*: elle s'ouvre, lorsqu'elle a acquis un certain développement, et répand une poussière (*pollen*), ord[t] jaune, dont les grains s'introduisent dans l'ovaire par le tube creux du style, pour y féconder les graines et les rendre capables de reproduire l'individu.
Etendard. Pétale supérieur des corolles papilionacées.
Etr. Etroit. — **Etr[t].** Etroitement.

Extér. Extérieur. — **Extér[t].** Extérieurement.
Extrém. Extrémité.

F

F. Fois.
Faibl. Faible. — **Faibl[t].** Faiblement.
Falcif. Falciforme En forme de faucille.
Famille. Synonyme d'ordre. *V.* Caractère.
Fascic. Fasciculé. En petit faisceau (**Fascicule**).
Fem. Femelle —(fleur). Munie seulement de pistil, sans étamines. —(plante). N'ayant que des fleurs femelles.
Fert. Fertile —(fleur). Renfermant un ovaire et une ou plusieurs étamines capables de le féconder. — (étamine). Contenant du pollen.
Feuil. Feuille. La queue d'une feuille se nomme *pétiole*, et sa surface plane *limbe*.
Févr. Février.
Fibr. Fibreuse (racine). Composée d'un faisceau de filets allongés, naissant du collet de la plante.
Fid. Fide. 2-, 3-, ... fide. Fendu en 2, 3, ... parties.
Filet. *V.* Étamine.
Filif. Filiforme. Délié comme un fil.
Fin. Fine. — **Fin[t].** Finement.
Fistul. Fistuleux. Cylindrique et creux à l'intérieur.
Fl. Fleur. Ensemble des organes de la reproduction dans les végétaux phanérogames. Une fleur *complète* se compose de plusieurs verticilles ou cercles concentriques de folioles modifiées, savoir, en procédant de la base au sommet, ou de l'extérieur à l'intérieur de la fleur : 1° le *calice* ; 2° la *corolle* ; 3° l'*androcée* (les étamines) ; 4° le *pistil* (*V.* chacun de ces mots). L'extrémité plus ou moins renflée du rameau (*pédoncule*) qui porte la fleur, se nomme *réceptacle*. Le réceptacle se prolonge quelquefois dans la fleur au-dessus du calice. — Une fleur *incomplète* peut manquer de un, deux ou trois des quatre verticilles.
Flex. Flexueux. Présentant des courbures alternatives dans des sens opposés.
Fl. Flore. 1-, 2-, ... fl. A 1, 2, ... fleurs.
Flosc. Flosculeux. *V.* l'ordre des Composées, n° 136.
Fol. Folioles. Parties libres d'une feuille composée.— Bractées d'un involucre. — Pièces d'un calice, d'un périgone.
Fol. Foliolé. 1-, 2-, 3-, ... fol. A 1, 2, 3, ... folioles.
Foliac. Foliacé. De la nature des feuilles.
Follic. Follicule. Fruit sec, membraneux, renflé, s'ouvrant en long d'un seul côté, à plusieurs graines. Les follicules forment fréquemment un verticille.
Fort[t]. Fortement.
Fr. Fruit. Dernier produit de la végétation, contenant une ou plusieurs semences destinées à la renouveler par d'autres individus. L'enveloppe des semences est le *péricarpe*. Si le péricarpe manque, la semence constitue le fruit à elle seule. (*V.* les mots : Akène, Baie, Capsule, Caryopse, Drupe, Gousse, Samare, Silicule, Silique).

Fréq[t]. Fréquemment.
Fructif. Fructifère. Qui porte fruit. Un calice persistant ou accrescent, un pédoncule, un pédicelle sont dits fructifères, à la maturité du fruit.
Frutescent. Ligneux, de la consistance du bois.
Fugace. — (corolle). Tombant ou s'effeuillant dès l'épanouissement.
Furq. Furqué. Divisé en forme de fourche. 2-, 3-, ... furq. Bi, tri, ...furqué.
Fusif. Fusiforme. Renflé au milieu et atténué aux deux bouts comme un fuseau, (Navet).

G

Gaîne. *V.* Engaînant.
Gazonn. Gazonnant. En touffe serrée.
Géminés. Rapprochés 2 à 2, mais non opposés l'un à l'autre.
Genouillé. Plié en faisant un angle.
Genre. *V.* Caractère.
Gén[t]. Généralement.
Gibbeux. Bossu.
Glabr. Glabre. Dépourvu de poils.
Glabresc. Glabrescent. Presque glabre.
Glande. Mamelon, sessile ou pédicellé, sécrétant une liqueur propre.
Glandul. Glanduleux.
Glauq. Glauque. Vert-bleuâtre, ou bleu-blanchâtre, (Chou, Pavot).
Globul. Globuleux.
Glomér. Glomérule. Agglomération de fleurs.
Glum. Glume. ⎫
Glumell. Glumelle. ⎬ *V.* l'ordre des Graminées, n° 323.
Glumellul. Glumellule.. ⎭
Gorge. — du calice (*V.* Calice). — de la corolle (*V.* Corolle).
Gousse. Légume, cosse. Fruit sec, déhiscent, composé de 2 valves, sans cloison; les graines sont attachées à la suture supérieure qui est droite; la suture inférieure est courbe, (Pois, Haricot).
Gr. Graine. Ovule inclus dans le péricarpe ou enveloppe du fruit, et renfermant, après la fécondation, le germe d'une nouvelle plante.
Grand. Grande.
Granuleux. Couvert de grains saillants.
Grêl. Grêle.
Grimp. Grimpant.
Gynécée. Ensemble des organes femelles de la fleur.

H

Hab. Habitation.
Hampe. Long pédoncule sortant de la racine comme une tige, portant une ou plusieurs fleurs.
Hast. Hasté. En forme de fer de hallebarde.
Hémisph. Hémisphérique.
Herb. Herbeux.

Herbac. Herbacé. De la nature de l'herbe.
Hériss. Hérissé. Muni de poils raides.
Hermaphr. Hermaphrodite. Contenant dans la même enveloppe florale des étamines et un pistil.
Hisp. Hispide. Couvert de poils longs, raides et piquants.
Hum. Humide.
Hybride. Provenant de la graine d'une espèce fécondée par une autre espèce du même genre.
Hypogyne. Inséré sur l'axe de la fleur, au-dessous de l'ovaire.

I

Imbriq. Imbriqués. Se recouvrant comme les tuiles d'un toit.
Imparipinn. Imparipinnée. Feuille pinnée présentant une foliole terminale impaire.
Incis. Incisé. Profondément et inégalement denté.
Inclin. Incliné.
Incompl. Incomplète (fleur). N'ayant pas à la fois calice, corolle, étamines et pistil.
Incult. Inculte.
Indéf. Indéfini (en nombre). Dépassant 10.
Indéhisc. Indéhiscent (fruit). Dont l'enveloppe ne s'ouvre pas spontanément.
Indiv. Indivis. Non divisé, entier.
Inég. Inégal. — **Inég[t].** Inégalement.
Infère (ovaire). Adhérant au calice ou à la base du périgone, de manière que la corolle ou le périgone semble s'insérer sur l'ovaire, (insertion périgyne ou épigyne).
Infér. Inférieur. — **Infér[t].** Inférieurement.
Infl. Infléchi.
Infloresc Inflorescence. Disposition des fleurs. Signifie aussi un ensemble de fleurs qui ne sont pas séparées par de vraies feuilles. Les organes de l'inflorescence sont le pédoncule, les pédicelles, les bractées et les bractéoles.
Infundibulif. Infundibuliforme. En forme d'entonnoir.
Insér. Inséré.
Insertion. Point d'attache.
Intér. Intérieur. — **Intér[t].** Intérieurement.
Interr. Interrompu. Présentant des solutions de continuité.
Invol. Involucre. Ensemble de bractées imbriquées ou verticillées, entourant les capitules des fleurs, en forme de calice (Composées), ou leurs pédoncules, en forme de collerette (Ombellifères). Ces bractées ont souvent une consistance scarieuse et se nomment alors *écailles* de l'involucre
Involuc. Involucelle. Ensemble de bractéoles verticillées, entourant les pédicelles des fleurs, (Ombellifères).
Irrég. Irrégulier. — **Irrég[t].** Irrégulièrement.

J

Jaun. Jaune.
Jaunâtr. Jaunâtre.
Juill. Juillet.

L

Lab. Labié. Dont le limbe se partage en 2 divisions principales, l'une supérieure, l'autre inférieure, nommées *lèvres*. On dit aussi 2-lab., bilabié, à 2 lèvres.
Lâch. Lâche. — **Lâch[t]**. Lâchement.
Lacin. Lacinié. Déchiré en lanières (**Laciniures**).
Lam. Lame.
Lanc. Lancéolé. Oblong et pointu aux deux bouts.
Larg. Large.—**Larg[t]**. Largement.
Latér. Latéral.—**Latér[t]**. Latéralement.
Légèr[t]. Légèrement.
Légume. *V*. Gousse.
Lentic. Lenticulaire. Aplati en lentille.
Libre (ovaire). N'adhérant ni au calice ni au périgone.
Libres (pétales, étamines ou styles). Distincts, non cohérents entre eux.
Lign. Ligneux. De la nature du bois.
Ligule. Membrane mince, terminant la face interne de la gaîne des feuilles des Graminées.
Ligulée (corolle). *V*. l'ordre des Composées, n° 136.
Limbe. *V*. Calice, Corolle, Feuille.
Lin. Linéaire (comme une ligne). Long et très-étroit, à bords à peu près parallèles.
Liss. Lisse.
Lob. Lobé. 2-, 3-, ... lobé. Présentant 2, 3, ... découpures (**Lobes**).
Locul. Loculaire. 1-, 2-, ... locul. A 1, 2, ... loges.
Log. Loge.
Longit. Longitudinal. – **Longit[t]**. Longitudinalement.
Long. Longue. — **Long[t]**. Longuement.
Luis. Luisant.
Lyr. Lyrée (feuille). Divisée latér[t] en lambeaux profonds, écartés, élargis à leur base, pointus à leur sommet; le terminal très-ample, les inférieurs plus petits et plus écartés que les supérieurs.

M

Mâl. Mâle.—(fleur). Munie seulement d'étamines, sans pistil.—(plante). N'ayant que des fleurs mâles.
Marginal. Situé sur le bord.
Matur. Maturité.
Méd. Médian. Occupant la partie moyenne
Membran. Membraneux.
Minc. Mince.

Moll. Molle. — **Moll**[t]. Mollement.
Monad. Monadelphes (étamines). A filets plus ou moins soudés en un seul faisceau.
Monocéphale. Ne portant qu'un seul capitule.
Monocotylédoné. *V.* Cotylédon.
Monoïq. Monoïque. Ayant des fleurs mâles et des fleurs femelles.
Monopét. Monopétale. *V.* Corolle.
Monosép. Monosépale. *V.* Calice.
Monosp. Monosperme. (1-sp.). A une seule graine.
Mucr. Mucroné. Brusq[t] terminé par une pointe courte et raide (*mucron*).
Mucronul. Mucronulé. Terminé par un très-petit mucron.
Multifid. Multifide. Très-découpé.
Multifl. Multiflore. Portant beaucoup de fleurs.
Multifol. Multifoliolé. Composé de nombreuses folioles.
Multiséq. Multiséqué. Divisé en nombreux segments.
Mutiq. Mutique. Sans arête, sans barbe.

N

Nat. Naturalisé.
Nectaires. Glandes ou appendices, soit foliacés, soit pétaloïdes, sécrétant dans certaines fleurs un liquide sucré. Par analogie de position, on nomme parfois nectaires tous les appendices, toutes les écailles qui ne peuvent être rapportés à aucun des organes constitutifs de la fleur.
Nectarif. Nectariforme En forme de nectaire.
Nerv. Nervure. **Nervé.** 1-, 2-, ... nervé. A 1, 2, ... nervures.
Neutre (fleur). Ne contenant ni étamines, ni pistil.
Noueux. Renflé de distance en distance.
Nombr. Nombreux.
Nov. Novembre.
Null. Nulle.

O

Obliq. Oblique. — **Obliq**[t]. Obliquement.
Oblong. Oblongue.
Obovat. Obovale. En ovale ayant le gros bout en haut.
Obscur[t]. **Obscurément.** Grossièrement.
Obt. Obtus. — **Obtus**[t]. Obtusément.
Oct. Octobre.
Off. Officinal. Médicinal.
Oligosp. Oligosperme. A quelques graines.
Omb. Ombelle. Disposition de fleurs portées sur des pédoncules partant d'un même centre, comme les rayons d'un parasol.
Ombell. Ombellule. Petite ombelle placée au bout de chaque pédoncule d'une ombelle.
Ombellif. Ombelliforme. En forme d'ombelle.
Ombiliqué. Offrant une dépression analogue au nombril des animaux.
Ondul. Ondulé.

Onglet. Partie inférieure, étroite, blanchâtre, par laquelle les pétales s'attachent au réceptacle.

Opp. Opposés (le contraire d'alternes). Se dit de 2 feuilles placées au même niveau de la tige et se faisant face. — Dans une fleur, on nomme opposés les organes qui, appartenant à des verticilles différents, ont leur milieu l'un devant l'autre : (étamines et pétales); (étam. et sépales).

Orbic. Orbiculaire. En forme de cercle.

Ordre. *V.* Caractère.

Ord[t]. Ordinairement.

Orn. Ornement.

Ov. Ovaire. Partie inférieure du pistil renfermant les rudiments des graines (*ovules*). Après la fécondation, l'ovaire devient le fruit, et les ovules les graines.

Oval. Ovale (le gros bout en bas). *V.* Obovale.

Ovoïd. Ovoïde.

P

P. Paire.

Paill. Paillette. Petite écaille.

Palm. Palmé. Rayonnant en patte d'oie.

Palmatifid. Palmatifide (feuille). A découpures palmées atteignant le milieu du limbe.

Palmatilob. Palmatilobée (feuille). A découpures palmées obtuses, peu profondes.

Palmatipart. Palmatipartite (feuille). A découpures palmées, dépassant le milieu du limbe.

Palmatiséq. Palmatiséquée (feuille). A découpures palmées atteignant la base du limbe.

Panic. Panicule. Assemblage de fleurs éparses sur des pédoncules diversement divisés et sous-divisés.

Parall. Parallèle.

Paripinn. Paripinnée. Feuille pinnée à nombre pair de folioles.

Partit. Profondément divisé.

Paucifl. Pauciflore. Qui a peu de fleurs.

Paucifol. Paucifoliolé. Qui a peu de folioles.

Pectiné. Divisé en segments étroits, disposés sur un rang comme les dents d'un peigne.

Pédic. Pédicelle. *V.* Pédoncule.

Pédic. Pédicellé. Ayant un pédicelle.

Pédonc. Pédoncule. Axe florifère. Si le pédoncule est ramifié, le support particulier de chaque fleur se nomme *pédicelle.*

Pédonc. Pédonculé. Ayant un pédoncule.

Pelt. Peltée (feuille). Dont le pétiole, attaché sous la feuille, est perpendiculaire au limbe et ne continue pas sa nervure médiane.

Pench. Penché.

Pend. Pendant.

Pentamère. Dont les éléments procèdent par 5 ou par multiples de 5.

Périanthe. Synonyme de périgone.

Perfol. Perfoliées (feuilles). Soudées 2 à 2 par leur base et formant un plateau que la tige semble traverser.
Péricarpe. Enveloppe générale des graines.
Périg. Périgone. Enveloppe unique des organes reproducteurs (étamines ou pistil) dans les fleurs qui n'ont pas à la fois calice et corolle.
Périgyne. Attaché sur le calice plus haut que la base de l'ovaire.
Persist. Persistant.
Pét. Pétale. *V.* Corolle.
Pétaloïd. Pétaloïde. A apparence de pétale.
Pétiol. Pétiole. Vulgairement la queue de la feuille.
Pétiol. Pétiolé. Ayant un pétiole.
Pétiolule. Pétiole des folioles d'une feuille composée.
Petit. Petite.
Phanérogame. Ayant un pistil et des étamines, ou l'un ou l'autre de ces organes.
Pinn. Pinnée (feuille). Composée de plus de 3 folioles rangées des deux côtés d'un pétiole commun, comme les barbes d'une plume, (Acacia). Une feuille 2-pinnée est celle dont le pétiole porte de chaque côté d'autres pétioles plus petits auxquels sont attachées des folioles disposées en barbes de plume, et ainsi de suite pour les feuilles 3-pinnées, 4-pinnées.
Pinnatifid. Pinnatifide (feuille). A découpures pinnées atteignant le milieu de chaque demi-limbe.
Pinnatilob. Pinnatilobée (feuille). A découpures pinnées obtuses, peu profondes, (Chêne).
Pinnatipart. Pinnatipartite (feuille). A découpures pinnées dépassant le milieu de chaque demi-limbe.
Pinnatiséq. Pinnatiséquée (feuille). A découpures pinnées atteignant la nervure médiane.
Pist. Pistil. Organe femelle de la fleur dont il occupe le centre, et formé d'un verticille de feuilles altérées dites *carpelles*, plus ou moins nombreuses, plus ou moins soudées ensemble, quelquefois réduites à une seule. La partie inférieure du pistil forme l'*ovaire* (*V.* Ovaire). L'ovaire est surmonté d'un ou plusieurs filets, creux intérieurement, dits *styles*. Chaque style se termine par un renflement spongieux dit *stigmate*. Le pollen qui s'échappe des étamines s'attache au stigmate et descend par le canal intérieur du style dans l'ovaire, où il féconde les ovules et les transforme en graines. Si le style manque, le stigmate repose immédiatement sur l'ovaire et est dit *sessile*.
Pl. Plante.
Plum. Plumeux.
Pluriloculs. Pluriloculaire. A plusieurs loges.
Poil. Poilu.
Pollen. *V.* Etamine, Pistil.
Polygam. Polygame. Ayant à la fois des fleurs unisexuelles et des fleurs hermaphrodites.
Polymorphe. De forme très-variable.
Polypét. Polypétale. *V.* Corolle.
Polysép. Polysépale. *V.* Calice.
Polysp. Polysperme. A graines nombreuses.

Ponct. Ponctué.
Postér. Postérieur. — **Postér[t].** Postérieurement.
Pourpr. Pourpre.
Presq. Presque.
Prof. Profond. — **Prof[t].** Profondément.
Prolifère (fleur). Emettant d'autres fleurs ou une touffe de feuilles.
Pubérulent. Légèrement pubescent.
Pubesc. Pubescent. Chargé de poils mous, courts et peu serrés.
Purpur. Purpurin.
Pyram. Pyramidal.

Q

Qq. Quelques.
Qqf. Quelquefois.
Quadrang. Quadrangulaire. A quatre angles.

R

Rac. Racine.
Rachis. Pétiole commun qui sert d'attache aux pétiolules des feuilles pinnées. — Prolongement inférieur de la nervure médiane de la fronde, dans les Fougères. — Axe principal des épis et des grappes.
Rad. Radical. Venant de la racine.
Radicante (tige). Emettant latéralement des racines qui s'implantent en terre si la tige est couchée, ou s'enfoncent dans les corps environnants si la tige est grimpante.
Raid. Raide.
Ram. Rameau. Rameux.
Ramp. Rampant.
Rappr. Rapproché.
Rar[t]. Rarement.
Récept. Réceptacle. V. Fleur et Capitule.
Recourb. Recourbé.
Réfl Réfléchi. Courbé en dehors.
Rég. Régulier. — **Rég[t].** Régulièrement.
Rénif. Réniforme (feuille). Echancrée à l'insertion du pétiole, et très-arrondie au sommet.
Réticulé. Veiné en réseau.
Rétr. Rétréci.
Rhomb. Rhomboïdal. En forme de losange.
Ronc. Roncinée (feuille). Pinnatifide, à lobes aigus, dirigés vers le bas.
Rotacée. Se dit d'une corolle monopétale régulière, dont le tube est presque nul, dont le limbe est plat et à divisions divergentes comme les rayons d'une roue.
Roug. Rouge.
Rougeâtr. Rougeâtre.
Rudim. Rudimentaire. A peine développé.
Rug. Rugueux. Ridé.

S

Sabl. Sables. Sablonneux.
Sagitt. Sagittée (feuille). En fer de flèche.
Saill. Saillant.
Samare. Carpelle sec, dilaté en aile membraneuse, (Orme, Erable).
Sarmenteux. Ligneux et grimpant.
Scabr. Scabre (le contraire de glabre). Rude au toucher.
Scar. Scarieux. Raide comme du parchemin.
Scorp. Scorpioïde (grappe). En forme de queue de scorpion, surtout dans sa jeunesse, (Héliotrope).
Segm. Segment.
Sembl. Semblable.
Sensibl[t]. Sensiblement, manifestement.
Sép. Sépale. V. Calice.
Sept. Septembre.
Séq. Séqué. 3-, 4-, ... séq. Divisé en 3, 4, ... segments.
Sér. Série. 1-, 2-, .. sér. Formant 1, 2, ... séries.
Sess. Sessile. Sans support : (feuille sans pétiole; fleur sans pédicelle, étamine sans filet; stigmate sans style).
Sétac. Sétacé. En forme de soie raide.
Seul[t]. Seulement.
Silicule. Silique à peine plus longue que large, (Crucifères).
Siliq. Silique. Fruit sec, très-allongé, à deux valves.
Sill. Sillon. Sillonné.
Simpl. Simple — (tige). Non ramifiée. — (feuille). A limbe d'une seule pièce — (épi, ombelle). Dont les pédicelles naissent directement de l'axe. — (involucre). A une seule rangée de bractées.
Simpl[t]. Simplement.
Sin. Sinué. A contour présentant des échancrures (*sinus*).
Soie. Poil raide.
Solit. Solitaire.
Souche. Partie souterraine d'une plante vivace.
Souv[t] Souvent.
Sp. Sperme. Graine. 1-, 2-,... sp. A 1, 2, ... graines.
Spadix. Pédoncule terminé par un épi de fleurs sessiles et muni d'une spathe à sa base.
Spathe. Involucre membraneux formé d'une ou plusieurs bractées, ord[t] caduc, recélant les fleurs dans leur jeunesse et s'ouvrant longitudinalement à la floraison.
Spatul. Spatulée (feuille). En spatule, c'est-à-dire étroite à la base, élargie et arrondie au sommet.
Sphér. Sphérique.
Spicif. Spiciforme. En forme d'épi.
Spinescent. Faiblement épineux.
Spont. Spontané.
Spore. Sporange. V. la description des Cryptogames.
Squamiforme. En forme d'écaille.

Stér. Stérile. — (tige). Sans fleurs. — (fleur). Sans pistil. — (étamine). Sans pollen.
Stigm. Stigmate. *V.* Pistil.
Stipité. Elevé sur un pied ou sur un support.
Stipul. Stipules. Folioles accessoires naissant à l'insertion de certaines feuilles, et tantôt libres, tantôt soudées avec la base du pétiole.
Stipul. Stipulée (feuille). Munie de stipules.
Stol. Stolon. *V.* Stolonifère.
Stolonif. Stolonifère (tige). Emettant à l'aisselle de ses feuilles inférieures des rejets (*stolons*) qui rampent au loin sur la terre, s'y attachent de distance en distance par des houppes de racines, et reproduisent ainsi de nouvelles plantes, (Fraisier).
Str. Strie, Strié.
Styl. Style. *V.* Pistil.
Sub ou **Sous**, joint à un adjectif. Presque, à peu près.
Subul. Subulé. En alène, menu et insensiblt terminé en pointe.
Supère (ovaire). Environné par la corolle ou le périgone, qui sont attachés à l'axe de la fleur sous l'ovaire, (insertion hypogyne).
Superf. Superficiel. — **Superft.** Superficiellement.
Supér. Supérieur. — **Supért.** Supérieurement.

T

Term. Terminal. Se dit souvent des fleurs placées au sommet de la tige ou des rameaux.
Tern. Ternées (feuilles). Insérées par 3 en un même point.
Tête (en). Rassemblés en boule.
Tétradynames (étamines). Au nombre de 6, dont 4 plus grandes, (Giroflée).
Tétragone. A quatre angles.
Tétramère. Dont les éléments procèdent par 4 ou par multiples de 4.
Thèque. Utricule renfermant les spores, (Champignons, Lichens).
Thyrse. Panicule dressée, de forme conique.
Tig. Tige.
Toment. Tomenteux. Couvert de duvet cotonneux (*tomentum*).
Toruleux. Renflé de distance en distance.
Tourb. Tourbières. Tourbeux.
Traç. Traçant. *V.* Stolonifère.
Transv. Transversal. — **Transvt.** Transversalement.
Triang. Triangulaire.
Trigone. A 3 angles.
Triquètre. A 3 faces.
Tronq. Tronqué.
Tuberc. Tubercule. Tuberculeux.
Tubul. Tubuleux. Formant un tube allongé.
Turbiné. En forme de toupie.

U

Unilatér. Unilatéral. Tourné d'un seul côté.
Unisex. Unisexuel. N'ayant que le pistil, ou que les étamines.
Utric. Utricule. Petite outre, (Carex).

V

Var. Variété. V. Caractère.
Vein. Veiné.
Vel. Velu.
Vén. Vénéneux.
Vertic. Verticille. Ensemble d'organes pareils, rangés circulairement autour d'un même axe.
Vertic. Verticillé. Formant verticille.
Vésicule. Petite vessie.
Vésiculeux. En forme de petite vessie, ou portant des vésicules.
Visq. Visqueux.
Viv. Vivace.
Vivipare. Dont les fleurs se transforment en bourgeons de feuilles, (Graminées).
Vois. Voisinage. Voisin.
Volubile (tige). Grimpant en spirale.
Volum. Volumineux.
Vrille. Organe filiforme, roulé en tire-bouchon et s'accrochant aux corps voisins, (Vigne).
Vulg^{t}. Vulgairement.

CLEFS DICHOTOMIQUES

DES ORDRES, DES GENRES

ET DES ESPÈCES

Observations. — Il faut cueillir les plantes qu'on veut analyser dans les champs, les bois, les prés, les rivières ou les marais, jamais dans les jardins, ni dans les parcs d'agrément (*).

Quand on cueille une plante, il faut l'arracher avec sa racine. Si elle est trop grande, on en détache un rameau fleuri et on y joint quelques feuilles voisines de la racine. Les échantillons doivent contenir autant que possible des boutons, des fleurs épanouies et des fruits bien formés.

Usage des clefs dichotomiques. — Pour déterminer une plante, on a *successivement* à choisir entre deux questions, (rarement trois ou davantage), réunies sous un même numéro, et indiquées chacune par le signe —. Allant au n° 1 (page 21), examinez si la plante est munie d'étamines ou de pistil, ou bien si elle n'a ni pistil ni étamines : dans le premier cas vous passerez au n° 2, dans le second au n° 324. Si cet examen vous conduit au n° 2, voyez à laquelle des deux nouvelles questions posées dans ce numéro répond la plante que vous analysez. Si elle répond à la première, vous vous transportez au n° 136 ; sinon, vous allez au n° 3, pour examiner à laquelle des deux questions posées dans ce numéro répond la plante; et ainsi de suite, jusqu'à ce que vous atteigniez une question immédiatement accompagnée d'un nom écrit en MAJUSCULE : ce nom est celui de l'ORDRE auquel la plante appartient. Après la description générale de l'ordre, vous trouvez en plus petit carac-

---

(*) Voir, pour les plantes de jardins, l'excellente *Flore des jardins et des champs*, de MM. Lemaout et J. Decaisne.

tère la clef des genres que cet ordre renferme, et vous procédez avec cette deuxième clef comme vous l'avez fait avec la première, jusqu'à ce que vous atteigniez une question immédiatement accompagnée d'un nom écrit en **normande** : ce nom est celui du **genre** auquel la plante appartient. Après la description du genre, vous trouvez la clef de ses espèces disposée sur deux colonnes en menu caractère, et cette troisième clef, employée comme les précédentes, conduit à un nom écrit en *italique*, qui est le nom cherché.

Supposons qu'il s'agisse d'une des premières fleurs de l'année, le *Lilas*. Vous suivez la route 1, 2, 3, 4, 126, 144, 145, 146, 147, 153, 154, 166, 167. Le n° 167 est suivi du mot OLÉACÉES : le Lilas appartient à l'ordre des Oléacées. Après avoir vérifié les caractères de cet ordre sur l'échantillon que vous tenez en main, vous suivez, pour trouver le genre, le nouveau chemin 1, 2. Le n° 2 ne vous donne le choix qu'entre deux noms; votre fleur a la corolle à tube très-allongé, les étamines incluses dans le tube : c'est donc le premier nom, **Syringa,** qui lui convient; et comme le Syringa n'a qu'une espèce, vous en concluez que le Lilas est le *Syringa vulgaris.*

Prenons un exemple plus compliqué, le *Coquelicot*, si commun dans nos champs. Vous suivez le chemin 1, 2, 3, 4, 5, 6, 7, 8, 9, 10, 13, 31. Le n° 31 pose deux questions. La plante répond à la seconde de ces questions, puisqu'elle a les feuilles pinnatifides : le Coquelicot appartient à l'ordre des PAPAVÉRACÉES. Après avoir vérifié les caractères de cet ordre sur l'échantillon, vous allez au n° 1, et comme la plante a le fruit ovoïde et un suc blanc, vous en concluez qu'elle appartient au genre **Papaver**. Après la description de ce genre, vient une clef sur deux colonnes où vous suivez le chemin 1, 2, 3. Le n° 3 ne vous donne le choix qu'entre deux noms d'espèce. Or la capsule du Papaver que vous analysez est presque globuleuse : vous tenez donc le *P. Rhœas*. Il ne vous reste plus qu'à contrôler le résultat de vos recherches, en vérifiant sur l'échantillon la description sommaire qui accompagne le nom de la plante.

1—Plante ayant un pistil ou des étamines, ou un pistil et des étamines (Phanérogames). 2
—Pl. n'ayant ni pistil ni étamines (Cryptogames) 324

PHANÉROGAMES

2—Fleurs réunies (généralement en grand nombre) dans un involucre commun : corolle monopétale : anthères des étamines soudées en une gaîne à travers laquelle passe le style. (Marguerite, Pissenlit, Chardon, Soleil, Bluet, etc.). 136
—Fl. n'ayant pas ces 3 caractères réunis 3
3—Fleurs complètes (ayant à la fois calice, corolle, étamines et pistil). 4
—Fleurs incomplètes 198
4—Corolle polypétale (de plusieurs pièces). . . . 5
—Corolle monopétale (d'une seule pièce) 126
5—Ovaire dans la corolle et libre de toute adhérence, soit avec les pétales, soit avec le calice. 6
—Ovaire sous la corolle : (La corolle est attachée à la partie supér. de l'ovaire qui est soudé avec le calice). 96

Fendez au besoin la fleur en long, pour bien juger de la position relative de ses parties.

6—Etamines 10 ou moins 16
—Etamines 11 ou plus 7
7—Corolle insérée sur le calice : (On ne peut détacher le calice sans faire tomber les pétales) 93
—Corolle non insérée sur le calice : (Le calice entoure les pétales et ne les porte pas) 8
8—Filets des étamines soudés en colonne 70
—Non. 9
9—Pétales de même forme. 10
—Pétales inégaux, de formes différentes 41
10—Un seul ovaire très-entier. 13
—Ovaires nombreux, ou un seul prof[t] divisé. . . 11

11—Herbe 12
—Arbre 22
12—Feuilles charnues 118
—Feuilles non charnues 21
13—Calice à 2 divisions 31
—Calice à 4-5 divisions égales sur un rang . . 14
—Calice à 3 sépales, ou à 5 dont 2 extérieurs plus petits 39
14—Tige herbacée 15
—Tige ligneuse 69
15—Feuilles 2-3 pinnées. 21
—Non 30
16—Ov., styl. ou stigm. jamais au delà de 2. . . 23
—Ov., styl. ou stigm. toujours au delà de 2. . 17
17—Un seul ovaire, ou plusieurs réunis par leur sommet. 42
—Plusieurs ovaires distincts, ou réunis seulement par leur base 18
18—Pétales 3. 288
—Pétales 5 ou plus 19
19—Herbe 20
—Arbre 90
20—Ov. 5-6. Feuilles charnues, (plante grasse). 118
—Plus de 6 ovaires. Feuilles non charnues . . 21

EMBRANCHEMENT IER. — DICOTYLÉDONÉES

TIGE HERBACÉE OU LIGNEUSE, COMPOSÉE DE DEUX PARTIES DISTINCTES, SAVOIR : 1° DU CORPS CORTICAL FORMÉ D'UN ÉPIDERME, D'UNE COUCHE CELLULEUSE ET DE COUCHES CORTICALES (LIBER), DONT LES INTÉRIEURES SONT LES PLUS JEUNES; 2° DU CORPS LIGNEUX FORMÉ DE COUCHES CONCENTRIQUES, DONT LES EXTÉRIEURES SONT LES PLUS RÉCENTES.—FEUILLES A NERVURES GÉNÉRALEMENT TRÈS-RAMIFIÉES. — EMBRYON POURVU DE DEUX OU PLUSIEURS COTYLÉDONS OPPOSÉS OU VERTICILLÉS.

CLASSE 1re. — THALAMIFLORES

Pétales distincts, indépendants du calice, insérés ainsi

que les étamines sur le réceptacle de la fleur. Ovaire libre ou supère.

21. RENONCULACÉES. Tige herbacée, rar[t] ligneuse. Sép. libres, souv[t] pétaloïdes. Pét. libres, quelquef. nuls. Etam. ord[t] en nombre indéfini. Styles libres.

1—Fleurs éperonnées à leur base. 20
—Fleurs en casque 21
—Fleurs ni éperonnées, ni en casque. 2
2—Feuilles alternes ou radicales. 3
—Feuilles ternées. 7
—Feuilles opposées.

Clematis (Clématite). Feuil. pinn. Fl. en panicules. Sép. 4-5, blancs, pétaloïdes. Pét. nuls. Carpelles nombr., plumeux.

1—Tige grimp., sarmenteuse. 2
—Tige dressée.
C. recta. 0,6-1,2. Feuil. à 1-3 p. de fol. ent. Sép 4-5. ♃. (Cult., orn.). Qpf. subspont. Bois de Vincennes?
2—Sépales glabres en dedans.
C. Flammula (Clématite odorante). Feuil. 1-2-pinnées, à fol. ent. Sép. 4. ♃. (Cult., orn.). Qqf. subspont.
—Sép. velus sur les 2 faces.
C. Vitalba (Herbe aux gueux). Feuil. à 1-4 p. de fol. ent., ou incis.-dent. Sép. 4. ♃. Haies, buissons. (Caustique).

3—Un seul carpelle devenant une baie à la maturité. Pétales 4, simulant des étamines stériles. 22
—Non. 4
4—Fleurs n'ayant qu'une seule enveloppe florale. . 5
—Fl. ayant un calice (qqf. caduc) et une corolle (qqf. très-petite). 8
5—Tige feuillée. 6
—Feuilles rad.; tige munie de 3 feuil. formant une collerette plus ou moins rapprochée des fleurs 7
—Feuilles toutes radicales. 12
6—Feuilles simples. 15
—Feuilles 2-3-pinnées.

Thalictrum (Pigamon). Feuil. alt., stipul. Fl. en panic. Sép. 4-5, pétaloïd., caducs, blanc-jaunâtre. Pét. nuls. Carp. 3-10.

1—Tige flexueuse. Fl. pench.; étam. mucr., pendantes. Feuil. aussi larg. que longues 2
—Tige et fl. droites; étam. sensibl[t] mutiq., dress. Feuil. plus longues que larges 3
2—Tige nue à la base et au sommet.
T. minus. 0,3-0,4. Feuil. très-glauq. en dessous. Pédonc. courts. Carp. 3-6. ♃. Collines herbeuses. AR.
—Tige feuillée jusque dans la panicule.
T. majus. 0,5-1,0. Pédonc. longs, grêl. Carp. 3-6. ♃. R. Bois de Vincennes, Boulogne, Compiègne.

21 (suite).

3—Fl. et fr. espacés, même au sommet des rameaux.

T. lucidum. Feuil. à segm. lin. Panic. pyram. Carp. 6-8. ♃. RRR. Marais du bois de Meudon?

—Fl. et fr. en bouquets compactes au sommet des rameaux.

T. flavum (Rue des prés, Rhubarbe des pauvres). 0,6-1,5. Feuil. à segm. oval. dentés. Panic. corymbif. Carp. 6-10. ♃. Juill., août. Prés hum. C. (Off.).

7—Plusieurs groupes de feuilles ternées. 18

—Un seul groupe de 3 feuilles caulinaires, formant collerette au-dessous de 1-3 fleurs terminales.

Anemone (Anémone). Feuil. rad. découp., pétiol. Sép. 5-15, pétaloïd. Carp. nombr., monosp., en capit. subglobuleux.

1—Feuil. de la collerette incis. 2

—Non. 6

2—Fl. violettes. Carp. plumeux.

A. Pulsatilla (Herbe au vent). Pl. soyeuse. Feuil. à segm. lin. Collerette sess., lacin. Fl. solitaire, très-grande. Sép. 6. ♃. Avr., juin. Lieux secs. AC. (Off.).

—Non. 3

3—Fl. blanches ou rosées. Feuil. de la collerette pétiolées. . . . 4

—Fl. jaunes. Feuilles de la collerette subsessiles 5

4—Fleurs velues, de 0,04-0,05 de diamètre.

A. sylvestris. Pl. vel. Feuil. palmatipart. Fl. solit., blanche. Sép. 5-7. Carp. laineux. ♃. Mai, juin. Bois secs. RR. Fontainebleau, Senlis, Compiègne, Noyon.

—Fleurs glabres.

A. nemorosa (Sylvie). Feuil. palmatipart. Fl. 1-2, blanches, rosées en dehors. Sép. 6-9. ♃. Mars, avr. Bois. CCC.

5. *A. ranunculoides*. Feuil. rad. à 3-7 lobes digités. Fl. 1-5. Sép. 5-8. ♃. Mars, avr. Bois. RR. Meudon?, Satory, Montmorency, Creil, Morfontaine, Compiègne.

6. *A. Hepatica* (Hépatique, Herbe de la Trinité). 0,10-0,15. Feuil. rad. 3-lob., luisantes. Collerette sess., très-voisine de la fl. Fl. solit., bleue, rose ou blanche. Sép. 6-9. ♃. Mars, avr. RRR. Env. de La Roche-Guyon, Liancourt, Villers-Cotterets. (Cult. double, orn.).

8—Carp. en nombre indéterminé, en tête, 1-spermes. 9

—Carpelles 1-10, verticillés, polyspermes. . . . 16

9—Calice à 5 sépales. 10

—Calice à 3, qqf. 4 sépales. 14

10—Tige garnie de feuilles 11

—Feuilles toutes radicales. 12

11—Fl. blanches ou jaune-d'or. Onglet des pétales muni à sa base d'une petite écaille 13

—Fl. ord[t] rouges ou rougeâtres. Onglets sans écaille.

Adonis. Feuil. découp. en lanières capill. Sép. 5, colorés, caducs. Pét. 3-10. Carp. monosp., mucronés, en capit. accrescent.

1—Sép. vel. Tige hériss. infér[t]. 3

—Non 2

21 (suite).

2 – Sép. étalés, pourpre-foncé.

A. autumnalis (Goutte de sang). Pét. 6-8, concaves, conniv., pourpres. Carpelles en épi ovoïde, à bord supér. renflé, non denté. ①. Juin, août. Moissons. AR.

– Sép. dressés, jaunâtres.

A. æstivalis. Pét. 5-10, plans, étal., roug. (rar^t jaun.). Carp. en épi ovoïde, ayant au bord supér. 2 dents éloignées du bec. ①. Mai, juill. C.

3. *A. flammea*. Pét. 3-6, ord^t inég., rouges. Carp. en épi cylindriq.; bec noir naissant au-dessous d'une dent située au sommet du bord supér. du carp. ①. Juin, août. Moissons. AR.

12. **Myosurus** (Ratoncule).

M. minimus (Queue-de-souris). 0,03-0,10. Feuil. lin., rad. Fl. solit., terminale. Sép. 5, colorés, cad., prolongés au-dessous de leur insertion. Pét. 5, filif., plus petits que le cal., verdâtres. Etam. 5-10. Carpelles très-nombreux, en épi très-accrescent, prenant la forme d'une petite lime ronde. ①. Avr., juin. Champs humides. AC.

13. **Ranunculus** (Renoncule). Sép. 5, caducs. Pét. 5-10. Carpelles nombr., en capitule globuleux ou oblong.

1 – Fleurs blanches. 2

– Fleurs jaunes. 10

2 – Feuil. toutes à 3-5 lob. obtus.

R. hederaceus. Tige couchée. Feuil. rénif. Pét. très-petits, étroits. Carp. glabres. ♃. Mares. RR. St-Léger, Dampierre, Ermenonville, Beauvais, Magny.

– Feuil., au moins les inférieures, finement laciniées. . . . 3

3 – Feuil. toutes sess., à laciniures courtes, rayonnant en éventail dans un même plan. . . . 8

– Non. 4

4 – Etam. 5-10. Stipules des feuil. soudées seul^t par leur tiers infér. avec le pétiole 5

– Etam. nombr. Stipules long^t soudées avec le pétiole. . . . 6

5 – Pét. à onglet jaune, pointus.

R. tripartitus GG et CG. 0,1-0,4. Feuil. ord^t de deux formes: les supér. pétiol., subpelt., 3-partites; les infér. à lacin. moll., se réunissant en pinceau hors de l'eau. Pédonc. de la longueur des feuil. Fl. petites. Carp. glabres. ♃. Mai, juill. RRR. Mares de Franchart et du rocher Bouligny (Fontainebleau), Beauvais.

– Pét. ent^t blancs, obtus.

R. ololeucos GG et CG. Espèce vois. de la précédente. Pédonc. plus longs que les feuil. Fl. assez petites. Carp. souv^t vel. avant la matur. ♃. Mai, juill. RR. Mares de la forêt de Fontainebleau.

6 – Récept des carp. velu. Etam. plus longues que les pistils . . 7

– Récept. nu. Etam. plus courtes que les pistils. 9

7 – Pédonc. de 0,03-0,05. Pét. larg^t obovál., contigus.

R. aquatilis (Grenouillette). 0,1-5 m. Feuil. rar^t toutes lacin.; ord^t de deux formes: les supér. rénif.-incis.; les infér. à long. laciniures, se réunissant en pinceau hors de l'eau. Pédonc. épais, attén. au sommet. ♃. Mares, eaux dormantes. CC.

– Pédonc. de 0,02-0,03. Pétales étroits, non contigus, caducs.

R. trichophyllus GG et CG. 0,05-0,40. Feuil. toutes à lacin. raides, courtes, diverg. en tous sens et ne se prenant pas en pinceau hors de l'eau. ♃. Mares, ruisseaux. C.

8. *R. divaricatus* GG et CG. Feuil. ne se prenant point en pinceau hors de l'eau. Pédonc. beaucoup plus

21 (suite).
longs que les feuil. Pét. larges, 2-3 f. aussi longs que le cal. Réceptacle des carp. hérissé. ♃. Juin, août. Mares. AC.

9. *R. fluitans* GG et CG. Pl. submergée, de 0,1 à 6 m. Feuil. toutes à long. laciniures parall. Pét. 5-10, larg., 2-3 f. aussi longs que le cal. Récept. et carp. glabres. ♃. Mai. Eaux courantes. CC.

10—Feuil. allong., ent. ou dent. 11
—Feuil. prof^t découpées. . 16

11—Fleurs subsessiles. Carp. fin^t tuberculeux 26
—Fl. pédonc. Carp. lisses. 12

12—Feuil. toutes sessiles . 13
—Feuil. infér. pétiolées. . 14

13—Tige glabre, de 0,2-0,4.

R. gramineus. Feuil. étr., allongées, analogues à celles des Graminées. Tige 1-6-fl. Carp. subglobuleux, irrég^t ridés. ♃. Mai, juin. Lieux secs. R. Fontainebleau, Malesherbes, Ermenonville.

—Tige pubesc., de 0,8-1,5. 15

14. *R. Flammula* (Petite-Douve). Tige fistul., qqf. radicante. Feuil. infér. long^t pétiolées, souv^t dentic.; les supér. lanc. ou lin. Fl. assez petites. ♃. Lieux humides. CC.

15. *R. Lingua* (Grande-Douve). Feuil. long^t lanc., ord^t dentées. Fl. grandes. Carp. très-nombr., glabres, compr., à bec large. ♃. Mares, fossés. AR.

16—Carpelles lisses 17
—Non 24

17—Carpelles en tête ovoïde ou en épi 23
—Carp. en tête arrondie. . 18

18—Cal. réfl. sur le pédonc. 22
—Cal. ouvert, mais non réfléchi sur le pédoncule 19

19—Feuil. rad. rénif., 3-lobées; (les premières rad. seulement crén., et plus petites). Pl. glabre.

R. auricomus. Tige nue jusqu'au premier ram. Feuil. caul. digit., à lacin. lin. Pédonc. lisses. Pét. souv^t avortés. Carp. pubesc. ♃. Lieux ombragés. CC.

—Non 20

20—Pédoncules sillonnés. . 21
—Non.

R. acris (Clair-bassin). Feuil. infér. palmatiséq. Carp. lisses, à bec arqué. ♃. Prés. CC. (Cult. double sous le nom de Bouton-d'or).

21—Carpelles à bec enroulé.

R. sylvaticus GG et CG. Tige très-vel., à poils étalés. Feuil. infér. palmatiséq., à segm. non pétiolés. ♃. Bois. AR.

—Carpelles à bec arqué.

R. repens (Pied-de-Poule, Bassinet). Tige émettant ord^t des rejets ramp. Feuil. infér. ord^t marbrées, à 3 segm. 3-fid. (le segment moyen pétiolé). ♃. Lieux humides. CC.

22. *R. bulbosus* (Pied-de-corbin, Rave St-Antoine). Rac. bulbeuse. Tige dress. Carp. à bec arqué. ♃. Prés, chemins. CC. (Cult. double).

23—Plante glabre 28
—Pl. velue-soyeuse.

R. Chærophyllos, 0,1-0,2. Rac. à fibres charnues. Feuil. presq. toutes rad., multifid.; les premières souv^t oval. dentées. Fl. 1-3. Sép. très-étalés. Carp. fin^t ponctués, en épi court. ♃. Mai. Lieux sablonneux. AR.

24—Carp. 3-8, gros, munis d'épines latérales. 27
—Carp. nombr., très-comprimés, tuberculeux. 25

25—Pétales dépassant le cal. Réceptacle velu.

R. philonotis GG et CG. Pl. pâle, vel. (qqf. naine, 1-2 fl.). Feuil. infér. oval.; les moyennes pinnatiséq. Pédonc. sill. Carp. à 1 ou 2 rangées de tubercules. ①. Lieux inondés. C.

—Pét. dépassant peu ou point le cal. Récept. glabre.

21 (suite).

R. parviflorus. Pl. diff. Feuil. infér., orbic., lobées. Pédonc. courts, non sill. Carp. couverts de tuberc. surmontés d'un poil crochu. ①. Lieux hum., haies. RRR. La Minière (vallée de la Bièvre)? Provins, côte de Champagne? Grignon.

26. *R. nodiflorus*. Pl. glabre. Fl. très-petites, latér., ou occupant les bifurcations de la tige. ①. Mai, juin. Mares des rochers siliceux. RR. Fontainebleau, La Ferté-Aleps, bois de Nanteau (Nemours).

27. *R. arvensis*. Tige dressée. Carpelles à rebord épais et à bec allongé presque droit. ①. Moissons, champs cultivés. C.

28. *R. sceleratus*. Pl. fistul. Pét. atteign[t] à peine la longueur du cal. Carp. 100 et plus, très-petits, en épi cylindr. après la floraison. ①. Lieux aquat. CC.

14—Fleurs bleues, roses ou blanches. 7

—Fleurs jaune-d'or.

Ficaria (Ficaire).

F. ranunculoides [Ranunculus Ficaria L] (Herbe aux hémorrhoïdes). 0,1-0,2. Rac. à fibres charnues. Feuil. pétiol., luisantes, cord., angul., crénelées. Fl. long[t] pédonculées. ♃. Mars, mai. Lieux couverts. CCC.

15. **Caltha** (Populage).

C. palustris (Souci-d'eau). Feuil. épaisses, luis., cordées-subrénif. Fl. grandes, d'un jaune vif doré. Sép. 5-7, pétaloïdes. Pét. nuls. Carp. 5-10, verticillés sur un rang. ♃. Avr., juin. Lieux humides. C.

16—Fleurs jaunes,

Eranthis.

E. hyemalis [Helleborus h. L]. 0,08-0,15. Rac. renflée. Une feuille radicale long[t] pétiol., peltée-orbic., palmatipart. Fl. solit. sur une collerette de même forme que la feuille radicale. Sép. 5-8, pétaloïdes. Pét. 5-8, très-courts, tubuleux. Carpelles 5-7, verticillés. ♃. Mars. Lieux couverts. RR. Pithiviers, Malesherbes, La Queue-en-Brie, parcs de Trianon, des Ternes, d'Arcueil, du Raincy.

—Non. 17

17—Feuil. 2-3-pinn., à découp. capill. Fl. bleuâtres. 19

—Non. 18

18—Fleurs verdâtres.

Helleborus (Hellébore). Feuil. très-grandes, palmatiséq. Sép. 5, herbacés. Pét. 5-10, très-petits, tubul., nectariformes. Carp. 3-10, verticillés, polyspermes.

1—Tige 2-4-flore, peu feuillée.

H. viridis. Feuil. d'un beau vert, toutes palmatiséq. Sép. étalés. ♃. Mars, avr. Lieux ombragés. AR.

—Tige multifl., très-feuillée.

H. fœtidus (Pied-de-griffon). Feuil. infér. vert-foncé, palmatiséq.; les florales oval., ent., blanchâtres. Sép. concaves, dressés. ♃. Févr., mai. Lieux secs. AC.

—Fleurs blanches.

21 (suite).

Isopyrum.

I. thalictroides. Feuil. molles, 1-2-tern., à segm. obt. Fl. 2-6. Sép. 5, pétaloïd., cad. Pét. 5, très-petits, en cornet, nectarif. Carp. 1-3, libres, polysp. ♃. Mars, avr. Bois. RRR. Carrefour de Vélizy (Meudon), Poligny.

19. **Nigella** (Nigelle). Feuil. à découp. capillaires. Fl. bleuâtres. Sép. 5, pétaloïd. Pét. 5-10, très-courts, nectarif., à 2 lèvres inég. Styles très-allongés. Carp. 5-10, verticillés.

1—Fleurs entourées d'une large collerette à découp. capillaires.

N. Damascena (Cheveux-de-Vénus). Sép. bleus. Fl. grandes. Carp. 5, soudés jusqu'au sommet. ①. (Cult. orn.). Qqf subspontané.

—Fleurs sans collerette.

N. arvensis. Sép. blanchâtr., veinés de bleu. Carp. 5-7, à moitié soudés entre eux. ①. Moissons. CC.

20—Éperons 5.

Aquilegia (Ancolie).

A. vulgaris (Gants-de-N.-D.). Tige droite. Feuil. infér. long[t] pétiolées, 2 fois 3-séquées; les caul. 1-3, subsessiles. Sép. 5, pétaloïd. Pét. 5, en corne d'abondance, bleus ou rosés. Carp. 5, libres, entourés de 10 écailles. Styl. très-allongés. ♃. Bois. AC. (Cult. orn.).

—Un éperon.

Delphinium (Dauphinelle). Feuil. à découp. capillaires. Sép. 5, pétaloïd., inég.; le supér. prolongé en cornet pointu ou éperon. Pét. 4, soudés en un seul qui se prolonge en un éperon inclus dans celui du calice. Un carpelle.

1—Fleurs en panicules lâches.

D. Consolida. Tige très-rameuse. Fl. bleues. ①. Moissons. C.

—Fleurs en épis longs, serrés.

D. orientale GG (Pied-d'alouette). Tige droite, peu ram., très-feuillée. Fl. bleues, roses ou blanches. ①. (Cult. orn.). Vois. des habitations.

21. **Aconitum** (Aconit).

A. Napellus (Casque-de-Jupiter, Char-de-Vénus). 0,8-1,2. Rac. en forme de navet. Tige dress. Feuil. palmatipart., luis. Fl. bleu-violacé, en longues grappes terminales. Sép. 5, pétaloïd., inég.; le supér. en casque. Pét. 5-8, très-inég.; les 2 supér. renfermés dans le casque du cal. Carp. 3-5, libres, acum. ♃. Lieux frais. RR. Mareuil-sur-Ourcq, Villers-Cotterets, Thury, Fay près Chaumont (Oise), Marines. (Cult. orn.).

22. **Actæa.**

A. spicata (Herbe de St-Christophe). 0,4-0,8. Tige nue infér[t]. Feuil. 2-3-pinn., long[t] pétiolées. Fl. petites, blanch., en grappes axill. long[t] pédonculées. Sép. 4, pétaloïd. Pét. 4, très-étroits. Étam. nombr. Baie noire. ♃. Mai, juin. Bois. R. Magny, Gournay, St-Germer, Mantes, Canneville (Chantilly), Ermenonville, Compiègne, Chaumont.

22. MAGNOLIACÉES.

Liriodendron.

L. tulipifera L et CG (Tulipier). Arbre de 10-20 m. Feuil. arrond., à 4 lobes sin.-dentés. Stipul. larges. Fl. grandes, jaunâtres. Sépales 3. Pétales 6, sur deux rangs, connivents. Ovaires nombreux, imbriqués, en épi. (Orn.). Meudon, Malesherbes.

23.—Plante décolorée dans toutes ses parties, livide. Feuilles réduites à des écailles **150**
—Non **24**
24—Feuilles épaisses, mucilagineuses. Calice caduc, de 2 (rarement 3) pièces **113**
—Non **25**
25—Corolle régulière **26**
—Corolle irrégulière. **32**
26—Pétales 4 ou moins **36**
—Pétales 5 ou plus. **27**
27—Tige herbacée. **56**
—Tige ligneuse **28**
28—Etamines 6 ou plus **29**
—Etamines 5 ou moins **75**
29—Tige non épineuse. **73**
—Tige épineuse.

BERBÉRIDÉES.

Berberis.

B. vulgaris (Épine-Vinette). Feuil. alt., oval., fascic. Fl. en grappes pendantes, jaunes. Sép. 6, pétaloïd., accompagnés de 3 bract. très-cad. Pét. 6. Etam. 6. Style 1. Stigm. large, orbic. Baie allongée, rouge, acide, 1-locul. ♃. Haies, parcs. C. (Baie alim.).

30—Feuil. n'ayant pas un pouce de large. Etam. soudées par la base en 3-5 faisceaux. **72**
—Feuilles très-amples.

NYMPHÉACÉES. Pl. d'eau. Feuil. radicales, larges, cordées. Fl. solitaire, longt pédonc., très-grande. Sép. 4-5, épais. Pét. très-nombr. Étam. très-nombr. : les externes souvent aplaties, pétaloïd. Stigmate sessile, en disque entier ou lobé. Fr. pulpeux, polysperme.

1—Fleurs blanches.

2.

Nymphæa.

N. alba (Nénuphar, Lis des étangs). Fl. diurne. Sép. 4. Stigmate convexe au centre, à découpures infléchies sur le bord. ♃. C.

—Fleurs jaunes.

Nuphar.

N. luteum [Nymphæa l. L] (Nénuphar jaune, Plateau). Sép. 5. Pét. plus courts que le cal. Stigm. ombiliqué, à bord un peu ondulé. ♃. C.

31—Feuilles simples très-entières, épaisses. . . . **113**

—Feuilles pinnées, pinnatifides, ou sinuées.

PAPAVÉRACÉES. Herbes à suc laiteux. Feuil. alternes. Sép. 2, très-caducs. Pét. 4, caducs. Etam. en nombre indéfini. Stigmate simple ou divisé, subsessile. Capsule polysperme.

1—Fruit linéaire. Suc jaune. 2

—Fruit ovoïde. Suc blanc.

Papaver (Pavot). Fl. terminales, penchées avant l'épanouissement. Stigm. formant 4-15 rayons soudés sur un plateau qui couronne l'ovaire.

1—Feuil. caul. pinnatifides, non embrassantes. Fl. rouges. . . 2

—Feuil. caul. sinuées embrass. Fl. blanch., violac. ou panachées.

P. somniferum (Pavot à opium). 1 m. et plus. Fl. grandes. ①. (Cult. off.; huile d'œillette; orn., à fl. doubles et de nuances diverses). Qqf. subspont. près des habitations.

2—Capsule glabre 3

—Capsule hérissée 4

3—Caps. presque globuleuse.

P. Rhæas (Coquelicot). Fl. ayant au moins 0,05 de diamètre. Stigm. à 8-10 rayons. ①. Moissons. CC.

—Capsule conique allongée.

P. dubium. Fl. ayant au plus 0,03 de diamètre. Stigm. à 5-7 rayons. ①. Champs. C.

4—Capsule 3-4 fois aussi longue que large.

P. Argemone. Stigm. à 4-6 rayons. ①. Champs. AC.

—Capsule ovoïde.

P. hybridum. Feuil. à div. lin. Stigm. à 4-8 rayons. ①. Champs. AC.

2—Pédoncules uniflores.

Glaucium.

G. luteum GG [G. flavum CG, Chelidonium Glauc. L] (Pavot cornu). Feuil pinnatifid., embrass. Fl. jaun., grand. Siliq. de 0,15-0,25 de long. ②. RR. Subspont. Bougival, La Roche-Guyon, Malesherbes.

—Fleurs en ombelle.

Chelidonium.

C. majus (Eclaire, Felougne, Herbe-aux-Verrues). Feuil pinnatifid., incisées. Silique de 0,02-0,05 de long. ♃. CCC.

32—Calice d'une seule pièce. **91**

—Calice de plusieurs pièces 33
33—Calice de 2 ou 3 pièces 34
—Calice de plus de 3 pièces 40
34—Plante herbacée, non épineuse. 35
—Sous-arbrisseau très-épineux 92
35—Feuilles simples entières. 55
—Feuil. composées, à folioles prof[t] incisées.

FUMARIACÉES. Herbes. Feuil. alt., 2-3-pinn. Fl. en grappes. Sép. 2, petits, caducs. Pét. 4, inég.; les infér. cohérents au sommet; le supér. éperonné à la base. Etam. 6, soud. en 2 faisceaux. Style filiforme. Caps. 1.

1—Capsule allongée en forme de silique.

Corydalis. Capsule polysperme.

1—Tige simple. Fl. purpurines ou blanches. 2
—Tige rameuse. Fl. jaunes. 3
2—Bractées entières.

C. cava [Fumaria bulbosa α L]. Rac. tuberc. creuse. Feuil. 1-2. Eperon épaissi, courbé au sommet. Pédic. 3 f. plus court que la caps. ♃. RRR. Trianon?, Malesherbes.

—Bract. découpées.

C. solida [Fumaria bulbosa β L]. Rac. tuberculeuse pleine. Eperon aminci, à peine courbé au sommet. Pédic. aussi long que la caps. ♃. AR. Assez fréquent dans le dép[t] de l'Oise.

3.*C. lutea* [Fumaria l. L] (Fumeterre jaune). Rac. fibreuse. Eperon recourbé, court. ♃. Murs, rochers. AR.

—Capsule globuleuse.

Fumaria (Fumeterre). Capsule monosperme.

1—Sép. lanc. ou lin., plus étr. que la cor., ou la débordant à peine. 2
—Sép. suborbic., beaucoup plus larges que la base de la corolle. 5
2—Sép. plus larg. que le pédic. 3
—Sép. petits, plus étroits que le pédicelle. 6
3—Caps. non apiculée . . . 4
—Caps. apiculée au sommet. 7
4—Caps. globuleuse ovoïde.

F. capreolata. Feuil. à segm. oval., à pétiole accrochant. Fl. ord[t] blanch. ou rosées. Caps. lisse. ①. AC.

β. *muralis* GG [F. Bastardi CG]. Fl. ord[t] purpur. Caps. rugueuse. AR.

—Caps. plus large que longue, un peu échancrée au sommet.

F. officinalis (Fumeterre). Feuil. à segm. lin. plans. Fl. purpur. ou rougeâtres. ①. CCC. (Off.).

β *scandens*. Pétiole accrochant.

5.*F. densiflora* GG et CG. Feuil. à lob. lin. aig. Fl. pourpr. ou rosées, en grappes denses. Caps. lisse, ent[t] globul. ①. Lieux cult. AC.

6.*F. Vaillantii* GG et CG. Tige peu étal. Feuil. à lob. plans, lin. Fl. purpur., en grappes courtes. Caps. non apiculée à la maturité. ①. Lieux cultivés. AC.

7.*F. parviflora* GG et CG. Feuil. à lob. filif., canalic. Fl. très-petites, blanchâtr., en grappes très-courtes. ①. Lieux sablonn. AC.

36—Arbre ou arbrisseau 80
—Non 37
37—Feuilles opposées. Plus d'un style. 66
—Feuilles alternes. Style unique. 38
38—Etamines 8-10. 79
—Etam. 6, dont 4 plus grandes; (rar[t] 4 ou 2).

CRUCIFÈRES. Sép. 4, libres. Pét. 4, opposés en croix, rétrécis en onglet. Étam. 6, dont 4 plus longues et 2 plus courtes (Tétradynamie de Linné), qqf. réduites à 4 et même à 2. Style 1, qqf. nul. Fruit allongé (silique), ou court (silicule), ord[t] 2-loculaire; graines formant 1 ou 2 séries longitudinales dans chaque loge.

1—Fruit au moins 4 fois plus long que large (silique) 2
—Non (silicule). 38
2—Silique renflée spongieuse, ou noueuse et comme articulée.

Raphanus. Pl. hisp. Feuil. infér. lyr. pinnatifid.; les supér. oblong., incis.-dent. Sép. dress.; les latér. bombés à la base. Pét. à veines foncées. Bec de la siliq. long, coniq. Gr. 1-sér.

1—Siliq. oblongue, coniq., spongieuse, 2-loculaire.

R. sativus. Rac. charnue. Fl. blanch. ou violettes. ①. (Cult. alim.).

α. Radicula (Radis, petite Rave). Racine blanche ou rouge.

β. niger (Raifort, Radis noir). Racine volumineuse, noire.

—Siliq. cylindr. acum., 1-locul., séparée à la maturité en articles 1-sp.

R. Raphanistrum. Rac. grêle, pivotante. Fl. jaunes ou blanches, veinées de violet. ①. Champs. CCC.

—Non. 3
3—Stigmate entier ou à peine échancré. 4
—Stigmate nettement divisé en 2 lames. 13
4—Fleurs jaunes ou jaunâtres 5
—Fleurs blanches, roses ou violacées. 16
5—Silique nettement tétragone. 26
—Non. 6
6—Feuilles caulinaires embrassantes. 14
—Non 7
7—Silique terminée par un bec long de 2 lignes ou plus, et qui commence où les graines finissent. . . . 8
—Non. 19
8—Sépales étalés 9
—Sépales dressés. 10
9—Siliques serrées contre la tige. 18

38 (suite).

—Non. 12

10—Plante hispide. Feuilles toutes pinnatifides, . . 11

—Plante glabre. Feuil. supér. entières ou dentées.. 18

11—Fl. pâles, veinées de pourpre. Graines 2-sériées dans chaque loge. 13

—Fl. jaunes. Graines 1-sériées. 12

12. **Sinapis** (Sénevé). Pl. velue. Fl. jaunes. Style conique comprimé. Silique subcylindrique, subtoruleuse. Gr. 1-sér.

1—Feuil. supér. pinnatifid. . 2

—Feuil. supér. entières, dent.

S. arvensis (Moutarde sauvage, Jotte). Sép. étalés. Siliq. glabre ou vel. Bec long, coniq., subtétragone. ①. CCC.

2—Sépales dressés. Bec plus court que la silique.

S. Cheiranthus GG et CG. Lobes des feuil. supér. linéaires. Style coniq., ayant 1-2 graines à sa base. Siliq. étal., glabres. ②. Lieux arid. AC.

—Sép. étalés. Bec plus long que la silique.

S. alba (Moutarde blanche). Siliq. étalées, hispides. Bec long, un peu courbé. ①. Champs. C. (Off.).

13—Feuilles entières 25

—Feuilles lyrées-pinnatifides.

Eruca.

E. sativa [Brassica Eruca L] (Roquette). Pl. vel. Lobe term. des feuil. très-grand. Fl. jaune-pâle, vein. de pourpre. Sép. dress., égaux. Style long, compr. Siliq. serrées contre la tige. Gr. 2-sér. ① ②. Lieux arid., murs. RR. Dreux, Vétheuil, La Roche-Guyon. (Qqf. cult., alim.).

14—Feuil. supér. entières, sinuées ou à peine dentées. 15

—Toutes les feuil. prof^t incis.; les supér. angul. dent. 27

15—Pédicelles et siliques ouverts et écartés de la tige. 18

—Pédicelles et siliques très-rapprochés de la tige. 35

16—Feuilles caulinaires embrassantes. 17

—Non. 28

17—Pédicelles et siliques très-rapprochés de la tige. 35

—Pédicelles et siliques ouverts et écartés de la tige. 18

18. **Brassica** (Chou). Feuil. infér. lyr.-pinnatifid., pétiol.; les supér. ent. ou incis.-dent. Siliq. lin.-cylindr., ou subtétragone, à valves munies d'une nerv. dorsale saill. Gr. globul., 1-sér.

1—Feuil. toutes pétiolées. . 4

—Feuil. supér. sess. ou embrassantes. 2

2—Feuil. supér. prolongées à la base en deux oreilles embrass. Sép. étal. Etam. très-inégales . . . 3

—Feuil. supér. sess., non embrass. Sép. dressés. Etam. presq. égales.

B. oleracea. Tige dress. lisse. Feuil. un peu charnues. Pédonc. étal. Fl. jaunes, rar^t blanches. Siliq. bosselée. ① ②. (Cult. sous une foule de variétés).

38 (suite).

α. acephala. Feuil. étal. planes : tige haute et robuste (Chou rameux, Chou cavalier). — Feuil. vert-glauq. (Chou vert). — Feuil. rouge-vineux (Chou rouge). — Feuil. garnies à leur aisselle de bourgeons en rosette ou en tête Chou de Bruxelles).

β. bullata. Tige un peu allongée. Feuil. d'abord presque en tête, peu étal., crépues ou ondulées (Chou frisé ou Chou de Savoie, de Milan).

γ. capitata. Tige courte. Feuil. vertes ou rouges, concaves, non frisées, en tête avant la floraison (Chou pommé ou Chou cabus).

δ. caulorapa. Tige renflée charnue à la base (Chou rave).

ε. botrytis. Ram., pédonc. et fl. changés par l'afflux de la sève en une masse charnue, mamelonnée, blanche (Chou-fleur), ou jaunâtre violette (Brocoli).

3—Feuil. infér. glabr. Fl. espacées dès l'épanouissement.

B. Napus. Fl. jaun. Pédonc. étal. Siliq. bosselées, très-étal. ① ②.

α. oleifera (Colza). Rac. grêle, pivotante. (Huile à brûler).

β. esculenta (Navet). Rac. renflée charnue. (Alim.).

—Feuil. infér. hériss.-ciliées. Fl. rapprochées au sommet lors de l'épanouissement.

B. asperifolia GG. Fl. jaun. Pédoncules étal. Siliq. bosselées, redressées. ① ②.

α. oleifera [B. campestris L] (Navette d'été). Rac. grêle. (Huile à brûler).

β. Rapa L (Rave, Rutabaga). Rac. renflée, à épiderme blanc, rose ou noir.

4. *B. nigra* [Sinapis n. L] (Sénevé, Moutarde noire). Feuil. infér. hériss., à lobe term. très-grand; les supér. ord[t] glabres, atténuées aux 2 bouts. Fl. jaun. Sép. étal. Pédonc. et siliq. dressés contre la tige. ①. Champs. AC.

19—Tige nue supérieurement. 20
—Tige feuillée supérieurement 21
20—Graines unisériées dans chaque loge. 22
—Graines 2-sériées dans chaque loge.

Diplotaxis. Pl. exhalant par froissement une odeur désagréable. Fl. jaun. Siliq. subcylindr. compr., uninervée, à bec court. Graines ovales.

1—Sépales glabres 2
—Sép. hériss. de poils raides. 3
2—Pét. plus petits que le cal. 4
—Pét. plus grands que le cal.

D. tenuifolia [Sisymbrium t. L]. 0,3-0,8. Tige sous-frutescente à la base, lisse, feuillée jusqu'aux ramifications supér. Feuil. irrég[t] pinnatifid. Sép. jaun., étalés. ♃. Lieux secs. CC.

3. *D. muralis* [Sisymbrium m. L]. 0,1-0,4. Tige feuillée à la base. Feuil. sinuées dent. ou pinnatipart. Sép. dressés. Pét. dépass[t] le calice. ② ♃. Lieux arid. AC.

4. *D. viminea* (Sisymbrium v. L). 0,1-0,3. Tige grêle, basse, couchée. Feuil. presq. toutes rad., glabres, dent., sinuées ou pinnatifid. ①. Vignes, lieux cult. C.

21—Siliq. n'ayant pas 6 lignes de long. Graines 2-sér. 34
—Siliq. ayant plus de 6 lignes, linéaire. Gr. 1-sér. 22
22—Fleurs jaune-pâle. Siliq. à valves uninervées.. . 24

38 (suite).

—Fleurs jaunes. Siliq. à valves 1-3-nervées . . . 23

23—Feuil. moyennes embrass. la tige par leurs segm. infér. Siliq. à valves uninervées 24

—Feuil. moyennes n'embrassant jamais la tige. Siliq. à valves 3-nervées 33

24. **Erucastrum**. Pl. vel. Feuil. pinnatifid. Style court coniq. Stigm. discoïde. Siliq. subtétragone. Gr. comprimées.

1—Sép. dressés. Fl. jaune-pâle.

E. Pollichii CG [Diplotaxis bracteata GG]. 0,1-0,4. Feuil. à segm. dentés. Fl. infér. munies de bractées pinnatipart. ①. RRR. Bords de la Seine près Grenelle? et à Sartrouville.

—Sép. très-étalés. Fl. jaunes.

E. obtusangulum CG [Brassica Erucastrum L, Diplotaxis Erucastrum GG]. 0,3-0,6. Feuil. à segm. lob.; les caul. embrass^t la tige par leurs 2 segm. infér. Fl. infér. sans bractées. ② ♃. Lieux arid. RRR. Coteau de Beauté et Minimes (Vincennes)?, abondant près de Chelles.

25—Fleurs lilas ou blanches.

Hesperis.

H. matronalis (Julienne). Pl. vel. Feuil. lanc.-dent.; les caul. sess. Sép. dress., les latér. bombés à la base. Fl. odorantes le soir. Stigm. fendu en 2 lames. Siliq. cylindr. ②. ♃. Haies, buissons. (Cult. simple ou double, orn.).

—Fleurs jaunes.

Cheiranthus (Giroflée).

C. Cheiri (Ravenelle-jaune). Tige sous-frutescente. Feuil. ent. Fl. odorantes. Sép. dress.; les latér. bombés à la base. Stigm. divisé en 2 lames. Siliq. subtétragone, fort^t nervée. Murs, rochers. CCC.

β. *hortensis*. Fl. veinées de brun. (Cult. orn.).

26—Feuilles inférieures pinnatipartites 27

—Toutes les feuilles entières.

Erysimum (Vélar). Tige dressée. Feuil. entières. Sép. dressés. Style court. Siliq. linéaire, nettement tétragone.

1—Feuil. caul. subsess., atténuées à la base. Pét. à limbe étalé. 2

—Feuil. caul. cord., embrassantes. Pét. à limbe dressé. . . 3

2—Feuil. ent. dentic., molles.

E. cheiranthoides. Fl. jaun. Siliq. 1-2 f. plus longue que le pédic. ①. Lieux hum. C.

—Feuil. sin. dent., rudes.

E. cheiriflorum [E. hieracifolium L]. Fl. jaunes. Siliq. 6-7 fois plus longue que le pédic. Stigm. obscurément 2-lobé. ②. Lieux secs. R. Fontainebleau, coteaux du Loing, Provins.

3. *E. orientale* CG [Brassica or. L, E. perfoliatum GG]. Pl. glabre glauq. Pét. jaune-pâle. Siliq 8-10 fois plus longue que le pédic. ①. Champs secs. R. Le Châtelet (Melun), Lardy. Etrechy, Malesherbes, Nemours, Oulins (Anet).

27—Plante velue. 24

—Plante très-glabre.

38 (suite).

Barbarea. Feuil., au moins les infér., lyr. pinnatipart.; les caul. embrass. Fl. jaunes. Siliq. tétragone, à valves munies d'une forte nervure dorsale. Gr. 1-sériées.

1—Feuil. supér. ovales, dentées. *B. vulgaris* [Erisymum Barbarea L] (Herbe de Ste-Barbe). Feuil. infér. à lobe term. arrondi, très-grand. Siliq. courte, à bec allongé. ② ♃. Champs et prés hum., fossés. CC. (Off.; cult. double, orn.).

—Feuil. supér. pinnatipartites. *B. patula* GG [B. præcox CG]. Fl. pâles. Siliq. de 0,04-0,06. ②. Subspont.; vois. des hab. R. St-Germain, Beauvais, Betz.

28—Plusieurs feuilles de la tige simples. 29
—Toutes les feuilles pinnatifides. 30
29—Feuilles velues. 35
—Feuilles glabres. 33
30—Tige couchée radicante 34
—Non. 31
31—Tige nue infér^{t}. Souche horizontale, charnue, articulée, écailleuse. Feuil. souv^{t} munies de bulbilles à leur aisselle. Sépales dressés 37
—Non. 32
32—Fleurs en grappes corymbiformes non feuillées . 36
—Grappes allongées formées de fleurs solitaires à l'aisselle des feuil. supérieures. 33

33. **Sisymbrium.** Sép. égaux. Silique cylindr., à valves 3-nervées. Graines ord^{t} 1-sériées.

1—Fleurs jaunes. 2
—Fleurs blanches. 5
2—Feuil. lyrées, ou pinnatifides, ou très-composées 3
—Feuil. simples 9
3—Feuil. décomposées en segm. capillaires. 10
—Non. 4
4—Siliques étalées. 6
—Siliq. appliquées sur la tige. *S. officinale* [Erysimum off. L] (Herbe au Chantre, Tortelle, Vélar). Fl. petites. Siliq. attén. en pointe grêle. ①. CC. (Off.).
5—Feuil. ent., cord., dentées. 7
—Feuil. pinnatifides. *S. supinum* [Braya s. CG]. 0,1-0,3. Fl. très-petites, en grappes feuillées. Gr. 2-sér. ①. Bord des Rivières. AR.
6—Siliq. grêle, lisse. . . . 8
—Siliq. épaisse, couverte de petits tubercules blanchâtres. *S. asperum* [Nasturtium asp. CG]. 0,05-0,30. Pédic. épais, très-courts. Gr. 2-sér. ①. Sables hum. RRR. Pont d'Ivry?, vallée du Loing (Loiret).
7. *S. Alliaria* [Erysimum A. L] (Alliaire). Pl. à odeur d'ail. Feuil. infér. long^{t} pétiol. ♃. Lieux frais. CC. (Off.).
8. *S. Irio* (Vélaret). Feuil. infér. à 5-11 lobes angul.; les supér. hastées, à lobe term. très-long. Sép. jaunâtres. Siliq. un peu bosselée, à pointe très-courte. ① ②. CC.
9. *S. strictissimum*. Feuil. lanc. dentées. ♃. Un parc à Clamart, bois de Boulogne?

38 (suite).

10. *S. Sophia* (Sagesse des chirurgiens). Fl. petites. Pét. plus courts que le cal. Siliq. lin., grêle. ①. CCC.

34. **Nasturtium**. Pl. glabres. Sép. égaux, étalés. Siliq. cylindr., ou silicule. Gr. 2-4-sériées dans chaque loge.

1—Fleurs jaunes. 2
—Fleurs blanches.

N. officinale [Sisymbrium Nasturtium L] (Cresson de fontaine). Tige couch. radicante. Feuil. pinnatifid. Siliq. arquée. ♃. Ruisseaux, étangs. CC. (Alim.).

2—Silicule 3
—Silique.

N. sylvestre [Sisymbrium s. L]. Pl. sensibl[t] glabre. Feuil. toutes pinnatifid. Sép. jaunâtr. Fl. jaune-vif. Siliq. lin., arq. ♃. Lieux hum. CC.

β. *anceps*. Siliq. dépass[t] à peine la moitié de la longueur du pédic. RR. Bords de la Seine (Grenelle)?, prairie de Longueville (Provins)?, Episy (Moret).

3—Sépales de moitié plus courts que les pétales 4
—Sép. égalant les pétales.

N. palustre CG [Roripa nasturtioides GG]. 0,1-0,4. Feuil. moll., toutes pinnatifid. Sép. jaun. Fl. jaune-pâle, en grappes très-fournies. Silicule enflée, oblong., bosselée, égalant le pédic. ②. Sables hum. AC.

4—Pl. de 0,1-0,2. Feuilles caul. pinnatiséq., à 7-11 segm. écartés, lin., très entiers.

N. Pyrenaicum CG [Sisymbrium Pyr. L, Roripa P. GG]. ♃. Pelouses sablonn. RRR. Dordives (Loiret).

—Pl. de 0,5-1,0. Feuil. caul. ent. dent., ou à segm. incis.-dentés.

N. amphibium CG [Sisymbrium a. L, Roripa a. GG]. Feuil. fermes. Sép. jaunes. Fl. jaune-vif. Silicule 3 f. plus courte que le pédic. ♃. Bord des eaux. CC.

35. **Arabis** (Arabette). Feuil. supér. entières. Sép. dressés. Siliq. lin., comprimée. Gr. 1- ou 2-sér. dans chaque loge.

1—Feuil. caul. embrassantes. 2
—Non. Gr. 1-sériées. . . . 5
2—Feuil. glabres Gr. 2-sér. . 4
—Feuil. vel. Gr. 1-sériées. . 3
3—Feuil. rad. détruites à la floraison. 6
—Non.

A. sagittata GG et CG. Perd ses poils en vieillissant. Feuil. caul. à oreilles ord[t] sagitt. Fl. petites, blanch. Siliq. très-longues, serrées contre la tige. ②. C.

4. *A. perfoliata* GG [Turritis glabra]. Pl. glauq. Feuil. caul. sagitt. Fl. blanch. ou jaune-pâle. Siliq. 4-6 f. plus long. que le pédic., serrées contre la tige. ②. Bois secs. AC.

5—Feuil. rad. oval.-entières.

A. Thaliana [Sisymbrium T. CG] Fl. très-petites, blanch. Siliq. étalées. ①. Lieux secs. C.

—Feuil. rad. pinnatifides.

A. arenosa [Sisymbrium a. L]. Sép. inég. Fl. rosées, rar[t] blanch. Siliq. étalées. ①. Lieux secs. RR. Les Andelys, Vernon, Argenteuil?, Ermenonville?

6. *A. Turrita*. Feuil. caul. à oreilles toujours arrond. Fl. blanc-jaunâtre. Siliq. très-long., arquées. Gr. larg[t] ailées. ② Lieux arid. RRR. Gare de Grenelle?

36. **Cardamine**. Feuil., même les supér., pinnatipart., pétiol. Style court. Siliq. grêle lin., compr. Gr. 1-sériées.

38 (suite).

1—Pét. dépassant long^t le calice, blancs ou rosés 2

—Pét. petits, souv^t à peine visibles, toujours blancs. . . . 3

2 - Feuil. supér. à segm. lin. ent.

C. pratensis (Cresson des prés). Fl. lilas, rar^t blanches. Anthères jaunes. ♃. Lieux hum. CC.

—Feuil. toutes à segm. larges, anguleux.

C. amara (Cresson amer). Pl. glabre. Fl. blanch., rar^t roses. Anthères violettes. ♃. Lieux hum. AR.

3—Plante glabre. Feuil. à 13-19 segments.

C. impatiens. Feuil. caul. à pétiole auriculé embrass. ②. Lieux hum. RR. St-Pierre (Compiègne), Marcoussis?

—Pl. velue infér^t. Feuil. à 5-9 segments.

C. hirsuta. Feuil. caul. 2-3, à pétiole non auric.-embrass. Etam. ord^t 4. ①. Lieux hum. RR. Compiègne, Ville-d'Avray, Fontenay-aux-Roses, Senlisse, Palaiseau.

β. *sylvatica*. Etam. 6. Feuil. caul. 6-12, plus grandes que les rad. ② ou ♃.

37. **Dentaria**. Souche charnue, écaill., horizontale. Tige nue infér^t, dressée, ord^t simple. Feuil. pinnatifid., pétiol. Fl. blanch. ou lilas. Sép. fermés. Siliq. lanc., aplatie. Gr. 1-sériées.

1—Feuil. toutes pinnatiséq.

D. pinnata GG et CG. Feuil. peu nombr., (2-4), sans bulbille. ♃. RRR. Bois de la Cendrée (Longpont).

—Feuil. supér. indivises, dent.

D. bulbifera. Feuil. nombr.; les supér. portant un bulbille à leur aisselle. ♃. Avr., mai. Bois. RR. Villers-Cotterets, Compiègne, forêt de Conches, La Fère, St-Germer, Meilleray (La Ferté-Gaucher).

38 - Fleurs blanches ou rosées. 39

—Fleurs jaunes. 47

39—Pétales égaux. 40

—Pétales inégaux. 52

40—Silicule comprimée. 41

—Silicule renflée 45

41—Tige herbacée. 43

—Tige sous-ligneuse, pubescente, gris-cendré. . . . 42

42. **Alyssum** (Alysson). Feuil. entières, atténuées à la base. Sép. dressés. Filets des étam. denticulés. Silicule orbic., comprimée par le dos, à 2 loges 1-3-spermes.

1—Fleurs jaune-vif 2

—Fl. jaune-pâle; style très-court.

A. calycinum. Cal. persistant. Fl. d'abord jaunes, puis blanches, en grappes très-accresc. ①. Lieux arides. CC.

2—Grappes fructifères, lâches, allongées. Silicule pubescente.

A. montanum. Cal. caduc. Style égal^t au moins la moitié de la silicule. ♃. Lieux sabl. R. St-Maur, Fontainebleau, Bourron.

—Grappes fructifères courtes, en panicule. Silicule glabre.

A. saxatile L et CG (Corbeille d'or). ♃. (Cult., orn.). Murs voisins des habitations.

43—Silicule échancrée au sommet. 60

38 (suite).

—Silicule sans échancrure sensible au sommet. . . 44

44—Tige feuillée. 61

—Tige nue.

Draba (Drave).

D. verna. 0,04-0,12. Feuil. en rosette rad., vel., ent. ou dentées. Fl. blanch., en grappes lâches. Pét. 2-fides. Style presque nul. Silicule long[t] pédic., compr., ovale, à 2 loges polysp. ①. Févr., avr. CC.

45—Feuilles larges et redressées. 46

—Feuil. inférieures prof[t] découpées, couchées. . . . 51

46—Loges monospermes 62

—Loges polyspermes.

Cochlearia. Pl. glabres. Sép. égaux. Pét. égaux, entiers, blancs. Silicule renflée, à 2 loges 2-6-spermes.

1—Feuil. supér. présentant de nombreuses crénelures.

C. Armoracia [Roripa rusticana GG] (Raifort sauvage, Cran de Bretagne). 0,6-1 m. Souche charnue. Silicule fin[t] réticulée. ♃. (Cult.; off., alim.). Vois. des habitations.

—Non. 2

2—Feuil. radicales atténuées en pétiole.

C. glastifolia. 0,4-1 m. Feuil. caul. lanc., à long. oreilles embrass. ①. Vieux murs. RRR. Nemours, environs de Thury.

—Feuil. rad. cord., courbées en cuillère.

C. officinalis (Cochléaria. Cranson, Herbe aux cuillères). 0,1-0,3. Feuil. caul. angul.-sin., embrass. ②, ♃. (Cult., off.).

47—Silicule comprimée. 56

—Silicule renflée 48

48—Loges polyspermes. 49

—Loges monospermes. 50

49—Silicule oblongue ou subglobul. Plante glabre. . . 34

—Silicule obovale pyriforme. Pl. plus ou moins velue.

Camelina (Cameline).

C. sativa [Myagrum s. L]. Feuil. infér. lanc., atténuées à la base; les caul. ent. ou dent., sagitt., embrassantes. Fl. jaunâtres. Silicule à nerv. dorsale embrassant la base du style, à 2-log. polysp. Gr. 2-sér. dans chaq. loge. ①. Moissons. (Cult., huile à brûler).

50—Feuilles caulinaires non embrassantes. 55

—Feuilles caulinaires embrassantes.

Neslia.

N. paniculata [Myagrum p. L]. 0,3-0,6. Tige dressée. Pl. velue. Feuil. ent. ou denticul.; les supér. sagitt., embrass. Fleurs petites, jaune-pâle. Silicule subglobul., petite, rugueuse, presque lign., à forte nerv. dorsale embrassant la base du style, à 2 (souv[t] 1) loges 1-sp. ①. Champs maigres. AC.

51—Feuil. caul. embrass., entières. Silicule à 1 loge. . 54

38 (suite).

—Feuil. caul. non embrass., pinnatifid. Silicule à 2 log. 63
52—Tige feuillée. 53
—Tige presque nue. 59
53—Pét. très-inég. Style distinct. Silicule comprimée. 58
—Pét. peu inég. Style presq. nul. Silicule globuleuse. 54

54. **Calepina.**

C. Corvini GG et CG (Faux Cranson). Pl. glabre. Feuil. rad. lyr., pétiol., étal. sur la terre; les supér. oblong., sagitt.-embrass. Fl. petites, blanches. Silicule globul., rugueuse, presque lign., à bec court, à 4 nerv. disposées en croix, à 1 loge 1-sp. ①. RRR. Berges du Loing, près Nemours.

55. **Bunias.**

B. orientalis. Tige vel. rude. Feuil. infér. oblong., sin.-dent.; les caul. sess. Fl. jaun., en grappes lâches. Silicule ovoïde à 2 log. 1-sp., superposées. Style très-court. ②, ♃. RRR. Se trouvait, naturalisé, aux bois de Boulogne et de Vincennes.

56—Tige sous-ligneuse, ayant au plus 0,3, couverte d'une pubescence gris-cendré. 42
—Non. 57
57—Silicule à base non échancrée.

Isatis (Pastel).

I. tinctoria. 0,4-1 m. Feuil. infér. lanc.; les caul. embrass. auric. Fl. petites, jaunes, en grappes dress. Silicule compr., oblongue-cunéif., à pédic. réfl., à bords dilatés, à 1 loge 1-2-sp., noire à la maturité. Lieux arides. AC.

α. *sativa* (Vouède). Feuil. glabres. (Teinture bleue).

β. *hirsuta*. Feuilles velues.

—Silicule très-échancrée au sommet et à la base.

Biscutella (Lunetière).

B. lævigata. Feuil. rad. en rosette, oblong.; les caul. variables. Fl. jaunes, assez grandes. Pét. auric. au-dessus de l'onglet. Silicule compr. latér[t], à valv. orbic. ailées, doubl[t] échancrée en forme de ∞, à 2 log. 1-sp. ♃. Coteaux arides. RRR. Les Andelys.

58. **Iberis.** Pétales très-inégaux. Silicule comprimée échancrée, à 2 loges monospermes.

I. amara. 0,1-0,2. Tige herbacée dressée. Feuil. éparses, pétiol., subdent. au sommet, obt. Fl. blanches ou violettes, en grappes accresc. Sép. souv[t] violacés. Silicule ailée à lobes mucr., dépassés par le style. ①. Lieux pierreux. C.

S'échappent des jardins: l'*I. umbellata* L (Thlaspi des jardiniers). Fl. rosées, qqf. blanch., en corymbes ombellif. Feuil. lanc. acum. — l'*I. semperflorens* L (Thlaspi vivace) et l'*I. sempervirens* L (Corbeille d'argent), à tiges sous-frutesc. en touffes. Feuil. obt. épaisses. Fl. blanch., odorantes: en corymbes chez l'*I. semperflorens*, en grappes allongées chez l'*I. sempervirens*.

38 (suite).

59. **Teesdalia.**

T. nudicaulis [Iberis n. L]. Feuil. rad. en rosette; feuil. caul. 1-3, très-petites. Fl. blanches. Sép. étal. Pét. un peu inég. Etam. à filet muni infér[t] d'une écaille. Silicule compr., orbic. échancr., à valves carénées, un peu ailées supér[t], à 2 log. 2-sp. ①. Lieux secs. AC.

60—Loges monospermes 62
—Loges polyspermes (monosp. par avortement).

Thlaspi (Tabouret). Feuil. caul. embrass., sagittées. Fl. blanches. Silicule compr. par le côté, échancr., à 2-loges.

1—Silicule ailée. Pl. glabre. 2
—Silicule non ailée, triang. 4
2—Plante à odeur alliacée. Silicule plane, orbiculaire, ent[t] entourée d'un large rebord.

T. arvense (Monnoyère). Feuil. dent., à oreilles aiguës. Log. 5-6-sp. ①. Moissons, décombres. C.

—Pl. inodore. Silicule rétrécie à la base, ailée au sommet . . 3
3—Style dépassant le fruit.

T. montanum. Feuil. ent.; les infér. et celles des ram. stér. en rosette. Loges souv[t] 1-sp. par avort[t]. ♃. Avr., mai. RRR. Coteaux calcaires de La Roche-Guyon.

—Style à peine visible.

T. perfoliatum. Pl. glauque. Feuil. prof[t] cord., à oreilles obtuses. Loges 3-4-sp. ①. Bois secs, champs. C.

4. *T. Bursa-Pastoris* [Capsella B. CG] (Bourse à pasteur). Feuil. rad. en rosette. Fl. en grappes très-accresc. Style très-court. ①. Presque toute l'année. CCC.

61—Loges monospermes.. 62
—Loges bispermes. Plante ayant moins de 0,1.

Hutchinsia.

H. petræa [Lepidium p. L]. Tige très-rameuse. Feuil. pinnatifid. Fl. blanch., très-petites, en grappes allongées. Silicule compr. elliptiq., non échancrée, à valves carénées, non ailées. Style nul. ①. Lieux pierreux, murs. R. Fontainebleau, Malesherbes, Mantes, Magny.

62. **Lepidium** (Passerage). Pét. ég., qqf. avortés. Fl. blanch. Etam. 6 (qqf. 2). Silicule ord[t] compr. latér[t], à loges 1-sp.

1—Feuil. caulinaires embrass. sagittées.. 5
—Non. 2
2—Feuil. caul. oval.-lanc. . 8
—Feuil. caul. lin. ou pinnatifides. 3
3—Silicule échancrée au sommet. 4
—Silicule ent. au sommet. 7
4—Pétales dépassant le calice. Silicule larg[t] ailée supér[t].

L. sativum (Cresson alénois). Pl. glauq., à saveur piquante. Feuil. infér. pinnatifid., à lob. obt., pétiol. Silicule oblong., étroit[t] échancr. ①. Vois. des habitat. (Cult., condim.).

—Pétales très-courts, qqf. nuls. Silicule très-étroit[t] ailée. . . . 6
5—Silicule échancrée, à valves ailées supérieurement.

L. campestre (Thlaspi c. L). Pl. velue, vert-blanchâtre. Feuil. rad. en rosette; les caul. auric., dentic. Fl. en grappes denses. Silicule couverte d'écail., à pédic. court. Style court. ②. CC.

—Silicule à valves renflées, non ailées. 9

6. *L. ruderale*. Tige pubesc. supérᵗ. Feuil. infér. pinnatifid., à lob. lin. Etam. 2. Silicule subovale, plane. ①. Décombres. RRR. Quais de Paris, Ville-d'Avray.

7. *L. graminifolium* (Petit-Passerage). Feuil. infér. en rosette, obovai., dent. ou lyr.; les caul. lin. aig., ent. Silicule non ailée. ♃. Lieux incultes. C.

8. *L. latifolium*. 0,5-1m. Pl. glabre. Feuil. infér. pétiol., denticul. Fl. petites. Silicule orbic., à peine échancr., non ailée. ♃. Lieux hum. R. Charenton, St-Maur, île St-Denis, Le Pecq, Nemours.

9. *L. Draba* [Cochlearia D. L]. Pl. glauq. Feuil. rad. oblong., pétiol.; les caul. oval. oblong., auric. Style aussi long que la moitié du fruit. ♃. Champs calcaires. AR.

63. **Senebiera**. Feuil. profᵗ pinnatifid., à lob. lin., appliq. sur terre. Fl. blanches, petites, en grappes courtes opposées aux feuil. Pét. entiers ou avortés. Etam. qqf. 4. Silicule didyme, à valves globul. très-rugueuses, à 2 loges 1-spermes.

1—Plante glabre. Silicule non échancrée au sommet, sessile.

S. Coronopus [Cochlearia C. L] (Corne-de-cerf). ①. CCC.

—Plante velue hérissée. Silicule échancrée au sommet, pédicellée.

S. pinnatifida [Lepidium didymum L]. Cal. très-caduc. ①. RRR. Quelques rues de Versailles?

39. CISTINÉES.

Feuil. simples, ordᵗ opposées. Fleurs régulières. Pétales 5. Étam. nombr., libres. Ovaire simple. Style et stigmate 1. Caps. polysperme.

1—Calice à 3 sépales. Fleurs blanches.

Cistus (Ciste).

C. umbellatus [Helianthemum u. CG]. Tige lign. Feuil. opp., lin., sans stipules. Fl. en panic. ombelliformes. Sép. velus. Caps. très-tomenteuse. ♃. Coteaux secs. RR. Fontainebleau.

—Sép. 5, les 2 extér. plus petits. Fl. jaun. ou blanches. 2

2—Feuilles, au moins les inférieures, opposées.

Helianthemum.

1—Fleurs jaunes. 2

—Fleurs blanches. 3

2—Feuil., au moins les infér., non stipulées 4

—Feuil. toutes stipulées.

H. vulgare [Cistus Helianthemum L]. Tige sous-frutesc ; rameaux herbacés. Feuil. opp., briévᵗ pétiol., à face infér. blanche, à bords un peu roulés. ♃. Lieux secs. CC.

β. *obscurum* CG. Feuil. vertes en dessous. R. Fontainebleau.

3. *H. polifolium* GG [Cistus p. L, Helianthemum pulverulentum CG]. Tige lign. Feuil. opp., ordᵗ toment. blanchâtres, à bords roulés. ♃. Coteaux arid. AR.

β. *Apenninum* [Cistus Ap. L]. Feuil. presq. planes, vertes en dessus. R. Fontainebleau.

4—Tige ligneuse. Feuil. toutes opp., non stipulées.

H. canum GG [Cistus c. L, Helianthemum Œlandicum CG]. Feuil. briévᵗ pétiol., oval., planes, toment.-blanchâtres en dessous. Style de la longueur de l'ov. ♃. Lieux arid. R. Magny, Mantes, Vernon, Les Andelys, Moret.

—Tige herbacée. Feuil. supér. alt., stipulées.

H. guttatum [Cistus g. L]. Pl. vel.-hériss. Feuil. sess., lanc., vel. Pét. ord[t] maculés de brun à la base. Style nul. Caps. glabre, à valves ciliées. ⊙. Lieux arides. AC.

—Toutes les feuilles alternes.

Fumana.

F. procumbens GG [F. vulgaris GG, Cistus Fumana L]. Tige très-lign. Feuil. lin. sess., toutes sans stipul. Etam. extér. stér. Fl. 1-4, au sommet des ram. ♃. Coteaux arid. AR.

40—Sépales 4. Pétales 4, en croix. 38

—Sépales 5. Fleurs éperonnées.

VIOLARIÉES.

Viola (Violette). Herbes. Feuil. alt. ou rad., pétiolées, ord[t] ent., stipulées. Fl. solit. penchées. Sép. 5, inégaux, prolongés au-dessous de leur insertion. Pét. 5, l'infér. plus large et prolongé à la base en cornet creux. Etam. 5, à filet dilaté, à anthères rapprochées en anneau autour de l'ovaire. Style 1. Stigmate 1. Caps. polysperme.

1—Les 4 pétales supér. dressés, imbriqués. 7

—Les 2 pétales intermédiaires étalés. 2

2—Stigm. en bec pointu arq. 3

—Non.

V. palustris. 0,05-0,10. Feuil. rénif. Pédonc. tous ou presq. tous rad. Fl. petites, bleu-cendré. Caps. glabre. ♃. Marais spongieux. RR. St-Léger, env. de Rambouillet.

3—Pédonc. des fl. naissant du collet de la racine. Caps. velue. 4

—Fleurs portées sur des tiges feuillées. Caps. glabre 5

4—Fl. inodores. Pétiol. hérissés.

V. hirta. Feuil. cord., qqf. très-accresc. Fl. violettes, rar[t] blanchâtr.; les tardives apétales. ♃. Pelouses. CC.

—Fl. odorantes. Pétiol. glabres ou pubescents.

V. odorata. Tige couch., stolonifère, florifère la 2e année. Feuil. cord.; celles des rejets de l'année réniformes. Pédonc. glabres. Fl. bleu-violacé, rar[t] blanches. ♃. Bois. C.

5—Axe central formant une rosette de feuilles qui de leur aisselle émettent les tiges florifères.

V. sylvatica GG [V. sylvestris GG]. Feuil. rénif. ou cord., briév[t] ou long[t] acuminées. Fl. violettes. ♃. Lieux ombragés. CC.

—Tiges naiss[t] des ramifications de la souche; point de rosette centrale. 6

6—Pétiole non ailé.

V. canina. 0,1-0,2. Feuil. crén., oval.-oblong., long[t] pétiolées. Fl. violettes à éperon blanchâtre. ♃. Pelouses.

α. *vulgaris*. Feuil. cordées. C.

β. *lancifolia*. Feuil. arrondies à la base, long[t] lanc. R. Sénart, Fontainebleau, départ[t] de l'Oise.

γ. *pumila*. Feuil. larg[t] décurr. sur le pétiole. Stipules du milieu de la tige dépassant le pétiole. RRR. Pré des Planchettes (Compiègne).

—Pétiole ailé.

V. elatior GG 0,2-0,4. Tige dress. Feuil. pubesc., lanc-acum. Fl. grandes, violet-pâle, à très-long pédoncule. ♃. RRR. Provins.

7—Plante sensiblt glabre.

V. tricolor (Pensée). Fl. mélangées de blanc, de jaune et de pourpre. Stigm. évasé en entonnoir. ①. Champs. C.

—Pl. hérissée de longs poils.

V. Rothomagensis GG et CG. Fl. bleuâtres. ♃. Coteaux calcaires. RRR. Liancourt?, Mantes?, Romilly (près Rouen).

41. **RÉSÉDACÉES.** Feuil. éparses. Fl. irrég., en grappes ou épis terminaux. Sép. 4-7, un peu inégaux, soudés par la base. Pét. 4-7, irrég. Etam. 10-30, libres, qqf. soudées par la base. Styles ou stigm. 3-5.

1—Calice 4-ou 6-fide. Fruit en capsule.

Reseda. Herbes. Etam. 10-30. Caps. 1-locul., polysp.

1—Feuil. infér. simpl. entièr. 2

—Feuil. infér. pinnatifides. . 4

2—Calice à 6 divisions. . . 3

—Cal. à 4 divisions. . . . 5

3—Calice plus grand que les pétales. Fleurs inodores.

R. Phyteuma. Feuil. caul. souvt 5-lob. Fl. blanch., en grappes lâches. ①. Lieux arides. RR. St-Maur, Sénart, Senlis, Provins, l'Ile-Adam.

—Cal. de la longueur des pétales. Fl. odorantes.

R. odorata (Réséda). ①. (Cult. orn.). Qqf. subspont. près des habitations.

4. *R. lutea* (Réséda sauvage). Fl. jaunâtres, en grappes. Cal. 6-fide. ②. Lieux arid. CC.

5. *R. luteola* (Gaude, Herbe à jaunir). Feuil. lanc., ent. Fl. verdâtres, en grappes spicif. très-allongées. ②. Lieux arid. C. (Cult., teinture).

—Calice 5-fide. Fruit formé par 4-6 capsules libres, verticillées en étoile, 1-spermes.

Astrocarpus.

A. Clusii [Reseda canescens L]. Feuil. rad. en rosette, les caul. lin. lanc. Fl. blanch. Pét. 2-3 fois plus longs que le cal. Etam. 12-15. ♃. Coteaux arid. RR. Bouron (Fontainebleau), env. de Dordives.

42—Pétales non insérés sur le calice. **43**

—Pét. insér. ou paraisst insér. sur le calice. . **83**

43—Pétales 4 ou moins. **62**

—Pétales 5 ou plus **44**

44—Etamines 5. Feuilles toutes radicales. . . . **45**

—Pl. n'ayant pas ces 2 caractères réunis. . . **46**

45—Fleurs en grappes lâches allongées. **54**

—Fleurs en têtes compactes arrondies. **196**

46—Etam. 5. Feuil. toutes radicales, sauf une. . **54**

—Pl. n'ayant pas ces 2 caractères réunis. . . **47**

47—Ovaire muni d'un ou plusieurs styles. . . . **48**

—Ov. sans style. 3 stigm. sess. Tige couchée. 117
48—Un seul style terminé par 5 stigm. linéair. . 71
—Styles 3. 49
—Styles 4-5. 52
49—Feuil. verticillées vers le haut de la tige. . . 117
—Non 50
50—Plante herbacée. 51
—Arbre ou arbrisseau. 80
51—Feuilles opposées. 65
—Feuilles alternes. 117
52—Feuilles opposées ou verticillées. 58
—Feuilles alternes ou radicales. 53
53—Feuilles simples. 68
—Feuilles trifoliolées 78

54. **DROSÉRACÉES.** Herbes. Sépales 5. Pétales 5. Etamines 5. Une capsule.

—Fleurs en grappe allongée,

Drosera (Ros-solis). Pl. de marais tourbeux. Tige glabre nue. Feuil. en rosette rad., bordées de longs poils glanduleux, rouges. Fl. blanches. Cal. 5-fide. Etam. 5. Styles 3-5, prof^t. 2-fides.

1—Feuil. rondes, brusq^t pétiol.
D. rotundifolia Feuil. étal. sur terre. Hampe dress. ♃. AR.
—Feuil. oval., insensibl^t atténuées en pétiole. 2
2—Hampe droite. Feuil. oblong. linéaires.
D. longifolia. 0,1-0,2. Fl. rosées. Stigm. ent. ♃. R. Morfontaine, Villers-Cotterets, Gurcy (Nangis), Neuville-Bosc, Malesherbes, Sceaux (Château-Landon).
—Hampe coudée à la base. Feuil. oboval. cunéiformes.
D. intermedia GG et CG. 0,04-0,10. Fl. blanch. Stigm. échancrés. ♃. RR. St-Léger, étang du Cerisaie (Rambouillet), Larchant, Magny.

—Fleur solitaire terminale.

Parnassia (Parnassie).

P. palustris. Feuil. rad. cord. pétiolées; une seule feuil. caul. sess. Fleur blanche. Pét. 5, portant sur leur onglet une écaille bordée de cils en éventail, globuleux à leur sommet. Etam. 5. Style nul; stigm. 4. ♃. Août, sept. Prés hum., marais tourbeux. AC.

55—Fleurs éperonnées. 77
—Fleurs non éperonnées.

POLYGALÉES.

Polygala (Laitier). Tig. herbac. Fl. irrég., en grappes

Sép. 5, dont 3 extér. et 2 intér. (ailes) plus grands, colorés. Cor. tubul. Pét. 3, très-inég., soudés à la base par l'intermédiaire des filets des étam.; l'antérieur (carène) en casque, à limbe dentelé, renfermant les organes sexuels. Etam. 8, à filets soudés en tube fendu adhérent aux pét. Style 1, court. Caps. subcord., 2-loculaire.

1—Feuil. infér. en rosette, arrondies au sommet. 3
—Non 2
2—Feuil. toutes alternes.
P. vulgaris. Pl. polymorphe. Tige dress. ou ascendante. Fleurs bleues ou roses, rar[t] blanch., en grappes allong. multiflor. ♃. CCC.
—Feuil. infér. opposées. . 4
3—Fleurs bleues.
P. calcarea GG et CG. Ailes plus larges que la caps., à nervure moyenne formant réseau avec les nerv. latérales. ♃. Coteaux secs. AR.
—Fleurs très-petites, blanches ou bleu-pâle. 5
4. *P. depressa* GG et CG. Tiges courtes, étalées. Fl. bleu-pâle ou blanches, en grappes court. paucifl. ♃. Pelouses, bruyères. AC.
5. *P. Austriaca* GG et CG. Ailes plus étroites que la caps., à nervure moyenne ne form[t] pas réseau avec les nerv. latér. ♃. Lieux hum. R. Mennecy, parc de Fontainebleau, Malesherbes, Nemours, Compiègne, Villers-Cotterets.

56—Style 1. 79
—Styles 2. 57
57—Feuil. opposées, au moins les inférieures. . 61
—Feuilles alternes. 120
58—Calice d'une seule pièce. 65
—Calice de plusieurs pièces. 59
59—Pétales échancrés. 65
—Pétales entiers. 60
60—Feuilles étroites et linéaires. 65
—Feuilles ovales et non linéaires. 68
61—Pétales filiformes, très-peu apparents. . . . 117
—Pétales très-apparents. 65
62—Arbrisseau. 80
—Herbe { Feuilles alternes ou radicales. . . 222
Feuilles opposées. 63
Feuilles verticillées. . . . . 66 }
63—Sépales laciniés. 68
—Sépales entiers. 64
64—Feuilles obtuses. Etamines 6 ou 8. 67
—Feuil. aiguës, mucronulées. Moins de 6, ou plus de 8 étamines. 65

65. CARYOPHYLLÉES. Herbes. Tige à artic. ord^t renflées. Feuil. opposées, gén^t connées. Fl. régulières Sép. 5, rar^t 4, libres ou soudés en tube. Pét. 5, rar^t 4, libres. Etam. ord^t en nombre double des pét. Ovaire 1. Styl. 2-5, libres. Une capsule, ord^t 1-locul., polysp.

1—Sépales soudés au moins dans leur moitié inférieure. 2
—Sépales libres. 15

SILÉNÉES.

2—Calice en cloche 3
—Calice en tube. 4
3—Styles 2. Capsule globuleuse. 13
—Styles 3. Baie charnue.

Cucubalus.

C. bacciferus. Tige grimp. Feuil. oval. Cal. à 5 lob. prof. Pét. 5, blanc-verdâtre, 2-fides. Etam 10. Baie vert-foncé. ♃. Buissons. AR.

4—Cal. ayant à sa base un calicule (écaill. calicinales). 14
—Calice dépourvu de calicule. 5
5—Fleurs hermaphrodites 6
—Feurs unisexuelles. 7
6—Styles 2.. 12
—Styles 3.. 8
—Styles 5.. 9
7—Gorge de la corolle munie de collerette. Styles 5. 10
—Gorge de la cor. dépourvue de collerette. Styles 3. 8

8. **Silene** (Silène). Cal. tubuleux, 5-denté. Pét. 5, onguiculés. Etam. 10. Styl. 3 Fl. hermaphr., polygam. ou dioïques.

1—Pét. munis d'une écaille au-dessus de l'onglet. Fl hermaph. 4
—Pét. sans écaille. Fl. qqf. unisexuelles 2
2—Pétales entiers 11
—Pétales 2-fides 3
3—Calice non vésiculeux. . 10
—Calice vésiculeux.

S. inflata [Cucubalus Behen L] (Carnillet, Béhen blanc). Pl. glauq. Fl. en bouquets dichotomes, lâches, souv^t unisex. Cal. ovoïde, veiné. Pét. blancs ou purpur. ♃. Prés, champs. CC.

4—Pét. entiers ou denticul. 7
—Pét. échancrés ou 2-fides. 5
5—Calice à dents courtes. . 9
—Cal. à dents égalant presque le tube 6
6—Calice à 30 nervures.

S. conica. Cal. coniq. après la floraison. Fl. rose-foncé. ①. Lieux sabl., champs. C.

—Calice à 10 nervures. . . 8
7—Calice velu.

S. Gallica. Tige visq. Cal. à long. dents lin. Fl. blanc-jaunâtre, rar^t roses, en grappes spicif. unilatér. Pét. ent. ou dentic. ①. Moissons. AR.

—Calice glabre.

S. Armeria. Cal. à dents courtes. Pét ent., roses. ①. (Cult., orn.). Qqf. subspont. près des habit.

65 (suite).

8. *S. noctiflora.* Fl. en bouq. paucifl., ou solit. Cal. visq. Pét. prof^t 2-fid., blancs ou rosés. ①. Août, oct. RRR. Qq. champs entre Villepreux et Versailles, Fréneuse.

9. *S. nutans.* Visq. Fl. pench., en grappes unilatér., blanc-sale ou rose-strié ♃. Lieux secs. C.

10. *S. catholica* CG [Cucubalus cath. L]. Pl. visq. Fl. en corymbes paniculés, blanch. Etam. très-long. ♃. (Cult., orn.). Bois de Vincennes, Meudon, parc de St-Cloud.

11. *S. Otites* [Cucubalus O. L]. Fl. ord^t unisex., petites, verdâtres, en grappes spicif. Pét. lin. ♃. Lieux arid. AC.

9—Cal. à div. linéaires dépassant très-long^t les pétales. 11
—Non 10

10. **Lychnis.** Cal. tubuleux, 5-denté. Gorge de la corolle munie d'une collerette. Pét. 5. Etam. 10. Styles 5.

1—Fleurs dioïques. 2
—Fl. hermaphrodites. . . 3
2—Fleurs blanches.

L. dioica L [Silene pratensis GG, Melandrium d. CG] (Compagnon blanc). Cal. ventru dans les fl. fem., str. Pét. 2-fides. ♃. CC.

—Fleurs rouges.

L. sylvestris DC [Silene diurna GG, Melandrium sylv. CG] (Compagnon rouge). Tige vel. Cal. ord^t rougeâtre, ventru dans les fl. fem. Pét. 2-fides. ♃. Bois hum. AR. Luzarches, Villers-Cotterets, Dreux, Bonnières, Magny, le dép^t de l'Oise.

3—Pét. non div. en 4 lanières lin.

L. Viscaria [Viscaria purpurea GG] (Attrape-mouche, Bourbonnaise). Pl. visq. sous les nœuds. Feuil. lanc. lin. Cal. coloré, str. Pét. ent., roug. ♃. Lieux secs. R. Villeneuve-St-Georges, Lardy, La Ferté-Aleps, Fontainebleau et env., Compiègne, forêt de Sigy (Donnemarie).

— Pét. div. en lanières linéaires.

L. Flos-cuculi (Œillet des prés, Lamprette). Tige cannelée. Feuil. lanc. lin. Fl. roses, en grappes lâches. Cal. ord^t rouge, glabre. ♃. Prairies. C.

11. **Agrostemma.**

A. Githago [Lychnis G. CG] (Nielle des blés). Pl. dress., vel. Cal. à côtes saill., à très-longues dents. Cor. purpur., à gorge nue. ①. Moissons. CC.

12. **Saponaria** Pét. 5. Etam. 10. Styl. 2. Caps. oblongue.

1—Cal cylindrique, herbacé.

S. officinalis (Saponaire). Feuil. oval. lanc., subpétiol. Fl. rose-pâle en panic. compactes. Cor. munie à sa gorge d'écail. lin ♃. Chemins. C.

—Cal. prismatique à 5 angles saillants, membraneux.

S. Vaccaria [Gypsophila Vaccaria GG]. Feuil. oval. acum., léger^t connées. Fl. roses, en corymbes lâches. Cor. nue à la gorge. ①. Moissons. AR.

13. **Gypsophila.** Feuil. lin Cal. campanulé anguleux. Pét. 5, non onguiculés. Etam. 10. Styl. 2. Caps. globuleuse.

1—Cal. sans écail à la base.

G. muralis. 0,05-0,15. Pl. très-ram. Fl. roses rayées de pourpre, long^t pédonc. ①. Lieux arid. AC.

—Cal. muni de 4 écailles.

G. saxifraga L [Dianthus s.

65 (suite).

GG, Tunica s. CG. 0,1-0,2. Pl. très-ram. Fl. petit., roses., solit. au sommet des tig. et des ram. ♃. Env. de Fontainebleau?

14. Dianthus (Œillet). Feuil. étroites lin., connées. Cal. tubul., muni à sa base de 2-8 écail. imbriquées. Pét. 5, onguiculés. Etam. 10. Styles 2. Caps. cylindrique.

1—Pét. ent., crén. ou dentés. 2
—Pétales laciniés. 7
2—Fl. groupées par paquets. 3
—Fl. solitaires au sommet de la tige et des rameaux 6
3—Ecailles calicinales ne dépass^t pas la moitié du calice 5
—Plusieurs des écail. calicinales égalant au moins le calice. . . 4
4—Ecailles calicinales intérieures obtuses, scarieuses.

D. prolifer. Pl. glabre. Fl. en faisceaux 2-10-fl. serrés, très-petites, rose-pâle. ① ou ②. Lieux arid. C.

—Ecailles calicinales intérieures terminées en arête lin., velues.

D. Armeria (Œillet velu). Pl. pubesc. Fl. en faisceaux 3-8-fl., purpurines. ②. Lieux secs. C.

5. *D. Carthusianorum* (Œillet des Chartreux). Ecail. calicinales glabr. oval., brusq^t arist., brunâtres. Fl. roug. ♃. Lieux secs. C.

6—Plante pubesc. 2 écail. calicinales aristées.

D. deltoides. Pét. rosés, marqués à la base d'une ligne purpur. en forme de Λ. ♃. Pelouses sèches. AR.

—Pl. glabre, glauq. 4 écail. calicinales suborbic. courtes, mucr.

D. Caryophyllus (Œillet à bouquets). Fl. odorantes, roug., blanches ou panachées. ♃. Vieux murs. RR. La Ferté-Milon, Provins, Crépy, La Roche-Guyon, Les Andelys, Gisors. (Cult.; orn., à fl. simples ou doubles).

7. *D. superbus* (Mignardise des prés). Ecail. calicinales suborbic., mucr. Pét. glabr. ♃. Prés hum. RR. Senlis, Crépy, Provins, Le Bouchet. (Cult.; orn., à fl. doubles).

ALSINÉES.

15—Feuil. à découpures linéaires et comme verticillées 30
—Non. 16
16—Feuilles munies de stipules. 31
—Feuilles sans stipules. 17
17—Etamines 10. 18
—Moins de 10 étamines 26
18—Styles 5, rarement 4 19
—Styles 3, rarement 2 21
19—Pétales entiers ou peu échancrés 20
—Pét. profondément divisés en 2 lobes. 28

20. **Sagina**. Feuil. sans stipul., linéaires. Fl. blanch., peu apparentes. Cal. 4-5-partit. Pét. 4-5, entiers ou émarginés, souv^t nuls. Etam. 4-5, opp. aux sép., ou 10 successiv^t opp. et alt. Styl. 4-5. Caps. s'ouvrant en 4-5 valves opp. aux sépales.

1—Fleurs tétramères. . . . 2
—Fleurs pentamères. . . . 5
2—Feuil. et pédic. glabres. 3
—Feuil. et pédic. velus . . 4

65 (suite).

3—Tiges couch. Sép. obtus.

S. procumbens. 0,03-0,09. Tige gazonnante. Pét. plus courts que le cal. ♃. Lieux herbeux, rues. CCC.

—Tiges droites. Sép. aigus. (Voir le genre **Cerastium**, n° 28).

4. *S. apetala*. Tige non gazonnante. Pét. très-courts, souv[t] nuls. ①. Lieux sabl. AC.

5—Pet. ne dépass[t] pas le calice.

S. subulata GG et CG. 0,03-0,06. Feuil. en alène, souv[t] terminées par une pointe crochue. Pédic. 10-15 f. plus long que le cal. ♃. RR. Bords des étangs de St-Hubert, Butte-à-l'Ane (St-Léger), env. de Rambouillet.

—Pét. dépass[t] le calice.

S. nodosa [Spergula n. L]. 0,1-0,2. Feuil. supér. fasciculées. Tiges 2-3-fl. Pédic. 1-5 f. plus long que le cal. Etam. 10. ♃. Lieux marécageux. AC.

21—Pétales entiers ou peu échancrés. 22

—Pétales profondément divisés en 2 lobes. 25

22—Feuilles linéaires. 23

—Feuilles ovales. 24

23—Sép. à 1 nerv. Pétales de longueur plus que double de celle des sépales. 24

—Sépales à 3 nervures. Pétales plus courts ou à peine plus longs que les sépales.

Alsine. Feuil. sans stipul. Fl. blanches. Sép. 5, rar[t] 4. Pét. 5, ent. Etam. 10 ou moins. Styl. 3. Caps. s'ouvrant en 3 valves profondes.

1—Sépales unicolores.

A. tenuifolia [Arenaria t. L]. Tiges grêles rameuses. Feuil. subul. Fl. en panic. dressées. Pét. nuls ou plus courts que le cal. ①. Lieux arid. CC.

β. *viscidula*. Plante grêle, couverte de poils glanduleux, courts.

—Sép. blancs, avec une strie verte de chaq. côté de la nerv. méd.

A. setacea [Arenaria s. L]. Pl. sous-frutesc. Feuil. sétacées. Pét. dépass[t] un peu le cal. ♃. Lieux arid. AR.

24. **Arenaria** (Sabline). Feuil. sans stipul. Fl. blanch. Sép. 5 ou 4. Pét. 5 ou 4, ent. ou émarginés. Etam. 10. Styl. 3, rar[t] 2. Caps. s'ouvrant par des dents en nombre double de celui des styles.

1—Feuilles ovales 2

—Feuilles linéaires 3

2—Feuil. subpétiol., à 3-5 nerv.

A. trinervia L [Mœhringia t.]. Tige ram. dès la base. Feuil. ayant plus de 0,01 de long, oval., aig. Pét. 4-5. ①. Lieux hum. C.

—Feuil. sessiles courtes.

A. serpyllifolia. Tige ram. dès la base. Feuil. n'ayant pas 0,01 de long, oval., pointues Pét. 5. ①,②. Lieux arid. CC.

3. *A. grandiflora*. 0,05-0,15. Tig. nombr., sous-frutesc., émettant infér[t] des ram. stér. pubesc. Fl. peu nombr. Pét. 5. ♃. Mai, juin. Lieux sabl. RR. Mail de Henri IV (Fontainebleau).

65 (suite).

25. **Stellaria**. Sép. 5. Pét. 5, 2-fides, parfois nuls. Etam. 10. Styl. 3, filif. Caps. s'ouvrant par 6 valves profondes.

1—Tige présentant une ligne longitudinale de poils 4
—Non. 2
2—Pét. 1-2 f. plus longs que le calice 3
—Non. 6
3—Feuilles toutes sessiles, allongées, non cordées 5
—Feuil. élargies, cordées.
S. nemorum. Tiges pubesc., filif., ramp. à la base. Feuil. infér. long[t] pétiol. ♃. RRR. Dép[t] de l'Oise, forêt de Compiègne.
4. *S. media* [Alsine m. L] (Mouron des oiseaux). Feuil. moll., subcord., oval. acum. Pét. qqf. nuls. ①. Toute l'année. CCC.
5—Feuil. scabres sur les bords et sur la nervure médiane.
S. Holostea. Feuil. lanc., très-aig. Bract. herbacées. Caps. égale au cal. ♃. Lieux herbeux. CC.
—Feuil. à bord lisse, ord[t] glauques.
S. glauca. Feuil. lanc., lin. Bract. scar. Sép. 3-nerv. Caps plus longue que le cal. ♃. RR. Etang de St-Quentin (Versailles), St-Léger, Chevizy (Dreux).
6—Pédicelles 5-6 f. plus longs que le calice.
S. graminea. Tig. grêles. Feuil. coriaces. Bract. ciliées. ♃. Lieux herbeux. C.
— Péd. 1-2 f. plus longs que le calice.
S. uliginosa GG et CG. Tig. diffuses, très-fragiles. Feuil. moll. Bract. glabres. Fl. en bouq. pauciff. latér. et terminaux. ①. Lieux hum. AC.

26—Styles 4-5. 27
—Styles 3. Fleurs en ombelles. Tige nue supérieurement.

Holosteum.

H. umbellatum. 0,03-0,20. Tige simple. 2-3 p. de feuilles oblong. Sép. 5. Pét. 5, entiers ou dentic. Etam. 3-5. ①. C.

27—Pétales entiers ou à peine émarginés (qqf. nuls). . 20
—Pétales bifides. 28

28. **Cerastium**. Sép. 5, rar[t] 4. Pét. 5, rar[t] 4; 2 fid., rar[t] ent. Etam. 10, qqf. 5 ou 4. Styl. 5, rar[t] 4. Caps. ord[t] plus longue que le cal., à dents en nombre double des styles.

1—Pét. 2-fides. Pl. velue. . 2
—Pét. sensib[t] ent. Pl. glabre.
C. erectum CG [Sagina e. L, C. glaucum GG]. 0,05-0,10. Pl. glauq. Tige 1-3-fl. Fl. tétramères. Etam. 4. Styl. 4. ①. Avr., mai. Bord des mares, bois, bruyères. AC.
2—Pét. divisés presq. jusqu'à la base en 2 lob. divergents. Feuil. infér. pétiol. Anthères violettes.
(Voir le genre **Malachium**, n° 29.)
—Pét. non div. jusqu'à la base. Toutes les feuilles sessiles. . . 3
3—Pét. 3-4 fois aussi longs que le cal. Feuil. oblong. linéaires. 9
—Non. 4
4—Sép. à sommet barbu . . 5
—Sép. à sommet non dépassé par les poils. 6
5—Pédic. plus court que le cal.
C. viscosum [C. glomeratum CG]. 0,10-0,40. Feuil. oval. Bract. herbac. Fl. en panic. d'abord ser-

rées, puis étal. diff. Etam. 5-10, à filet glabre. ①. Lieux arid. C.

—Pédic. 3-4 fois aussi long que le cal.

C. brachypetalum GG et CG. 0,10-0,40. Tig. long^t vel. Feuil. oblong. Sép. long^t barbus au sommet. Etam. 10, à filet cilié. ①. Lieux secs. AR.

6—Sép lanc. aigus. Feuil. pubescentes. 7

—Sép. obt. Feuil. vel. ciliées 8

7—Bract. et sép. nettement scar., souv^t denticulés.

C. semidecandrum. 0,02-0,30. Pét. plus courts que le cal., ou env. de sa longueur. Etam. 5, très-rar^t 10, à filet glabre. ①. Avr., mai. Lieux secs. C.

—Bract. et sép. étroit^t scarieux.

C. glutinosum GG [C. pumilum CG]. 0,02-0,30. Pét. de longueur variable. Etam. ord^t 10, à filet glabre. ①. Avr., mai. Lieux secs. AC.

8. *C. vulgatum* [C. triviale CG]. Très-variable. Feuil. vel. cil. Etam. 10. ①, ②. Mai, sept. CCC.

9—Plante verte.

C. arvense. Pl. fort^t stolonifère. ♃. Mai, juin. CC.

—Pl. couverte d'un duvet blanc.

C. tomentosum (Oreille de souris, Argentine). ♃. (Cult., orn.) : qqf. subspont. près des habitat.

29. **Malachium.**

M. aquaticum [Cerastium a. L]. Tig. fragiles, tombantes. Feuil. subcord. Fl. blanches. Pét. 5, bipartits, un peu plus longs que le cal. Etam. 10. Styl. 5. Caps. à 10 dents alternat^t moins prof. ♃. Lieux aquat. C.

30. **Spergula.** Feuil. lin., munies de stipul. scar., et comme verticillées par suite du raccourcissem^t des ram. axill. Fl. blanches. Sép. 5. Pét. 5, ent. Etam. 5 ou 10. Styles 5.

1—Feuilles non canaliculées en dessous. 2

—Feuil. canalic. en dessous.

S. arvensis (Spargoute, Fourrage de disette). Pét. obt. Etam. 10. Gr. subglobul., très-étr^t ailées. ①. Champs sabl. Mai, août. CC.

2—Pét. lancéolés aigus.

S. pentandra. Pl. glauq. Etam. 5. Gr. compr., à large aile blanche. ①. Avr., mai. Lieux sabl. RR. Bois de Boulogne?, Provins, Le Plessis-sur-Autheuil, Le Perray (Rambouillet).

—Pét. ovales obtus.

S. Morisonii GG et CG. Feuil. serr. Gr. compr., à large aile roussâtre. ①. Avr., mai. Lieux sabl. AR.

31. **Spergularia.** Feuil. lin., stipul., souvent fascicul. Sép. 5. Pét. 5, ent. Etam. 10. Styl. 5. Caps. s'ouvrant jusqu'à la base en 3 valves.

1—Fl. blanches, long^t pédicell.

S. segetalis [Alsine s. L]. Pl. glabre. Stipul. lacin. Sép. très-scar. Pét. très-courts. ①. Moissons. AR.

—Fl. rose-purpur., brièv^t pédic.

S. rubra [Arenaria r. L]. Pl. pubesc. Sép. scar. seul^t à la marge. ①. Champs, rues. CC.

66—Tige garnie de fleurs axillaires très-petites. 67

—Tige n'ayant qu'une fl. terminale grande. . 300

67. ÉLATINÉES.

Elatine. Pl. de marais, radicantes. Feuil. ent., stipul. Fl. axill., régulières, très-petites. Sép. 3-4, soudés infér^t. Pét.

3-4, libres. Etam. en nombre égal à celui des pét., ou en nombre double. Styl. 3-4, courts. Caps. subglobul., 3-4-loculaire.

1—Fl. rosées. Feuil. opposées.

E. paludosa GG. 0,03-0,06. Feuil. oblong. obt. ①. Juin, sept.

α. hexandra CG. Pét. 3. Etam. 6. R. Etang du Trou-Salé, Sénart, St-Hubert, Fontainebleau, Meudon?, Senlis, Compiègne.

β. octandra CG. Pét. 4. Etam. 8. RR. Mares de Franchart et de Bellecroix (Fontainebleau).

—Fl. blanch. Feuil. verticillées.

E. alsinastrum. Tige droite, 0,05-0,20. Feuil. sess. Fl. verticill. Pét. 4. Etam. 8. ♃. Juin, sept. R. Bondy, Trou-Salé, Châteaufort, St-Germain, Mennecy, mares de la forêt de Fontainebleau, St-Pierre (Compiègne).

68. LINÉES.

Feuil. sess., entières, sans stipules. Fl. régulières. Sép. 5, rar[t] 4. Pét. 5, rar[t] 4, libres. Etam. 5, rar[t] 4, qqf. 10, dont 5 intérieures stériles. Styl. 5, rar[t] 4, libres. Capsule 5-(rar[t] 3-4-) loculaire, à loges 2-spermes.

1—Sépales 5, entiers. Pétales dépassant le calice.

Linum (Lin). Etam. fertiles 5. Styl. 3-5. Caps. subglobuleuse.

1—Feuil. opp., oval. obtuses. 5
—Feuil. alternes, linéaires. 2

2—Fleurs jaunes.

L. Gallicum. Fl. briév[t] pédonc. ①. Lieux découverts. RR. Rougeaux, Le Châtelet (Melun).

—Fleurs bleues ou rosées.. 3

3—Fleurs rosées.

L. tenuifolium. Fl. assez grandes. Sép. ciliés. ♃. Lieux secs. AC.

—Fleurs bleues. 4

4—Tige solitaire, rameuse seul[t] au sommet.

L. usitatissimum (Lin commun). Feuil. éparses. Fl. grandes, en corymbes. Sép. scar. à la marge. Pét. crénelés. ①. (Cult.; off., industrie).

—Tiges nombr., partant de la même racine.

L. Alpinum. Fl. solit. ou 3-9 au sommet des tiges. Sép. nus. Pét. 4 f. aussi longs que le cal. ♃. Lieux pierreux. R. Beauvais (Mennecy), Malesherbes, Nemours, Etampes, Pithiviers, Episy, Pont-de-Vaux (Crouy).

5. *L. catharticum*. Tige dichotome. Fl. blanches, petites, long[t] pédic. ①. Bois, prés. CC.

—Sépales 4, laciniés. Pétales 4, ne dépass[t] pas le calice.

Radiola.

R. linoides [Linum Radiola L]. 0,03-0,06. Tige dichotome. Feuil. oval. aig., opp. Fl. blanch., très-petites. ①. Lieux humid. AC.

69. TILIACÉES.

Tilia (Tilleul). Arbres. Feuil. arrond. dent., subcordées. Fl. régulières en corymbes, jaunâtres. Sép. 5. Pét. 5. Etam. nombr. Stigm. 5. Pédoncule soudé dans sa moitié infér. avec une bractée papyracée. Fruit : nucule 1-loculaire.

1—Feuil. moll[t] pubesc. en dessous. Bract. descendant presq. à la base du pédonc. florifère.

T. platyphylla GG et CG. Feuil. vertes, atteign[t] 0,10-0,12 de large. Fr. lign., à 5 côtes saill. AR. dans les forêts; C. dans les parcs et promenades. (Off.).

—Feuil. glauq. n'ayant de poils que par paquets à l'aisselle des nerv. Bract. laissant nu le tiers infér. du pédoncule. 2

2—Fr. subglobul., à paroi fragile, sans côtes saillantes.

T. sylvestris GG et CG. Feuil. glauq. en dessous, ne dépass[t] pas 0,06-0,08 de large. AC. dans les forêts; AR. dans les parcs et promenades.

—Fr. ellipsoïdal, à paroi subligneuse, à côtes saillantes.

T. intermedia GG et CG. Feuil. vert-pâle en dessous, briév[t] pétiol. Parcs, promenades. AR.

70. MALVACÉES. Suc mucilagineux. Feuil. alt., simples, stipulées. Cal. souv[t] muni d'un calicule. Pét. 5. Etam. cohérentes en tube cylindrique, plus ou moins libres supér[t]. Style divisé en 5-20 stigmates.

1—Calicule à 3 divisions libres.

Malva (Mauve). Fl. roses ou purpurines striées. Carpelles nombreux, verticillés.

1—Un seul pédoncule à l'aisselle des feuilles 2

—Plusieurs pédoncules à l'aisselle des feuilles. 3

2—Tige à poils couchés. Carp. lisses.

M. Alcea. Feuil. caul. à segm. incis. Calicule à folioles oval. aig. ♃. Bois, coteaux. AC.

—Tige à poils dress. Carp. vel.

M. moschata. Feuil. caul. à segm. pinnatiséq. Fl. sentant léger[t] le musc. Calicule à fol. lin. ♃. Bois, prés secs. AC.

3—Tige droite. Fl. purpurines.

M. sylvestris (Grande Mauve). Feuil. supér. prof[t] lobées. Fl. assez grandes. Carp. glabr., fort[t] réticulés. ①. Lieux cult. C. (Off.).

—Tige couchée. Fl. rose-pâle.

M. rotundifolia (Petite Mauve, Fromageon). Feuil., même les supér., arrond. cord., à lob. à peine marqués. Fl. petites. Carp. pubesc., non réticulés. ①. Lieux cult. CCC. (Off.).

—Calicule à 6-9 divisions plus ou moins cohérentes.

Althæa. Carpelles nombreux verticillés.

1—Feuil. à lobes peu marqués.

A. officinalis (Guimauve). Pl. veloutée. Pédonc. plus courts que les feuil. Fl. blanc-rosé, ♃. (Cult., off.). Subspont. près des habitat.

—Feuil. à lobes profonds. . 2

2—Pét. 1 f. plus longs que le calice.

A. cannabina. 1-2 m. Pl. couverte de poils étoilés. Pédonc. 1-2-fl. Cal. toment. ♃. Natur. à Malesherbes.

—Pét. dépass[t] le calice.

A. hirsuta. 0,2-0,5. Pl. hérissée de poils raid. Pédonc. 1-fl. Cal. vert, cil. ①. Lieux secs, haies. AR.

71. GÉRANIACÉES. Herbes. Feuil. stipulées. Sép. 5. Pét. 5, libres. Etam. 10, à filets plus ou moins soudés par la base. Styles 5, soudés en un seul. Stigm. 5. Capsule à 5 coques se détachant de l'axe avec élasticité.

1—Feuilles palmatifides. 10 étamines fertiles.

Geranium. Arêtes des coques de la caps. se détachant du sommet du pistil, et se courbant en arc ou en ressort de montre.

1—Pédoncules 1-flores.

G. sanguineum. Tige très-vel. Feuil. très-profᵗ découp., opp. Fl. roug., grandes. Pét. échancr. ♃. Bois. AR.

—Pédoncules pluriflores. . 2

2—Pétales entiers. 9

—Pétales échancrés . . . 3

3—Feuil. div. jusqu'au pétiol. 4

—Non. 5

4—Pédonc. dépassᵗ longᵗ les feuilles.

G. Columbinum. Feuil. partagées en 5 lob. écartés, pinnatifid., à segments lin. Fl. purpur. Caps. glabre. ①. Bois, chemins. C.

—Non.

G. dissectum. Feuil. partagées en 5 lobes 3-5-fid. Fl. purpur. Caps. pubesc. ①. Bois, chemins. C.

5—Coques glabres, ridées. . 7

—Coq. pubesc., non ridées. 6

6—Pét. dépassᵗ à peine le cal. 8

—Pét. 1-2 f. plus longs que le calice.

G. Pyrenaicum. Feuil. poil., larges. Fl. rose-lilas, rarᵗ blanch. ♃. Lieux pierreux, buissons. AR.

7. *G. molle*. Feuil. moll., vel., à 5-7 lob. obt. dent. Fl. roses. ♃. Lieux secs. CC.

8. *G. pusillum*. Feuil. subrénif., à 5-7 lob. profonds. Fl. rose-violacé, petites. ①. Lieux incultes. CC.

9—Feuil. à segm. pinnatifid. 11

—Feuil. à divisions dépassᵗ à peine la moitié du limbe. . . 10

10—Cal. pubescent., non ridé.

G. rotundifolium. Feuil. arrond., à 5 lobes peu profonds. Fl. purpur. ①. Lieux stériles. C.

—Calice glabre, ridé.

G. lucidum. Feuil. vert-luis., à 5 lob. profonds. Fl. roses. Lieux secs. ①. R. Corbeil, Mennecy, Lardy, Malesherbes, Dourdan, Dreux.

11. *G. Robertianum* (Herbe à Robert, Bec-de-Grue). Odeur désagréable. Pl. vel. Fl. roug., str. ①. CC.

—Feuilles pinnées. 5 étamines fertiles.

Erodium. Arêtes des coques de la caps. se tordant en spirale. Pédoncules multiflores.

1—Fol. des feuil. dent. en scie.

E. moschatum [Geranium m. L]. Pl. à odeur de musc. Stipul. grand., oval., non acum. Pét. roses, égaux. ①. Lieux sabl. RRR. Magny, Rolleboise.

—Fol. des feuilles pinnatifides.

E. cicutarium [Geranium c. L]. Pl. polymorphe. Stipul. lanc. Pét. purpur. ou blancs, inég. ①. CC.

α. *pimpinellæfolium*. Pét. tachés de jaune. Découp. des feuil. presq. obtuses.

β. *chærophyllum*. Pét. non tachés. Découpures des feuil. lin. aig.

72. HYPÉRICINÉES. Tige herbacée ou ligneuse. Feuil. opp., souvᵗ ponctuées de glandes transparentes.

Fl. jaunes. Sép. 5. Pét. 5. Etam. indéfinies, soudées par la base en 3-5 faisceaux. Styles 3-5. Capsule ou baie.

1—Faisceaux d'étamines alternant avec des glandes pétaloïdes 2-fides. 2

—Non.

Hypericum (Millepertuis). Tige herbacée, sous-frutescente à la base.

1—Sép. étal., très-inég. Etam. en 5 faisceaux. Tige lign. Baie. 11

—Sép. dressés, sensiblt égaux. Etam. en 3 faisceaux. Capsule. 2

2—Tige et feuil. glabres . . 3

—Tige et feuil. velues. . . 9

3—Sépales non ciliés. . . . 4

— Sépales bordés de cils noirs glanduleux. 8

4—Tige cylindrique 5

— Tige à 4 angles. 6

5—Tige droite.

H. perforatum (Herbe de la St-Jean). Tige munie de 2 lignes peu saill. Feuil. parsemées de points transparents. ♃. Lieux secs. CC.

—Tige couchée. 7

6—Feuil. infér. sans points transparents. Tige à angles non ailés.

H. quadrangulum. Fl. jaune-doré, str. de pourpre. Faisceaux d'environ 25 étam. ♃. Bois. AC.

—Feuil. infér. criblées de points transparents. Tige à angles ailés membraneux.

H. tetrapterum GG et CG. Fl. jaune-clair. Faisceaux d'env. 10 étam. ♃. Bois, lieux hum. AC.

7. *H. humifusum*. Tige filif. Bouq. paucifl. ♃. Champs, bois. C.

8—Feuilles bordées de points noirs. 10

—Non.

H. pulchrum. Feuil. caul. cord. Sép. bordés de glandes sessiles. ♃. Bois, lieux secs. C.

9. *H. hirsutum*. Tige cylindr., droite. Sép. briévt bordés de cils noirs glandul. ♃. Bois. AC.

10. *H. montanum*. Feuil. demi-embrass., multinerv. Sép. bordés de glandes pédic. Fl. jaune-pâle. ♃. Bois. C.

11. *H. Androsæmum* [Androsæmum officinale CG] (Toute-saine). Tige à 2 tranchants. Feuil. sess., grand., discolores. Bouq. ombellif., 3-9-fl. Baie rouge, puis noire. ♃. Lieux hum. RRR. Magny, Villers-Cotterets, Valvins?, La Ferté-sous-Jouarre?

2. **Helodes**.

H. palustris [Hypericum Elodes L]. 0,1-0,3. Pl. couch. à la base, tomenteuse. Feuil. arrond. Sép. bordés de cils noirs glandul. Styl. 5. ♃. Lieux aquat. R. St-Léger, env. de Rambouillet, Fontainebleau?, Morfontaine, Triel.

73—Fleurs d'un vert jaunâtre. Feuil. pinnées ou palmatilobées. 74

—Fl. blanches ou rouges. Feuil. digitées. . . 76

74. **ACÉRINÉES**. Arbres. Feuil. opp. Fl. régulières, hermaphr. ou unisex. Pét. insérés sur un disque hypogyne épais, rart nuls. Etam. ordt 8. Style 1. Stigm. 2.

Fr. formé de 2 samares 1-locul., unies par la base.

1—Feuil. palmatilobées.

Acer (Érable). Fleurs polygames, d'un vert jaunâtre, se développant avec les feuil. Cal. 5-fide. Pét. 5. Etam. ord^t 7-10.

1—Fl. en grappes corymbif. 2

—Fl. en longues grappes pédonc. velues, pendantes.

A. Pseudo-Platanus (Sycomore). Feuil. blanchâtr. en dessous, à 5 lob. inég^t dentés. Ailes peu diverg. Avr., mai. Parcs, avenues. CC.

2—Feuil. à dents long^t acum. 6

—Non 3

3—Ailes divergeant en ligne droite. 5

—Non. 4

4—Feuil. à 5 lob. inég^t dentés.

A. opulifolium GG et CG (Ayart, Erable Duret). Feuil. à lob. séparés par des sinus aig. Grappes sess., pench., glabres à la base. Mars, avr. Parcs. AR.

—Feuil. à 3 lob. presq. ent.

A. Monspessulanum. Feuilles presq. persist., à lob. séparés par des sinus formant presq. un angle droit. Grappes sess., pench., vel. à la base. Ailes presq. parall., souv^t rougeâtres. Mars, avr. Parcs. AC.

5. *A. campestre*. Arbre peu élevé. Feuil. à 5 lob. obt., les 2 infér. petits, à dents obt., peu nombr. Grappes sess. dress. Samare ord^t pubesc. Mai. Bois, haies. C.

6. *A. platanoides* (Plane). Feuil. luis. sur les 2 faces, à 5-7 lob. prof^t dentés. Grappes pédonc. dress. Samare très-glabre. Ailes diverg. en angle obt. Mars, avr. Parcs, avenues. CC.

—Feuilles imparipinnées, à 3 ou 5 folioles.

Negundo (Négondo).

N. fraxinifolium [Acer Negundo L]. Fl. dioïq., en grappes pend. Cal. petit. Cor. nulle. Etam. 4-5. Mai, juin. Parcs, avenues. AC.

75—Tige sarmenteuse, souvent munie de vrilles.

AMPÉLIDÉES. Tige grimp. Feuil. supér. alt., stipulées. Fl. régulières, petites, verdâtres, en grappes. Pédonc. opp. aux feuil., souv^t transformés en vrille. Pét. 4-5, insérés sur un disque hypogyne. Etam. 4-5. Style très-court. Baie succulente.

1—Fl. en grappes. Pétales soudés en coiffe supér^t.

Vitis (Vigne). Arbriss. Feuil. simp^l., incisées.

1—Feuil. à 5 lobes sin. dentés.

V. vinifera (Vigne). (Cult.; alim., vin).

—Feuil. à 5 segm. multifides.

V. laciniosa L et CG. (Cult., jardins).

—Fleurs en corymbes. Pétales étalés.

Ampelopsis.

A. quinquefolia CG [Hedera q. L] (Vigne-vierge). Arbriss. Feuil. à 3-5 folioles, rouges en automne. Baie acerbe. (Orn.).

—Tige ni sarmenteuse, ni munie de vrilles. . 80

76. **HIPPOCASTANÉES.** Arbres. Feuil. opp., digi-

tées. Fl. hermaphr. ou unisex. Cal. 5-fide, irrégulier. Pét. 4-5, inég., libres. Etam. 5-10, ord[t] 7, inég., libres. Style 1. Caps. coriace, globul., 3-loculaire.

Æsculus.

Æ. Hippocastanum (Marronnier d'Inde). Feuil. la plupart 7-fol. Fl. blanch. ponctuées de pourpre, en thyrses. Pét. 4-5, ovales. Capsule épineuse. Parcs, promenades. CC.

α. rubicunda. Fl. rouges.

77. BALSAMINÉES.

Impatiens.

I. Noli-tangere. Herbe. Feuil. alt., oval., dent. Pédonc. 2-4 fl. Fl. jaun. Sép. 2, color., cad. Pét. 4; le supér. en capuchon, l'infér. éperonné, les 2 latér. plus grands. Etam. 5. Style nul. Stigm. 5-fide. Caps. s'ouvrant par 5 valves qui se tordent en spirale. ①. Lieux hum. RR. St-Pierre (Compiègne), env. de Beauvais, St-Clair-sur-Epte, Villers-Cotterets, Morfontaine, mare de Louvecienne.

78. OXALIDÉES.

Oxalis. Herbes à suc acide. Feuil. 3-fol. Sép. 5. Pét. 5, égaux. Etam. 10, dont 5 plus courtes. Styl. 5. Caps. oblongue, 5-loculaire.

1—Fl. jaun. Feuil. éparses. 2

—Fl. blanch. Feuil. radicales.

O. Acetosella (Pain de coucou, Surelle, Alleluia). Hampes 1-fl. ♃. Avr., mai. Bois. AC. (Off., sel d'oseille),

2—Pét. ent. Pl. sensibl[t] glabre.

O. stricta. Tig. droites. Feuil. non stipul. Pédonc. dress. ♃. Juin, oct. Lieux cult. C.

—Pét. échancr. Pl. velue.

O. corniculata. Tige couchée-flex. Feuil. stipul. Pédonc. réfl. à la matur. ♃. Juin, sept. Trianon.

79—Feuilles simples. 110

—Feuilles deux fois pinnées.

RUTACÉES.

Ruta.

R. graveolens (Rue des jardins). Odeur forte. Tige dress. Fl. jaunes en corymbes; les latér. tétramères, les term. pentamères. Etam. 8-10. Fr. à 4-5 coques presque distinctes. ②. (Cult., off.). Qqf. subspont. près des habitat. Château-Gaillard.

80—Feuilles pinnées. 82

—Feuilles digitées. 76

—Feuilles simples, non stipulées, ayant le bout très-arrondi. 90

—Feuilles simples, ayant le bout acuminé ou mucronulé. 81

81—Pédicelles des fl. portés par de longs pédoncules communs. Capsule 3-5-lobée. 85
—Pédicelles des fl. attachés immédiatement à la tige et aux rameaux. Fr. bacciforme. 89
82—Moins de 5 pétales. 167
—Pétales 5. Feuilles opposées. 86
—Pétales 5. Feuilles alternes. 90
83—Herbe à suc laiteux. Ovaire pédicellé. 239
—Arbre ou arbrisseau. 84
84—Feuilles simples. 88
—Feuilles pinnées. 86

CLASSE IIe. — CALICIFLORES

Pétales libres ou soudés entre eux, insérés ou paraissant insérés, ainsi que les étamines, sur le calice. Ovaire libre ou adhérent au tube du calice.

85. CÉLASTRINÉES.

Evonymus (Fusain) Feuil. finemt dentées, ordt opposées. Fl. en bouquets longt pédonculés. Cal. petit. Pét. 4-5, insérés au bord d'un disque hypogyne épais. Etam. 4-5. Ovaire libre. Style 1. Caps. lobée, 3-5-loculaire.

1—Ramules lisses.
E. Europæus (Bonnet de prêtre). Arbuste. Fl. verdâtres. Fruit mûr rouge-vif, à 4-5 angles. Haies, bois. C.

—Ramules couverts de petites verrues brunes.
E. verrucosus L et CG (Fusain galeux). 1-2m. Fl. brun-rougeâtre. Caps. rose ou blanche. Parcs. AR.

86. STAPHYLÉACÉES.

Staphylea.

S. pinnata (Faux Pistachier, Nez-coupé). Arbre. Feuil. opp., 5-7-fol. Fl. en grappes pendantes. Cal. 5-fide, coloré. Pét. 5, insérés sur un disque hypogyne, blancs, souvt rougeâtres extért. Etam. 5. Styles 2-3. Caps. vésiculeuse, 2-3-lobée, à grosses graines. Parcs. AC.

87. ILICINÉES.

Ilex.

I. Aquifolium (Houx). Arbriss. Feuil. alt., coriaces, épin., ondulées, persist. Fl. qqf. unisex. par avortement. Cal. à 4, rart 5-6, div.

Cor. rotacée, 4-, rar[t] 5-6-fide, blanche. Etam. en même nombre que les div. de la corolle. Stigm. 3-5. Baie rouge à 4 noyaux. Bois, parcs. C.

88—Etamines opposées aux pétales. Pédicelles des fleurs naissant de la tige. 89

—Etam. alt. avec les pét. Fl. en panicules. . . 90

89—Tige grimpante. 123

—Non.

RHAMNÉES.

Rhamnus. Arbriss. Feuil. alt., stipulées, oval., glabres. Fl. hermaphr., ou unisex. par avortement, rég., petites, verdâtres, ord[t] fascicul. Cal. à 4-5 div., cad. Pét. 4-5, (rar[t] nuls). Etam. 4-5. Styles 2-4, plus ou moins soudés. Ov. libre. Drupe bacciforme, à 2-4 noyaux osseux.

1—Feuil. dentic., opp. sur les jeunes rameaux. Extrémité des anciens rameaux épineuse.

R. cathartica (Nerprun). Fl. souv[t] dioïq. ou polygames. Etam. 4. Style 2-3-fide. Fr. noir. Taillis. C. (Vert de vessie).

—Feuil. ent., toutes alt. Extrémité des anciens ram. non épin. 2

2—Style 2-3-fide.

R. Alaternus (Alaterne). Feuil. épaiss., coriaces, persist. Fl. dioïq., jaunes, en panic. axill. très-courtes. Pét. nuls. Style 2-3-fide. Fr. rouge, puis noir. Parcs. AC.

—Style indivis.

R. Frangula (Bourdaine). Fl. hermaphr. Etam. 5. Style indivis. Fruit rouge, puis noir. Taillis, rochers. C. (Poudre à canon).

90—Feuilles opposée. 86

—Feuilles alternes.

TÉRÉBINTHACÉES. Arbres ou arbriss. Feuil. non stipulées.

1—Feuilles simples. 2

—Feuilles à 3-5 folioles 4

—Feuilles à plus de 5 folioles. 3

2. **Rhus**. Arbuste. Feuill. alt. Fl. hermaphr. ou dioïq. Cal. persist. Pét. 5. Etam. 5. Styl. 3. Drupe sèche ou à peine charnue, à un seul noyau 1-sperme.

1—Feuilles pinnées.

R. coriaria (Roure ou Sumac des corroyeurs). 2,5-3,0. Feuil. 11-15-fol. Fl. blanchâtr., en panicules serrées. Fr. couvert d'une laine rougeâtre. (Cult., apprêt du maroquin).

—Feuilles simples.

R. Cotinus (Fustet, Arbre à perruque). 1,5-2,0. Feuil. pétiol., ent., obovál., glabres. Fl. verdâtr., en grandes panic. lâches. Pédicelles stér. fins, très-accresc., plumeux à la maturité. Fr. glabre ridé. Parcs. Naturalisé à Malesherbes et à Pithiviers.

3—Feuilles velues, multidentées 2

—Feuilles glabres, grossièr[t] dent. à la base.

Ailantus (Ailante).

A. glandulosa CG (Vernis du Japon). Arbre élevé. Feuil. alt., pinnées; fol. nombr , à dents lâches glandul. en dessous. Fl verdâtr., polygam., en panic. Pét. 5. —Fl. mâles : Etam. 10.—Fl. fem. : Samares 3-5, compr.-allongées.—Fl. hermaphr. : Etam. 2-3. Parcs, promenades. AC.

4. Ptelea.

P. trifoliata L et CG (Orme de Samarie). Petit arbre. Feuil. alt., 3-5-fol. Fl. dioïq., verdâtr., en corymbes. Pét. 4, beaucoup plus longs que le cal.—Fl. mâles : Etam. 4-5. —Fl. fem. : Style 1. Fr. en samare, dilaté en aile à son pourtour. (Cult. orn., succédané du houblon).

91—Arbre élevé à feuilles digitées. 76

—Non 92

92. PAPILIONACÉES. Feuil. alt., ord[t] stipulées. Fl. irrégulières. Cal. à 2 ou 5 divisions. Pét. 5 ; le supér. (étendard) enveloppant les quatre autres ; les deux latér. (ailes) symétriques, appliqués sur les pét. infér. ; ceux-ci ord[t] soudés par leur bord externe, de manière à simuler un pét. unique (carène). Etam. 10, à filets formant gaîne autour de l'ovaire, ou tous soudés entre eux (monadelphes), ou 1 libre et 9 soudés (diadelphes), très-rar[t] tous libres. Ov. 1. Style 1. Fruit : gousse (légume) 1-2-locul., 1-ou polysperme.

1—Feuilles linéaires piquantes.

Ulex (Ajonc). Sous-arbrisseau. Fl. jaunes, solit. ou géminées. Cal. coloré, divisé jusqu'à la base en 2 lèvres. Etam. monad. Gousse débordant à peine le calice.

1—Calice sensibl[t] plus court que l'étendard. Arbriss. de 1-2 m.

U. Europæus (Landier, Ajonc marin). Fl. grandes. Cal. très-velu. Etendard non veiné. Carène droite. Lieux stériles. C.

—Cal. à peine plus court que l'étendard. Sous-arbriss. de 0,3-0,5.

U. nanus [U. Europæus β. L]. Fl. petites. Cal. briév[t] pubesc. Etendard veiné de rouge. Carène courbe. Lieux incultes. AC.

—Non. 2

2—Pétioles non terminés par un filet. 3

—Pétioles terminés par un filet simple ou rameux. . 31

3—Feuilles unifoliolées 4

—Feuilles trifoliolées. 6

—Feuill., au moins les supér., à plus de 3 folioles. . 23

4—Arbre. Fleurs roses. Feuil. cordées, orbiculaires. . 17

92 (suite).

—Sous-arbriss. Fl. jaunes. Feuil. allong., non cord. . 5

5—Calice fendu jusqu'à la base.

Spartium.

S. junceum (Genêt d'Espagne). Sous-arbrisseau. Rameaux supér. glauq., junciformes. Feuilles peu nombr., ent. Fl. grand., jaun., à odeur suave, en grappes lâches. Etam. monad. Gousse longue, comprimée. (Cult., orn.). Qqf. subspontané près des habitations.

—Non 10

6—Tige grimpante. Carène tordue en spirale. 30

—Non 7

7—Folioles entières. 8

—Folioles denticulées 13

8—Calice à 2 lèvres. Tige ligneuse. Etam. monad. . . 9

—Cal. à 5 div. Tige herbacée. Etam. diadelphes . . 21

9—Fleurs en grappes lâches, très-allongées, dressées.

Sarothamnus.

S. scoparius CG [Saroth. vulgaris GG, Spartium scoparium L] (Genêt à balais). Sous-arbriss. Tige sillonnée. Feuil. supér. simpl. Fl. jaun., grand., solit. ou géminées. Cal. 2-lobé. Etam. monad. Style très-long, en spirale. Gousse longue, compr., saill., veluc. Bois. CC.

—Non 11

10—Lèvre supérieure du calice brièvement bidentée. . 11

—Lèvre supérieure du calice prof[t] bilobée.

Genista (Genêt). Sous-arbriss. Feuil. 1-fol., entières. Fl. jaunes. Etam. monad. Style courbe. Gousse longue, compr.

1—Tige non épineuse. . . . 2

—Tige épineuse 4

2—Rameaux fort[t] ailés.

G. sagittalis. Feuil. rares, sessiles. Fl. en grappes terminales. Gousse velue. Bois secs. AC.

—Non. 3

3—Fl. et gousse velues.

G. pilosa. Tige et ram. couch., diffus. Fl. subsess., en grappes lâches. Bruyères. AR.

—Fl. et gousse glabres.

G. tinctoria (Genestrole). Tige et ram. dressés. Fl. en grappes compactes. C. (Racine, teinture jaune).

4—Feuil., fl. et fr. glabres.

G. Anglica. Feuil. de deux formes. Gousse subcylindr. Bruyères. AC.

—Feuil., fl. et fr. velus.

G. Germanica. Feuil. sembl. Gousse compr. Bois. RRR. Nemours.

11. **Cytisus** (Cytise). Arbres ou sous-arbriss. Cal. à 2 lèvres courtes, très-écartées. Etam. monad. Gousse longue, comprimée.

1—Feuil. unifoliolées. . . . 3

—Feuil. 3-foliolées 2

2—Calice allongé tubuleux. 4

—Cal. campanulé à tube court.

C. Laburnum (Faux-Ebénier). 3-6 m. Fl. jaune-pâle, en grappes multifl., pendantes. Gousse soyeuse. Parcs, promenades. Qqf. naturalisé

92 (suite).

dans les bois et les haies.

3. *C. decumbens* GG et CG. Fl. en grappes lâches 1-latér. Cor. glabre. Gousse vel. ou glabre. Pelouses arid. RR. Mantes, Magny, La Roche-Guyon.

4—Tige dressée.

C. capitatus GG et CG. 0,4-0,6. Ram. et feuil. vel. Fl. jaunes, en corymbes denses term. Gousse long^{t} velue. (Cult., orn.). Se naturalise aisément.

—Tige basse, rampante.

C. supinus. 0,2-0,4. Feuilles très-ciliées. Fl. jaune-vif, en têtes 2-5-fl. Gousse velue. Coteaux arid. R. Malesherbes, Nemours, Provins, Valvins?

12. **Lupinus** (Lupin).

L. albus L et CG. Herbe. Feuil. digit., à 5-7 folioles. Fl. blanches. Cal. à 2 lèvres écartées. Carène arquée en bec. Etam. monad. Style courbé. Gousse longue, saill., bosselée. (Cult.; orn., alim., off.).

13—Ailes et étendard étal. simulant une cor. à 3 pét. . 18

—Non 14

14—Gousse droite. 15

—Gousse contournée. 17

15—Fleurs solitaires ou en grappes feuillées.

Ononis (Bugrane). Pl. sous-frutescentes. Cal. campanulé à 5 div. profondes. Etendard ovale, ample, rayé de stries en éventail. Carène allongée en bec. Etam. monad. Style subulé, genouillé au milieu. Gousse renflée.

1—Fl. roses. Feuil. subsess. 3

—Fl. jaunes. Feuil. pétiol. 2

2—Pédonc. longs, articulés.

O. Natrix. Cor. et gousse dépass^{t} long^{t} le cal. ♃. Lieux arid. AR.

—Péd. courts, non artic. . . 4

3—Tige dressée dès la base. Gousse égal^{t} ou dépass^{t} le calice.

O. spinosa [O. campestris GG]. Tige ayant de nombr. épines souv^{t} géminées aux nœuds. Cor. 1 f. plus longue que le cal. ♃. Lieux secs. AC.

—Tige couch., radicante à la base. Gousse plus courte que le cal.

O. procurrens GG [O. repens] (Arrête-bœuf). Souche long^{t} traç. Tige vel., portant qq. épines, ou non épineuse (*mitis*). Cor. d'un tiers plus longue que le cal. ♃. CC.

4. *O. Columnæ* GG et CG. Cor. et gousse ne dépass^{t} pas sensibl^{t} le cal. ♃. Coteaux pierreux. AR.

—Non. 19

16. **Anthyllis**.

A. Vulneraria (Vulnéraire). Feuil. à 1-6 p. de fol.; fol. term. ord^{t} plus grande, surtout dans les feuil. infér. Fl. jaun., qqf. rougeâtr., en têtes serrées pourvues à la base de bract. palm. Étam. monad. Cal. à 5 dents, ventru, persist. Gousse incluse, 1-2-sp. ♃. Lieux secs. C.

17. **Medicago** (Luzerne). Herbes. Feuil. à 3 fol. denticul. Cal. à 5 divisions. Carène obtuse. Etam. diad. Style filif., glabre. Gousse dépassant le cal., contournée, ord^{t} polysperme.

1—Gousse sans aiguillons. . 2

—Gousse munie d'aiguill. 6

2—Fl. 2-3 sur un même pédonc., ou en têtes de 0,01-0,02 au plus de

92 (suite).

long. 3

— Fl. en épis ou en têtes ayant plus de 0,02 de long. 4

3—Fleurs en têtes. Gousse très-courte, réniforme.

M. Lupulina (Mignonette, Minette). Tige tombante. Fl. très-petites, jaunes. Gousse 1-sp. ①. CCC.

β. *Wildenowii*. Stipul. ent. Gousse vel. ♃. AC.

—Fleurs 2-3 sur un même pédoncule. 5

4—Tige couchée à la base. Gousse à 1, rar[t] 2 spires.

M. falcata. Fl. jaunes, rar[t] violacées ou verdâtres. Pédic. de la longueur du calice. ♃. C.

—Tige dressée dès la base. Gousse à 2-3 spires.

M. sativa (Luzerne). Fl. bleuâtres ou violettes. Gousse pubesc., allongée. ♃. (Cult., fourrage). Fréq[t] subspont.

5—Tige pubesc Stipul. dentées.

M. scutellata GG et CG. Fl. assez grand., jaune-orangé. Gousse globul., à spires concaves, dont les supér. s'emboîtent dans les infér. ①. RRR. Praslin (Melun), Liancourt.

—Tige glabre. Stipul. laciniées.

M. orbicularis. Fl. petites, jaunes. Gousse lenticulaire, à 3-5 spires. ①. Lieux arid. R. Bois de Boulogne, Liancourt, Malesherbes, Le Châtelet, Pithiviers.

6—Stipules dentées. 7

—Stipules laciniées.

M. polycarpa GG [M. apiculata CG]. Pl. glabre. Pédonc. 3-8-fl. Fl. jaunes. Gousse en hélice subglobul., déprimée. ①. Champs.

α. *apiculata*. Epines droites. C.

β. *denticulata*. Epines croch. AR.

7—Stipules semi-sagittées. Folioles souvent maculées de noir.

M. maculata GG et CG. Plante glabre. Pédonc. 2-5-fl. Fl. jaunes. Gousse glabre, subglobul. Epines arquées en dehors. ①. Prés. C.

—Non. 8

8—Epines nombreuses, subulées. Gousse peu velue.

M. minima GG et CG. Pédonc. aristés, 2-5-fl. Fl. petites, jaune-vif. Gousse petite, globul., à spires lâches. ①. Lieux secs. C.

—Epin. espacées, courtes. Gousse ord[t] pubesc.-glanduleuse.

M. Gerardi GG et CG. Pédonc. ord[t] 2-3-, rar[t] 4-6-fl., non aristés. Fl. jaunes. Gousse ovoïde à spires serrées. ①. Lieux secs. RR. Bois de Boulogne, Argenteuil, Le Vésinet, St-Maur, Bonnières.

18. **Trigonella**. Herbes. Feuil. à 3 folioles denticulées. Cal. 5-fide. Carène très-courte, obt. Etam. diad. Style filif., glabre. Gousse lin., compr., un peu arquée, polysperme.

1—Fl. géminées, rar[t] solitaires.

T. Fœnum-Græcum (Fénu grec). Fl. blanc-jaunâtre. Gousse glabre, long. de 0,08-0,15. ①. (Cult., fourrage). Qqf. subspont. près des habitations.

—Ombelles axill. 8-10-flores.

T. Monspeliaca. 0,05-0,30. Fl. jaunes. Gousse pubesc., longue de 0,02-0,03. ①. Lieux arid. R. Bois de Boulogne, Le Point-du-Jour, Le Vésinet, Vétheuil, St-Maur, Etampes, Malesherbes, l'Ile-Adam.

19—Fleurs en têtes ou en épis. 20

—Fl. en grappes lâches très-effilées. Gousse dépass[t] le cal.

Melilotus (Mélilot). Cal. 5-fide. Carène obt. Etam. diad. Style filif., glabre. Gousse ovoïde, 1-4-sperme.

92 (suite).

1—Fl. jaunes. 2
—Fl. blanches. 4
2—Etendard beaucoup plus long que les ailes.

M. parviflora GG [M. Indica]. 0,1-0,5. Fleurs très-petites. Gousse brusqt mucr. par le style. ①. Chemins, champs. R. Bourg-la-Reine, St-Cloud, Meudon, Enghien, Vincennes, Mennecy.

—Non. 3
3—Tiges étalées ou ascendantes diffuses. Gousse glabre.

M. arvensis CG [M. officinali GG]. 0,3-0,6. Gousse presque obt. mucr. par le style. ②. Lieux secs. C.

—Tige dressée. Gousse pubescente. 5

4. *M. alba* GG et CG. Etendard beaucoup plus long que les ailes. Gousse glabre. ②. Lieux secs. AR.

5. *M officinalis* CG [M. macrorhiza GG, Trifolium Melilotus L] (Mélilot). 0,6-1,2. Gousse attén. au sommet. ②. Lieux frais. C. (Off.).

20. **Trifolium** (Trèfle). Herbes. Feuil. à 3 fol. Stipul. plus ou moins soudées au pétiole. Cal. 5-fide. Cor. persist., qqf. monopét. Carène obt. Étam. diad. Style filif., glabre. Gousse plus courte que le cal. ou le dépasst peu, 1-4-sperme.

1—Capit. formés de 2-5 fl. fert., bientôt réfl., et de fl. centrales tardives réduites à un cal. filif. se recourbt pour envelopper les fleurs fertiles. 16
—Non. 2
2—Fl. blanch., roses ou rouges. Gousse sess. au fond du calice (le *T. elegans* excepté). 3
—Fl. jaunes. Gousse stipitée, toujours 1-sp. 23
3—Pl. glabre en toutes ses parties. 18
—Pl. ayant au moins les dents du cal. velues. 4
4—Cal. laineux, enflé après la floraison. Capit. entourés d'un involucre multifide. 17
—Non. 5
5—Capit. terminaux (placés au sommet des tig. ou des ram.). 6
—Capit. term. et axill. . 13
6—Plante velue. 7
—Plante glabre. 10
7—Folioles entt bordées de dents cuspidées. 20
—Non. 8
8—Cor. polypét. Les 2 feuil. supér. alt. ou opposées. . . 9
—Cor. monopét. Les 2 feuil. supér. opposées. 10
9—Feuil. toutes alternes.

T. incarnatum (Farouche). Tige à longs entrenœuds. Capit. oblongs, longt pédonc. Fl. blanc-rosé, (rouge-vif dans la pl. cult.). ①. AC. (Cult., fourrage).

—Les 2 feuil. supér. opp. Fl. jaunâtres. 12
10—Fol. 5-6 f. plus longues que larges, entt bordées de dents cusp.

T. rubens. Tige dress. Capit. très-oblongs. Fl. purpur. Cal. 20-nervé. ♃. Bois. AR.

—Non. 11
11—Stipul. moyennes longt lanc. acuminées.

T. medium. Pl. glabre ou peu vel., flex. Fol. allongées, à peine dent., fortt nerv. Capit. globul. ♃. Bois. AC.

—Stipul. moyennes à partie libre triang., brusqt aristée.

T. pratense (Trèfle). Pl. glabre ou vel. Fol. oval., ent. ou à peine dent., souvt tachées. Capit. subglobul. Fl. rose-purpurin, rart blanch. Varie par la culture. ♃. CC. (Cult., fourrage).

β. *microphyllum*. Pl. grêle dans

92 (suite).

toutes ses parties. Fl. purpur. Lieux très-arides.

12. *T. ochroleucum*. Plante vert-pâle, moll[t] vel., peu ram., à très-longs entrenœuds. Fol. allongées, ent. Capit. subglobul., puis ovoïd. Fl. blanc-jaunâtre. Cal. velu. ♃. Lieux herb. AC.

13—Capit. pédonculés. . . 14

—Capit. sessiles 15

14—Fol. ovales, ent[t] bordées de dents cusp. Gousse 2-sp. . . 20

—Non.

T. arvense (Pied-de-Lièvre). Pl. vel., très-rameuse. Fol. très-étroites. Capit. nombr., ovoïd., puis cylindr., vel.-soyeux. Fl. petites, d'abord blanch., puis rosées. Cal. à très-long. dents. ①. Lieux sablonn. CC.

β. *gracile*. Pl. moins vel., plus grêle. Lieux très-arid. AR.

15—Nerv. des fol. droites.

T. striatum. Pl. pubesc. Capit. ovoïd. Fl. petit., ord[t] rosées, cad. Cal. velu-blanchâtre, strié, à dents fines. ①. Prés. AC.

—Nerv. arq. en dehors.

T. scabrum. Pl. pubesc. Capit. petits, ovoïd. Fl. petit., ord[t] blanch., persist. Cal. hispide, à dents presq. épin. se recourb[t] à la matur. ①. Lieux secs. AC.

16. *T. subterraneum*. Pl. velue, couch. Fol. cord. au sommet. Fl. fert. jaunâtr. Div. des cal. stéril. se fixant en terre à la maturité. Gousse 1-sp. ①. Pelouses arid. RR. Ville-d'Avray ?, Jouy, env. d'Orsay, Mennecy, Rougeaux.

17. *T. fragiferum*. Tige rampante. Fl. roug. ou blanch. Capit. prenant l'aspect d'une fraise après la floraison. ♃. Lieux secs. C.

18—Fl. pédic., réfl. après la floraison. Fol. ord[t] marbrées. . 21

—Fl. sess. Fol. à nerv. saillantes 19

19—Stipul. long[t] arist.

T. glomeratum. Fol. ovales élargies. Capit. ord[t] sess. à l'aisselle des feuil. Fl. petites, rose-pâle. Gousse incluse. ①. Pelouses sablonn. RR. Mennecy, Etampes, Châteaudun.

—Stipul. amples, arrondies.

T. strictum. [T. lævigatum GG]. Fol. oblong. lin. Capit. long[t] pédonc. Gousse dépass[t] le cal. ①. Pelouses sabl. RR. Fontainebleau, Nemours, Châteaudun, Montlhéry ?

20. *T. montanum*. Souche lign. Pl. pubesc. Capit. ovoïd., sans feuil. florales à la base. Fl. blanch., rar[t] purpur. ♃. Bois. R. Le Châtelet, Fontainebleau, Malesherbes, Juvisy.

21—Tige couchée-radicante.

T. repens (Triolet). Fol. oval., dentel. Capit. long[t] pédonc. Fl. blanch., qqf. rosées. Cal. à tube long comme le pédic. dans les fl. supér. des capit. Gousse sess., bosselée, ord[t] 3-4-sp. ♃. CCC. (Cult., fourrage).

—Tige non radicante. . 22

22—Tige pleine. Fol. bordées de chaq. côté par 40 dents cuspidées.

T. elegans GG et CG. Stipules lin.-lanc. Capit. long[t] pédonc. Fl. variées de rose et de blanc. Cal. à dents 1 f. plus longues que le tube, à tube 2-3 f. plus court que le pédic. dans les fl. supér. des capit. Gousse attén. à la base, non bosselée, ord[t] 1-2-sp. ♃. Prés, bord des bois. RRR. La Madeleine (Fontainebleau), Bazoches, Baslin, Senlis, Satory.

—Tige creuse. Fol. bordées de chaq. côté par 25-30 dents écartées.

T. Michelianum GG et CG. Stipul. courtes, oval., ent. Fl. blanch. Cal. à dents 3 f. plus longues que le tube. Gousse 2-sp. ①. Observé jadis à Palaiseau ?

92 (suite).

23—Folioles très-ent. Fl. blanc-jaunâtre 12
—Fol. dentel. au sommet. Fl. jaunes. 24
24—Fol. impaire sessile. . 25
—Fol. impaire pétiolulée. 27
25—Etendard plié en carène, non strié. Style 3-4 f. plus court que le fruit. 26
—Etendard plan sur le dos, str. Style à peu près égal au fr. 29
26—Pédic. des fl. plus long que le tube du calice.

T. micranthum GG [T. filiforme]. 0,05-0,20. Pl. glabre, filif., couch. Pédonc. des capit. long, capill., flex. Capit. à 1-6 fl. tournées d'un même côté, jaun., puis blanchâtres. ①. Lieux secs. RRR. Versailles, étang de St-Quentin, Beauvais.

—Fleurs subsessiles. . . 28
27—Etend. caréné, non str. 28
—Etendard plan, strié. 31

28. *T. filiforme* [T. procumbens GG] (Trèfle jaune). 0,05-0,3. Fol. imp. ord[t] pétiolulée, (sess. dans les échantillons nains). Pédonc. fins, raid. Capit. à 15-20 (rar[t] à moins de 7-8) fl. subsess., jaun., puis brun-clair. ①. Chemins, prés. CC.

29—Pédonc. filif., beaucoup plus longs que la feuille. . . . 30
—Pédonc. épais, raid., égalant la feuille. 32

30. *T. patens* GG et CG [T. Parisiense DC]. 0,2-0,5. Stipul. auriculées à la base, plus courtes que le pétiole. Capit à fl. nombr., jaune-vif, puis brun-pâle, portées sur un pédic. égal[t] le tube du cal. ①. Prés. AC.

31—Style 3-4 f. plus court que le fruit.

T. procumbens [T. agrarium GG] (Trèfle jaune). 0,05-0,5 Fol. impaire pétiolulée. Capit. à fl. nombreuses, jaune-soufre, puis brun-clair. ①. Lieux secs, champs. C.

—Style à peu près égal au fr. 30

32. *T. agrarium* [T. aureum GG]. 0,2-0,5. Pl. droite. Stipul. étroites dès la base, lin.-lanc. Capit. à fl. nombr., jaune d'or, puis brun-foncé. ① ou ②. Bois, prés montueux. RRR. Ville-d'Avray?, Compiègne, Villers-Cotterets, Champagne, Provins.

21—Stipules libres. Gousse dépass[t] long[t] le calice. . . 22
—Stipules en partie soudées avec le pétiole. Gousse dépassant peu le calice. 20
22—Pédoncules 1-2-flores. Gousse à 4 ailes.

Tetragonolobus.

T. siliquosus [Lotus s. L]. Herb. Feuil. à 3 fol. ent. Fl. grandes, jaune-pâle. Carène courbée, prolongée en bec. Etam. diad. ♃. Prairies. C.

—Pédonc. portant ord[t] plus de 2 fleurs. Gousse non ailée.

Lotus. Herbes. Feuil. à 3 folioles entières. Fl. jaune-vif. Etam. diad. Gousse longue, cylindr., à valves se roulant en tire-bouchon.

1—Dents du cal. triang. à la base, brusq[t] subul., conniv. dans le bouton.

L. corniculata. 0,1-0,5. Pédonc. 2-6-fl. Carène courbée vers son milieu, brusq[t] rostrée. ♃. Lieux secs. CC.

—Dents du cal. lanc. lin, réfl. dans le bouton.

L. uliginosa GG [L. major

92 (suite).

CG]. 0,4-0,8. Pédonc. 7-12-fl. Carène courbée dès la base, insensiblt atténuée en bec. ♃. Pré hum. C.

23—Feuilles digitées. 12
—Feuilles pinnées 24
24—Tige herbacée. 25
—Tige ligneuse 28
25—Gousse ayant au moins 2 f. la longueur du calice . 26
—Gousse incluse ou débordant à peine le calice. . . 46
26—Fleurs en grappes. 27
—Fleurs en ombelles ou en couronnes. 41
27—Gousse à cloison longitud. formée par le repli de la suture intér. des valves. Feuil. non ou à peine mucronées.

Astragalus (Astragale). Herbes. Feuil. imparipinn., à folioles entières. Carène obtuse. Etam. diadelphes.

1—Fl. jaunâtr. Tige feuillée. 2
—Fl. purpur. sur des hampes non feuillées 3
2—Feuilles à 4-7 paires de fol. grandes, glabres.
A. glycyphyllos (Réglisse bâtarde). Gousse pédic., très-allongée, presque glabre. ♃. Bois. C.
—Feuil. à 5-10 p. de fol. pubesc.
A. Cicer. Gousse sess., ovoïde, hérissée de poils noirs et blancs. ♃. RR. Natur. dans les bois de Boulogne, de Vincennes, de Châville.
3. *A. Monspessulanus*. Feuil. à 15-20 p. de fol. obt. ♃. R. Coteaux de la Seine (rive dr.) de Mantes à Vernon.

—Gousse non cloisonnée longitudt. Feuil. longt mucr. . 29
28—Fleurs jaunes.

Colutea.

C. arborescens (Baguenaudier). Arbriss. Feuil. à 3-5 p. de fol. ent. Fl. en grappes 2-6-fl. Carène tronq. Etam. diad. Gousse pédic., vésiculeuse, polysp. Parcs. Qqf. natur. dans les bois et les haies.

—Fleurs blanches ou roses.

Robinia (Robinier). Arbres souvt épineux. Feuil. à 5-10 p. de fol. ent. Cal. campanulé. Carène aiguë. Etam. diad. Gousse pédic., allongée, comprimée, polysperme.

1—Fl. blanches odorantes.
R. Pseudo-Acacia (Acacia). Fl. en grappes longues, pendantes. Parcs, promenades, bois. CC.
—Fleurs roses inodores . 2
2—Ram. et pédonc. visqueux.
R. viscosa L et CG (Acacia visqueux). Fl. en grappes courtes. (Orn.).
—Rameaux et pédoncules couverts de poils glanduleux roux.
R. hispida L (Acacia rose). Feuil. à 7-8 p. de fol. Fl. en grappes denses. (Orn.).

29. **Galega.**

G. officinalis (Lavanèse). Herb. Feuil. à 5-10 p. de fol. Fl. blanches

92 (suite).

ou bleuâtres, en grappes axillaires, longt pédonc. Gousse linéaire. ♃. (Cult., orn.). Subspont. près des habitations.

30. **Phaseolus** (Haricot). Herbes. Tige ordt grimpante. Feuil. à 3 grandes fol. acum., pétiol. Cal. 2-lobé. Etam. diad. Style barbu, contourné en spirale avec la carène et les étam. Gousse allongée, comprimée, polysperme.

1—Fl. blanches, jaunâtres ou lilas, en grappes plus courtes que les feuil. florales.

P. vulgaris (Haricot). ①. (Cult. sous une foul. de variétés, alim.).

β. *nanus*. Tige non grimpante de 0,15 à 0,25. Lèvre supér. du cal. ent. (Cult., alim.).

—Fl. ordt rouges, en grappes plus longues que les feuilles.

P. multiflorus CG (Haricot d'Espagne). ①. (Cult.; orn., alim.).

31—Feuil. imparipinn. Fol. alternes, dentées en scie. . 37
—Feuilles paripinnées. 32
32—Fl. dont la cor. n'a pas un centimètre de long. . 36
—Fl. dont la cor. a plus d'un centimètre de long. . . 33
33—Style d'une égale largeur dans toute sa longueur, non creusé en gouttière. Feuil. souvt à plus de 6 fol.. . . 34
—Style élargi à son sommet, ou creusé en gouttière. Feuil. n'ayant jamais plus de 6 folioles. 38
34—Pétiole terminé par un filet court droit. 35
—Pétiole terminé par un ou plusieurs filets roulés.

Vicia (Vesce). Herbes. Etam. diad. ou monad. Style filiforme. Gousse oblongue, polysperme.

1—Fl. solit. ou géminées, axill. 2
—Fleurs en grappes. . . 5
2—Fleurs jaunes 4
—Fl. violacées ou blanchâtr. 3
3—Fleurs grandes. Stipul. ordt tachées de noir.

V. sativa (Vesce). Feuil. à 5-7 p. de fol. Fl. bleu-purpur., géminées. Gr. liss. ①. (Cult., fourrage).

β. *angustifolia*. Feuil. supér. à fol. lin. Fl. ordt solit., bleu-tendre. Gousse noire.

—Fleurs très-petites. Stipules non tachées de noir.

V. lathyroides, 0,1-0,2. Feuil. à 2-4 p. de fol. Fl. violettes, rart blanches, solit. Graines tuberc. ①. Lieux sabl. AC.

4. *V. lutea*. Fl. solitaires ou géminées. Gousse réfl., fortt velues, 5-6-sp. ①. Lieux arid. AR.

5—Fl. en grappes brièvt pédonculées 6
—Grappes longt pédonc.. . 8
6—Feuil. à 4-10 p. de foliol. 7
—Feuil. à 2-3 p. de folioles.

V. Narbonensis. Pédonc. 1-4-fl. Fl. pourpre-foncé. Gousse à bords ciliés épin. ①. Bois, vois. des habitat. RRR. Bois Yon (Dreux.)

7—Etendard glabre.

V. sepium (Vesce sauvage). Pédonc. 2-3-fl. Fl. bleuâtr., veinées de pourpre. ①. Haies, buissons. C.

—Etendard velu.

V. Pannonica GG et CG. Fl. 2-4, pendantes, purpur., veinées. ①. Moissons. R. Ivry, Gentilly, Palaiseau, Enghien ?

8—Feuil. à 10 p. au moins de fol.

92 (suite).

Cal. non bossu à la base. Fl. s'épanouiss succ[t] de bas en haut. 9

—Feuil. à 5-7 p. de fol. Cal. bossu à la base. Fl. s'épanouiss[t] toutes à la fois. 10

9—Etendard rétréci vers sa partie moyenne.

V. Cracca [Cracca major GG]. Fl. 15-20, bleu-violet, en grappes serrées. Gousse oblongue, brusq[t] contractée en pédic. plus court que le cal. ♃. Haies, champs. CC.

—Etendard rétréci vers le quart inférieur.

V. tenuifolia CG [Cracca t. GG]. Fl. nombr., bleu-pâle, en grappes lâches, dépass[t] beaucoup la feuille. Gousse oblongue, insensibl[t] attén. en pédicelle aussi long que le cal. ♃. Haies, moissons. AC.

10. *V. villosa* CG [Cracca varia GG]. Pl. glabresc. dans les env. de Paris. Fl. nombr., bleu-violet, en grappes assez courtes. Etendard rétréci vers le quart supér. Pédic. de la gousse plus long que le cal. Gousse large. ①, ②. Moissons. AR.

35—Fleurs rougeâtres. 40

—Fleurs blanches ou rosées, tachées de noir.

Faba (Fève).

F. vulgaris CG [Vicia Faba] (Fève). Herbe robuste. Feuil. à 1-3 p. de fol. épaiss., grand., ent. Fl. 2-5, en grappes briév[t] pédonc. Etam. monad. Styl. filif. Gousse épaisse. ①. Gr. plates, grosses. (Cult., alim.).

β. *minor* (Fèverolle). Gr. moins grosses, arrondies.

36. **Ervum.** Herbes. Cal. à 5 div. linéaires presque égales à la cor. Stigm. glabre. Gousse oblongue, comprimée.

1—Feuilles dépourvues de vrilles, ou vrilles simples. 2

— Vrilles rameuses.

E. hirsutum L [Vicia h. CG, Cracca minor GG] (Vesceron). Feuil. à 8-18 p. de fol. Fl. très-petites, blanches ou bleuâtres, 3-8 sur un pédonc. axill. Gousse velue, 2-sp. ①. Champs, buissons. C.

2—Une vrille, au moins dans les feuil. supérieures. 3

—Toutes les feuil. terminées par un filet court. 4

3—Folioles étroites et linéaires.

E. tetraspermum [Vicia t. CG]. Feuil. à 3-5 p. de fol. Pédonc. 1-3-fl., plus court que la feuille. Cor. petite, lilas. Gousse 3-5-sp. ①. Champs, moissons. C.

β. *gracile* GG [Vicia hexasp. CG]. Pédonc. plus long que la feuil. Gousse 5-8-sp. AC.

—Folioles ovales et larges de plus d'une ligne. 5

4. *E. Ervilia* [Ervilia sativa GG] (Ers, Comin). Feuil. à 8-12 p. de fol. Pédonc. 1-3-fl., beaucoup plus court que la feuil. Cor. rose. Gousse bosselée, 3-4-sp. ①. Moissons. RRR. Châtillon. (Fourrage).

5. *E. Lens* [Vicia L. CG, Lens esculenta GG] (Lentille). Vrille simple ou fourchue. Feuil. à 5-7 p. de fol. Pédonc. 1-3-fl. Cor. blanche veinée de violet. Gousse glabre 1-2-sp. ①. (Cult., alim.).

37. **Cicer.**

C. arietinum (Pois chiche). Tige vel., glandul. Feuil. à 6-8 p. de fol. dentées. Fl. purpur., axill. solit., pédonc. Etam. diad. Style subulé. Gousse ovoïde, vel., apiculée, 2-sp. ①. RR. (Cult., fourrage).

38—Style comprimé par le dos. 39

92 (suite).

—Style genouillé à la base, comprimé latéralement.

Pisum (Pois). Herbes. Vrille rameuse. Stipul. plus ampl. que les fol., embrass. Cal. camp., à 5 larges div. foliacées. Étam. diad. Style canaliculé en dessous, velu en dessus.

1—Fleurs blanches.

P. sativum (Pois). Pédonc. 2-3-fl. ①. (Cult., alim.).

—Fl. roses ou purpurines.

P. arvense (Pisaille, Pois gris). Pédonc. 1-3-fl. ①. (Cult., fourrage).

39—Pétiole terminé par une pointe courte sétacée. . . 40

—Pétiole terminé par une vrille, ou aplani en forme de feuille très-aiguë.

Lathyrus Herbes. Stipul. libres, sagittées. Étam. monad. ou diad. Style canaliculé en dessous, pubesc. en dessus. Gousse polysperme.

1—Fleurs jaunes 2

—Fl. blanch., roug, ou bleues 3

2—Pétiole portant 2 stipules et une paire de folioles. 14

—Pétiole ne portant que 2 stipul. figurant une paire de folioles.

L. Aphaca (Pois de serpent). Pl. glabre. Pédonc. 1-2-fl. ①. Moissons. CC.

3—Pétiole ne portant que 2 stipul. figurant une paire de folioles.

L. Nissolia. Rachis aplani ressemblant à une feuil de graminée. Pédonc. court, 1-2-fl. Fl. purpur ①. Champs. RR. St-Denis, Compiègne, St-Germer, Tournans, Le Châtelet.

—Pétiole pourvu de folioles. 4

4—Gousse velue. Feuil. à 1 p. de folioles. 5

—Gousse glabre. Feuilles à 1-4 p. de folioles. 6

5—Fl. odorantes, grandes. Tige scabre.

L. odoratus (Pois de senteur). Fl. de couleur variable, 2-3 sur un long pédonc. ①. (Cult., orn.).

—Fleurs inodores. petites.

L. hirsutus. Fl. violettes, devenant bleues, 1, plus souv[t] 2-8 sur un long pédonc. ②. Moissons. AR.

6—Feuil. à 1 paire de fol. Pédoncules 1-flores 7

—Feuil. à 1-4 paires de fol. Pédoncules 2-10 flores 9

7—Tige un peu ailée. Pédoncules non aristés 8

—Tige anguleuse, nullement ailée. Pédonc. long[t] aristés. . 15

8—Fl. rouges. Gousse canaliculée sur le dos.

L. Cicera (Gessette, Jarosse, Pois breton). Pédonc. plus court que le pétiole, articulé vers le milieu de sa longueur. ①. (Cult., fourrage).

—Fl. grandes, blanches, roses ou bleuâtres. Gousse munie de 2 ailes sur le dos.

L. sativus (Gesse, Pois de brebis). Pédonc. plus long que le pétiole, articulé très-près de la fleur. ①. (Cult., fourrage).

9—Feuil. à 2-4 p. de fol. . 13

—Feuil. à 1 p. de folioles. 10

10—Tige et pétioles ailés. . 11

—Tige et pétioles anguleux, non ailés. 12

11—Fleurs rose-pâle mêlé de vert, de 0,010-0,015.

L. sylvestris (Gesse sauvage). Fol. très-allong., aig. Fl. 4-10 en grappes lâches. ♃. Haies, bois. AC.

—Fleurs rouge vif, de 0,020-0,030.

92 (suite).

L. latifolius (Pois vivace). Fol. variables, ord[t] obt. par le bout. Fl. nombr. sur un très-long pédonc. ♃. (Cult., orn.).

12. *L. tuberosus* (Gland de terre, Macuson, Anette). Souche ram., tubercul. Feuil. à fol. oblong. obt. Pédonc. 3-5-fl. Fl. grandes, rouges, odorantes. ♃. Haies, moissons. AR.

13. *L. palustris*. Tige ailée. Pédonc. grêle, 2-8-fl. Fl. purpur., puis bleues. ♃. Prés humides. AR.

14. *L. pratensis*. Fl. 3-12 sur un long pédonc. ♃. Prés, buissons. CC.

15. *L. angulatus*. Pédonc. 1-fl., égal[t] presq. la feuil. Pétiole terminé par une pointe courte dans le bas de la pl., et par une longue vrille dans le haut. ①. Moissons. RRR. Montgeron? Marcoussis? Dordives.

40. **Orobus**. Herbes. Etam. monad. ou diad. Style compr. par le dos, droit, non tordu, canaliculé en dessous. Gousse glabre, oblongue, polysperme.

1—Tige anguleuse, non ailée. 2
—Tige ailée.

O. tuberosus [Lathyrus macrorhizus GG]. Souche tuberc. Feuil. à 2-4 p. de fol. non acum. Pédonc. 2-4-fl. Fl. rouges passant au bleu-verdâtre. ♃. Bois. CC.

2—Feuil. à 3-6 paires de fol. oblongues, non acuminées.

O. niger [Lathyrus n. GG]. Tige ram. Pédonc. 4-8-fl. Fl. pourpur. passant au bleu livide. ♃. Bois secs, rochers. R. Env. de Montlhéry, Fontainebleau, Malesherbes.

—Feuil. à 2-4 p. de fol. oval., très-amples, long[t] acuminées.

O. vernus [Lathyrus v. GG]. Tige simple. Pédonc. 3-7-fl. Fl. bleues. Etam. diad. ♃. Bois. RRR. Fontainebleau? Senlis? Compiègne?

41—Fleurs jaunes 42
—Non 44

42—Feuilles à 3-4 paires de folioles 43
—Feuilles à 5-7 paires de folioles. 45

43. **Coronilla** (Coronille). Herbes glabres. Feuil. imparipinn. Calice court, 5-denté. Carène terminée en bec. Etam. diad. Gousse articulée, linéaire, sensibl[t] droite.

1—Fleurs jaunes.

C. minima. Feuil. à 3-4 paires de folioles. Pédonc. 6-12-fl. ♃. Coteaux secs. AR.

—Fleurs blanc-rosé.

C. varia. Feuil. à 7-12 p. de folioles. Pédonc. 12-15-fl. Carène violette. ♃. Bois, coteaux. C.

44—Ombelle de 12-15 fleurs grandes. 43
—Ombelle de 2-5 fleurs très-petites.

Ornithopus.

O. perpusillus (Pied-d'oiseau). Herbe velue, grêle. Fl. bleu-rose. Carène obtuse. Etam. diad. Gousse lin. articul., arquée. ①. Lieux secs.

45. **Hippocrepis**.

H. comosa. Herbe glabre. Pédonc. portant 6-12-fl. jaun., pend., en ombelle. Carène en bec. Etam. diad. Gousse articul., creusée sur le bord interne d'échancrures en fer à cheval. ♃. Lieux secs. C.

46—Fleurs en têtes 16

—Fleurs en grappes.

Onobrychis (Esparcette).

O. sativa [Hedysarum Onobrychis L] (Sainfoin). Herbe. Feuil. à 6-12 p. de fol. Fl. rose-veiné, en grappes long^{t} pédonc. Etam. diad. Gousse à un article, caréné, dent., épin., 1-sp. ♃. (Cult. fourrage).

47. Cercis.

C. siliquastrum (Arbre de Judée, Gaînier). Arbre. Feuil. pétiol., orbic., cordées. Fl. roses, paraiss^{t} avant les feuil., en petites grappes dressées. Etam libr. Gousse compr. polysp. Avr., mai. (Orn.).

93—Ovaires nombreux en tête. **103**
—Ovaire unique. **94**
94—Ovaire pédicellé. Plante à suc laiteux. . . . **239**
—Ovaire sessile. Plante non laiteuse. **95**
95—Tige herbacée. **110**
—Tige ligneuse.

AMYGDALÉES. Arbr. ou arbriss. Feuil. simpl., stipulées. Fl. rég. Cal. caduc, 5-denté, non adhér. à l'ovaire. Pét. 5, insérés à la gorge du cal. Etam. 15-30, libres. Ov. libre, à 1 carpelle. Style 1. Fr : drupe charnue ou coriace, contenant un noyau 1-rar^{t} 2-sperme.

1—Plusieurs fl. naiss^{t} d'un même bourgeon, long^{t} pédonc., en fascic. ombelliformes, en corymbes ou en grappes . 6
—Bourgeons 1-3-fl. Fl. subsessiles, ou à pédoncule atteignant à peine 0,02. 2
2—Fleurs d'un rose rouge 4
—Fleurs blanches ou rosées 3
3—Ovaire glabre 5
—Ovaire velu. 4

4. **Amygdalus.** Feuil. pliées en deux longit^{t} avant l'épanouissement, dentées, glabr., elliptiq., lanc. Fl. naiss^{t} avant les feuil., subsessiles. Noyau irrég^{t} sillonné.

1—Fl. blanc-rosé. Fruit charnu, coriace, oblong, comprimé.

A. communis (Amandier). Arbre de 6-12 m. Feuil. pétiol. Fr. vert à la matur. Fl.; févr., mars. Fr.; août, sept. (Cult. alim.). Var. diverses.

—Fleurs rose-rouge. Fruit mou, succulent, globuleux.

A. Persica (Pêcher). 2-5 m. Feuil. briév^{t} pétiol. Fr. gros, jaunâtre ou rougeâtre à la maturité. Fl.; févr., mars. Fr.; août, sept. (Cult. alim.).

β. *lævis* (Brugnon). Fr. glabre.

5. **Prunus.** Feuil. roulées longit^{t} avant l'épanouissement Fl. naissant avant ou avec les feuil. Drupe globul. ou oblongue succulente. Noyau ovale, lisse.

1—Fl. blanches. Feuil. ellipt., fin^t dentées. Fr. glabre, couvert d'une efflorescence glauque. . 2

—Fl. un peu rosées, subsess. Feuil. suborbic., presque cordées, crén.-dentées. Fr. velouté.

P. Armeniaca (Abricotier). Fl. assez grandes. Fr. jaune, sucré. Fl.; févr., mars. Fr.; juill. (Cult. alim.).

2—Arbre ou arbrisseau non ou peu épineux. 3

—Arbrisseau à rameaux divariqués très-épineux. 4

3—Arbre de 4-7 m. Pédoncule pubesc., plus court que le fr. à la maturité.

P. domestica [P. domest. et P. insititia CG] (Prunier). Bourgeons ord^t 2-fl. Fr. gros, oblong ou globuleux, jaune, rougeâtre ou violet, sucré. Fl.; mars, avr. Fr.; juill., sept. (Cult. alim.). Var. très-nombr.

β. *sylvatica*. Fr. petit, ovoïde, peu charnu, bleuâtre. Haies. AR.

—Arbriss. de 2-3 m. Pédonc. glabre, plus long que le fr. à la matur.

P. cerasifera GG et CG. Bourgeons ord^t 1-fl. Fr. de la grosseur d'une cerise, pend., rouge, acerbe. Avr., mai. RRR. Bords de la Marne près le parc de St-Maur.

4. *P. spinosa* (Prunellier). 1-2 m. Fl. petites. Fr. bleu, âpre, de la grosseur d'un pois. Avr., mai. Haies, bois. CC.

6. **Cerasus**. Jamais épineux. Feuil. pliées en deux longit^t avant l'épanouissement. Fl. blanches. Drupe globul. ou oblongue, glabre. Noyau globul., très-lisse.

1—Fl. en fascic. ombellif., se développ^t avant ou avec les feuil. 2

—Fl. en corymbes ou en grappes se développ^t après les feuil. . . 3

2—Feuil. pubesc. en dessous, se développ^t avec les fleurs. Fr. doux, variant du rouge au noir.

C. avium CG [Prunus a.]. Pétiol. munis à leur sommet de 2 glandes rougeâtres. Fl. portées sur les ram. de 2 ans, sortant de bourgeons à écailles toutes scar. Ram. jamais pendants.

α. *sylvestris* (Merisier). Fruit noir, doux amer, globul. Bois. C.

β. *Juliana* (Guignier). Fruit noir, très-doux, assez gros, cordé. (Cult. alim.).

γ. *duracina* (Bigareautier). Fruit rouge-veiné, gros. (Cult. alim.).

—Feuil. glabres dès leur jeunesse, se développ^t après les fleurs. Fr. acidule, rouge.

C. vulgaris CG [Prunus Cerasus] (Cerisier). Pétiol. sans glandes à leur sommet. Fl. portées sur les ram. de l'année précédente, sortant de bourgeons à écail. intér. foliac. Ram. ord^t pend. (Cult. alim.). Var. diverses: Cerise aigre, anglaise, etc.

β. *semperflorens* (Cerisier de la Toussaint). Div. du cal. dentées.

3—Fl. en grappes dressées.

C. Mahaleb CG [Prunus M.] (Bois de Sainte-Lucie). Ram. grisâtres. Cal. à div. non ciliées. Fr. noir, acerbe. Bois, coteaux. AC.

—Fl. en grappes pendantes.

C. Padus CG [Prunus P.] (Merisier à grappes). Ram. bruns. Cal. à div. cil. Fr. noir, très-acerbe. Parcs. Qqf. natural. dans les bois.

96—Pétales 5 ou moins **97**

—Pétales 6. . . . . **297**

97—Etamines 2. . . . . **105**

—Etamines 4. Pétales 4. . . . . **106**

—Etamines 5. . . . . **114**

—Etamines 6 ou plus. 98
98—Tige herbacée. 99
—Tige ligneuse. 101
99—Pétales 4. 105
—Pétales 5. 100
100—Cal. hérissé de pointes raides. Fl. jaunes. . 103
—Calice non hérissé de pointes raides. Fl. blanches ou verdâtres. 116
101—Feuilles pinnées. 102
—Feuilles non pinnées. 104
102—Tige épineuse. 103
—Tige non épineuse 104

103. ROSACÉES. Feuil. altern. Fl. régul. Pét. 5, rar[t] 4 ou 8, libres. Etam. en nombre indéfini, libres; rar[t] 1-4.

1—Tige herbacée, non épineuse 2
—Tige herbacée épineuse 13
—Tige ligneuse. 12
2—Corolle nulle. 15
—Non. 3
3—Carpelles sur un réceptacle convexe, jamais renfermés dans le tube du calice 4
—Carpelles renfermés dans le tube du calice. Ovaire d'apparence infère. 14
4—Calice dépourvu de calicule. 5
—Calice muni de calicule 6

5. **Spiræa** (Spirée). Fl. blanches. Cal. à 5 divisions. Pét. 5. Carp. peu nombreux, en un seul verticille.

1—Feuil. pinnatifides, munies de stipules. Tige herbacée . . 2
—Feuil. simples, non stipulées. Sous-arbrisseau 3
2—Feuil. à 15-20 p. de segments fin[t] divisés.

S. Filipendula (Filipendule). Carp. pubesc., non tordus en spirale. ♃. Bois, coteaux. AC.

—Feuil. à 5-9 p. de segm.

S. Ulmaria (Reine des prés). Carp 5-9, glabres, tordus en spirale. ♃ Prés, bord des eaux. C.

3—Grappes feuillées.

S. hypericifolia. Feuil. ent., ou crén. (Cult. orn.). Natur. au Plessis-Piquet, à St-Germain, à Malesherbes.

—Grappes nues.

S. salicifolia. Feuil. rég[t] dentées en scie. (Cult. orn.). Natur. à Villers-Cotterets.

6—Fleurs jaunes. 7
—Fleurs blanches. 8
—Fleurs pourpres. 10

103 (suite).

7—Semences nues ou chargées de styles très-courts. 9
—Semences chargées de styles longs, articulés.

Geum (Benoîte). Herbes. Feuil. rad. pinnatifid.; les caul. 3-fides. Cal. et calicule à 5 divisions. Pét. 5, arrondis. Styl. accrescents. Carp. secs, poilus.

1—Fl. ord[t] pench. Cal. rougeâtre. Article term. des styl. velu. 2
—Fl. dressées. Cal. vert. Article term. des styl. sensibl[t] glabre.
G. urbanum. Div. du cal. réfl. après la floraison. ♃. CC.
2—Div. du cal. étal., mais non réfl. Capitule des carp. sessile.
G. intermedium GG et CG. Fl. jaune-foncé. ♃. Lieux hum. RRR. Vallée de l'Epte.
—Div. du cal. dress. Capit. des carp. pédic.
G. rivale. Fl. veinées de rouge. ♃. Lieux hum. RRR. Beausséré, Chaumont, Beauvais, Compiègne.

8—Pétales échancrés en cœur. Semences sur un réceptacle velu, sec, persistant. 9
—Pétales obovales. Semences sur un réceptacle glabre, charnu, caduc 11

9.**Potentilla** (Potentille). Herbes. Cal. et calicule à 4-5 divisions. Pét. 4-5. Styl. courts. Carp. nombreux.

1—Fleurs blanches. 2
—Fleurs jaunes. 3
2—Feuil. caul. 3-foliolées.
P. Fragaria CG [Fragaria sterilis L, P. Fragariastrum GG]. Pét. 5, dépass[t] à peine le cal. ♃. Avr., mai. Bois, chemins. C.
—Feuil. caul. simples.
P. splendens GG et CG. Feuil. soyeuses, argentées en dessous et sur les bords. Pét. 5, une f. plus longs que le cal. ♃. Mai, juin. Bois. AR.
3—Feuilles palmées 4
—Feuilles pinnées 9
4—Cal. et calicule à 5 div. . 5
—Cal. et calicule à 4 div. . 7
5—Tige couchée, radicante à tous ses nœuds. Fl. axillaires. 8
—Tige non radicante à tous ses nœuds. Fl. en bouq. terminaux. 6
6—Tige dress. ou ascend. . 11
—Tige couchée.
P. verna. Pl. vert-foncé, en gazon épais. Feuil. caul. la plupart simpl. ou 3-fol., à pétiole très-velu. Pét. 5. ♃. Lieux secs. CC.
7.*P. Tormentilla* [Torm. erecta L]. Feuil. caul. à 3 fol. fort[t] dentées. Stipul. 3-5-fides, imitant 2 fol. sessiles. Pét. 4, rar[t] 3 ou 5. ♃. Bois. prés. C.
β. *mixta* GG et CG. Feuil. caul. la plupart pétiol. Carp. devenant un peu rugueux. AR.
8. *P. reptans* (Quintefeuille). Pl. trac. Feuil. pétiol., ord[t] à 5 fol. Fl. grandes, solit., rar[t] géminées. Pét. 5. ♃. Lieux herb., chemins. CC.
9—Tige dress., long[t] soyeuse.
P. Pensylvanica L et CG. Fl. en bouq. multifl. ♃. Natur. au bois de Boulogne? à la gare de Grenelle?
—Non. 10
10—Feuil à 13-25 folioles.
P. Anserina (Ansérine). Tig. tr.-long., couch., radicantes à tous les nœuds. Feuil. argentées en dessous. Fl. grandes, solit. ♃. CCC.
—Feuil. à 5-11 folioles.
P. supina. Tig. étal., non radicantes. Feuil. vertes en dessous

103 (suite).

Fl. jaune-pâle, petites. ①. Lieux hum. AR.

11—Feuil. blanc-d'argent en dessous.

P. argentea. Feuil. supér. à 4 fol. cunéif., incis. Pétiol. toment., non vel. ♃. Lieux arid. C.

—Feuil. vertes sur les 2 faces.

P. recta. Tige droite très-feuillée. Feuil. à 3-5 7 fol. dent. dans presq. tout leur contour, pubesc. Fl. jaune-soufre. ♃. RRR. Gare de Grenelle?, bois de Boulogne?, St-Maur, Malesherbes.

10. Comarum.

C. palustre. Herbe. Feuil. pinn., à 5-7 fol. rappr., glauq. en dessous. Fl. pourpre-foncé, en bouq. irrég. pauciflores. Cal. et calicule à 5 div. Pét. 5, beaucoup plus courts que le cal. ♃. Marais. R. Rambouillet, St-Léger, Montfort-l'Amaury, St-Germer.

11. Fragaria (Fraisier). Herb. Feuil. 3-fol. Fl. blanches. Cal. et calicule à 5 div. Pét. 5, obovales. Carp. secs, nombr., sur un récept. ovoïde, charnu (Fraise) à la maturité.

1—Divisions du cal. étalées ou réfléchies à la maturité.

F. vesca (Fraisier). Pl. ord[t] traç. Stolons ayant une écaille dans chaq. entre-nœud. ♃. Avr., juin. CCC. Bois. (Cult., Var. nombr. alim.).

β. *magna* GG [elatior CG]. Tige de 0,2-0,4 dépass[t] les feuil. Fol. latér. pétiolulées. Fl. souv[t] stér. Récept. sans carp. à la base. Mai, juin. AC.

— Div. du cal. appliq. sur le fr.

F. collina (Fraisier Breslinge, Craquelin) 0,1-0,2. Stolons n'ayant d'écail. qu'au premier entre-nœud. Dents des fol. serrées, aig.; la term. plus petite. Pédonc. grêl. Pét. jaunâtr. Récept. se détachant difficil[t] du cal. ♃. Mai, juin. Bois secs. AR.

12—Tige non épineuse 5

—Tige épineuse 13

13—Carpelles sur un réceptacle convexe, jamais renfermés dans le tube du calice.

Rubus (Ronce). Pl. épin. Feuil. stipul., à 3-5 folioles. Cal. à 5 div. Pét. 5. Carp. en tête simulant une baie succulente.

1—Tige frutescente 2

—Tige herbacée.

R. saxatilis. 0,2-0,5. Tig. grêles. Aiguill. faibl. Feuil. 3-fol. Fl. blanches, petites, qq. unes solit. axill.; pét. lin., dressés. Fr. rouge, composé de 4-8 carp. ♃. Garderie de Clavières (forêt de Compiègne).

2—La plupart des feuil. pinn., à 5 fol. Fr. rouge ou jaune à la matur. 6

—Feuil. à 3 fol. ou à 5 fol. digit. (qqf. confluentes). Fr. noir. . 3

3—Tige ronde ou obtusément anguleuse. 4

— Tige à 4-5 angles, à faces planes ou creusées (observez la pl. dans sa partie moyenne). . . . 5

4—Cal. appliq. sur le fr. mûr. Feuil. toutes 3-fol.

R. cæsius (Ronce bleue). 0,8-2,0. Tige faible, rég[t] arrond. jusqu'au sommet, très-glauq. Aiguill. fins, non vulnérants. Fl. blanch. Fr. bleu couvert d'une poudre glauq.; carp. gros, peu nombr. Buissons, champs, berges des ruisseaux. C.

—Cal. étalé ou réfracté. Feuil. à

103 (suite).

3 ou 5 folioles. 5

5. *R. fruticosus*. 1-3 m. Fl. blanches ou rosées. Fr. noir luisant.

Le *R. fruticosus* a été divisé en var. ou même en esp. fort nombr. et fort confuses. La synonymie des diverses désignations est pour plusieurs assez incertaine.

α. *corylifolius* CG [nemorosus GG] Tig. et ram. arrondis à la base, obtus[t] angul. au sommet. Ram. florifères pubesc., mais peu ou point glandul. Feuil. gén[t] vertes sur les 2 faces; à 3-5 fol., les 2 infér. subsess. la term. long[t] pétiolulée. Fl. rar[t] roses. CC.

β. *glandulosus* GG et CG. Tig. rég[t] arrond. jusqu'au sommet. Aiguil. faibl. Parties jeunes de la pl. chargées de poils glandul. Feuil. toutes à 3 fol. pétiolulées, vertes sur les 2 faces, assez amples, à fol. term. brusq[t] acum.; aiguill. du pétiole commun sétacés, droits.

γ. *hirtus* GG [glandulosus CG]. Tig. très-angul. Aiguill. robustes. Parties jeunes de la pl. présentant des poils glandul. Feuil. à 3, rar[t] 5 fol.; aiguill. du pétiole commun fins arq. Fl. petites. Carp. nombr. AC.

δ. *tomentosus* GG et CG. Tig. angul. Feuil. veloutées, blanch. des 2 côtés (rar[t] vertes en-dessus), à 3-5 fol.; fol. term. obt. ou aig., mais non acum. Feuil. infér. bordées de dents écartées. Fl. petites. Fr. petit; carp. nombr. AR.

ε. *discolor* GG et CG. Tig. angul., striées, brunes. Feuil. vertes, glabr. en dessus, blanc-cendré en dessous, fin[t] dent., la plupart 5-fol.; fol. term. brusq[t] acum. Carp. nombr. CCC.

6. *R. Idæus* (Framboisier). Tig. dress. Feuil. blanch. en dessous, à 3-5 fol.; fol. term. cord. Fl. blanch.; pét. dress. Fr. velu. Bois. AC. (Cult. alim.).

—Carpelles renfermés dans le tube du calice. Ovaire d'apparence infère.

Rosa (Rosier). Arbriss. épin. Feuil. pinn., gén[t] 5-7-fol. Stipul. long[t] soudées au pétiole. Cal. à 5 div. souv[t] pinnatifid., à tube rétréci à la gorge, enveloppant les carp. Cor. grande. Pét. 5. Carp. nombr., osseux, velus.

1—Fleurs jaunes. 4
—Fl. blanch., roses ou roug. 2
2—Styles libres 3
—Styles soudés en colonne. 7
3—Fl. blanches ou roses. . 5
—Fl. rouge-pourpre, grandes.

R. Gallica (Rosier de Provins). Feuil. fin[t] toment. en dessous, à dents larg., glandul. Pédonc. ord[t] solit. RR. Magny, Charly, Provins, Mont-St-Siméon (Noyon). (Cult., souv[t] double, orn.).

4. *R. Eglanteria* L et CG. Feuil. à 5-9 fol. Fl. à odeur de punaise. Fr. rouge, globul. compr. R. Dreux, Malesherbes. (Cult., simple ou double, orn.).

5—Cal. à div. entières. Aiguillons des tiges sétacés, droits. . 6
—Cal. à div. pinnatifid. Aiguil. robustes, ord[t] arq. 9
6—Div. du cal. dépass[t] long[t] le bouton. Sommet de la plante sans aiguillons. 8
—Div. du cal. dépass[t] à peine le bouton. Aiguillons nombr. au sommet de la plante.

R. pimpinellifolia. Feuil. 5-9-fol. Fol. petites de 0,01-0,02. Fl. roses, blanch. ou jaunâtr., odor. Fr. brun. R. Fontainebleau, Malesherbes, La Roche-Guyon.

7. *R. arvensis*. Jets de l'année rampants. Aiguillons arq. Feuil.

103 (suite).

glabr., vert-pâle en dessous, simplᵗ dent. Fl. blanch. Cal. à div. presq. ent. Fr. rouge. CC.

8. *R. cinnamomea* (Rosier cannelle). Ram. brun-cannelle. Feuil. cendrées en dessous, à dents non glandul. Fl. roses, très-odor. Fr. rouge-orangé, de la grosseur d'un pois. RRR. Natural. à la Justice (Malesherbes), Nemours?

9—Feuil. doublᵗ dentées. . 10

—Feuil. simplᵗ dentées.

R. canina (Églantier). Aiguil. courb. Fol. à dents supér. conniv. Fl. odorantes. Fr. rouge. Buissons.

α. vulgaris. Pl. glabre dans toutes ses parties. C.

β. Andegavensis. Pédonc. et cal. hispides glanduleux. AR.

γ. dumetorum. Feuil. pubesc. C.

10—Aiguillons la plupart droits, horizontaux, longᵗ acuminés.

R. tomentosa GG et CG. Feuil. cendrées toment. en-dessous et qqf. des 2 côtés. Fl. roses. Fr. rouge. Buissons. AR.

—Aiguillons inégaux courbés.

R. rubiginosa (Eglantier à odeur de reinette, Eglantier rouge). Feuil. souvᵗ rougeâtr., glandul. en dessous, très-odor. Fl. roses. Fr. rouge. Haies, buissons. C.

β. sepium. Pédonc. et cal. glabr.

14. Agrimonia (Aigremoine).

A. Eupatoria. Herbe dress., vel. Feuil. pubesc., alt., pinnatifid. à segm. inég., largᵗ stipulées. Fl. jaun., en très-longues grappes. Cal. à 5 div., cannelé, à poils crochus. Pét. 5. Carp. 1, dans le tube induré du cal. ♃. Chemins, pelouses. C.

β *odorata* GG et CG. 0,6-0,9. Feuil. glabresc., parsemées en dessous de glandes résineuses. Carp. ordᵗ 2. AR.

15—Feuilles palmatipartites. 17

—Feuilles pinnées. 16

16—Fleurs toujours polygames. Etam. 20-30. Styles 2-3.

Poterium.

P. Sanguisorba L et CG (Pimprenelle des jardins). Feuil. à 9-25 fol. Fl. petit., en têtes compactes; les mâles en bas, les fem. en haut. Périg. à 4 div., verdâtre, mélangé de pourpre. Stigmates en pinceau. Carp. 2-3, dans le tube du périg. ♃. Prés, bois. CC. (Cult. condim.).

—Fleurs hermaphrodites. Étamines 4. Style 1.

Sanguisorba.

S. officinalis (Pimprenelle des prés). Feuil. à 7-15 fol. Fl. petites, en têtes compactes. Périg. à 4 div., pourpre-foncé. Carp. 1, dans le tube du périg. ♃. Prés hum. RR. Vallée du Loing, Blunay.

17. Alchemilla. Herb. Fl. hermaphr., très-petites, verdâtr. Périg. à 8, rarᵗ 10 div., sur 2 rangs. Étam. 1-4. Style inséré à la base du carp. Carp. 1, rarᵗ 2, dans le tube du périgone.

1—Fl. en corymbes terminaux.

A. vulgaris (Pied-de-Lion). Feuil. rénif., plissées. Div. du périg. à peu près ég. Etam. 1-4. ♃. Prés. RR. Env. de Beauvais, Villers-Cotterets, Noyon.

—Fl. en gloméṛ. opp. aux feuil.

A. arvensis [Aphanes a. L] (Perce-pierre des champs). Feuil. cunéif. Périg. à div. extér. très-petites. Etam. 1-2. ①. Champs secs, chemins. C.

104. POMACÉES. Arbr. ou arbriss. Feuil. éparses, souv[t] fascic., à stipul. libres ord[t] caduques. Fl. s'épanouissant souv[t] avant les feuil. Cal. à 5 div., à tube soudé avec l'ov. Pét. 5, égaux, insér. sur la gorge du cal. Etam. 15-30, libres, insér. avec les pét. sur le cal. Styl. 5 (ou 1-4 par avort[t]). Fr. charnu, à 5 loges (ou moins par avort[t]), renfermant 1-2 graines (pepins), rar[t] plus.

1—Feuilles entières ou finement dentées. 2
—Feuilles incisées 4
—Feuilles pinnées. 9
2—Fleurs solitaires. 3
—Fleurs en bouquets. 6
3—Calice à 5 divisions oblongues, aiguës, bordées de dentelures glanduleuses 5
—Calice à div. linéaires plus longues que les pétales.

Mespilus.

M. Germanica (Néflier). Feuil. fin[t] dentées, vel. en dessous. Fl. blanch., subsess. Div. du cal. très-développées. Styles 5. Fr. globul. déprimé, à 5 noyaux osseux. Mai. Bois. AR. (Cult. alim.).

4—Tige et rameaux non épineux. 9
—Tige et rameaux épineux.

Cratægus.

C. oxyacantha (Aubépine). Arbriss. très-épin. Feuil. prof[t] lob., luis. Fl. blanch. ou rosées, pédic., en corymbes. Cal. à 5 lob. courts. Fr. rouge, subglobul., à 1-2 noyaux osseux. Haies, buissons. CCC.

5. **Cydonia.**

C. vulgaris [Pyrus Cyd. L] (Cognassier). Arbre non épin. Feuil. briév[t] pétiol., oval., ent., cotonneuses en dessous. Fl. blanch., subsess. Pét. et styl. laineux à la base. Fr. gros (Coing), couvert de duvet, très-odorant, à 5 log. 10-15-sp. Mai. (Cult. alim.). R. subspont.

6—Styles 5 7
—Styles 2. 9
7—Fl. en fascicules ombelliformes. Pét. suborbiculair. 8
—Fleurs en grappes. Pétales lancéolés linéaires. . 10
8—Styles libres. Fleurs en corymbes.

Pyrus.

P. communis (Poirier). Arbre ayant à l'état spont. les ramuscules stér. spinesc. Feuil. long[t] pétiol., oblong., briév[t] acum. Fl. blanch. Pédonc. allong. Fr. glabre, subconiq., n'ayant d'ombilic qu'au sommet, à 5 log. 1-2-sp. Avr., mai. (Cult. alim.). RRR. subspont.

—Styles soudés à la base. Fleurs en ombelles.

Malus.

M. communis CG [Pyrus Malus] (Pommier). Arbre ayant à l'état spontané les ramuscules stér. spinesc. Feuil. assez briév^{t} pétiol., dent., oblong. acum. Fl. blanch. en dessus, rosées en dessous. Pédonc. ord^{t} courts. Fr. glabre, globul., ombiliqué à la base et au sommet, à 5 log. 1-2-spermes.

α. *tomentosa* GG (Doucin, Pommier à couteau). Face infér. des feuil., pédonc. et cal. toment. Fr. doux. (Cult. alim.).

β. *acerba* GG (Paradis). Feuil. glabr., au moins à l'état adulte. Pédonc. et cal. ord^{t} glabres. Fr. acerbe. Mai. Bois, forêts. AC. (Cult. cidre).

9. **Sorbus**. Arbre non épineux. Fl. blanches, assez petites, en corymbes rameux, multiflores. Styles 2-5. Fr. globuleux, à 2-5 loges ord^{t} 1-spermes.

1—Feuilles pinnées, à 6-8 paires de folioles. 2
—Feuil. non pinnées.. . . . 3
2—Styles 5. Fr. pyriforme, d'au moins 0,02 de diamètre.

S. domestica (Cormier). Arbre: 10-15^{m}. Bourgeons visq., glabr. Dents du cal. réfl. en dehors après la floraison. Styl. ent^{t} laineux. Fr. 5-locul., vert d'un côté, rougeâtre de l'autre. Bois. AR.

—Styles 3, rar^{t} 2-4. Fruit globuleux, ayant moins de 0,01 de diamètre.

S. aucuparia (Sorbier des oiseaux). Arbre: 5-8^{m}. Bourgeons vel. Dents du cal. rabattues en dedans après la floraison. Styl. laineux seul^{t} à la base. Fr. rouge-ponceau, 3-locul. Bois. AR. (Orn.).

3—Feuil. toment. en dessous. Styles 2, très-velus à la base. 4
—Feuil. vertes et glabres sur les 2 faces. 6

4—Feuil. dent. ou lobulées, à lob. infér. moins amples que les supér.

S. Aria [Cratægus A. L] (Alouchier). Feuil. toment. très-blanch. en dessous. Fr. rouge, globul., sucré. Bois. R. Fontainebleau, Malesherbes.

—Feuil. fort^{t} lobées. . . . 5

5—Lobes des feuil. n'atteignant pas la nerv. médiane.

S. latifolia GG et CG (Alisier de Fontainebleau). Feuil. toment. grises en dessous, à lob. infér. plus ampl. que les supér. Fr. rouge, globul., sucré. Mai. Bois. RR. Fontainebleau, Thury-en-Valois.

—Lobes infér. des feuil. prolongés jusqu'à la nerv. médiane.

S. hybrida L. et CG. Div. du cal. infl. sur le fruit. Parcs.

6. *S. torminalis* [Cratægus t. L] (Alisier). Feuil. à lob. prof., acum. Styl. 2-5, glabr. Fr. brun, ovale, acerbe. Mai. Bois. C.

10. **Amelanchier**.

A. vulgaris [Mespilus Am. L]. Arbriss. non épin. Feuil. pétiol., oval., obt., fin^{t} dent., glabr. coriaces. Fl. blanch., en grappes paucifl. Fr. bleu-noir, un peu plus gros qu'un pois, à 5 log. 2-sp. Mai. Rochers. R. Fontainebleau, Malesherbes, La Roche-Guyon.

105. ONAGRARIÉES. Herb. Cal. à tube soudé avec l'ov., à limbe 4-, rar^{t} 2-fide. Pét. 4 ou 2, qqf. nuls. Style 1. Stigm. gén^{t} 4. Capsule.

105 (suite).

1—Etamines 8. Pétales 4. 2
—Non. 3

2—Fleurs roses, rarement blanches.

Epilobium (Épilobe). Feuil. lanc., dent. Fl. en grappes term. Pét. insérés sur la gorge du cal. Caps. lin., très-longue, tétragone, à 4 log. polysp. Gr. chevelues.

1—Fl. régulières en entonnoir. Pét. 2-lob. Etam. et style dressés. Feuil., au moins les infer., opp. 2
—Fl. irrég., rotacées. Pét. ent. ou presque entiers. Etam. et style réfléchis. 8

2—Corolle n'ayant pas 0,01 de large. 3
—Cor. d'au moins 0,02 . . 7

3—Stigm. soudés en massue. 4
—Stigmates étal. en croix. Tige toujours arrondie 6

4—Tige munie de 2-4 lignes saillantes. 5
—Tige sans lignes saill.

E. palustre. Tige couch., puis redress. Feuil. moyennes sess. Fl. pourpre-pâle, qqf. blanchâtr., penchées avant la floraison. ♃. Prés tourbeux. AR.

5—Feuil. moyennes sessiles.

E. tetragonum. Fl. purpur., dressées avant la floraison. ♃. Lieux hum. C.

β. *virgatum* GG et CG. Fl. munie de stolons filiformes. AR.

—Feuil. toutes assez long[t] pétiol., à base cunéiforme.

E. roseum GG et CG. Fl. pench. avant la floraison, rose-pâle veiné. ♃. Lieux hum. AR.

6—Tige presq. glabre. Feuilles toutes plus ou moins pétiolées.

E. montanum. Fl. pourpre-pâle. ♃. Bois hum. AR.

—Tige tr.-vel. Feuil. moyennes sossiles.

E. parviflorum [E. hirsutum β. L]. Fl. rose-violet pâle. ♃. Lieux hum. CC.

7. *E. hirsutum.* Tige dressée, arrond., très-velue. Feuil. embrass. Fl. purpurines. Stigm. libres, étalés. ♃. Lieux hum. C.

8. *E. spicatum* (Laurier St-Antoine). Feuil. éparses. Fl. grand., purpur., rar[t] blanch. Cal. coloré. Stigm. en croix, roulés en dehors. ♃. Bois. AR.

—Fleurs jaunes.

OEnothera (Onagre). Herbes. Feuil. éparses, lanc. Cal. long[t] prolongé au-dessus de l'ov. Pét. 4, insérés sur le cal. Stigm. en croix. Caps. à 4 log. plurisp. Gr. nues.

1—Tige à poils rudes tuberc.

OE. biennis (Herbe aux ânes). Fl. grand., en grappes feuillées. Caps. arrond.-tétragone. ②. Lieux sablonn., décombres. AC.

—Tige pubesc. Fl. odorantes.

OE. suaveolens CG. Fl. très-grand. Div. du cal. irrég[t] soudées et déjetées d'un côté. ②. (Cult. orn.). Subspont. près des habitat.

3—Etamines 4. Pétales nuls.

Isnardia.

I. palustris. Tige grêle, glabre, radicante ou nageante. Feuil. opp., oblong., ent., luis. Fl. herbac., petit., axill., opp., subsess. Cal. à tube court, 4-fide. Stigmate coniq. Caps. courte, à 4 valves, plurisp. ♃. Lieux aquat. RRR. Etang-Neuf (Saint-Léger), Nemours, Busancy (Vernon).

—Etam. 2. Pétales 2.

Circæa (Circée).

C. Lutetiana (Herbe à la magicienne). Feuil. pétiol., opp., dent. Fl. blanch. ou rosées, en grappes lâches. Cal. resserré au-dessus de l'ov., 2-lobé, cad. Fr. hérissé de poils crochus. ♃. Lieux frais. C.

106—Tige ligneuse. **124**

—Tige herbacée.

HALORAGÉES. Pl. aquat. Fl. hermaphrod. ou monoïq., régulières. Cal. à tube soudé avec l'ov., à limbe 4-fide. Pét. 4, qqf. nuls. Etam. 4 ou 8. Fr. sec.

1—Feuil. toutes semblables, pinnées, à segm. capillaires.

Myriophyllum. Fl. monoïq. Feuil. verticill. Fl. très-petites, rosées, sess., verticill.; les supér. mâles, les infér. fem. Pét. : 4 dans les fl. mâles; rudim. dans les fl. fem. Etam. ord^{t} 8. Stigm. 4, gros, à papilles saill. Fr. à 4 coques.

1—Tige et ram. florifères terminés par un faisceau de feuilles.

M. verticillatum. Bractées toutes pinnatifid., plus longues que les fl. Feuil. ord^{t} verticillées par 5. ♃. Mares, lieux inondés. AC.

α. vulgare. Bractées dépassant très-long^{t} les fl., à lobes écartés.

β. pectinatum. Bractées dépass^{t} à peine les fl., à lobes contigus.

—Verticilles de fl. en épis interr. et nus au sommet. . . . 2

2—Fleurs toutes verticillées.

M. spicatum (Volant d'eau). Bract. infér. dent., égal^{t} les fl.; les supér. plus courtes, ent. Feuil. ord^{t} verticill. par 4. ♃. Mares. C.

—Fl. supér. (mâles) solit., alt.

M. alterniflorum GG et CG. Fl. infér. par 2-3 à l'aiselle d'une feuil.; les supér. à l'aiselle de bract. indivises très-courtes. ♃. Mares. RR. Montfort-l'Amaury, St-Hubert, Chartres, Magny.

—Feuilles dissemblables; les infér. submergées, opposées, pinnées; les supér. rhomboïdales dentées, long^{t} pétiolées.

Trapa (Macre, Cornuelle).

T. natans (Châtaigne d'eau). Fl. hermaphr., blanch., briév^{t} pédic., à l'aisselle des feuil. supér. Pét. 4. Etam. 4. Style 1, filif. Fr. lign., subglobul., muni de 4 épines (divis. du cal. développées). ①. Etangs, rivières. RRR. Charenton?, bassins de Versailles, La Ferté-Milon, Le Vivier (Chaumes).

107. HIPPURIDÉES.

Hippuris.

H. vulgaris (Pesse d'eau). Tige simple, effilée. Feuil. lin., par 8-12 en verticilles rapprochés. Fl. très-petites, verdâtr., sess, verticillées. Cal. à tube soudé avec l'ov., à limbe ent. Cor. nulle. Etam. 1. Style 1. Fr. un peu charnu, 1-sp. ♃. Eaux tranquilles. AR.

β. *fluviatilis*. Submergé, stérile. Eaux courantes.

108 CALLITRICHINÉES.

Callitriche.

C. aquatica CG. Tige filif., submergée, rar[t] aérienne. Feuil. opp., glabr.; ou toutes oblong. [*stagnalis* GG]; ou de 2 formes [*platycarpa* et *verna* GG], les infér. lanc.-lin.; plus rar[t] toutes lin. [*hamulata* GG]. Fl. peu visibles, axill., solit., hermaphr. ou polygam. Un invol. formé de 2 bract. falcif., membran. Cal. et cor. nuls. Etam. 1-2. Styl. 2, subulés. Caps. à 4 coques carénées, 1-sp. ① ou ♃. Mares et ruisseaux. C.

109. CÉRATOPHYLLÉES.

Ceratophyllum. Pl. submergées. Tiges filif., très-rameuses. Feuil. verticillées par 6-10, sess., di-trichotomes, à segments filiformes, fragiles. Fl. monoïq.; les mâles et fem. disposées sans ordre à l'aisselle des feuil. — Fl. mâle: Etam. 10-25, dans un involucre multifide. — Fl. fem.: Caps. coriace, 1-sperme, surmontée par le style persistant, dans un involucre multifide. (Fructifie rar[t].)

1—Feuil. à segments sétacés, à peine dentelés.

C. submersum. Fl. vert-gai. Style beaucoup plus court que le fr. Fr. non épin. ♃. AR.

—Feuil. à segments linéaires, fort[t] denticulés.

C. demersum. (Cornifle). Pl. vert-sombre. Style aussi long que le fr. Fr. muni de 2 épin. réfl. ♃. CC.

110—Quelques feuilles caulinaires en manière de bractées squamiformes. **149**

—Tige garnie de véritables feuilles.. . . . . **111**

111. Calice à 5 divisions profondes. **165**

—Calice à 8-12 dents.

LYTHRARIÉES. Tige herbacée ou sous-frutesc. Feuil. simples ent., non stipulées. Fl. rég. Cal. à 8-12 dents sur 2 rangs. Pét. 4-6, insérés au sommet du cal. Etam. 6-12. Ov. libre. Style et stigm. 1. Capsule.

1—Feuilles allongées. Corolle purpurine très-apparente.

Lythrum. Cal. tubuleux, à 12 dents, dont 6 alternativement plus petites. Pét. ord[t] 6. Etam. 6-12. Style allongé.

1—Fleurs en épis.

L. Salicaria (Salicaire). 0,4-1,2. Feuil. gén[t] opp., qqf. tern. Pét. dépass[t] long[t] le cal. Etam. ord[t] 12. ♃. Fossés, lieux hum. CC.

β. *alternifolium* DC. Feuil. alt. supér[t].

—Fl. axillaires, solitaires.

L. hyssopifolium. 0,1-0,3. Feuil. presq. toutes alternes. Pét. petits. Etam. 6-8. ①. Bord des étangs, champs très-hum. AR.

—Feuil. arrondies. Cor. très-petite, rose-pâle, qqf. nulle.

Peplis.

P. Portula. 0,05-0,20. Tiges couch. radicantes, qqf. flottantes et stér., souv[t] rougeâtr. Feuil. toutes opposées. Fl. solitaires à l'aisselle de presq. toutes les feuil. Cal. campanulé, à 12 dents. Pétales très-peu apparents, caducs. ① ou ♃. Lieux inondés. C.

112. CUCURBITACÉES. Tige herbac., velue. Vrilles accrochantes. Feuil. alt., pétiolées, palmatilobées. Fl. unisex., rar[t] polygames. Cal. 5-fide, soudé avec le tube de la cor. Cor. prof[t]. 5-fide. — Fl. mâle : Etam. 5, dont 4 soudées 2 à 2 (ou plutôt 2 étam. complètes et une demi-étamine, c'est-à-dire à anthère 1-locul.); anthères à lobes lin., ord[t] très-allongés, flexueux. — Fl. fem. : Ov. soudé avec le tube du calice; style 1, 3-fide. Baie.

1—Tige étalée. Fleurs ayant plus de 0,02 de large.. 2

—Tige grimpante. Fleurs ayant au plus 0,02 de large.

Bryonia (Bryone).

B. dioica (Couleuvrée). Fl. dioïq. Fl. blanchâtr., à cal., et cor. camp., 5-fid. — Fl. mâles en corymbes long[t] pédonc. — Fl. fem. en corymbes briév[t] pédonc., qqf. solit. Cal. rétréci au-dessus de l'ov. Baie rouge, grosse comme une cerise. ♃. Haies. CC.

2—Cor. presq. polypétale. Anthères conniv. Vrilles simples.

Cucumis. Feuil. 5-7-lobées. Fl. monoïq., jaun. Fr. gros, pulpeux, charnu. Pepins à bord mince. (Cult. alim.).

1—Feuil. à lob. aigus inégaux.
C. sativus L et CG (Concombre). Fr. allongé. ①.

—Feuil. à lob. obt. presq. ég.
C. Melo L et CG (Melon). Fr. subglobul. ①. Var. diverses.

—Cor. 5-fide. Anthères en colonne. Vrilles rameuses.

Cucurbita. Fl. monoïq., jaun. Fr. très-gros, pulpeux charnu. Pepins à bord épais. (Cult. alim.).

1—Feuil. ridées. à lob. arrondis.
C. maxima L et CG (Potiron). Fl. très-grandes. Fr. volum., subsphér. ①.

—Feuil. à lob. prof[t] lobulés.
C. Pepo L et CG (Citrouille, Giraumon). Fr. globul. ou oblong. ①.

113. PORTULACÉES. Herbes. Feuil. ent., non stipul., charnues. Fl. sensibl[t] rég. Cal. à 2, rar[t] 3-5 divisions. Pét. ord[t] 5, soudés à la base. Style 1, 3-5 fide. Capsule.

1—Fleurs jaunes, sessiles, très-fugaces.

Portulaca (Pourpier).

P. oleracea. Pl. appliq. sur terre, souv^{t} rouge, dichotome. Feuil. sess., opp., au moins infér^{t}. Fl. s'ouvrant vers midi. Etam. 6-12. Ov. soudé avec la partie infér. du cal. ①. Lieux cult., décombres. C.

β. *sativa* CG (Pourpier doré). Tige et ram. étal. redressés. Feuil. assez grandes. Div. du cal. carénées presq. ailées. (Cult. alim.).

—Fleurs blanches, pédicellées.

Montia.

M. fontana. 0,03-0,10. Tiges étal. en touffe. Feuil. opp. Fl. très-petites, en bouquets latér. et term. Etam. ord^{t} 3. ①. Lieux hum. AC.

114—Tige herbacée. **115**
—Tige ligneuse. **119**
115—Fleurs en têtes. **121**
—Fleurs en ombelles ou en verticilles. . . . **122**
—Fleurs en bouquets ou en panicules. . . . **116**
116—Feuilles linéaires. **117**
—Feuilles arrondies ou lobées. **120**

117. PARONYCHIÉES. Herbes. Feuil. à stipules scarieuses et rar^{t} nulles. Cal. à 5, rar^{t} 4 sépales presq. libres. Pét. 5-4, petits, souv^{t} rudim., libres. Etam. 5-4. Ov. 1. Stigmates 2 3. Capsule.

1—Feuilles stipulées. 2
—Feuilles dépourvues de stipules 6
2—Feuilles, au moins les inférieures, opposées. . . 3
—Feuilles toutes alternes. 5
3—Fleurs sessiles. 4
—Fleurs pédicellées.

Polycarpon.

P. tetraphyllum. 0,05-0,10. Pl. très-ram. Feuil. glabr., oval., verticillées par 4 vers le milieu de la tige. Fl. petites, blanchâtres. Sép. 5. Pét. 5. Etam. 3-5. Styles 3, très-courts. Ovaire libre. ①. RR. Murs des parcs de Saint-Cloud et de Malesherbes.

4—Fleurs blanc-de-lait.

Illecebrum.

I. verticillatum. Pl. glabre, appliq. sur terre, florifère dès la base. Fl. très-petites, en faisceaux axill. verticill. Cal. à 5 div. épaiss, d'un beau blanc. Pét. 5, filif. Etam. 5. Stigm. 2. Ovaire libre. ① ou ②. Sables hum. R. Rambouillet, St-Léger, Mennecy, Fontainebleau.

—Fleurs verdâtres.

Herniaria (Herniaire). Tiges appliquées en cercle sur terre. Feuil. supér. alt. Fl. herbacées, très-petites, en glomérules opp. aux feuil. supér. Cal. à 5 div. Pét. 5, filif. Etam. 5 ou moins. Stigm. 2. Ovaire libre.

1—Plante glabre.

H. glabra (Herbe au cancer, Turquette). ♃. Sables, murs. CC.

—Plante velue.

H. hirsuta. ① ou ②. Terrains sablonneux. CC.

5.**Corrigiola.**

C. littoralis. Pl. glauq., appliq. sur terre. Feuil. étroit. oblong. Fl. pédicell., en glomér. feuillés. Cal. à 5 div. Pét. 5, ég. au calice, blanc-rosé. Etam. 5. Stigm. 3. Ov. libre. ①. Lieux sablonn. AR.

6—Fleurs fasciculées. Calice à 10 nervures.

Scleranthus. Tiges couch.-ascendantes. Feuil. opp., espacées, lin. Fl. verdâtres. Cal. à 4-5 divisions. Pét. 5 ou moins, filiformes. Etam. 5. Caps. dans le tube du calice.

1—Div. du cal. attén.-aiguës, à peine scarieuses aux bords.

S. annuus (Gnavelle). Div. du calice ouvertes après la floraison. ①. Champs. CC.

—Div. du cal. arrondies, larg[t] blanch.-scarieuses aux bords.

S. perennis. Div. du cal. conniventes après la floraison. ♃. Lieux sablonn. AC.

—Fleurs solitaires ou géminées, axillaires.

Polycnemum (voir les AMARANTACÉES, n° **217**).

118. CRASSULACÉES. Herbes. Feuil. charnues succulentes, sans stipules. Fl. régulières. Sép. 3-20, souvent 5. Pét. en nombre égal à celui des pét. ou en nombre double. Carp. libres, en même nombre que les pét., ayant chacun un style distinct, et munis d'une écaille hypogyne.

1—Etamines 3-4 2
—Etamines 5 ou plus 3

2—Fleurs axillaires, sessiles, solitaires.

Tillæa.

T. muscosa. 0,02-0,06. Tig. grêles, étal., florifères dès la base. Feuil. opp., peu épaisses, oval.-aig., souvent rougeâtres. Fl. très-petites, blanches. Sép., pét., étam. et carp. 3-4. ①. Sables. AR.

—Fleurs en bouquets irréguliers, pédonculés.

Bulliarda.

B. Vaillantii [Tillæa aquatica L.]. 0,02-0,06. Tiges dressées. Feuil. opp., épaisses, lin.-obt. Fl. petites, blanc-rosé. Sép., pét., étam. et carp.

118 (suite).

toujours 4. ①. Mares des terrains sablonn. R. Mennecy, Lardy, Fontainebleau, Malesherbes, Morfontaine.

3—Plus de 5 étamines. 4

—Étamines 5.

Crassula.

C. rubens L [Sedum r.]. 0,03-0,15. Tiges dress., souv[t] rougeâtres. Feuil. éparses, demi-cylindr. Fl. blanc-rosé, sessiles, en épis unilatéraux. Pét. aristés. ①. Champs, vignes, murs. AC.

4—Sépales et pétales 4-5 (rar[t] 6-8). Écailles hypogynes entières ou émarginées.

Sedum (Orpin). Étamines en nombre double de celui des pétales.

1—Fl. blanches ou roses. . 2

—Fleurs jaunes. 7

2—Feuil. larges et planes. 3

—Feuilles cylindriq. ou demi-cylindriques. 4

3—Feuil. dentées sessiles.

S. Telephium [S. purpurascens L] (Herbe à la coupure). Fleurs rose-purpurin, rar[t] blanches, en corymbes compactes. ♃. Bois, lieux pierreux. C.

—Feuil. très-entières, les infér. pétiolées.

S. Cepæa. Fl. blanches ou roses, en petites grappes étalées formant panic. ①. Fossés, bois. AC.

4—Pl. pubescente velue. . . 5

—Plante glabre. 6

5—Pétales non aristés.

S. villosum. 0,05-0,15. Feuil. épaisses, pubesc. Fl. blanc-rosé ②. Mares desséchées. R. Mennecy, Fontainebleau, Nanteau (Nemours).

—Pétales aristés.

S. hirsutum GG et CG. 0,04-0,08. Feuil. éparses. vel.-hériss. Fl. blanc-rosé. ♃. Rochers. RR Itteville, Mondeville, La Ferté-Aleps.

6—Feuil. épars., lin.-subcylindriques.

S. album (Trique-madame). Fl. blanch. ou un peu rosées, en corymbes. ♃. Murs, lieux secs. CC.

—Feuil. ord[t] opp. sur les tiges florales, très-courtes, obovales.

S. dasyphyllum. Pl. souvent bleu-améthyste. Pét. blancs à carène purpur. ♃. Murs. RR. Hôpital et parc de Rambouillet, Evreux, Les Andelys, Montmorency, Le Raincy?, Paris?

7—Feuil. obt. Caps. diverg. 8

—Feuil. cusp. Caps. dress. 9

8—Feuil. courtes ovoïdes, non prolongées en éperon sous la base.

S. acre (Orpin brûlant, Vermiculaire). Pl. âcre. ♃. Lieux secs, murs. CCC.

—Feuil. cylindriques, prolongées en éperon sous la base.

S. Boloniense GG et CG. Pl. insipide. Feuil. des tiges stériles imbriq. sur 6 rangs. ♃. Lieux arides. R. Bois de Boulogne, Charenton, Mennecy, Provins, Episy (Moret).

9—Feuil. tr.-charnues, cylindr., éparses sur les tiges stériles.

S. reflexum. Feuil. à éperon obt. Fl. jaune-pâle. Dents du cal. aig., à bords épaissis. ♃. Lieux secs, murs. CC.

—Feuil. comprimées, serrées en cône renversé au sommet des tiges stér.

S. elegans GG et CG. Feuilles

ponctuées de rouge sous le sommet, à éperon aigu. Fl. petit., jaune-vif. Dents du calice obt., à bords non épaissis. ♃. Lieux secs, murs. AR.

—Sépales et pétales 6-20. Écailles hypogynes dentées ou laciniées.

Sempervivum (Joubarbe).

S. tectorum. Pl. très-vivace, glandul., dressée, émettant des rejets. Feuil. planes, mucr. Fl. roses, en épis scorpioïdes vel. Etam. en nombre double de celui des pét. ♃. Toits de chaume, vieux murs. C.

119—Fleurs en boules ombelliformes. **123**

—Fleurs axillaires ou en grappes.

GROSSULARIÉES.

Ribes. Arbriss. Feuil. alt. ou fasciculées, palmatilobées. Fl. naiss^t avec les feuil. Cal. 4-5-fide. Pét. 4-5, petits. Etam. 4-5. Styl. 2, rar^t 3-4, soudés infér^t. Ovaire soudé avec le tube du cal. Baie succulente.

1—Arbriss. non épin. Fleurs en grappes pendantes. 2

—Arbriss. épineux. Pédoncules 1-3-flores.

R. Uva-crispa. Calice rougeâtre. Pét. jaunâtr. Fr. assez gros, jaune ou rougeâtre. Mars, avril.

α. sylvestre. Feuil. vel. pubesc. Baie glabre. Buissons, lieux pierreux. AC.

β. sativum (Groseillier à maquereau). Feuil. glabr. Baie ord^t pubesc. (Cult. alim.).

2—Cal. pubesc. Fr. noir. Feuil. odorantes par froissement.

R. nigrum (Cassis). Limbe du cal. campanulé. Fl. rougeâtres en dedans. Fr. sucré. (Cult. alim.).

—Calice glabre. Fruit blanc ou rouge.

R. rubrum (Groseillier, Castillier). Limbe du cal. rotacé-plan. Fl. vertes. Fr. acide. Bois, haies. C. (Cult. alim.).

120. **SAXIFRAGÉES**. Herbes. Feuil. simples, entières ou lobées. Cal. 4-5-denté. Pét. 5, qqf. nuls, insérés à la gorge du calice. Etam. 8-10. Styles 2, courts. Ovaire plus ou moins soudé avec le tube du calice. Caps. polysperme.

1—Fleurs munies de corolle. Pl. velue-glanduleuse.

Saxifraga (Saxifrage). Fl. blanches, en bouquets irréguliers. Cal. 5-denté. Étam. 10. Caps. 2-loculaire.

1—Feuil. infér. arrond.-crén.

S. granulata. 0,20-0,50. Rac. à bulbilles nombr. Fl. 2-9 en corymbes term. Cal. soudé infér^t avec l'ovaire. ♃. Prés, bois. CC.

—Feuil. infér. allong., 3-fid.

S. tridactylites. 0,05-0,15. Fl. en panic. dichotome. Cal. à tube compl^t soudé avec l'ovaire. ♃. Mars, mai. Champs, murs. CCC.

—Fleurs dépourvues de corolle. Pl. glabre.

Chysosplenium (Saxifrage dorée). Feuil. suborbic. crénelées, espacées. Fl. petites. Cal. jaune, 4-, rar[t] 5-denté. Etam. 8, rar[t] 10. Ovaire soudé avec le tube du cal., entouré par les feuil. florales jaunâtres. Caps. 1-loculaire.

1—Feuil. alternes, les infér. long[t] pétiolées.
C. alternifolium. Tiges triang. dress. Pl. vert-pâle. ♃. Lieux hum. RR. Ermenonville, Villers-Cotterets, Compiègne, Senlisse.

—Feuil. opp., briév[t] pétiolées.
C. oppositifolium. Tig. tétragones, étal.-diff. ♃. Lieux hum. R. Verberie, Beauvais, Compiègne, Villers-Cotterets.

121—Feuilles épineuses. 122
—Feuilles non épineuses. 142

122. OMBELLIFÈRES. Herbes, très-rar[t] arbrisseaux. Tige ord[t] striée ou cannelée. Feuil. alt., à pétiole dilaté engaînant, ord[t] 1-4 pinnées, très-rar[t] ent., décroissant de grandeur du pied au sommet de la tige. Fl. petites, sur des pédoncules qui s'insèrent en un point commun sous forme de parasol (*ombelle*), et dont le sommet se divise lui même en une plus petite ombelle (*ombellule*). Collerette, ou verticille plus ou moins complet de bractées, à la base de l'ombelle (*involucre*), et à celle des ombellules (*involucelle*). —Calice à tube soudé avec l'ovaire, à limbe 5-denté, ord[t] presq. nul. Pét. 5, souv[t] inégaux. Etam. 5. Styles 2, courts. — Fruit sous le limbe du cal., formé de 2 carpelles secs (akènes) renfermant chacun 1 ovule. La face d'adhérence des carp. se nomme face commissurale ou *commissure*. L'ovule renfermé dans l'akène est tantôt plan ou bombé (ombellifères *orthospermes* ou *rectiséminées*), tantôt marqué d'un sillon plus ou moins profond (ombellifères *campylospermes* ou *curviséminées*). La surface externe de chaq. carp. présente 5 côtes (*juga*) principales ou *primaires* placées : l'une au dos du carp. (côte *dorsale*); deux, l'une à droite, l'autre à gauche de la dorsale (côtes *intermédiaires*); et deux aux bords mêmes du carp. dont elles encadrent la face commissurale (côtes *latérales* ou *marginales*). Les quatre intervalles (*vallécules*) des côtes primaires sont qqf. occupés par autant de côtes dites *secondaires*.

122 (suite).

Les ombellifères doivent être observées à la maturité. Leur plus récente classification repose sur les caractères du fruit. Les caractères empyriques tirés des involucres et des involucelles, des feuilles, des fleurs ne suffisent pas toujours pour la détermination des 42 genres de la Flore Parisienne.

1—Fleurs en vraies ombelles. 2
—Fl. en verticilles solit. ou superposés. Feuil. pelt. 67
—Fleurs en têtes globuleuses. Feuilles épineuses. 68
2—Feuilles pinnées. 3
—Feuilles entières. 38
—Feuilles palmatiséquées. 69
3—Fruit hérissé de pointes ou fortement velu. . . . 4
—Fruit glabre ou presque glabre. 14
4—Folioles de l'involucre simples ou nulles 5
—Folioles de l'involucre pinnatifides.

Daucus.

D. Carota (Carotte). Feuil. 2-pinn., très-découp. Omb. à 20-40 rayons contractés arq. à la matur. Fl. blanch.; la fleur centrale stér. purpur. Fr. couvert d'aiguill. crochus ②. CCC. (Cult. alim.).

5—Fruit très-aplati et entouré d'un rebord épais. . 30
—Non 6
6—Fruit surmonté d'un bec plus ou moins long.. . 62
—Non 7
7—Fruit velu, presque tomenteux, ovoïde oblong. . 34
—Fruit chargé d'aiguillons 8
8—Feuilles 2-3-pinnées 9
—Feuilles 1-pinnées. 11
9—Fruit gros (0,006-0,010), chargé d'aiguillons en lignes régulières. Tige glabre ou presque glabre. 10
—Fruit petit (0,002-0,004), irrégult couvert d'aiguillons. Tige rude. 13
10—Involucre à 0-2 folioles. Fleurs extérieures sensiblt pareilles à celles du centre de l'ombelle. 12
—Involucre à 5-8 folioles. Fleurs extérieures 8-10 fois plus grandes que celles du centre de l'ombelle.

Orlaya.

O. grandiflora [Caucalis g. L]. Feuil. 2-3-pinn. Omb. à 5-8 rayons courts, inég. Fol. de l'invol. largt scar. Fl. blanch. Fr. gros, compr. par le dos. Côtes primaires à peine visibles, légèrt soyeuses; côtes secondaires saill., armées de 2-3 rangs d'aiguillons crochus. ①. Champs. RR. Compiègne, Villers-Cotterets, Beauvais, Nemours, Montereau, Provins.

122 (suite).

11. Turgenia.

T. latifolia [Caucalis l. L]. Pl. hispide. Feuil. brièv^t pétiol., prof^t et rég^t incisées. Omb. à 2-4 rayons raides angul. Fol. de l'invol. et de l'involuc. tr.-scarieuses. Fl. ord^t rougeâtr. Fr. gros, compr. latér^t. Côtes primaires et secondair. semblables, saillant., armées de 2-3 rangs d'aiguil. scabres. ①. Champs. AR.

12. Caucalis.

C. daucoides. Feuil. 2-3-pinn., très-fin^t découp. Invol. 0-2-fol.; involuc. à fol. inég., lin., hériss. Omb. à 2-3 rayons. Fl. blanch. Fr. gros, compr. latér^t. Côtes primaires portant qq. tuberc. épineux courts; côtes secondaires armées d'un seul rang d'aiguillons. ②. Moissons. AC.

13. Torilis. Feuil. 1-2-pinn. Fl. blanch. ou rosées. Fr. petit, compr. latér^t, irrég^t couvert d'aiguillons courts.

1—Omb. pédonc., terminales 2
—Ombelles sessiles aux nœuds de la tige 3
2—Involucre à 5 fol. linéaires.
T. Anthriscus [Tordylium A. L]. Feuil. à segm. term. allongé. Omb. à 5-12 rayons. Fl. petites, celles de la circonf. presq. rég. Fr. petit. ②. CC.
—Invol. à 0-3 fol. très-courtes.
T. infesta CG [Scandix i. L, T. Helvetica GG]. Feuil. à segment terminal très-allongé. Omb. à 2-8 rayons. Fl. blanch.; celles de la circonf. plus grandes, irrég. Fr. assez petit. ②. CC.
3. *T. nodosa* [Tordylium n. L]. Tige couchée, rameuse dès la base. Feuil. fin^t découp. Ombelles à 2-3 rayons courts. Invol. nul. Fruit petit, souv^t non épineux au centre des ombelles. ①. C.

14—Fleurs dioïques, rar^t monoïques 57
—Non. 15
15—Fruit à côtes en forme d'ailes très-saillantes. . . 18
—Fruit seulement strié. 16
16—Dents du calice à peine apparentes sur le fruit. Plante aquatique ou terrestre. 17
—Dents du cal. très-apparentes sur le fr. Pl. aquat. 37
17—Fruit parfaitement sphérique.

Coriandrum.

C. sativum (Coriandre). Tige lisse. Feuil. luis., 1-3-pinn., fin^t découp. Invol. nul; involuc. unilatéral., à 3 fol. Omb. à 3-7 rayons. Fl. blanch. Akènes restant soudés à la maturité. ①. (Cult., arom.). Vois. des habit. RRR.

—Non 21
18—Ailes 4 ou 8, au moins aussi larges que le fruit.. 19
—Ailes 8 ou 10, à peine aussi larges que le fruit.. 31
19—Fruit à 4 côtes marginales ailées 20
—Fr. à 8 côtes membran. beaucoup plus larges que le fr.

122 (suite).

Laserpitium.

L. latifolium. Tige fin^t striée. Feuil. scabres; les infér. long^t pétiolées, 2-3-pinn., à fol. oval., subcord., dent. Omb. très-grandes, à 20-30 rayons. Invol. et involuc. multifol. Fl. blanches. Fr. un peu compr. par le dos; côtes secondaires toutes développées en ailes. ♃. Bois montueux. RR. Valvins, Champagne, Nemours.

20—Feuilles à larges segments.

Angelica.

A. sylvestris. Tige épaisse, très-fistul. Feuil. infér. très-grand., 2-pinn., à fol. oval., dent. Invol. à 0-3 fol.; involuc. à plusieurs fol. lin., réfl. Omb. grandes, à 20-30 rayons. Fl. blanches, qqf. blanc-lilas. Fr. ovale, compr. par le dos, ailé. ♃. Lieux hum. C.

—Feuilles à découpures linéaires.

Selinum.

S. carvifolium. Tige peu ram., sill., à angles minces presq. ailés, souv^t transparents. Feuil. 2-3-pinn. Invol. variable.; involuc. à plusieurs fol. subulées. Omb. à 15-20 rayons. Fl. blanches. Fr. ovoïde, larg^t ailé, un peu compr. par le dos. ♃. Lieux hum. AC.

21—Involucre à folioles incisées ou pinnatifides. . . 39
—Non 22
22—Fleurs d'un beau jaune. 23
—Fleurs blanches ou jaune-verdâtre. 25
23—Découpures des feuilles capillaires. 24
—Découpures des feuilles élargies. 28
24—Fr. non lenticul. Tiges plus ou moins nombreuses. 35
—Fruit lenticulaire. Tige solitaire.

Anethum.

A. graveolens (Fenouil bâtard). Feuil. glauq. Invol. et involuc. nuls. Ombelles ord^t très-amples, à 20-40 rayons. Fl. jaunes. Fr. ellipt., compr. par le dos, entouré d'une bordure plane. Côtes fines, carénées ☉. (Cult. condim.). RR. Subspont. Beauvais, St-Maurice.

25—Fruit atténué au sommet 63
—Non. 26
26—Fr. comprimé par le dos, surtout à la maturité . 27
—Fruit à section transversale orbiculaire. 33
—Fruit comprimé par le côté 41
27—Pl. velue rude. Fl. extér. à pétales 2-fid., irréguliers. 29
—Plante glabre. Pétales égaux, réguliers.

Peucedanum. Fruit comprimé par le dos, entouré à la commissure d'une bordure plane, assez large.

1—Feuil. à segments infér. croisés en sautoir. Div. de 1er ordre des feuil. sess. Fl. verdâtres. . . 6
—Div. de 1er ordre des feuil.

122 (suite).

long^t pétiolulées. Fl. blanches. 2
2—Feuil. à segm. lob.-incis. 3
—Feuil. à segm linéaires.
P. Parisiense GG et CG. Pl. vert-gai. Tige glabre. Feuil. presq. toutes rad., trichotomes, étal. Fl. blanch., qqf. rosées. Omb. à 10-20 rayons. Invol. variable; involuc. à fol. subul. ♃. Bois, buissons. C.
3—Pétiole droit 4
—Pétiole brisé, incliné à chacune de ses articulations . . 5
4—Feuil. sensibl^t vertes sur les 2 faces, à lob. à peine mucr.. 7
—Feuil. glauq. en dessous, à lobes dentés en scie, mucronés, presq. épineux.
P. Cervaria [Athamanta C L]. Feuil. à segm. étal.; pétiole triang. Invol. réfl.; involuc. à fol. subul., membran. aux bords. Omb. à 10-30 rayons. Fr. ovale, non émarginé ♃. Bois et coteaux secs. R. Lardy, Fontainebleau, Dreux, Malesherbes.
5. *P. Oreosclinum* [Athamanta O. L]. Feuil. à segm. divariqués; fol. cunéif., incis., 3-fid; pétiole triang. Invol. réfl.; involuc. à fol. lin. herbacées. Omb. à 10-20 rayons. Fr. orbic., émarginé au sommet. ♃. Lieux secs. AC.
6. *P. Chabræi* CG [P. carvifolium GG]. Feuil. infér. long^t pétiol., 2-pinn., fin^t découp.; pétiole triang. Invol. nul; involuc. 0-3-fol. Omb. à 6-15 rayons. Fl. verdâtr. ♃. Lieux hum. AR.
7. *P. palustre* [Selinum p. L]. Tige fistul., cannel., laiteuse. Feuil. moll., à segm. prof^t div. en lob. lin.; les infér. très-grandes, 3-4-pinn.; pétiole cylindr. Omb. grand., à 20-30 rayons. Invol. réfl.; involuc. à fol. subul., larg^t membran. Fr. long^t pédic., ovale, émarginé. ♃. Prés hum. RR. Mennecy, Soissons.

28. **Pastinaca** (Panais).

P. sativa. Pl. arom. Tige angul. Ram. supér. opp. ou verticill. Feuil. 1-pinn., à 9-11 segm. plus ou moins découp. Omb. à 8-20 rayons. Invol. et involuc. 0-2-fol. Fl. jaun. Fr. suborbic., compr. par le dos, entouré d'une bordure plane; fr. de l'omb. centrale plus gros. ♃.
α. *sylvestris*. Racine grêle. Feuil. pubesc. Lieux incultes. CC.
β. *edulis* (Panais). Rac. charnue. Feuil. glabres. (Cult. alim.).

29. **Heracleum** (Berce).

H. Sphondylium (Branc-Ursine). 1,0-1,5. Tige fistul., cannelée. Feuilles rudes, 1-pinn., à 5 segm. angul. pinnatipartits, larg^t lob. Omb. à 15-30 rayons. Invol. variable, cad.; involuc. plurifol. Fl. blanch.; pét. extér. à 2 lob. écart. Fr. ovale ou orbic., compr. par le dos, entouré d'une bordure plane, à côtes fines. ②. Prés hum. CC.

30. **Tordylium.**

T. maximum. Tige hisp. Feuil. vel., 1-pinn., à fol. rég^t incisées, la terminale très-longue. Omb. à 3-10 rayons. Invol. et involuc. plur fol. Fl. blanch. ou rosées; pét. inég., dont trois 2-fides. Fruit suborbic., compr. par le dos, entouré d'une bordure très-épaisse, rugueuse, tuberc., souv^t brun-pourpre. ①. Lieux secs. AR.

31—Ombelles à 20-40 rayons 32
—Ombelles à 5-15 rayons.

122 (suite).

Silaus.

S. pratensis [Peucedanum Silaus L]. Pl. vert-foncé. Tige presq. nue au sommet. Feuil. infér. 2-3-pinn., à nerv. transparentes, fin^{t} découp. Omb. à 5-15 rayons. Invol. 2-fol.; involuc. à plusieurs fol. lin., rougeâtr. à la pointe. Fl. jaune-verdâtre. Fr. oblong, à section transv. orbic., à côtes saill. carénées, tranchantes. ♃. Prés. CC.

32—Involucre à plusieurs folioles 34

—Involucre nul ou presque nul.

Cnidium.

C. apioides GG et CG. Feuil. pâles en dessous, 2-3-pinn., fin^{t} découp. Omb. à 30-40 rayons. Invol. à 0-2 foliol. lin.; involuc. à plusieurs fol. sétac. Fl. blanch. Fr. ovale-oblong, à section orbic., à côtes saill. en ailes étroites, membran. ♃. Bois. RRR. Vincennes.

33—Involucelle unilatéral. Feuil. à découp. lobées . 36

—Involucelle complet. Feuil. à découpures linéaires.

Seseli. Dents du cal. persistantes. Fl. blanch. ou rosées. Fr. ovoïde oblong, à section orbiculaire, à côtes un peu épaisses. Gr. plane sur la commissure.

1—Omb. à 6-12 rayons. Tige multiple.

S. montanum. Feuil. glauq., la plupart rad. Involuc. à fol. très-étroit^{t} bordées de blanc, plus courtes que l'ombellule. ♃. Lieux secs.

β. *glaucum.* Fl. très-glauq., ord^{t} rabougrie. Lieux très-arides.

—Omb. à 15-30 rayons. Tige unique.

S. coloratum [S. annuum L]. Pl. souvent colorée de pourpre. Involuc. à fol. blanches membran., avec une nervure verte, égal^{t} ou dépass^{t} l'ombellule. ♃. Pelouses sèches. AR.

34. **Libanotis.**

L. montana CG [Athamanta Libanotis L, Seseli Lib. GG]. Tige peu ram. Feuil. pâles en dessous; les infér. 2-pinn., à segm. croisés autour du pétiole commun. Omb. à 20-40 rayons. Fr. ovoïde, à section orbic., velu, presq. tomenteux, à côtes épaisses. Gr. plane sur la commissure. ② ou ♃. Coteaux calcaires. AR.

35. **Fœniculum** (Fenouil).

F. vulgare GG [F. officinale CG, Anethum Fœniculum L] (Fenouil). 0,80-1,50. Feuil. découpées en longues lanières capill. Omb. très-amples à 15-20 rayons. Invol. et involuc. nuls ou presq. nuls. Fl. jaunes. Fr. oblong, à section orbic., à côtes obscur^{t} carénées. Graine plane sur la commissure. ② ou ♃. Coteaux arid. AC. (Cult., off., condim.).

36. **Æthusa.**

Æ. Cynapium (Petite Ciguë). Tige ord^{t} sill. de lignes rougeâtres. Feuil. moll., vert-sombre, 2-3-pinn. Omb. à 5-10 rayons. Invol. 0-1 fol.;

122 (suite).

involuc. unilatéral, à 3 fol. réfléchies, lin. Fr. subglobul., glabre, à côtes saill., carénées. ①. Bois. champs. CC.

37—Calice à dents larges membraneuses. Fruit comprimé latéralement. Odeur vireuse 61

—Calice s'accroissant après la floraison. Fruit oblong ovoïde ou subtétragone.

Œnanthe (Œnanthe). Fleurs blanches.

1—Feuil. supér. à découpures lin. Fl. centrales des ombellules sess 2

—Feuil. toutes à découp. lob. Ombelles opp. aux feuil. . . . 5

2—Rayons des omb. de la longueur des ombellules. Ombellules globul. à la maturité. 4

—Rayons des omb. plus longs que les ombellules. Ombellules hémisphér. à la maturité. . . . 3

3—Tige pleine, striée.

Œ. Lachenalii GG et CG. Plante glauq. Feuil. rad. 1-2-pinn. Omb. à 8-20 rayons grêles. Invol. 0-6-fol., cad. Pét. extér. fendus jusqu'au milieu. Fr. plus long que les styles, non contracté sous le limbe du cal. ♃. Prés hum. AC.

—Tige fistul., angul. sill.

Œ. peucedanifolia GG et CG. Pl. vert-gai, ordᵗ décolorée à sa base. Feuil. 2-pinn., toutes, même les rad., à segm. lin. Omb. à 6-10 rayons grêles. Invol. 0-3-fol. Pét. extér. fendus jusqu'au tiers. Fruit à peu près aussi long que les styl., oblong-cylindr., contracté sous le limbe du cal. ♃. Prés hum. C.

4. *Œ. fistulosa*. Feuil. toutes longᵗ pétiolées, fistul. Invol. nul. Omb. term. fertile, à 3 rayons fistul.; les autres stér., à 3-7 rayons grêles. Fr. tétragone, de la longueur des styl. ♃. Bord des eaux. C.

5. *Œ. Phellandrium* [Phellandrium aquaticum L] (Ciguë d'eau). Tige fistul., très-renflée à la base. Feuil. 2-3-pinn. Invol. nul. Omb. brièvᵗ pédonc., à 6-12 rayons. Fr. ovale-oblong. ② ou ♃. Marais, fossés. CC.

38. **Buplevrum** (Buplèvre). Fruit comprimé latérᵗ. Feuil. réduites au pétiole non engaînant. Fleurs jaunes.

1—Herbe 2

—Arbrisseau 6

2—Un involucre. Feuil. non perfoliées 3

—Invol. nul. Feuil. perfoliées.

B. rotundifolium. Feuil. ovales. ①. Champs. AR.

3—Omb. à moins de 5 rayons. 4

—Omb. à 5-10 rayons. . . 5

4—Involucelle à foliol. linéaires. Fr. tuberculeux.

B. tenuissimum. Tige grêle. Feuil. lin., peu nombr. Involuc. dépassᵗ l'ombell. ①. Lieux secs. AR.

—Involucelle à folioles elliptiques. Fr. lisse.

B. aristatum GG et CG. 0,1-0,2. Tige très-ram. Feuil. lin. Involuc. dépassᵗ l'ombell. ①. AR. Nemours, Lardy, Malesherbes.

5. *B. falcatum* (Oreille de lièvre). Feuil. lanc. Involuc. plus court que l'ombell. ♃. Lieux secs. C.

6. *B. fruticosum*. 1-2 m. Feuil. coriaces persist. Invol. et involuc. multifol. (Cult. orn.).

39—Pétales réguliers. Fruit strié 40

—Pétales 2-fides, irréguliers. Fruit lisse 47

122 (suite).

40. **Sium** (Berle). Fl. blanches. Fr. comprimé latért. Carpelles oblongs, à 5 côtes filiformes.

1—Involucre à fol. entières.
S. latifolium. Feuil. à segm. fint dent. en scie. Omb. terminales. Bords des carp. rappr. à la commissure. ♃. Etangs, fossés. AR.
—Involucre à fol. incisées ou pinnatifides.
S. angustifolium [Berula a. GG] Feuil. à segm. proft incis., à lob. dent. Omb. axill. Bords des 2 carp. entre-bâillés à la commissure. ♃. Etangs, fossés. C.

41—Involucre et involucelle nuls ou presque nuls. . 42
—Ombelle ayant un involucre ou des involucelles . 48
42—Pl. basse. Fleurs ordt dioïq., rart monoïques. . 57
—Non. 43
43—Omb. axill. sensiblt sess., naisst souvt dès le pied. 60
—Ombelles terminales 44
44—Feuilles 2-3-pinnées. 45
—Feuilles 1-2-trifoliolées 46
—Feuilles 1-pinnées.

Pimpinella (Boucage). Involucre et involucelle nuls. Ombelles et ombellules à rayons nombreux. Fl. blanches ou rosées. Fr. ovoïde-oblong, compr. latéralement.

1—Feuil. supér. pinnées.
P. magna. Tige angul. sillonnée. Feuil. ordt très-amples ; fol. toutes lob., la term. 3-lobée. Fr. glabre. ♃. Lieux frais. AR.
—Feuil. supérieures réduites au pétiole.
P. Saxifraga. Tige cylindr., str. Segm. des feuil. crén., qqf. découpés [*dissecta*]. Fr. glabre. ♃. Chemins, pelouses. CC.

45. **Bunium**. Involucre et involucelle variables. Fl. blanches. Fr. oblong, comprimé latéralement.

1—Feuil. 2-3-pinnées. . . . 2
—Feuil. 1-pinnées, à segm. capillaires simulant des verticilles autour du pétiole.
B. verticillatum GG [Sison v. L, Carum v. CG]. Tige nue supért. Invol. et involuc. multifol. ♃. Lieux hum. R. St-Léger, bois St-Pierre (vallée de l'Yvette).
2—Involucre et involucelle nuls ou presq. nuls.
B. Carvi GG [Carum C.] (Carvi, Anis des Vosges). Feuil. 2-pinn., à fol. croisées autour de la côte méd. Omb. à 8-16 rayons. ①. RRR. Meudon?, Compiègne?
—Invol. et involuc. multifol.
B. Bulbocastanum [Carum B. CG] (Terre-noix, Suron, Gernotte). Souche charnue globuleuse. Feuil 2-3-pinn., fint découp. Omb. à 12-20 rayons. ♃. Clairières, champs. AR.

46. **Ægopodium**.
Æ. Podograria (Herbe aux goutteux). Feuil. à segm. 1-2 fois

122 (suite).

tripartits. Invol. et involuc. nuls. Ombelles à rayons nombreux. Fl. blanches. Fr. oblong, compr. latért. ♃. Lieux frais. AR.

47. **Ammi.**

A. majus. Feuil. 1-pinnées. Invol. à fol. pinnatifid.; involuc. à fol. simples, lin. Fl. blanches, irrég., à pét. 2-fid. Fr. oblong, compr. latéralt. ①. Champs. RR. St-Maurice, Toussu, l'Ile-Adam, Villers-Cotterets.

48—Involucelle complet. 49
—Involucelle unilatéral. 66
49—Feuilles subcoriaces, à lobes très-allongés décurrents, régulièrement dentés en scie. 53
—Non. 50
50—Feuilles 1-pinnées. 51
—Feuilles, au moins les inférieures, 2-3-pinnées. . 58
51—Plante de lieux secs. 52
—Plante de lieux très-humides. 54
52—Feuilles inférieures à plus de 9 folioles. 59
—Feuilles inférieures n'ayant jamais plus de 9 folioles.

Sison.

S. Amomum. Invol. et involuc. paucifol. Omb. à 3-5 rayons. Fl. blanch. Pét. 2-fid. Fr. ovale, compr. latért. ②. Buissons, champs. AR.

53. **Falcaria.**

F. Rivini [Sium falcatum L]. Invol. et involuc. multifoliol. Fl. blanch., polygam. Fr. compr. latért. ② ou ♃. Champs. RRR. Arcueil.

54—Feuilles aériennes à découpures capillaires d'apparence verticillées 45
—Non. 55
55—Ombelles à plus de 12 rayons. 40
—Ombelles à 12 rayons ou moins 56

56. **Helosciadium** (Berle). Involucre variable. Fl. blanches. Pét. entiers. Fr. ovale, compr. latért, couronné par le support des styles, crénelé.

1—Omb. à 4-12 rayons. . . 2
—Ombelles à 2-3 rayons. . 3
2—Ombelles subsessiles.
H. nodiflorum [Sium n. L]. Tige épaisse, fistul. Feuil. pinn. à segm. oval. Invol. 0-2-fol.; involuc. plurifol. Omb. à 3-12 rayons, opp. aux feuil. ♃. Fossés, marais. C.
—Ombelles pédonculées.
H. repens [Sium r. L]. Tige couch. radicante dans toute sa longueur. Involuc. 3-5-fol. Omb. à 4-7 rayons. ♃. Prairies inondées. AR.
3. *H. inundatum* [Sison i. L]. Tige ordt submergée, grêle. Feuil. noyées à lanières capill.; feuil. aériennes à 5 segm. 3-fid. Invol. nul; involuc. incomplet. Fr. à côtes saill. ♃. Marais. R. St-Léger, Fontainebleau, Compiègne, Chartres.

122 (suite).

57. Trinia.

T. vulgaris [Pimpinella dioica L]. 0,1-0,3. Feuil. pâles, fin^t découp. Invol. et involuc. nuls ou presq. nuls. Omb. petites, tr.-nombr. Fl. blanch. ou rosées, dioïq., rar^t monoïq. Fr. oblong, compr. latér^t. ② ou ♃. Lieux secs. R. Fontainebleau, Étampes, Malesherbes, Anet.

58—Feuilles à folioles linéaires 45
—Feuilles larges d'au moins un demi-centimètre . . 59

59. **Petroselinum** (Persil). Involucre 1-3-fol.; involucelle variable. Fr. ovale, comprimé latéralement.

1—Feuil. 1-pinn. Fl. blanch.

P. segetum [Sison s. L]. Tige à peine feuillée. Omb. term. à 2-5 rayons inég.; les latér. réduites à des ombell. irrég ① ou ②. Champs. R. St-Maurice, Juvisy, Provins, St-Germain, St-Denis.

—Feuil. 2-3-pinnées. Fleurs vert-jaunâtre.

P. sativum [Apium Petrosel. L] (Persil). Feuil. vert-luis., à segm. cunéif. Omb. pédonc. à rayons nombreux. ① ou ②. (Cult. condim.). Qqf. subspont. près des habitations.

60. Apium.

A. graveolens (Céleri). Pl. glabre, très-odor. Tige fistul., très-sill. Feuil. luis., épaiss.; les infér. pinnatiséq. à 3 segm. incis. cunéif. Invol. et involuc. nuls. Omb. sensibl^t sess. Fl. petites, blanc-verdâtre. Pét. ent. Fr. petit, subglobul. didyme, brun à côtes blanch. (Cult. alim.; Var. diverses). Qqf. subspont. près des habitations.

61. Cicuta (Ciguë).

C. virosa (Ciguë aquatique). 0,6-1,2. Racine très-grosse, caverneuse. Tige fistul., souv^t rougeâtre à la base. Feuil. 3-pinn. Invol. nul ou presq. nul; involuc. à plusieurs fol. lin. subul. Omb. à rayons nombr. Fl. blanch. Cal. à dents larges, membran. Fr. compr. latér^t ♃. Marais. RR. Pays de Bray, Villers-Cotterets.

62—Fruit hispide, à bec court. 64
—Fruit peu velu, à bec très-allongé.

Scandix.

S. Pecten-Veneris (Aiguille de berger). Tige vel. Feuil. 2-3-pinn., fin^t découp. Invol. 0-1-fol.; involuc. à 5 fol. qqf. 2-3-fid. Omb. à 1-3 rayons. Fl. blanches. Fr. rude sur les bords, à bec atteign^t jusqu'à 0,05. Gr. prof^t canalic. sur la commissure. ①. Lieux secs. CC.

63—Fruit surmonté d'un bec 64
—Fruit dépourvu de bec. 65

64. **Anthriscus.** Feuil. 2-3-pinnées. Involucre nul; involucelle multifoliolé. Fl. blanches. Fruit comprimé latér^t, rétréci

122 (suite).

brusq[t] au sommet en un bec plus court que les carpelles. Gr. prof[t] canaliculée sur la commissure.

1—Fruit lisse. 2
—Fruit très-hérissé.

A. vulgaris [Scandix Anthriscus L] (Cerfeuil des fous). Tige glabre. Involuc. 3-5-fol. Omb. opp. aux feuil., à 3-7 rayons. Fr. chargé de poils raides très-arqués, à bec court. ①. Lieux cult. CC.

2—Omb. sess., à 3-5 rayons.

A. Cerefolium [Scandix C. L] (Cerfeuil). Tige pubesc. au-dessus des nœuds. Feuil. 2-pinn., à nerv. poilues. Involuc. unilatér. Fr. à long bec cylindr. ①. (Cult. condim.). Subspont. près des habitat.

—Ombelles pédonculées à 8-12 rayons.

A. sylvestris [Chærophyllum s. L] (Persil d'âne). Tige renflée aux nœuds. Feuil. luisantes, 2-3-pinn. Involuc. 4-5-fol. Fr. à bec tr.-court. ♃. Vois. des habitat. AC.

65—Feuilles glabres. Base des styles conique.

Conopodium.

C. denudatum GG et CG. Tige long[t] nue infér[t]. Feuil. 2-pinnées, à segm. lin. Involucre 0-3-fol.; involucelle variable. Omb. à 8-12 rayons. Fl. blanches. Styles dressés. Fr. ovoïde-linéaire, une fois plus long que les styles, à la fin noir. ♃. Prés, bois secs. RRR. Beauvais, bois Yon (Dreux), Pithiviers.

—Feuilles pubescentes.

Chærophyllum (Cerfeuil).

C. temulum (Cerfeuil bâtard). Tige épaisse sous les nœuds, hispide, tachée de brun infér[t]. Feuil. 2-pinn. Invol. 0-2-fol.; involuc. 5-8-fol. Omb. à 6-12 rayons penchés avant la floraison. Fl. blanches. Fr. lisse, linéaire-oblong, comprimé latér[t]. ②. Haies. CC.

66—Involucre 0-1-foliolé.. 56
—Involucre multifoliolé. Fruit à stries crénelées.

Conium.

C. maculatum (Grande Ciguë). 0,80-1,20. Tige glauq., fistul., maculée de brun. Feuil. vert-sombre, à odeur vireuse, 3-4-pinn. Invol. 3-5-fol.; involuc. à 3-5 fol. réfléchies. Omb. à 12-20 rayons. Fl. blanches. Fr. ovoïde, compr. latér[t]. Gr. sillonnée sur la commissure. ②. Lieux découverts, vois. des habit. C.

67. **Hydrocotyle.**

H. vulgaris (Ecuelle d'eau). Tige ramp. Feuil. peltées, arrond., sur de longs pétioles dressés. Fl. petites, blanchâtr., en verticilles portés par des pédonc. radic. Fr. compr., caréné. ♃. Lieux aquat. C.

68. **Eryngium.**

E. campestre (Panicaut, Chardon-Roland). Feuil. épin., découp., embrassantes. Fl. blanch., petites, sess. sur un récept. coniq. épin. Fr. ovoïde, écailleux, couronné par les dents épin. du cal. ♃. CCC.

69. **Sanicula.**

S. Europœa (Sanicle). Tige dressée. Feuil. souv[t] presq. toutes rad., pétiol., palmatilobées, à lob. 3-5-fides. Fl. blanc.-rosé, polygames. Fr. subglobul., hérissé d'aiguillons crochus. ♃. Bois. AC.

123. ARALIACÉES.

Hedera (Lierre).

H. Helix (Lierre). Arbrisseau grimpant. Feuil. alt., simples, coriaces persistantes; les caul. cord.-lobées, celles des rameaux florifères ovales. Fl. jaune-verdâtre, en ombelles denses. Cal. soudé avec l'ovaire, à 5 dents. Pét. 5. Etam. 5. ♃. Baie noire. CCC. (Orn.).

124. CORNÉES.

Cornus (Cornouiller). Arbriss. Feuil. opp., simples, oval.-acuminées. Fl. en corymbes. Cal. 4-denté. Etam. 4. Ovaire soudé avec le tube du cal. Drupe charnue

1—Fl. jaunes. Corymbes munis d'une collerette 4-foliolée.

C. mas (Cornouiller). Fl. paraiss[t] avant les feuil. Fr. rouge, comestible. Bois montueux. AR.

—Fl. blanches. Corymbes sans collerette.

C. sanguinea (Cornouiller femelle). Fr. noir. non comestible. Haies, taillis. CC.

125. LORANTHACÉES.

Viscum (Gui).

V. album (Gui). Sous-arbriss. à suc visqueux. Ram. 2-3-furq. Feuil. épaisses, vert-pâle. Fl. dioïq. et monoïq., petites, jaunâtr., sess., ord[t] par 3-5 — Fl. mâle : Cal. 4-fide. Pét. nuls. Etam. 4; anthères soud. contre le cal. — Fl. fem. : Cal. 4-denté. Pét. 4. Ov. soudé avec le tube du cal. Baie verte, mucilagineuse, 1-sp. ♃. Sur les vieux arbres. C.

126—Ovaire dans la corolle (la corolle entoure l'ov. et n'est point attachée à sa partie supérieure); ou libre (non soudé avec le calice). **144**

—Ov. sous la cor. : (la cor. est attachée à la partie supér. de l'ov. qui est soudé avec le cal.). . . **127**

Fendez, au besoin, la fleur en long, pour bien juger de la position relative de ses parties.

127—Etamines entièrement libres.. . . . . **128**

—Etamines soudées par leurs anthères **138**

128—Feuilles verticillées. **132**

—Non. **129**

129—Feuilles opposées. **130**
—Feuilles alternes ou radicales. **140**
130—Etamines 5 ou plus. **131**
—Etamines 4 au moins. **133**

131. CAPRIFOLIACÉES. Feuil. opp. Cal. 2-5-lobé. Cor. 5-, rart 4-fide. Etam. 5, rart 4, qqf. proft bifides. Style 1. Stigm. 3-5. Ov. plus ou moins soudé avec le tube du calice. Baie.

1—Corolle en roue 2
—Corolle tubuleuse, en entonnoir, à limbe bilabié. 4
2—Plante robuste ou arbrisseau 3
—Pl. de 0,10-0,15. Etam. 4-5, bifid., (en apparence 8-10).

Adoxa.

A. Moschatellina. Tige simple, glabre. Feuil. luis., 1-2 f. tripart.; les rad. longt pétiol., les caul. au nombre de 2. Fl. verdâtr., petites, rappr. en tête term. par 4-6; les latér. pentamères, la supér. tétramère. Baie verdâtre. ♃. Avr., mai. Bois. AC.

3—Feuilles pinnées.

Sambucus. Feuil. glabr., à segm. dentés. Fl. en panicules multiflores. Cal. 5-denté. Cor. 5-fide. Etam. 5. Stigm. 3-5, sessiles. Baie succulente, oligosperme.

1—Arbriss. Feuil. à 3-7 segm. Stipules à peu près nulles. . . 2
—Tige herbacée. Feuil. à 5-11 segm. Stipules foliacées.

S. Ebulus (Yèble). Fl. blanches ou rosées, à odeur d'amande amère. ♃. Chemins, lieux incult. C.

2—Fl. en corymbes plans supért, penchés à la maturité.

S. nigra (Sureau). Fl. latér. sess.; les term. pédic. Fl. blanches, à odeur pénétrante. Baie noire, rart verte. ♃. Haies, taillis. C. (Cult. orn., off.).

β. *laciniata.* Feuilles à segments pinnatiséqués. (Orn.).

—Fl. en panicules ovoïd., dressées même à la maturité.

S. racemosa. Fl. blanchâtres, toutes pédicellées. Baie rouge. ♃. Avr., mai. (Orn.).

—Feuilles simples.

Viburnum (Viorne). Arbriss. Fl. blanch. en corymbes. Cor. 5-fide. Etam. 5. Stigm. 3, sess. Baie 1-sperme.

1—Feuilles non lobées.

V. Lantana (Mancienne). Feuil. pétiol., cordées, cotonneuses en dessous. Baie compr., noire. Haies, taillis. C.

—Feuilles 3-5-lobées.

V. Opulus (Obier). Pétiole des feuil. glanduleux. Fl. de la circonf. stér., très-grandes, irrég. Baie rouge-vif. Haies, taillis. C.

3. **Lonicera.** Arbriss. Cal. à 5 dents très-courtes. Lèvre

supérieure de la cor. 4-fide; l'inférieure entière. Etam. 5. Style filiforme. Baie rouge.

1—Fl. verticillées en têtes. Tige volubile. 2

—Fl. géminées sur des pédonc. axillaires. Tige dressée. . . . 3

2—Feuilles supérieures soudées par leur base.

L. Caprifolium (Chèvrefeuille). Feuil. ellipt. ou suborbic. Fl. en têtes sessiles au centre d'un plateau formé par les feuil. florales; purpur. ou blanc-jaunâtre; odorantes. Jardins, haies, bois.

—Feuil. toutes distinctes.

L. Periclymenum (Chèvrefeuille des bois). Feuil. oval.-lanc., briév[t] pétiol. Fl. en têtes long[t] pédonc.; jaune-rougeâtre, à long tube; odorantes. Haies, bois. C.

3. *L. Xylosteum* (Chamécerisier). Feuil. pétiol., très-entières. Fl. très-velues. Cor. petite, rose-jaunâtre, à tube court gibbeux. Baies soudées par leur base. Haies, bois. C. (Orn.).

132—Feuilles très-découpées. **134**

—Feuilles simples.

RUBIACÉES. Tige herbacée, ord[t] tétragone. Feuil. simples, ent., verticillées. Fl. en panicules, qqf. en têtes. Cor. à divisions égales. Etam. 4, rar[t] 5. Styles 2, plus ou moins soudés. Tube du calice adhérent à l'ovaire. Fr. composé de 2 carp. secs, rar[t] bacciforme.

1—Corolle rotacée plane. 2

—Corolle tubulée, en entonnoir 3

2—Fleurs blanc-jaunâtre, à limbe 5-, rar[t] 4-fide. Fruit charnu formé de 2 petites baies noires.

Rubia (Garance) Souche traç., contenant un suc colorant en rouge. Tige armée sur ses angles de dents accrochantes. Feuil. verticillées par 4-6. Fl. en panicules. Baie 1-sperme.

1—Réseau des nerv. à peine visible sur la face infér. des feuil.

R. peregrina. Feuil. coriaces, luis., persist. avec la partie infér. de la tige. Cor. à div. brusq[t] cuspidées. ♃. Lieux pierreux, broussailles. R. Lardy, côte de Champagne, Malesherbes, Dreux, Vernon, Beauvais.

—Réseau des nerv. saillant sur la face infér. des feuil.

R. tinctorum (Garance). Feuil. non luis., toutes annuelles. Cor. à div. insensibl[t] rétrécies au sommet. ♃. Vieux murs, broussailles. RR. Dreux, Charenton, Arcueil, St-Germain, dép[t] de l'Oise.

—Fleurs manifestement blanches ou jaunes, à limbe toujours 4-fide. Fruit formé de 2 carpelles secs.

Galium (Gaillet). Feuil. verticillées par 4-12 Fl. en bouquets bi-trichotomes, latér. et terminaux, formant souv[t] une panic. feuillée. Cal. à 4 dents presq. nulles. Carp. 1-spermes.

132 (suite).

1—Verticilles de 4 feuil. . . 2
—Verticill. d'au moins 6 feuilles. 3
2—Fleurs jaunes.
G. Cruciata [Valantia C. L] (Croisette velue). Tige couverte de longs poils blancs. Fl. polygam. Fr. glabre. ♃. CC.
—Fleurs blanches.
G. boreale L et GG. 0,2-0,5. Feuil. ord^t 3-nerv. Panic. serrée. Fr. ord^t velu. ♃. Prés. RRR. Soissons.
3—Fl. blanches ou rougeâtr. 4
—Fleurs jaunes.
G. verum (Caille-lait jaune). Tige presq. glabre. Fl. hermaphr., souv^t avortées. Fr. glabre. ♃. CC.
4—Tige glabre ou pubesc., dépourvue d'aiguillons réfl. . . . 5
—Tige plus ou moins pourvue d'aiguillons réfléchis. 7
5—Cor. à lob. non cuspid. . 6
—Cor. à lobes cuspidés.
G. Mollugo [G. elatum et erectum GG]. 0,5-1,5. Feuil. verticill. par 6-8, assez courtes, mucr. Fl. très-nombr., en panic. très-amples. Fr. petit, chagriné. ♃. Haies, bois. CC.
6—Tiges à angles très-fins. Feuil. lanc.-lin., vert-grisâtre, luis.
G. sylvestre GG et CG. 0,2-0,5. Feuil. verticill. par 6-8, mucr., à bord ord^t roulé. Fl. en panic. à ram. distants. Fr. gros, brun, légèr^t chagriné. ♃. Bois, bruyères. C.
—Tiges tétragones couch., formant gazon. Feuil. oboval.-lanc.
G. saxatile. 0,2-0,4. Feuil. verticill. par 4-6, ord^t planes. Fr. couvert de tubercules. ♃. Rochers, lieux tourbeux. RR. Malesherbes, Ons-en-Bray, St-Germer.
7—Fl. tout-à-fait blanches. 8
—Fleurs très-petites, à bords rougeâtres 10
8—Fleurs en panicules. . . 9
—Fl. sur des pédonc. axill. 11
9—Feuilles mutiques.
G. palustre. Tig. grêles, nombr., diff. Feuil. ayant à peine 0,015 de long, élargies au sommet, à faces très-liss., verticill. par 4-6. ♃. Lieux très-hum. C.
—Feuil. cuspidées.
G. uliginosum. Tiges faibles. Feuil. lanc. lin., vert-gai, à bords accrochants, verticill. par 6-7. Fl. en panic. lâches. Cor. à lob. oval. aig. Fr. petit, chagriné, scabre. ♃. Marais. AC.
10. *G. Parisiense* [G. Anglicum CG]. 0,1-0,4. Tig. grêl. Feuil. verticill. par 6, rar^t par 7, lin. mucr. Fl. en panic. oblong., peu fournies, à ram. courts, étal. Cor. à lob. ellipt. aig. Fr. très-petit, brun, gén^t glabre. ①. Champs maigres. AR.
11—Pédonc. plurifl., droits après la floraison. 12
—Pédonc. 1-3-fl., réfl. après la floraison. 13
12—Nœuds de la tige gonflés, velus.
G. Aparine (Gratteron). Tige souv^t très-long., s'appuyant sur les pl. voisines. Feuil. vertic. par 6-8, lanc. lin., cusp. Fr. de 0,004-0,005, hérissé de poils crochus. CCC.
β. *intermedium*. Fr. glabre. RR. Bicêtre.
—Nœuds ni renflés ni velus.
G. spurium. 0,1-0,4. Feuil. petites, étroit., lanc.-lin. Fr. très-petit, noirâtre, chagriné, gén^t glabre. ①. Champs, lieux incultes. AC.
13. *G. tricorne* GC et CG. Tige raide, munie d'aiguillons. Feuil. verticill. par 6-8, oblong.-lin., fort^t cusp. Fl. en grappes plus courtes que les feuil. Fr. de 0,005 0,006, tuberculeux. ①. Champs. C.

3—Calice à 4 dents très-courtes ou nulles, à limbe entièrement détruit lors de la maturité.

Asperula. Tige ord[t] lisse. Feuil. verticillées par 2-9. Fl. en bouquets ord[t] trichotomes. Cor. en entonnoir 3-4-fide. Fr. composé de 2 carpelles secs.

1—Fl. blanches ou rosées.. 2
—Fl. bleues. 4
2—Feuil. supér. verticillées par 2-4, lin. Fl. blanc-rosé. . . . 3
—Feuil. supér. verticill. par 6-9, oblong.-lanc. Fl. blanches.

A. odorata (Petit Muguet, Reine des bois). Pl. odor. après dessiccation. Fl. en corymbe à subdivisions long[t] pédonc. Fr. hérissé d'aiguillons crochus. ♃. Bois. AR. (Cult. orn.).

3—Feuil. florales mucronées. Cor. rugueuse en dehors. Fr. tuberc.

A. cynanchica (Herbe à l'esquinancie). Tig. nombr., étal. diff. Feuil. supér. ord[t] opp. Cor. 4-lobée. ♃. Lieux secs CC.

— Feuil. florales mutiques. Cor. glabre. Fr. lisse.

A. tinctoria (Petite Garance). Rac. à suc colorant rouge. Tiges dress. Feuil. supér. verticillées par 3-4. Cor. souv[t] 3-lobée. ♃. Bois montueux. RR. Fontainebleau, Nemours.

4. *A. arvensis*. Feuil. supér. verticill. par 6-8, lin., obt. Fl. subsess., en capit. au milieu d'un invol. de bract. inégales ciliées, dépass[t] le capit. Cor. long[t] tubul., 4-fide. Fr. gros, lisse. ①. Champs. AR.

—Calice à 6 dents profondes, ciliées, couronnant le fruit après la floraison.

Sherardia.

S. arvensis. Tig. nombr., couchées. Feuil. glabr. en dessous, verticill. par 4-6. Fl. sess., en capit. 4-6-fl. au centre d'un invol. de bract. soudées par leur base. Cor. lilas, qqf. blanche, à tube allongé, 4-fide. Fr. composé de 2 carp. secs 1-sp. ①. Champs. CC.

133—Moins de 4 étamines. **134**
—Etamines 4. Fleurs très-nombreuses dans un involucre commun. **135**

134. VALÉRIANÉES. Herbes. Feuil. opp., très-rar[t] ternées. Cor. en entonnoir, insérée au sommet du tube du cal. Etam. 1-3. Style 1. Stigmate entier ou 3-fide. Ov. soudé avec le tube du calice. Fr. sec, à 1 loge monosperme, ou à 3 loges dont 2 stériles.

1—Fl. blanch. ou rosées, non éperonnées. Plus d'1 étam. 2
—Fl. rouges, rar[t] blanch., long[t] éperonnées. 1 étamine.

Centranthus.

C. ruber [Valeriana r. L] (Valériane rouge). Pl glauq. Feuil. lanc. Cal. à dents nombr., roulées en dedans avant la matur. Cor. à long tube, à limbe 4-5-lobé. Fr. 1-locul., aigretté. ♃. Murs. AC. (Cult. orn.).

2—Feuil., au moins les supér., pinnées. Tige droite, simple.

Valeriana (Valériane). Feuil. qqf. tern. Fl. en panic.

134 (suite).

Cal. à dents nombr. roulées en dedans avant la matur. Cor. tubul., à limbe 5-lobé. Etam. 3. Fr. sec, compr., 1-locul., aigretté.

1—Feuil. infér. simples; les supér. à 5-11 segments. 2

— Feuil. toutes pinnées, à 15-21 segments.

V. officinalis (Valériane). 0,6-1,5. Tige sill. ♃. Lieux hum. C.

2—Plante dépassant 0,6.

V. Phu (Valériane des jardins). Souche non ramp. Pl. vert-pâle. Feuil. à 5-7 segm. ♃. (Cult. orn.). Voisinage des habitations.

—Plante ne dépassant pas 0,4.

V. dioica (Valériane des marais). Souche long^t ramp. Feuil. à 7-11 segm., le term. plus ample. Fl. dioïq. ♃. Lieux hum. C.

—Feuil. toutes simples. Tige plusieurs fois bifurquée.

Valerianella. Feuil. ent., ou sin.-dent.; les infér. en rosette. Fl. petites, d'un blanc bleu ou rosé, solit. dans les bifurcations de la tige, et rappr. au sommet des rameaux en corymbes munis de bractées. Etam. 3, rar^t 2. Fr. non aigretté, à 3 loges, dont 2 stér. et 1 fert. 1-sperme. (La distinction des espèces repose principalement sur la configuration du fruit mûr qu'il faut couper en travers).

1—Limbe du cal. en coupe, à 6 dents égales arist.-crochues. . 7

—Non 2

2—Cal. à peine visible sur le fr. Fr. lentic. ou en nacelle. . . 3

—Cal. très-apparent sur le fruit. Fr. ovoïde. 4

3—Fruit plus large que long, aplati.

V. olitoria [Valeriana Locusta ol. L] (Mâche, Doucette). 0,2-0,5. Pl. très-ram. et très-étal. Fl. en glomér. compactes. Fr. gén^t glabre. Dos de la loge fert. renflé-spongieux, formant près de la moitié du fr. ①. Avr., juin. Champs, vignes, murs. CCC. (Cult. alim.).

—Fr. oblong, creusé en nacelle sur une face.

V. carinata GG et CG. 0,1-0,4. Fl. en glomér. compactes. Fr. gén^t glabre. Dos de la loge fert. non spongieux. ①. Avr., juin. Champs, vignes, murs. C.

4—Limbe du cal. aussi large que le fr., en cornet évasé, à 3-4 dents dont une seule bien visible. . 6

—Limbe plus étroit que le fruit 5

5—Loges stériles contiguës, plus grandes que la loge fertile.

V. Auricula [V. Locusta dentata L]. 0,2-0,5. Fl. en petits glomér. lâches sur des pédonc. fins. Limbe du cal. tronqué obliq^t en forme de dent, et ayant 2-4 dents plus petites à la base de la troncature. Fr. subglobul, 3-lobé, gén^t glabre. ①. Mai, août. Lieux cult. C.

—Log. stér. très-petites, diverg. à la base.

V. Morisonii [V. mixta L]. 0,2-0,5. Fl. en têtes lâches. Limbe du cal. très-obliq^t tronqué en forme de dent très-aig. Fr. ovoïde-coniq. glabre ou velu. ①. Champs. CC.

6. *V. eriocarpa* GG et CG. 0,1-0,2. Fl. en corymbe plan, à pédonc. canalic. en dessus. Fr. réticulé velu; log. stér. presq. nulles, diverg. ①. Juin, juill. Moissons, vignes. RR. Bagnolet, Beauvais, l'Ile-Adam, Lardy, Malesherbes.

7—Cal. glabre à div. dressées.

V. coronata [V. Locusta c. L]. 0,2-0,5. Tige ram. au sommet. Feuil. supér. souv[t] dent. et même pinnatifid. à leur base. Bract. appliq. Fl. en capit. globul. compactes. Fr. velu, ovoïde-subtétragone, prof[t] excavé sur une face. ①. Moissons. R. Compiègne, Senlis, St-Maur, Etampes, Nemours, Mantes, la Faisanderie (l'Ile-Adam).

—Cal. vésiculeux globul., pubesc., à divisions recourb. en dedans.

V. vesicaria [V. Locusta v. L]. Tige ram. dès la base. Bract. étal. Fr. ovoïde, velu. ①. Juin. RRR. Beauvais?

135. DIPSACÉES. Herbes. Feuil. opp. Fl. sessiles sur un réceptacle convexe entouré d'un involucre plurifoliolé et formant des capitules solitaires à l'extrém. de la tige et des rameaux, munies chacune d'un cal. extérieur scarieux renfermant, sans adhérence, la partie fructifère du calice intérieur. Cal. intérieur 4-5-fide. Etam. 4. Style 1, filiforme. Fr. sec., 1-loculaire, 1-sperme.

1—Tige entièrement dépourvue d'aiguillons. 2

—Tige munie d'aiguillons, au moins supérieurement.

Dipsacus (Cardère). Réceptacle chargé de paillettes subulées, épineuses. Cal. extérieur des fl. à 8 côtes.

1—Fl. en têtes allongées. Feuil. caulinaires connées en godet. . 2

—Fl. en têtes arrondies. Feuil. toutes pétiolées 3

2—Paillett. du récept. droites.

D. sylvestris (Cabaret des oiseaux, Lavoir de Vénus). 0,8-1,5. Feuil. oblong.-lanc., qqf. pinnatifid. Fol. de l'invol. longues, pourvues d'aiguillons. Fl. lilas. ①. Lieux incult. CC.

—Paillett. du récept. courbes.

D. fullonum GG et CG (Chardon à foulons). 0,8-1,5. Feuil. oblong.-lanc., toujours ent. Fol. de l'invol. longues, inermes. Fl. lilas. ①. (Cult., peignage du drap).

3. *D. pilosus* [Cephalaria p. GG] (Verge de pasteur) Tige hisp., épin. supér[t]. Fol. de l'invol. courtes. Paillettes scar., subulées. Fl. blanches. ①. Lieux frais. AR.

2—Réceptacle des fleurs velu, mais sans paillettes.

Knautia.

K. arvensis [Scabiosa a. L] (Scabieuse des champs). Feuil. infér. très-variables, les caul. pinnatifid. Fl. de la circonf. très-rayonnantes, à limbe inég[t] 4-fide, rose-lilas; cal. extér. briév[t] pédic., angul., non sillonné. Cal intér. à 8-8 arêtes dress. ♃. Champs, prés. CC.

β. *integrifolia*. Toutes les feuil. sensibl[t] entières.

—Réceptacle des fleurs chargé de paillettes.

Scabiosa (Scabieuse). Cal. extérieur des fleurs sessi[illegible] cylindrique, creusé de 8 sillons. Cal. intér. épanoui en 5 arêtes étalées.

1—Feuil. caulinaires multifides. Fl. de la circonf. rayonnantes. Cor. inégt 5-fide 2
—Feuil. toutes entières. . 6
2—Feuil. caul. à segments linéaires entiers. 3
—Feuil. caul. à segm. linéaires incisés ou pinnatifid., le terminal plus grand. 4
3—Fleurs jaunâtres.
S. Ucranica. Cal. extér. velu infért, glabre et muni de 8 fossettes supért. ♃. Sabl. RRR. Malesherbes, mail d'Henri IV (Fontainebleau).
—Fleurs bleuâtres 5
4. *S. Columbaria*. Fl. bleu-clair. ♃. Chemins, coteaux. CC.
5. *S. suaveolens* GG et CG. Cal. extér. très-velu, marqué dans toute sa longueur de 8 nerv. saill. Fl. odor. ♃. Pelouses arid. RR. Fontainebleau, Nemours.
6. *S. Succisa* (Mors du diable, Herbe de St-Joseph). Fl. bleues, rart blanch., toutes égales. Cor. 4-fide. ♃. Bois, prés. CC.

136. COMPOSÉES. Herbes. Feuil. ordt alternes. Fleurs (*fleurettes*) hermaphr., unisexuell. ou neutres, réunies en têtes (*capitules*) vulgairt et impropt nommées fleurs, sess. sur un *réceptacle* formé par l'épanouissemt de l'axe floral, et renfermées dans un ensemble de bractées (écailles ou folioles) nommé *involucre*, quelquefois pourvu à sa base de bractéoles accessoires (*calicule*). Récept. nu, ou alvéolé, ou velu, ou chargé de paillettes. Chaq. fleurette a son cal. propre, adhér. à l'ov., à limbe tantôt nul, tantôt en couronne ou godet, tantôt découpé en dents, écailles ou arêtes, tantôt épanoui en soies ou poils formant une *aigrette* sessile ou pédicellée. La cor. est monopét., tantôt régt *tubuleuse* 4-5-dentée, tantôt irrégt *ligulée* (figurant un cornet brusqt élargi d'un côté en languette). Les étam. insér. sur la cor. au nombre de 4-5 forment un tube qui engaîne le style. Style unique, filiforme. Ov. unique, infère. Fr. sec (*akène*), indéhiscent.

1—Fleurettes toutes tubuleuses (*Fleurons*). 2
—Fleurettes du centre tubuleuses et celles de la circonférence ligulées 13
—Fleurettes toutes ligulées (*Demi-fleurons*).. . . . 71

Ces trois subdivisions correspondent aux Flosculeuses, Radiées et Semi-flosculeuses des anciens botanistes. Les demi-fleurons des Radiées sont souvent désignés sous le nom de rayons.

2—Capitules de 2 sortes; les supér. mâles, les infér. femelles

136 (suite).

figurant une capsule épineuse à 2 lobes. Pl. monoïque. (Voir n° **137**, AMBROSIACÉES.)

—Non 3

3—Involucre renfermant plusieurs fleurs. 4

—Involucre ne renfermant qu'un fleuron. 50

4—Tige grosse, non épineuse. Capitules ayant au moins 0,1 de diamètre. Fleurons et style bleus 59

—Plante n'ayant pas tous ces caractères réunis. . 5

5—Plante n'ayant ni feuilles ni involucre épineux. . . 6

—Feuilles ou involucre épineux 51

6—Réceptacle muni dans toute son étendue de poils ou de paillettes. 62

—Récept. nu ou n'ayant de paillett. qu'à sa circonf. 7

7—Feuilles très-découpées, laciniées ou pinnées. . . 8

—Feuilles nulles, ou entières, ou seulement sinuées. 11

8—Akènes aigrettés. 9

—Akènes sans aigrette. 28

9—Involucre à un rang de folioles, entouré à sa base de quelques écailles courtes. Fleurons tous jaunes. . . . 26

—Invol. à fol. imbriq. Fleurons tous rougeâtres . . 10

SOUS-ORDRE 1er. **TUBULIFLORES**. Fleurettes toutes, ou au moins celles du centre, régul., à cor. tubuleuse 4-5-dentée.

Division 1re. *CORYMBIFÈRES*. Fleurettes du centre hermaphr., à cor. tubul. rég. Fl. de la circonf. femelles, qqf. stériles, à cor. rart tubul., le plus souvt disposée en languette. Style non articulé et non renflé en nœud vers le sommet.

10.**Eupatorium** (Eupatoire).

E. cannabinum (Chanvrine). 0,6-1,0. Feuil. opp., à 3-5 segments digités. Capitules à 5-6 fleurons. Fleurons longt dépassés par le style. Akènes à 3 côtes, aigrettés. ♃. Lieux hum. C.

11—Tige n'ayant que des écail. herbacées. Feuil. radicales et paraissant après les fleurs. 12

—Tige garnie de feuil. Fl. paraisst après les feuilles. 18

12—Capitules en thyrses. Fleurons violacés.

Petasites.

P. officinalis GG [Tussilago Petasites L, P. vulgaris CG] (Herbe aux teigneux). 0,3-0,5. Feuil. en rosette rad., amples, rénif.-sin. Invol. à 1-2 rangs de fol. ♃. Mars, avr. Prés hum. R. Trianon, Dreux, Morfontaine, Liancourt, Pierrefonds, La Ferté-Milon, Provins, Charly, Luzarches, Les Andelys.

136 (suite).

—Capitules solitaires. Fleurons jaunes.

Tussilago.

T. Farfara (Pas-d'âne). 0,1-0,2. Feuil. en rosette rad., amples, épaiss., angul.-dentées. Récept. nu. Fleurons extér. étrt ligulés. Involucre à 1-2 rangs de fol. ♃. Mars, avr. Lieux incult. hum. CC. (Off.).

13—Tige n'ayant que des écailles. Feuil. radicales et paraissant après les fleurs 12
—Tige garnie de feuil. Fl. paraisst après les feuil. . . 14
14—Akènes pourvus d'aigrette 15
—Akènes nus, sans aigrette 21
15—Fleurettes toutes jaunes. 16
—Fleurettes de deux couleurs. 20
16—Folioles de l'involucre inégales, imbriquées. . . . 17
—Fol. de l'invol. sensiblt égales, sur 1-3 rangs. . . 24
17—Capitules ayant plus de 10 demi-fleurons. 38
—Capitules n'ayant que 5-10 demi-fleurons.

Solidago. Feuil. lanc. Réceptacle dépourvu de paillettes. Akènes cylindr. striés, aigrettés.

1—Demi-fleurons dépassant l'involucre.
S. Virga-aurea (Verge d'or). Capitules en grappes dressées, formant une panicule compacte. ♃. Bois, prés. CC.

—Demi-fleurons très-courts.
S. Canadensis (Gerbe-d'or). Capit. en grappes unilatér. recourbées, formant une vaste panicule feuillée. ♃. (Cult. orn.). Subspont. près des habitations.

18—Tiges et feuilles très-blanches et cotonneuses . . 44
—Tig. ou feuil. ni très-blanch., ni très-cotonneuses. . 19
19—Feuilles ovales lancéolées.. 42
—Feuilles linéaires.

Linosyris.

L. vulgaris [Chrysocoma Linosyris L]. Pl. glabre. Tige simple. Feuil. nombr., un peu coriaces. Capit. en corymbe, rart solitaires. Récept. nu. Fleurons tous tubul., jaun., proft 5-fides. Akènes oblongs compr., à aigrette soyeuse. ♃. Lieux arides. R. Mantes, Les Andelys, Chantilly, Fontainebleau, Nemours, Le Vésinet.

20—Demi-fleurons rares et étroits.

Erigeron (Vergerette). Feuil. ent. ou obscurt dentées. Involucre à fol. linéaires. Fl. radiées. Réceptacle nu. Akènes oblongs-compr., à aigrette blanc-sale.

1—Demi-fleurons blanchâtres.

E. Canadensis. 0,3-0,8. Capit.

136 (suite).

très-petits, en grappes formant une longue panic. pyram. ①. Lieux stér. CCC.

—Demi-fleurons rose-violacé.

E. acris. 0,1-0,3. Capit. peu nombreux, en corymbe lâche. ②. Lieux secs. C.

—Demi-fleurons nombreux, larges, oblongs.

Aster.

A. Amellus. Feuil. ent. ou dent. Capit. assez amples, solit. ou en corymbe simple. Récept. nu. Demi-fleurons bleu-lilas, très-rayonnants. Ak. obov.-compr. ♃. Bois. RRR. Bois Devilliers (Nemours).

21—Réceptacle nu ou alvéolé 22

—Réceptacle chargé de paillettes. 33

22—Involucre à folioles sensiblt égales. 23

—Involucre à folioles imbriquées. 29

23—Rayons jaunes 48

—Rayons blancs ou panachés de rouge.

Bellis (Pâquerette).

B. perennis (Petite Marguerite). Feuil. en rosette rad., spatulées, crén. Capit. solit. terminant une hampe nue. Invol. à 2 rangs de fol. Ak. compr.-obovales. (Fl. qqf. prolifères). ♃. CCC.

24—Involucre à folioles sur un rang, muni ou non à sa base de quelques bractées courtes. 25

—Involucre à 2-3 rangs de folioles sensiblt égales.

Doronicum (Doronic). Feuil. rad. pétiolées ; les supér. demi-embrassantes. Fl. jaunes. Capit. assez amples. Réceptacle nu. Akènes du disque seuls aigrettés.

1—Capitule solitaire au sommet de la tige. Récept. glabre.

D. plantagineum. Tige nue supért. Feuil. rad. décurr. sur le pétiole; les caul. non auriculées à leur base. ♃. Bois sabl. AR.

—Capit. solit. ou subsolit. au sommet de la tige et des rameaux. Réceptacle fint velu.

D. Pardalianches (Mort aux panthères). Feuil. rad. proft cordées; les caul. embrasst la tige par 2 oreilles arrondies. ♃. Bois montueux. RRR. Malesherbes.

25—Involucre muni de qq. bractées ordt très-courtes. 26

—Non. 27

26. **Senecio** (Seneçon). Capitules en corymbes terminaux plus ou moins irréguliers. Fleurettes toutes jaunes. Réceptacle nu. Akènes cylindriques munis de côtes, aigrettés.

1—Capitules contenant des fleurons et des demi-fleurons. . . 2

—Capitules ne contenant que des fleurons.

S. vulgaris (Seneçon). Feuil. pinnatilob.; les supér. embrassantes. Capit. en corymbes. ①. Toute l'année. CCC.

136 (suite).

2—Feuil. décomposées en segments filiformes 5
—Non. 3
3—Demi-fleurons très-courts, roulés en dehors. 4
—Demi-fleurons étalés, rayonnants. 6
4—Pl. vel., glandul.-visqueuse.
S. viscosus. Feuil. moll., vert-pâle, pinnatiséq. Bract. de l'invol. lâches, à pointe non maculée. Ak. glabr. ①. Lieux incult. AC.
—Pl. nullement visqueuse.
S. sylvaticus. Feuil. ord^t aranéeuses en dessous, pinnatiséq. Bract. apprimées, à pointe non maculée. Ak. pubesc. ①. Bois. AC.
5. *S. adonidifolius* GG et CG. Feuil. d'un beau vert. Capit. assez petits. ♃. Coteaux de grès. RR. De Montlhéry à Chevreuse, Fontainebleau.
6—Feuil. décomp., pinnatiséq. 7
—Feuil. ent., dent. en scie. 10
7—Bract. 1-5, très-courtes, à la base de l'invol. Akènes de la circonf. glabres. 8
—Bract. nombr., atteign^t la moitié de l'invol. Ak. tous vel. 9
8—Lobe terminal des feuil. ample, ovale, crénelé.
S. aquaticus GG et CG. Souche globul. Feuil. rad. oval., presq. ent.; les supér. à segm. lin. ou oblongs, ent. ou presq. entiers. Bract. de l'invol. oval., briév^t acum., à pointe faibl^t maculée. ②. Lieux hum. AR.
—Lobe term. prof^t incisé.
S. Jacobæa (Jacobée). Souche cylindr., tronq. Pl. aranéeuse. Feuil. rad. toujours lyr. pinnatifid.; les supér. à segm. 2-3-fid. et dentés. Bract. de l'invol. lin.-lanc., à pointe noire. ②. CC.
9. *S. erucæfolius*. Souche traç. Pl. glabresc. Feuil. fermes, vert-sombre, pinnatilob. Bract. de l'invol. long^t acum., à pointe rougeâtre. ♃. Haies, bois, champs. C.
10—Feuil. caul. sessiles.
S. paludosus. 0,8-1,5. Feuil. cotonneuses en dessous. 10-15 demi-fleurons. ♃. Bord des eaux.
—Feuil. toutes pétiolées.
S. Saracenicus [S. Fuchsii CG]. 1,0-1,4. Tige ord^t purpur. Feuil. glabr. Bract. de l'invol. à pointe noire. 3-8 demi-fleurons. ♃. Lieux frais. RRR. Soissons, La Ferté-Milon.

27. **Cineraria** (Cinéraire).

C. lanceolata CG [Senecio spathulæfolius GG]. 0,5-1,0. Tige laineuse. Feuil. lanc. dentic., toment. en dessous. Capit. en corymbes ombellif. Ak. vel., aigrettés. ♃. Bois. R. Montmorency, Chantilly, Les Andelys, Sénart, Lagny.

28—Capitules très-petits, blancs ou jaunâtres, en grappes spiciformes très-allongées.

Artemisia (Armoise). Feuil. ord^t laciniées. Akènes dépourvus de côtes, non aigrettés.

1—Réceptacle glabre. . . . 2
—Réceptacle velu.
A. Absinthium (Absinthe, Aluyne). Pl. très-arom., pubesc.-blanchâtre. Feuil. soyeuses, argentées en dessous. Invol. toment. ♃. (Cult.). Vois. des habit.
2—Feuil. toutes entières . . 4
—Feuil. la plupart découp. 3
3—Feuil. à découp. élargies.
A. vulgaris (Herbe à cent goûts). Pl. odorante. Feuil. glabres,

136 (suite).

vert-foncé en dessus. Invol. toment. ♃. Lieux incult. C.

—Découpures presq. capill.

A. campestris. Pl. variable, presq. inodore. Invol. glabre, luisant. ♃. Lieux secs. AC.

4. *A. Dracunculus* L et CG (Estragon). ♃. (Cult. condim.).

—Capitules jaune-d'or, en corymbes terminaux.

Tanacetum (Tanaisie).

T. vulgare. 0,8-1,2. Pl. amère, arom. Feuil. 2-pinn. Ak. couronnés d'un rebord membraneux. ♃. Chemins, lieux pierreux. C.

29—Rayons blancs 30

—Rayons jaunes 31

30—Feuilles décomposées en segments linéaires . . . 32

—Non.

Leucanthemum. Récept. plan-convexe, nu. Fol. de l'invol. scar. sur les bords. Demi-fleurons blancs. Ak. obconiq., tronq. au sommet, munis de côtes tout autour, sans aigrette.

1—Feuilles pinnées 2

—Feuil. simpl^t dentées.

L. vulgare GG [Chrysanthemum Leucanth. L, Pyrethrum Leucanth. CG] (Grande Marguerite). Feuil. supér. demi-embrass., peu nombr. Capit. à rayons très-développés, solit. term. ♃. CCC.

2—Feuil. caul. lobées dès leur base; les supér. sessiles.

L. corymbosum GG [Chrysanth. c. L, Pyrethrum c. CG]. Tige simple. Feuil. à 8-15 p. de segm. aigus dentés en scie. Capit. presq. inodor., en corymbes term. presq. nus. ♃. RRR. Natur. près des parcs à Vincennes?, St-Cloud, Meudon.

—Feuil. lob. à 0,01-0,02 au-dessus de leur base, toutes pétiol.

L. Parthenium GG [Matricaria P. L, Pyrethrum P. CG] (Matricaire). Tige très-ram. Feuil. à 3-7 p. de segm. obtus, inég^t incis.-dentés. Capit. très-odorants. Demi-fleurons courts. ♃. Décombres. AC.

31. **Chrysanthemum** (Chrysanthème). Fl. radiées. Réceptacle nu. Ak. non aigrettés, de deux formes.

1—Feuil. 1-pinnées.

C. segetum (Marguerite dorée). Feuil. un peu glauq., ord^t élargies 3-fid. au sommet. Capit. jaune-d'or, solit. term., assez grands. Ak. de la circonf. à 2 ailes; ceux du centre à 10 côtes. ①. Moissons. AC.

—Feuil. 2-pinnées.

C. coronarium [Pinardia c. GG]. Capit. jaune-pâle. Ak. de la circonf. à 3 ailes; ceux du centre str., à 1 aile saill. du côté interne, surmontés de 3 dents aiguës. ①. (Cult. orn.). Subspont. près des habitat.

32. **Matricaria** (Matricaire). Fl. radiées. Récept. nu, s'allongeant en cône à la matur. Ak. conformes, obconiq., tronq. au sommet, munis de 3-5 côtes, non ailés, sans aigrette.

1—Segm. des feuil. plans sur le dos. Capit. très-odorants.

M. Chamomilla. Récept. aigu, creux. ①. Moissons, lieux incult. C.

136 (suite).

—Segm. canaliculés sur le dos. Capit. presq. inodores.

M. inodora. Récept. obt., plein. ①. Moissons, lieux incult. CC.

33—Feuilles éparses. Demi-fleurons blancs ou rosés. . 34
—Feuilles opposées. Demi-fleurons jaunes 35

34—Plante ayant à la fois les feuilles multifides et les capitules de plus de 0,005.

Anthemis. Pl. odorantes. Feuilles 2-pinnées. Récept. muni de paillettes. Akènes sans aigrette.

1—Demi-fleurons jaunes à la base, ord[t] stériles 3
—Non 2

2—Paill. du récept. obt., larg[t] scar., souv[t] lacérées au sommet.

A. nobilis L [Chamomilla n. GG, Ormenis n. CG] (Camomille Romaine). Pl. arom., vel., vert-blanchâtre. Tige faible, souv[t] couch. Feuil. étroites, à segm. nombreux courts, très-fins, rapproch. Fol. de l'invol. vel. Ak. marqués de 3 côtes. ♃. Pelouses, chemins. C.

—Paill. du récept. très-aig. 4

3. *A. mixta* L [Chamomilla m. GG, Ormenis m. CG]. Pl. odor., pubesc. Tige ord[t] rougeâtre, dress. ①. Champs sabl., alluvions des rivières. RRR. Bercy?, Thurelles.

4—Paill. brusq[t] acum. en pointe dépassant à la fin les fleurons.

A. arvensis (Camomille fausse). Pl. peu odor., vel., vert-blanchâtre. Feuil. étroites, à segments lin. mucr., courts, rapprochés. Fol. de l'invol. ég., vel. Ak. munis de 10 côtes lisses, couronnés d'un rebord. ①. Moissons, terrains sabl. C.

—Paill. lin. sétac. dès la base, plus courtes que les fleurons.

A. Cotula (Maroute, Camomille des chiens). Pl. fétide, ord[t] glabre, verte. Feuil. assez larg., à segm. lin. allongés, étal. Fol. de l'invol. égal., glabr. Ak. munis de 10 côtes tuberc. ①. Moissons, chemins. C.

—Plante ayant ou les feuilles simples, ou les capitules à peine larges de 0,005.

Achillea. Invol. à fol. scar. imbriquées. Récept. presq. plan, muni de paillettes. Ak. oboval. comprimés.

1—Feuilles multifides à 18-20 segm. linéaires.

A. Millefolium (Millefeuille, Herbe aux charpentiers). Demi-fleurons blancs ou purpur., plus courts que l'invol. ♃. Lieux incult., chemins, pelouses. CC. (Cult. orn.).

—Feuil. ent., dent. en scie.

A. Ptarmica (Herbe à éternuer). Demi-fleurons 8-12, blancs, à limbe suborbic. dépass[t] l'involucre. ♃. Lieux hum. AC.

35—Plante de lieux humides. Feuil. non cordées. . . . 36
—Pl. de lieux non hum. Feuil. infér. pétiol., cord. . 37

36. **Bidens**. Feuil. opp. Invol. à 2 rangs de fol.; les extér. herbac. étal.; les intér. scarieuses. Récept. convexe, muni de paill. scarieuses. Fleurons extérieurs, qqf. ligulés, stér., sur un rang. Ak. cunéif., scabres, munis d'une côte sur le dos.

1—Feuil. ord[t] 3-partites, rar[t] simpl., toutes à pétiole court ailé.

136 (suite).

B. tripartita (Chanvre d'eau). 0,2-0,6. Ak. surmontés de 2-3 arêtes. ①. Lieux hum. CC.

β. *minor*. 0,1-0,2. Feuil. simples oval.-lanc., dentées.

—Feuil. jamais 3-partit.; les supér. sessiles un peu connées.

B. cernua. 0,1-0,7. Feuil. long^t lanc., dent. Ak. surmontés de 3-5 arêtes. ①. Lieux hum. AC.

37. **Helianthus**. 1-2 m. Feuil. pétiol., ent., dent. Demi-fleurons très-rayonnants. Ak. surmontés de 2-4 écail. cad.

1—Capitules penchés, de 0,1 au moins de large.

H. annuus L et CG (Soleil). Tige solit. Fol. de l'invol. larg^t oval., brusq^t acuminées. ①. (Cult. orn.). Subspont. près des habitat.

—Capit. dress., n'ayant pas 0,1.

H. tuberosus L et CG (Topinambour). Souche tuberc. Fol. de l'invol. lanc. lin. ♃. (Cult. alim.).

38—Demi-fl. dépass^t à peine les fleurons du centre. . 39
—Demi-fleurons étalés très-rayonnants. 41
39—Folioles de l'involucre recourbées au sommet. . . 42
—Non. 40
40—Plante visqueuse. 42
—Non. 43
41—Folioles de l'involucre linéaires, et feuilles molles tomenteuses, prof^t cordées, embrassantes. 43
—Plante n'ayant pas tous ces caractères réunis. . . 42

42. **Inula**. Feuil. ent. ou denticulées. Demi-fleurons jaunes ou jaunâtres. Akènes à 4-10 côtes. Aigrette dépourvue de couronne extérieure.

1—Demi-fleurons ne dépass^t pas les fleurons du centre et à peine ligulés 3
—Demi-fleurons étalés rayonnants. 2
2—Fol. de l'invol. lin. aig. . 4
—Fol. de l'invol. oblong. obt.

I. Helenium [Corvisartia H.GG] (Aunée, Enula-Campana). 1,0-1,5. Souche charnue arom. Feuil. très-amples, toment.-blanchâtr. en dessous; les caul. demi-embrass. Capit. volum., en corymbes irrég. ♃. Prés, vergers. AR.

3—Fol. de l'involucre recourbées au sommet.

I. Conyza [Conyza squarrosa L]. Pl. vert-pâle, fétide. Feuil. oblongues, moll.-pubesc. Capit. en corymbes compactes. Fleurons jaune-pâle. ♃. Lieux arid. C.

—Pl. très-visqueuse. . . . 8
4—Feuilles glabres. 6
—Feuilles velues 5
5—Feuil. coriaces rudes, hérissées en dessous; tige rude au toucher.

I. hirta. Feuil. souv^t pliées, fort^t nerv.; les caul. arrond. à la base. Fol. de l'invol. raides, très-hispides. ♃. Lieux secs. R. Fontainebleau, Nemours, Malesherbes.

—Feuil. moll., vel.-soyeuses en dessous; tige douce au toucher. 7

6. *I. salicina*. Feuil. luis. coriac.; les supér. demi-embrass., souv^t pliées. Capit. 2-5, en corymbes. Fol. de l'invol. glabres, à bords ciliés.

136 (suite).

♃. Bois, prés. AC.
7. *I. Britannica*. Feuil. supér. demi-embrass. Fol. de l'invol. lin., moll.-soyeuses. ♃. Lieux hum. AC.
8. *I. graveolens* CG [Erigeron g. L, Cupularia g. GG]. Odeur désagréable. Pl. florifère dès la base. Feuil. scabr., pubesc. glandul.; les supér. lin. sess. Capit. en long. grappes pyram. ①. Champs incult. RR. Versailles, Lagny, Orsay, Verrières?, Vincennes?, St-Léger?

43. **Pulicaria.** Feuil. ent. denticulées. Capit. en corymbes feuillés. Invol. pubesc. toment. Récept. nu. Fleurettes toutes jaun. Aigrette ayant à sa base une couronne dent. ou laciniée.

1—Demi-fleurons étalés, très-rayonnants.
P. dysenterica [Inula d. L] (Herbe de St-Roch). Feuil. toment.-blanchâtr. en dessous, à base élargie, prof^t cordées-embrassantes. ♃. Lieux humides. C.
—Demi-fleurons dépassant à peine les fleurons du centre.
P. vulgaris [Inula Pulicaria L] (Pulicaire). Feuil. supér. demi-embrass. ①. Lieux hum. CC.

44—Akènes aigrettés. 45
—Akènes non aigrettés. 47
45—Fol. de l'invol. laineuses, au moins les extér. . . 46
—Folioles de l'involucre ent^t. scarieuses.

Gnaphalium. Feuil., ent., cotonneuses. Fol. de l'invol. étalées en étoile à la maturité. Réceptacle ent^t nu. Fleurons jaunes, peu apparents.

1—Involucre très-luis., jaune-pâle. Feuil. caul. demi-embrass.
G. luteo-album. Tige presque nue au somm. Feuil. blanch. sur les 2 faces. Capit. en paquets compactes, rappr. en corymbes non feuillés. ①. Lieux sabl. hum. AC.
—Invol. vert-brun, ou taché de brun-foncé. Feuil. atlén. à la base. 2
2—Capit. axillaires en longues grappes spicif. entremêlées de longues feuil.
G. sylvaticum [Gamochœta s. CG]. 0,3-0,6. Tige droite simple. Feuil. vertes en dessus. ①. Bois secs. AC.
—Capit. agglomérés en paquets terminaux dépassés par les feuil.
G. uliginosum. 0,1-0,2. Tige ord^t ram.-diffuse. Feuil. lin., blanch. sur les deux faces. ①. Lieux inondés. CC.

46—Pl. dioïq. Foliol. des capitules mâles d'un beau blanc, celles des femelles roses. Capit. ronds, obtus.

Antennaria.

A. dioica. [Gnaphalium d. L] (Pied-de-chat). 0,1-0,2. Feuil. vertes en dessus. Capit. 3-9, distincts, en corymbes term. embellif. Récept. ent^t nu. Fleurons peu apparents. ♃. Lieux secs. AR. (Off.).

—Pl. monoïq. Fol. de l'involucre formant un corps anguleux et pointu.

136 (suite).

Filago (Herbe à coton). Feuil. sess., ent., vel.-cotonneuses. Capit. très-petits, groupés par paquets. Invol. de chaque capit. plus ou moins toment. Récept. nu au centre, garni de paillettes à la circonf. Fleurons blanc-jaunâtre, peu apparents.

1—Capit. agglom. par 10-30. Fol. de l'invol. cuspidées, non étalées en étoile à la maturité. . . . 2

—Capit. agglom. par 2-7. Fol. de l'invol. non cusp., étalées en étoile à la maturité. 3

2—Feuil. ovales, toujours rétrécies à la base.

F. spathulata GG et CG. Capit. à 5 angles saillants, groupés par 10-15 en paquets munis à leur base de 3-4 bractées dépass[t] les capit. ①. Moissons. CC.

—Feuil. caulinaires lancéolées, non rétrécies à la base.

F. Germanica. Capit. à 5 angles peu marqués, groupés par 20-30 en paquets munis de 0-2 bractées courtes. ①. Moissons. AC.

β. *lutescens*. Tomentum jaunâtre.

3—Feuil. florales dépass[t] long[t] les capitules. 5

—Non. Capit. n'ayant que la grosseur d'une forte tête d'épingle. 4

4—Tige irrég[t] rameuse. Capit. en grappes spicif. interrompues.

F. arvensis. 0,20-0,35. Feuil. lin.-lanc. aig., arrond. à la base. Capit. à angles peu marqués, réunis par 2-7. ①. Champs sabl. AC.

—Tige dichotome, au moins supér[t]. Capit. en petits paquets formant panicule.

F. montana [F. minima GG]. 0,10-0,25. Feuil. lin.-lanc. aig. Capit. à 5 angles très-marqués, réunis par 3-5. ①. Lieux secs. C.

5. *F. Gallica* L [Logfia G. CG, Logfia subulata GG]. Feuil. presq. capill., subulées. Capit. groupés par 3-5. Ak. de la circonf. enveloppés par les fol. moyennes de l'invol. ①. Champs, vignes. AC.

47. **Micropus.**

M. erectus. 0,1-0,3. Feuilles sess., ent., oval. Fol. extér. de l'invol. moll., lin.; les intér. 6-8, repliées autour des fleurons et laissant passer le style par une fente étroite. Fleurons peu apparents, blanc-jaunâtre. ①. Lieux secs. AR.

48—Akènes spinuleux, roulés en faux ou en anneau. . 49

—Non 24

49. **Calendula** (Souci).

C. arvensis. Pl. odorante, à duvet glanduleux. Feuil. infér. spatulées; les caul. sess. lancéolées. Akènes extér. arqués en bec, les intér. roulés en cercle. ①. Vignes, champs. CC.

Division 2. *CINAROCÉPHALES*. Fleurettes toutes tubuleuses : celles du centre hermaphr., régulières ; celles de la circonférence tantôt semblables à celles du centre, tantôt stériles et à corolle souv[t] plus grande. Style des fleurs hermaphr. articulé et renflé en nœud vers le sommet.

136 (suite).

50.**Echinops.**

E. sphærocephalus (Boulette). 0,6-1,2. Tige dress., toment. Feuil. aranéeuses eu dessous, sin.-pinnatifid., épin., embrass. Invol. muni de soies à la base. Fleurs bleu-pâle, ramassées en boule comme un hérisson. Ak. velus, aigrettés. ♃. RR. Versailles, Montmorency, Oulins, Beauvais, Malesherbes.

51—Folioles extérieures de l'involucre terminées par une épine étalée, vulnérante, spinuleuse à sa base. . . . 64
—Non. 52
52—Récept. ne portant ni longues soies, ni paillettes. 58
—Réceptacle chargé de longs poils ou de paillettes. 53
53—Folioles de l'involucre scarieuses, rayonnant en couronne autour des fleurons. 69
—Non 54
54—Fleurons jaune-d'or. 65
—Non. 55
55—Akènes couronnés par une aigrette à longs poils sensiblt rameux ou plumeux. 60
—Akènes couronnés par une aigrette à poils simples ou légèrt dentés. 56
56—Tige ailée épineuse. 61
—Tige non ailée épineuse. 57
57—Plante naine, presque inerme. Fleurs bleues. . . 63
—Plante très-épineuse, de 0,3-1,5. Fleurs purpurines.

Silybum.

S. Marianum [Carduus M. L] (Chardon Marie). Feuil. glabresc., marbrées de blanc, pinnatifid., épineuses; les caul. embrassantes. Capit. subglobul., tr.-gros, solit. Invol. à fol. extér. terminées par un appendice lobé, longt épineux. ① ou ②. Lieux incult. AR.

58.**Onopordon** (Pet-d'âne).

O. acanthium (Chardon Acanthe). Tige munie de 2-3 ailes foliac. épin. Feuil. très-ampl., sin.-pinnatifid., aranéeuses. Capit. volum. Invol. épin. Récept. alvéolé. Fl. purpur. Ak. aigrettés. ②. CC.

59.**Cinara**. Tige robuste, cannelée. Feuil. très-ampl. Invol. à fol. très-nombr., imbriq. Récept. charnu, hérissé de soies. Ak. munis d'une aigrette à longues soies plumeuses.

1—Feuil. supér. entières ou pinnatilobées.

C. Scolymus L et CG (Artichaut). 0,8-1,5. Fol. de l'invol. échancrées, mucr. ♃. (Cult. alim.).

—Feuil., même les supér., pinnatipartites.

C. Cardunculus (Cardon). 0,8-1,5. Fol. de l'invol. atténuées en épine. ♃. (Cult. alim.).

60.**Cirsium** (Chardon). Feuil. découp., dentées, épineuses.

136 (suite).
Invol. à fol. imbriquées. Récept. hérissé de soies Ak. lisses, surmontés d'une aigrette de soies plumeuses.

1—Feuil. hériss. à la face supér. de petites épines subulées. . . 2
—Non. 3
2—Feuil. décurr. sur la tige.
C. lanceolatum [Carduus l. L]. Tige et feuil. très-épin., pubesc.-aranéeuses. Invol. à fol. étalées dans leur partie supér. ②. CC.
—Feuil. non décurrentes.
C. eriophorum [Carduus e. L]. Tige non ailée, robuste, aranéeuse. Capit. très-gros, globul., aranéeux. ②. Chemins, coteaux, champs calcaires. AR.
3—Tige non ailée. Feuil. peu ou point décurrentes 4
—Tige très-épineuse, ailée par la décurrence des feuilles.
C. palustre (Carduus p. L]. Tige et feuil. très-vel. Feuil. pinnatipart., long[t] épin. Invol. à fol. dressées. ②. Lieux très-hum. CC.
4—Fleurs blanc-sale. . . . 5
—Fl. roses ou purpurines. 6
5—Involucre ayant à sa base des bract. étroites, herbacées.
C. hybridum CG [C. palustri-oleraceum GG]. Tige robuste. Feuil. cil épin., un peu décurr. Capit. ovoïdes-allong., plus ou moins nombr. Invol. peu épin. Fl. blanc-sale, lavées de violet. Prairies tourb. ♃. R. Meudon, Marines, Morfontaine, Villers-Cotterets, Luzarches, Sacy-le-Grand, Senlisse.
—Invol. ayant à sa base des bract. larges herbacées.
C. oleraceum [Cnicus o. L]. Tige robuste. Feuil. caul. cil. épin., embrass. Capit. assez gros, peu nombr, groupés au sommet des tig. et des ram. Invol. peu épin. Fl. blanc-jaunâtre. ♃. Prés hum., bord des eaux. C.
6—Tige très-ram. supér[t] . . 8
—Non 7
7—Tige presq. nue supér[t]. Tige de 0,3-0,6.
C. Anglicum [Carduus A. L]. Tige blanche-toment. Feuil. peu épin., obscur[t] pinnatifid. Capit. assez gros, solit., rar[t] 2-3. Invol. aranéeux. ♃. Marécages. AC.
β. *bulbosum*. Fibres rad. renflées. Feuil. très-découp. RRR. Bords du Loing (de Souppes à Dordives).
—Tige feuillée dans toute sa hauteur. Tige de 0,05-0,20,
C. acaule [Carduus a. L]. Feuil. très-épin., prof[t] pinnatifid. Capit. assez gros, solit., rar[t] 2-3. Invol. glabre. ♃. CC.
8. *C. arvense* [Serratula a. L]. Capit. petits, ovoïd., en panic. feuillée. Invol. sensibl[t] glabre. Fl. rose-cendré. ② ou ♃. CCC.

61. **Carduus** (Chardon). Feuil. très-épin., décurrentes. Invol. à fol. imbriq., atténuées en épine. Récept. hérissé de soies. Fl. purpur. Ak. lisses, surmontés d'une aigrette de soies non plumeuses.

1—Capit. petits, agglom.. . 2
—Capit. solit. ou subsolitaires, penchés. 3
2—Feuil. vert-cendré en dessus, qqf. veinées de blanc.
C. tenuiflorus GG et CG. Tige aranéeuse. Capit. cylindr. Invol. à écail. blanchâtr. ① ou ②. CC.
—Feuil. vert-foncé en dessus.
C. crispus. Tige sensibl[t] glabre. Ram. ailés, épin. jusqu'au sommet. Capit. ovoïd.-globul. Invol à écail. vertes. ②. Lieux incult. C.
3. *C. nutans*. Plante très-polymorphe. Capit. ord[t] gros, subglobuleux. ②. CCC.

136 (suite).

62—Fleurons bleus, tous égaux. Capitule solitaire, sur une tige très-courte. 63
—Non. 64

63. **Carduncellus.**

C. mitissimus [Carthamus m. L]. Feuil. pinnatifid., à lob. lin. Invol. à fol. extér. foliac., qqf. pinnatifid. ♃. Coteaux calcaires. R. De Mennecy à Etampes, Malesherbes, d'Episy à Nemours.

64—Ecailles de l'involucre sans appendice. 66
—Ecail. de l'invol. munies d'un appendice noirâtre tantôt scarieux plus ou moins lacinié, tantôt corné et épineux.

Centaurea. Réceptacle hérissé de soies. Fleurettes rar[t] toutes égales; celles de la circonf. ord[t] plus grandes, stér., rayonnantes. Akènes compr., lisses, dépourvus de côtes. Aigrette nulle ou formée de poils denticulés.

1—Ecailles de l'involucre terminées par une épine vulnérante. 6
—Non. 2
2—Ak. munis d'aigrette. . . 4
—Non. 3
3—Feuil. blanchâtr., lin. ou à découp. linéaires. Août, oct.

C. amara [C. Jacea CG]. Tige couch., ord[t] rabougrie. Ram. grêl., étal. Appendices ent. ou fendus. Fl. purpur.; les extér. ord[t] stér., briév[t] rayonnantes. ♃. Lieux très-arid. AR.

—Feuil. presq. toutes vert.; les supér. lancéol., ou à segm. élargis. Mai, juill.

C. Jacea. Tige droite de 0,05-0,80. Ram. épais, dressés. Appendices frangés. Fl. purpur., rar[t] blanch.; les extér. ord[t] stér., rayonnantes. ♃. Prés, bois. CC.

β. *nigrescens* GG. Appendices ciliés.

4—Feuil. de l'invol. brusq[t] term. par l'appendice. Aigrette courte.

C. nigra [C. Jacea CG]. Invol. globul. Appendices bordés de cils 3 f. plus longs que la largeur de l'appendice. Fl. ord[t] toutes fert., purpur., rar[t] blanch. ♃. Bois. C.

—Ecaill. bordées par l'appendice dans leur moitié supérieure. Aigrette égal[t] presq. la graine. 5
5—Feuil. caul. lin. entières.

C. Cyanus (Bluet, Barbeau). Invol. ovoïde. Fl. intér. purpur.; les extér. bleues, rar[t] roses ou blanch., grandes, rayonnantes. ②. Moissons. CC.

—Feuil. toutes pinnatipartites.

C. Scabiosa. Capit. gros, globul., peu nombr. Fl. purpur.; les extér. rayonnantes. ♃. Lieux stér. CC.

6—Feuil. décurr. Ak. aigrett. 7
—Feuil. non décurrentes. Ak. sans aigrette.

C. Calcitrapa (Chardon étoilé, Chausse-trape). Tige très-ram., poilue. Feuil. vertes, pubesc.; les supér. souv[t] ent. Epines de l'invol. dépass[t] les fl. Fl. purpur., rar[t] blanch., égales. ②. CCC.

β. *myacantha*. 0,2-0,3. Tig. glabr. Capit. petits. Epines de l'invol. courtes. ②. RR. Oulins, Versailles, Vincennes?

7—Capitules sessiles, entourés de bractées.

C. Melitensis. Feuil. vert-foncé.

136 (suite).

Epines de l'invol. peu piquantes. Fl. jaun., glandul., égales. ①. (Esp. du Midi trouvée en 1843 sur les fortifications du bois de Boulogne et à Gentilly.)

—Capit. pédonculés, non entourés de bractées.

C. solstitialis. Feuil. aranéeuses; les supér. lin. ent. Epines de l'invol. fermes, dépass' les fleurons. Fl. jaune-citron, égales. ①. Champs arid. AR.

65. **Centrophyllum** [Kentrophyllum GG].

C. lanatum [Carthamus l. L]. Tige non ailée. Feuil. à nerv. très-saill. en dessous, pinnatifid., très-épin. Invol. à fol. extér. pinnatilob., épin. Fl. jaunes. Aigrette des ak. intér. à poils simples, celle des ak. extér. nulle ou peu fournie. ①. Lieux secs C.

66—Ecail. de l'invol. terminées par une pointe crochue. 70
—Non 67
67—Capit. globul. très-petits. Feuil. à segm. non dentés. 28
—Non. 68
68—Ak. nus ou terminés par 2-5 dents. Fl. jaunes. . . 36
—Akènes aigrettés. Fleurons purpurins, rar' blancs.

Serratula (Sarrète).

S. tinctoria. Feuil. fin' dent., lyr.-pinnatifid., à lobe terminal très-grand. Invol. presq. cylindr., à fol. violettes, imbriq., non épineuses. Capit. en corymbes term. Fl. égales, qqf. dioïq. par avortement. ♃. Bois, pâturages. C. (Feuil. teignant en jaune).

69. **Carlina** (Carline).

C. vulgaris. Feuil. coriaces, aranéeuses en dessous, sin.-pinnatifid. Invol. à fol. épineuses rayonnantes. Fl. jaunâtr., solit. au sommet de la tige et des ram. Ak. aigrettés. ②. Lieux secs, chemins. CC.

70. **Lappa**.

L. communis GG [Arctium Lappa L] (Bardane). Feuil. pétiol., oval., cotonneuses en dessous; les infér. très-ampl., cordées. Capit. nombr., subglobul. Fl. purpur., ég. Ak. compr., munis de côtes, aigrettés. ②. Bord des chemins. CC.

α. *minor* GG. Invol. glabre, à fol. intér. violettes. Capit. de 0,01-0,02. CC.

β. *major* GG. Invol. glabre, à fol. toutes vertes. Capit. de 0,02-0,04. AR.

γ. *tomentosa* GG. Involucre tomenté. AC.

SOUS-ORDRE II. **LIGULIFLORES**. Fleurettes toutes hermaphrodites, rayonnantes, fendues en long et prolongées d'un côté en une languette 5-dentée (ligulées).

DIVISION 3. *CHICORACÉES*. Pl. à suc laiteux, herbacées, très-rar' sous-frutescentes, à feuil. alternes. Style ni renflé ni articulé, à branches filiformes, ord' recourbées, pubescent. Ai-

136 (suite).

grette gén[t] persistante, rar[t] nulle ou réduite soit à une couronne membraneuse, soit à des paillettes.

71—Fleurs jaunes. 73
—Non. 72
72—Akènes brusq[t] atténués en bec linéaire. 86
—Non.

Cichorium. Fol. de l'invol. sur 2 rangs, ciliées. Récept. garni de petites paillettes. Fl bleues, rar[t] blanch. Ak. élargis au sommet, couronnés d'écailles courtes, obtuses.

1—Feuil. velues, les supér. lancéolées, sessiles.

C. Intybus (Chicorée sauvage). Feuil. infér. ronc. lyr., à lob. aig. Capit. agglomérés par 1-3. Lieux incultes. CC.

—Feuil. glabres, les supér. larg[t] cordées-amplexicaules.

C. Endivia. Feuil. infér. sin.-dent. Capit. solit., tous pédonc. (Cult. alim. Var. diverses : Chicorée frisée, Scarole, etc.)

73—Akènes sans aigrette. 74
—Akènes aigrettés 75
74—Tige non feuillée.

Arnoseris.

A. minima [Hyoseris m. L]. Feuil. en rosette rad. Hampes nombr., term. par 2-3 capit. à pédonc. fistul. Champs sabl. AR.

—Tige feuillée.

Lampsana.

L. communis (Herbe aux mamelles). Feuil. infér. lyr.; les supér. dent. Capit. en panic. Fol. de l'invol. sur un rang, avec écail. courtes à la base. Invol. glabre, angul. à la matur. Récept. nu. ①. CCC.

75—Réceptacle nu ou fibrilleux velu. 76
—Réceptacle chargé de paillettes membraneuses.

Hypochæris (Porcelle). Feuil. toutes ou la plupart radicales, ronc. ou sin. Capit. jaun., terminant la tige et les ram. Involucre à fol. nombr., imbriquées. Akènes striés, aigrettés.

1—Feuil. velues. 2
—Feuil. glabres.

A. glabra. Tige glabre, nue. Invol. à fol. glabr.; les intér. presq. ég. aux fleurettes. Aigrettes de la circonf. ord[t] sess. ①. Lieux arid. AC.

2—Tige glabre, n'offrant que qq. courtes bractées.

H. radicata. Invol. à fol. plus courtes que les fleurettes. Ak. tous long[t] atten. en bec. ① ou ②. Prés, bois. CC.

—Tige très-velue, à 1-2 feuilles.

H. maculata. Feuil. rad. tachées de noir. Capit. ord[t] solit., rar[t] 2-3. Invol. à fol. plus courtes que les fleurettes, hérissé de poils noirs. Ak. tous long[t] attén. en bec. ♃. Coteaux stér. R. Mantes, St-Léger, Dreux, Fontainebleau, La Ferté-Aleps, Nemours.

136 (suite).

76—Aigrettes denticulées, jamais plumeuses, formées de soies non dilatées à la base. 87
—Aigrettes (au moins celles du centre) formées de soies dilatées à la base, plumeuses. 77
77—Invol. à 1 seul rang de fol. égales soud. à la base. 86
—Invol. à fol. inég. imbriq. Tige nue ou presque nue. 78
—Invol. à fol. inég. imbriq. Tige feuillée. 81
78—Aigrettes toutes semblables 79
—Aigrettes de la circonf. très-courtes, en couronne laciniée membraneuse ; les intér. plumeuses, pédicellées.

Thrincia.

T. hirta [Leontodon h. L]. Tige hisp. à la base. Feuil. toutes rad. Capit. solit., penchés avant la floraison. Fleurettes extér. jaune-livide en dessous. Ak. à côtes fines. ⊙ ou ♃. Friches, terres hum. CC.

79—Akènes prolongés à leur base en un pied creux qui égale presque leur longueur 85
—Non 80
80—Feuil. entières, jamais velues. 81
—Feuil. lacin. ou sinuées, presque toujours velues.

Leontodon (Liondent). Capit. jaunes. Fol. de l'invol. imbriq. Ak. striés longitud[t], insensibl[t] atténués en bec. Aigrettes persistantes.

1—Hampe ram. au sommet, ou offrant les rudiments de capit. avortés. Tige portant qq. feuil.

L. autumnalis. Capit. dressés avant la floraison. Soies des aigrett. sur un rang, toutes plum. ♃. Lieux hum. CC.

β. *simplex*. 0,1-0,2. Capit. unique par avortement. AC.

—Hampe ne portant qu'un capit. Feuil. toutes radicales.

L. proteiformis GG. Pl. très-polymorphe. Capit. penché avant la floraison. Soies des aigrettes sur deux rangs : les intér. plum.; les extér. plus courtes et seul[t] dentic. ♃. Pelouses, lieux incultes.

α. *hispidus* L et CG. Pl. velue. CC.

β. *glabratus* [hastilis L et CG]. Tig. et feuil. glabres. R. Etampes, Vernon, Les Andelys.

81—Plante armée dans toutes ses parties de poils très-piquants. 83
—Non 82
82—Tige nue supér[t]. 80
—Tige feuillée jusqu'au sommet.

Picris.

P. hieracioides. Tige irrég[t] ram., rude-hériss. Feuil. ent., sin- dent. Capit. jaun., en corymb. souv[t] ombellif. Invol. à fol. extér. étal.,

136 (suite).

hérissées sur le dos. Ak. ridés transvers[t], légèr[t] atténués au sommet. Aigrettes caduques, dont les soies sont soudées en anneau à la base. ②. Champs, chemins, pâturages. C.

83. **Helminthia.**

H. echioides [Picris e. L]. Feuil. sin.-dent.; les supér. larg[t] embrass. Fol. extér. de l'invol. foliac. ①. Champs, lieux incult. AR.

84. **Scorzonera.** Capit. jaunes, solitaires. Invol. à fol. nombr. imbriq. Ak. striés long[t], faibl[t] attén. au sommet, mais sans bec. Soies des aigrettes à barbes entre-croisées.

1—Tige presq. nue, ne portant que 1-2 capit. Invol. à fol. obt. 2

—Tige feuillée, portant plusieurs capitules 3

2—Souche couverte d'un abondant chevelu (débris des anciennes feuil.).

S. Austriaca GG et CG. 0,2-0,3. Tige glabre. Feuil. caul. 2-4, étroites, en forme d'écail. ♃. Pelouses sabl. RRR. Fontainebleau.

—Souche nue supér[t] ou surmontée d'écail. scarieuses (débris des anciennes feuil.).

S. humilis. 0,2-0,6. Tige fistul., d'abord laineuse au sommet, puis glabrescente. Feuil. caul. petites, lin., dress. Invol. cotonneux à la base. ♃. Prés hum. C.

β. *angustifolia*. Feuil. rad. linéaires, très-étroites.

3. *S. Hispanica* (Scorsonère). Invol. à fol. presq. aiguës. ②. (Cult. alim.).

85. **Podospermum.**

P. laciniatum [Scorzonera l. L]. Pl. vert-blanchâtre. Feuil. la plupart rad., pinnatiséq., qqf. indiv.-lin. Capit. jaune-pâle. Fol. extér. de l'invol. ord[t] munies d'une petite corne au-dessous de leur sommet. Soies des aigrettes à barbes entre-croisées. ②. Lieux secs. C.

86. **Tragopogon.** Feuil. lanc.-lin., très-ent., demi-embrass. Capit. solit. Invol. à 8-12 fol. réfl. à la maturité. Ak. striés, attén. en long bec grêle. Soies de l'aigrette plumeuses, à barbes entre-croisées.

1—Fleurs jaunes. 2

—Fleurs violettes 3

2—Pédoncule cylindrique.

T. pratensis (Barbe de bouc, Salsifis des prés). 0,4-1,2. Feuil. canalic., très-allong., à pointe qqf. tortillée. ②. Bois, prés. CC.

—Pédoncule fort[t] renflé sous le capitule. 4

3. *T. porrifolius* (Salsifis). Involucre dépass[t] les fl. ②. (Cult. alim.)

4. *T. major* GG et CG. 0,3-0,6. Feuil. presq. planes, élargies à la base. ②. Lieux secs. AR.

87—Akènes non atténués en bec filiforme. 93

—Ak. brusq[t] attén. en un bec filif. donnant à l'aigrette l'apparence pédicellée. Feuil. toutes radicales. . . 90

—Ak. brusq[t] attén. en un bec filif. donnant à l'aigrette l'apparence pédicellée. Tige feuillée. 88

136 (suite).

88—Involucre à 5-10 folioles sensiblt égales, entouré de bractéoles formant calicule. 89
—Invol. à fol. nombr. imbriquées sur deux ou plusieurs rangs. 91
89—Fleurettes 4-6, sur un rang. Aigrettes brièvt pédic. 92
—Fleurettes 7-12, sur 2 rangs. Aigrettes longt pédicellées.

Chondrilla.

C. juncea. Tige à nombr. ram. effilés, raides. Feuil. caul. lanc.-lin. Capit. jaun., subsess., en fasc. latér. et term. Récept. nu. Bec des ak. naissant au centre de 5 dents spiniformes. ②. Lieux secs. AC.

90. **Taraxacum** (Pissenlit).

T. Dens-leonis (Leontodon Taraxacum L). Pl. très-polymorphe. Feuil. toutes rad. Fl. jaun. Ak. str. longitt. Aigrettes en tête globul. à la maturité. ♃.

α. officinale. Feuil. ronc., à lob. lanc.-triang. Fol. de l'invol. étroites réfléchies. CCC.

β. lævigatum. Feuil. ronc.-pinnatifid., à lob. lanc.-lin. Fol. de l'invol. gibbeuses, 2-dent., étal. C.

γ. palustre. Feuil. presq. ent., lanc. Fol. de l'invol. non gibbeuses, dressées. Lieux hum. AR.

91—Akènes sensiblement cylindriques. 93
—Akènes très-aplatis.

Lactuca (Laitue). Feuil. infér. ronc.-pinnatifid.; les supér. ordt ent., sagitt. à la base. Invol. oblong-cylindr. Récept. nu. Ak. striés longitt. Aigrettes à soies disposées sur un rang.

1—Fleurs jaunes. 2
—Fleurs violacées. 4
2—Capitules pédicellés, très-nombreux. 3
—Capit. subsess., peu nombr.

L. saligna. Tige grêle, lisse. Feuil. caul. tr.-ent., lin., lisses aux bords et (ordt) sur la nervure dorsale. Capit. disposés le long de la tige en grappe spicif. ②. Champs pierreux. C.

3—Capitules en panicule pyramidale.

L. Scariola. Feuil. glauq. fermes, gént hériss. de poils spinesc. aux bords et sur la nervure dorsale. Ak. brun-grisâtre. ②. Champs pierreux. C.

β. virosa. Tige souvt violette. Feuil. presq. ent., horizontales. Ak. pourpre-noir. AC.

—Capit. en large corymbe muni d'un grand nombre de feuil. et de bract. suborbic., embrass.

L. sativa. Tige glabre. Feuil. ordt oboval., dent., vertes, molles, rart munies d'aiguillons sur la nerv. dorsale, tantôt entières, tantôt plus ou moins ronc. et pinnatifid. (Cult. alim.).

α. Romana (Romaine). Feuilles oblongues.

β. capitata (Laitue pommée). Feuil. suborbiculaires.

γ. crispa (Laitue frisée). Feuil. proft découpées, fortt ondulées crispées.

4. *L. perennis.* Tige presq. nue, ram. au sommet. Feuil. molles, glabres. Capit. longt pédic., de 0,03-0,04 de diamètre, en corymbe lâche. ♃. Lieux pierreux. AR.

136 (suite).

92. **Prenanthes.**

P. muralis L [Lactuca m. GG, Phænopus m. CG]. Tige glabre, glauq. Feuil. lyr., à lob. angul.; le terminal très-ample. Capit. jaunes, pédic., en panicule lâche. Récept. nu. ①. Murs, bois. C.

93—Involucre à folioles très-inégales, imbriquées. . . 94
—Involucre à folioles presque égales, caliculé. . . . 96

94—Aigrettes à soies raides très-fragiles, d'un blanc sale à la maturité. Plante non laiteuse. 97
—Aigrettes à soies molles, blanc-d'argent. Plante contenant un suc laiteux blanc, abondant.

Sonchus (Laitron). Tige très-fistul. Feuil. ronc., pinnatifid., rar[t] indivises; les supér. auric. ou sagitt., à bords dentés ou ciliés spinescents. Capit. en corymbes irrég. Invol. très-ventru après la floraison. Fl. jaunes. Ak. compr., tronq., marqués de côtes longitudinales.

1—Pédonc. et invol. glabres, ou offrant qq. poils glandul. . . 2
—Pédonc. et involucre couverts de poils glanduleux. 3

2—Feuil. à oreilles acuminées et étalées.

S. oleraceus. Pl. polymorphe. Tige rameuse. Feuil. moll., vert-mat. Ak. ridés transv[t]. ①. CCC.

—Oreilles obtuses contournées, appliq. sur la tige.

S. asper [S. oleraceus δ. γ. L]. Pl. polymorphe. Tige ram. Feuil. fermes, luis., souv[t] ent., plus piquantes que celles de l'*oleraceus*. Ak. non ridés transv[t]. ①. CCC.

3—Feuil. cordées à la base.

S. arvensis. Pl. polymorphe. Tige simple, de 0,5-1 m. ♃. Lieux cult. C.

—Feuil. sagittées à la base.

S. palustris. Tige simple, de 2-3 m. ♃. Lieux hum. R. St-Gratien, Le Bouchet, Compiègne, Chantilly.

95. **Barkhausia.** Feuil. vel.-hériss.; les rad. en rosette, ronc.-pinnatifid.; les caul. sess. ou embrass. Capit. en corymbes irrég. Fl. jaun., souv. rougeâtr. en dessous. Ak. striés longit[t], attén. en bec (au moins ceux du centre).

1—Plante fort[t] odorante par froissement 3
—Non. 2

2—Involucre couvert d'un duvet blanchâtre.

B. taraxacifolia CG [Crepis t. GG]. 0,4-0,8. Invol. à fol. lin. obt. Récept. velu. Stigm. brun. Aigrettes dépass[t] l'invol. de moitié de leur longueur. ②. Prés, chemins. C.

—Fol. de l'invol. fort[t] carénées, munies de soies jaun., long. et raides.

B. setosa CG [Crepis s. GG]. 0,3-0,6. Récept. glabre. Stigm. brun. Aigrettes dépass[t] à peine l'invol. ①. Lieux cult., prés. RR. Cachan, Les Loges (Versailles), Pouilly, Rentilly, Betz, Malesherbes.

3. *B. fœtida* CG [Crepis f.]. 0,2-0,5. Fl. à odeur forte, ram. dès la base; ram. très-étal. Invol. fort[t] cannelé à la matur.; fol. lin.-aig. Récept. velu. Stigm. jaune. Aigrettes extér. subsess.; celles du centre à pédic. dépass[t] l'invol. ①. Lieux secs. C.

136 (suite).

96—**Fleurettes 4-6, sur un rang.** 92

—**Capitules à plus de 6 fleurettes.**

Crepis. Feuil. la plupart ronc.-pinnatifid.; les supér. sess. ou embrass. Capit. jaunes, en corymbes irrég. Ak. cylindr., striés longit[t], allongés. Aigrettes à soies blanches.

1—Involucre glabre 4

—Invol. velu ou pubescent au moins à la base. 2

2—Feuil. caul. auric.-dentées à la base, mais non sagittées.

C. biennis. 0,6-1,2. Pl. vel. Tige prof[t] sillonnée, scabre supér[t]. Capit. d'au moins 0,02 de diamètre. Ak. lisses. ②. Prairies. AC.

—Feuil. sagittées. 3

3—Feuil. caul. planes.

C. virens. 0,2-0,7. Pl. glabre, vert-gai. Capit. jaune-pâle. Ak. lisses. ①. Champs, prés, chemins. CC.

β. *diffusa*. Tiges très-rameuses, étalées-diffuses.

—Feuil. caul. moyennes, lin. à bords roulés en dessous.

C. tectorum. 0,3-0,5. Pl. pubesc., grisâtre. Ak. brun-foncé, attén. en bec, tuberc. ①. Murs, chemins. AR.

4. *C. pulchra*. 0,3-0,8. Tige poilue glandul. infér[t], glabre et nue au sommet. Fleurettes peu nombr. Ak. presq. liss. ①. Lieux pierreux. AR.

97. **Hieracium** (Epervière). Feuil. ent. ou sin-dentées. Fl. jaunes. Akènes presq. cylindriq., striés longit[t]. Aigrettes devenant blanc-sale.

1—Feuil. en rosette rad. . . 2

—Tige feuillée 4

2—Capit. toujours solit. Feuil. blanches-toment. en dessous.

H. Pilosella (Oreille de rat). 0,1-0,2. Pl. munie de rejets feuillés. Feuil. ent. oval., couvertes sur les 2 faces de longs poils soyeux. Fl. de la circonf. ord[t] purpur. extér[t]. ♃. CCC.

—Capit. très-rar[t] solit. Feuil. cil., mais vertes sur les 2 faces. 3

3—Capit. 1-6 (ord[t] 3-4).

H. Auricula. 0,1-0,4. Tige munie de rejets feuillés, nue ou portant 1 feuille infér[t]. Feuil. rad. ent., oval. Pédonc. ayant au plus 0,02 de long. Capit. solit. par avort[t]. ♃. Lieux hum. AC.

—Capit. 20-60.

H. prœaltum GG et CG. 0,3-0,6. Tige ord[t] munie de rejets courts, et portant 1-5 feuil. très-étroites au-dessus de la rosette rad. Feuil. ent. lanc. Capit. petits. ♃. RRR. Villers-Cotterets (murs de la Chartreuse-de-Bourgfontaine et chemin du Port-aux-Perches).

4—Feuilles entières 3

—Feuil. sin.-dentées. Tige toujours sans rejets. 5

5—Feuil. rad. persistant à la floraison. 1-8 feuil. caul. . . . 6

—Feuil. rad. détruites à la floraison. Plus de 8 feuil. cau[l]. . 7

6—Feuil. rad. tronq. ou échancr. à la base. 1-3 feuil. caulinaires.

H. murorum. 0,2-0,5. Pl. polymorphe. Feuil. rad. pétiol. ainsi que la première feuil. caul. Capit. en panic. souv[t] paucifl., (5-7), rar[t] solit. Pédonc. ord[t] garnis de poils noirs glandul. ♃. Bois secs, murs. AC.

—Feuil. rad. atténuées aux 2 bouts. 3-8 feuil. caulinaires.

H. sylvaticum GG et CG. (Pulmonaire des Français). 0,3-0,8. Pl.

polymorphe. Feuil. rad. décurrentes sur leur pétiole; les caul. supér. subsess. Capit. en panic. Pédonc. garnis de poils noirs glandul. ♃. Bois, lieux incult. C.

7—Fol. extérieures de l'invol. recourbées en dehors. 9

—Folioles de l'involucre toutes dressées. 8

8—Feuil. moyennes et supérieures atténuées à la base.

H. tridentatum GG [H. lævigatum CG]. 0,6-1,2. Feuil. moyennes ayant 3-5 dents vers leur milieu. Pédonc. toment. Capit. nombr. légèrt ventrus à la base. Fol. de l'invol. à bords blanchâtres. ♃. Bois. AC.

—Feuil. moyennes et supér. à base élargie, un peu embrass.

H. boreale GG [H. Sabaudum]. 0,5-1,0. Pl. polymorphe, glabre. Feuil. infér. souvt rappr. en fausse rosette. Pédonc. toment. Fol. de l'invol. uniformément vert-foncé. ♃. Bois, bruyères. AC.

9. *H. umbellatum*. 0,5-1,2. Feuil. caul. sess., lanc. ou lin. Capit. supér. en fausse ombelle (rameaux à un seul capit. par avortt). ♃. CCC.

137. AMBROSIACÉES.

Xanthium (Lampourde). Herb. Feuil. alt. pétiol., lob. Capit. rapprochés en courts épis, les supér. mâles, caducs. — Capit. mâl. subglobul., multifl. Invol. à un rang de fol. Récept. muni de paill. Cor. tubul. Etam. 5, à anthères libres. — Capit. fem. ovoïd. Fol. de l'invol. imbriq. et soudées en une enveloppe capsulaire 2-fl., épineuse, à 2 becs, ligneuse à la matur. Cor. filif. Style filif., 2-fide. Ak. secs.

1—Tige non épineuse.

X. strumarium. (Glouteron). Becs de l'invol. fem. sensiblt ég. ①. Décombres, bord des eaux. R. St-Germain, Mantes, St-Maur, Paris, La Ferté-s.-Jouarre, Longjumeau?, Sivry.

—Tige portant de long. épines jaune-d'or, 3-partites.

X. spinosum. Becs de l'invol. fem. très-inég., le plus long jaune-d'or. ①. RRR. Nat. sur les décombres. Belleville? Paris, Les Deux-moulins (Ivry), Creteil (bords de la Marne), Jusivy? Corbeil, Crépy?, Suresnes, Versailles?

138—Fleurs en boules. Corolle régulière. . . . 139

—Fl. en épis lâches. Cor. d'apparence bilabiée.

LOBÉLIACÉES.

Lobelia.

L. urens. Tige droite. Feuil. glabr., les infér. crén.; les supér. lanc., dent. en scie. Fl. bleues. Cal. 5-denté. Lèvre supér. de la cor. 2-fide; l'infér. plus grande, 3-fide. Etam 5: anthères réunies en tube. Stigm. 1. Caps. 2-3-locul., polysp. ♃. Prés et bois hum. RR. St-Léger, Rambouillet, bois St-Pierre (vall. de l'Yvette), les Essarts, env. de Versailles.

139—Feuil. épineuses (genre **Echinops**, p. 118). 136

—Feuilles non épineuses. 142

140—Etamines 5 141

—Etamines 6 198

—Etamines 8-10. Sous-arbrisseau. **143**

141—Un stigmate. Une écaille dans chaque échancrure de la corolle. **165**

—Plusieurs stigmates. Point d'écailles dans les échancrures de la corolle. **142**

142. CAMPANULACÉES. Herb. Feuil. alternes ou éparses., ent., crén. ou dentées. Cal. à tube plus ou moins soudé avec l'ov., à limbe 5-fide. Cor. insérée au sommet du cal., 5-lobée. Etam. 5. Style 1, filif. Stigm. 2-3, rar[t] 5. Caps. 2-3-, rar[t] 5-loculaire, polysperme.

1—Fl. petites, en têtes ou en épis compactes. Cor. découpée presq. jusqu'à la base en 5 div. lin., d'abord cohérentes par leur sommet, puis étalées. 2

—Corolle campanulée ou rotacée, à 5 lobes. 3

2—Anthères cohérentes par leur base, divergeant en étoile après la fécondation. Feuil. ord[t] hispides.

Jasione (Jasione).

J. montana. Feuil. toutes sess., lin.-lanc. Fl. bleues, rar[t] blanch., pédic., en têtes denses munies d'un invol. 10-20-fol. Stigm. 2, courts, conniv. Caps. 2-locul. ① ou ②. Lieux secs. C.

—Anthères non cohérentes par leur base. Feuil. glabr.

Phyteuma. Feuil. rad. long[t] pétiol.; les caul. de plus en plus étroit., sess. Etam. 5, libres, à filets élargis. Stigm. 2-3, filif., roulés en dehors. Caps. 2-3-loculaire.

1—Fl. en têtes arrondies.

P. orbiculare. Fl. bleues. Capit. munis de bractées ovales-aiguës. ♃. Bois secs. AR.

—Fl. en épis allongés.

P. spicatum. Fl. blanc-jaunâtre. Epis munis de bract. linéaires subulées. ♃. Bois. AR.

3—Calice prolongé infér[t] en tube moins long que la corolle. Ovaire arrondi. 4

—Calice prolongé infér[t] en tube au moins aussi long que la corolle. Ovaire prismatique.

Specularia (Spéculaire). Feuil. légèr[t] crén., ondulées; les caul. oblong., sess. Fl. en panic. feuillée. Cal. étranglé au-dessous de la caps. Cor. en roue. Etam. 5, à filets dilatés. Style filif. Caps. lin., oblongue, 3-locul.

1—Cor. très-ouverte, égal[t] les divisions du calice.

S. Speculum [Campanula S. L] (Miroir de Vénus). Div. du cal. étal., aussi long. que le tube. Cor. bleue, rar[t] blanche. ①. Champs. C.

—Cor. petite, peu ouverte, long[t] dépassée par les div. du cal.

S. hybrida [Campanula h. L]. Feuil. ondulées. Div. du cal. dress., plus courtes que la moitié du tube. Cor. rougeâtre. ①. Champs. AC.

4—Tige dressée. Feuilles supérieures beaucoup plus longues que larges.

Campanula (Campanule). Feuil. ent., plus ou moins dent. Cor. bleue, qqf. blanche, en cloche 5-lobée. Etam. 5, à filets dilatés à la base. Stigm. 3-5, filif. Caps. 3-5-locul.

1—Cal. muni dans chaq. échancr. d'un appendice réfl. Stigm. 5.

C. Medium (Violette marine). Fl. tr.-amples, en vaste panic. Caps. 5-locul. ① ou ②. (Cult. orn.). Subspont. près des habitations.

—Cal. sans appendice réfl. dans ses échancr. Stigmates 3 . . . 2

2—Fl. sessiles, en glomérules pluriflores. 3

—Fl. pédonculées. 4

3—Style inclus dans la cor. Divisions du cal. lin.-aiguës.

C. glomerata. Feuil. infér. lanc., arrond. ou cord. à la base, long^t pétiol. ♃. Lieux découverts. AC.

—Style saillant Div. du cal. courtes, oval.-obtuses.

C. Cervicaria. Feuil. hisp.; les infér. très-long., atlén. en pétiole larg^t bordé jusqu'à la base par le limbe décurrent. ♃. Bois. RR. Sénart, St-Léger, Melun, Provins.

4—Feuil. rudes au toucher. . 5

—Feuil. presque lisses. . . 6

5—Tige angul. Fl. en grappe oblongue, terminale.

C. Trachelium (Gant de N.-D.). Fl. ord^t 2-3 au sommet des pédonc. Cal. à div. dressées, même après la floraison. ♃. Bois. AC.

—Tige sensibl^t cylindrique. Fl. en grappe unilatérale.

C. rapunculoides. Fl. pendantes, toujours solit. au sommet des pédonc. Cal. à div. réfl, après la floraison. ♃. Bois, champs. AR.

6—Feuil. rad. oblongues, atténuées à la base 7

—Feuil. rad. arrond.-cordées.

C. rotundifolia. 0,1-0,4. Tige menue. Feuil. rad. très-long^t pétiolées. ♃. Chemins, rochers, pelouses. CC.

7—Cor. plus longue que large, à lob. lanc. Grappes spicif. multifl.

C. Rapunculus (Raiponce). 0,4-0,9. Cal. à div. lin.-subulées. ②. CC. (Cult., racine alim.).

—Cor. plus large que longue, à lob. arrond. Grappes spicif. 1-6-fl.

C. persicæfolia. 0,4-0,8. Tige simple. Cal. à div. lanc. ♃. Bois découverts. ♃. AC. (Cult. orn.).

—Tige couch., filif. Feuil. toutes aussi larg. que longues.

Wahlenbergia.

W. hederacea [Campanula h. L]. Feuil. long^t pétiol., 3-5-lobées. Cor. bleu-pâle, 5-lob. Fl. solit. sur des pédonc. filif. opp. aux feuil. Ov. demi-infère. ♃. Allées hum. RRR. Forêt de Rambouillet.

143. VACCINIÉES. Sous-arbriss. Feuil. coriaces, alt. ou éparses, presq. entières, subsessiles. Cal. 4-5-denté, à tube soudé avec l'ovaire. Cor. à 4-5 divisions. Etam. 8-12, insérées avec la cor. au sommet du cal. Style 1. Stigmate 1. Baie 4-5-loculaire, polysp.

1—Cor. urcéolée ou campanulée à 4-5 lob. peu profonds.

Vaccinium (Airelle). Tige dressée ou ascendante. Fl. blanchâtres ou rosées.

1—Fleurs penchées, solitaires.

V. Myrtillus (Myrtille, Abrétier). Feuil. vert-pâle, denticulées, caduques. Baie violette. Bois montueux. AR.

—Fl. en grappes courtes, terminales penchées.

V. Vitis-Idæa (Faux Abrétier). Feuil. persistantes, à bords roulés, ponctuées de noir en dessous. Baie rouge. Bois montueux. RR. Env. de Beauvais.

—Corolle rotacée, prof^t partagée en 4 div. lancéolées.

Oxycoccos (Canneberge).

O. palustris [Vaccinium Oxyc. L] (Coussinet). Tige filif., couch. radicante. Feuil. persist., ovales, à bords roulés, blanchâtr. en dessous. Fl. pench. sur de longs pédonc. Baie rouge. Marais tourbeux. RR. Etang du Cerisaie (Rambouillet)?, Guipereux?, Coye (Chantilly)?

144—Arbriss. à feuil. persist., coriac., très-épin. . . 87
—Non 145
145—Fleurs régulières. 146
—Fleurs irrégulières. 151
146—Tige capillaire, sans feuilles, parasite. . 177
—Non 147
147—Moins de 5 étamines. 153
—Etamines 5. 160
—Plus de 5 étamines. 148
148—Tige herbacée. 174
—Tige ligneuse ou sous-frutescente.

ÉRICINÉES. Sous-arbriss. Feuil. ord^t verticillées, entières, sessiles, persistantes, coriaces. Cal. persistant. Cor. hypogyne. Etam. 8, libres. Ov. libre. Style 1, filiforme. Capsule 4-loculaire, polysperme.

1—Calice à 4 divisions scarieuses, colorées, pétaloïdes. Corolle beaucoup plus courte que le calice.

Calluna.

C. vulgaris [Erica Calluna L] (Bruyère). Feuil. très-courtes, opp., comme nattées. Calice entouré de bractéol. imbriq., formant un invol. (cal. extér.) appliq. sur les sép. Cor. très-petite, camp., 4-fide. Fl. couleur-chair, rar^t blanch., en grappes spicif. Landes, bois. CCC.

—Cal. non scarieux, beaucoup plus petit que la corolle.

Erica (Bruyère). Feuil. en aiguilles verticillées. Sép. 4, plus ou moins soudés à la base. Cor. 4-lobée.

1—Etam. dans la corolle . . 2
—Etam. saillantes.

E. vagans. Fl. long^t pédic., en grappes allongées. Cor. aussi large que longue, rose. Anthères brunes. RRR. Croix Patée (St-Léger), Sénart.

2—Corolle urcéolée, à peine lobée. 3

—Cor. camp. globul., à lobes atteignt moitié de sa longueur. 6

3—Feuil. et cal ciliés . . . 4

—Feuil. et calice glabres. . 5

4—Fleurs en grappes allongées, souvent subunilatérales.

E. ciliaris. Feuil. oval. aig. Cor. purpur., à tube inégt renflé, légèrt courbe. Anthères mutiq. Bois. RRR. Croix Patée et les Fontaines-blanches (St-Léger).

—Fl. en bouq. ombelliformes.

E. tetralix. Feuil. verticill. par 4, oblong.-lin. Fl. roses, rart blanch. Anthères munies de 2 arêtes dentelées. Bruyères hum. AR.

β. *anandra*. Cor. presque nulle. Etam. avortées. RRR. Environs du château de la Chasse (Montmorency), Gurcy (Nangis).

5. *E. cinerea* (Bruyère commune). Fl. roses, rart blanch., en panic. spicif. Bois, lieux découverts. CC.

6. *E. scoparia* (Bruyère à balais, Brumaille). Fl. très-petites, vert-jaunâtre, brièvt pédic., en longues grappes effilées. RRR. Bois de la Glandée (Fontainebleau)?, St-Léger.

149. PYROLACÉES.

Pyrola. Feuil. en rosette radicale, luisantes. Qq. bractées en forme d'écailles sur la tige. Fl. blanch. ou rosées, en grappe terminale. Cal. 5-partit., très-petit. Pét. 5. Etam. 10. Style 1. Stigmates 5. Caps. 5-loculaire.

1—Style arqué, plus long que la corolle.

P. rotundifolia. Fl. en grappe lâche. Etam. courb. Stigm. soudés en couronne. Bois. ♃. AR.

—Style droit ne dépasst pas la corolle.

P. minor. Fl. en épi court. Etam. droites, conniv. Stigm. étalés en étoile. ♃. Bois. R. Ville-d'Avray?, Châville, Montmorency, Mareil (St-Germain), dépt de l'Oise.

150. MONOTROPÉES.

Monotropa (Monotrope).

M. Hypopitys (Suce-pin). Herbe décolor., livide. Parasite sur les racines des arbres. Feuil. réduites à des écailles éparses. Fl. blanc-sale, en épi. Sépales 4-5. Pétales 4-5. Etam. 8-10. Ovaire libre. Style 1. Stigm. 1. Caps. 4-5-locul. ♃. Bois. AR.

CLASSE IIIe. — COROLLIFLORES

Calice formé de sépales plus ou moins soudés à la base. Corolle monopétale, insérée sous l'ovaire et distincte du calice. Etamines insérées sur la corolle. Ovaire libre.

151—Corolle éperonnée. **152**

—Non **182**

152—Etamines en nombre indéterminé. **21**
—Etamines 4. . . . . **190**
—Etamines 2.

LENTIBULARIÉES. Herb. Cor. bilabiée. Etam. 2, insérées à la base de la cor. entre l'ov. et l'éperon. Style 1, court, épais. Capsule 1-loculaire, polysperme.

1—Feuilles ovales et très-simples.

Pinguicula.

P. vulgaris (Grassette). Feuil. en rosette rad., épaiss. Hampe 1-fl. Cal. 5-fide. Cor. 2-labiée, violette. ♃. Prés et coteaux tourbeux. AC.

—Feuilles à segments capillaires.

Utricularia (Utriculaire). Pl. aquat. Tige pluriflore; la partie émergée florifère, nue; les parties submergées à ram. feuillés, munis de vésicules. Cal. 2-labié, caduc. Cor. en gueule; lèvre infér. munie d'un palais saillant, éperonnée à sa base.

1—Feuil. palmatiséquées. . 2
—Feuil. pinnatiséquées.

U. vulgaris. Grappes 4-12-fl. Cor. d'un beau jaune. Eperon égal[t] env. la moitié de la cor. ♃. C.

β. *neglecta* GG et CG. Lèvre supér. 1-2 f. plus longue que le palais. RRR. Mares de Bellevue et de Villebon.

2—Segments des feuil. fort[t] denticulés, spinescents.

U. intermedia GG et CG. Grappes 2-5-fl. Cor. jaune-pâle. Eperon égal[t] la cor. ♃. RRR. Malesherbes. (Fleurit très-rar[t]).

—Segm. non denticulés.

U. minor. Grappes 2-fl. Cor. jaune-pâle. Eperon réduit à un tuberc. coniq. ♃. AR.

153—Quatre graines nues au fond du calice. . . **193**
—Non. **154**
154—Tige herbacée. **155**
—Tige ligneuse. Etamines 2. . . . . **166**
155—Calice de 2 pièces. Feuil. mucilagineuses. **113**
—Non. **156**
156—Corolle scarieuse. Etamines beaucoup plus longues que la corolle. **195**
—Non. **157**
157—Etamines 2. . . . . **190**
—Etamines 4. . . . . **158**
158—Toutes les feuilles radicales. **190**
—Feuilles alternes. **159**
—Feuil. opposées, rarement verticillées. . . **172**

159—Plante naine. **165**
—Non. **180**
160—Carpelles 4, libres au fond du calice. Tige très-velue. Feuilles alternes. **178**
—Carp. plus ou moins nombr. Pl. grasse. . **118**
—Carp. 1, ou 2 soudés jusqu'à la maturité. . **161**
161—Etam. peu apparentes, à filets soudés en couronne autour de l'ovaire et munis d'appendices en forme de nectaires. **171**
—Non. **162**
162—Calice plissé membraneux. Styles 5. . . . **196**
—Non. **163**
163—Corolle à limbe découpé. **164**
—Corolle à 5 plis ; limbe non découpé. Tige volubile **177**
164—Etamines placées devant le milieu des lobes de la corolle. **165**
—Etamines placées à la séparation des lobes de la corolle. **169**

165. PRIMULACÉES. Herb. Feuil. ord[t] opp., non stipulées. Fl. rég. Cal. ord[t] 5-partit. Etam. ord[t] en nombre égal à celui des lobes de la corolle. Ovaire libre, très-rar[t] soudé avec le tube du calice. Style 1. Caps. globuleuse, 1-loculaire, polysperme.

1—Fleurs tétramères. Plante naine, de 0,01-0,06. . . 6
—Fleurs pentamères. 2
2—Feuilles submergées, pectinées, finement découpées.

Hottonia.

H. palustris (Plumeau). Pl. d'eau. Tige aérienne nue. Fl. en verticill. étagés, rose-pâle, à gorge jaune. Mai, juin. ♃. AR.

—Feuilles entières 3
3—Feuilles en rosette radicale. Corolle tubulée.

Primula (Primevère). Caps. ovoïde. Mars, mai.

1—Hampe portant une ombelle à son sommet. 2
—Pédonc. 1-flores, radicaux.
P. grandiflora [P. veris acaulis L.]. Cal. à dents long[t] acum. Cor. à large limbe plan. Fl. jaune-pâle. ♃. Bois, prés. R. Bondy, Sénart.
2—Cal. enflé, ouvert, uniform[t]

165 (suite).

blanchâtre, à dents courtes, triang., presq. obtuses.

P. officinalis (Coucou). Cor. à limbe concave, de diamètre plus petit que la longueur du tube. Fl. jaun. ♃. Prairies. CCC.

—Cal. étroit appliqué sur le tube de la cor., vert sur les angles, à dents lanc. acuminées.

P. elatior. Cor. à limbe presq. plan, de diamètre à peu près égal à la longueur du tube. Fl. jaune-pâle. ♃. Bois hum., prés. AC.

—Tige feuillée. Cor. en roue ou à tube très-court. . . 4

4—Feuilles alternes. Fl. blanches. Ovaire demi-infère. 8

—Non 5

5—Fleurs rouges, roses ou bleues 7

—Fleurs jaunes.

Lysimachia (Lysimaque). Cor. plus longue que le cal. Etam. 5, qqf. accompagnées de 5 filets stériles.

1—Tige couchée. Fl. solit., axillaires. 2

—Tige dressée. Fl. en panic. multiflores.

L. vulgaris (Chasse-bosse). Feuil. opp. ou verticillées par 3-4, oval.-lanc. ♃. Lieux frais. C.

2—Divisions du cal. lancéolées, cordées à la base.

L. Nummularia (Herbe aux écus). Tige ram. Feuil. opp., suborbic. Pédonc. à peu près longs comme la feuil. Cor. div. presq. jusqu'à sa base. ♃. Lieux hum. C.

—Div. du cal. linéaires, non cordées à la base.

L. nemorum. Tige à bout redressé. Feuil. opp., oval.-pointues. Pédonc. filif., plus longs que la feuil. ♃. Bois hum. R. Montmorency, Marly, Compiègne, Beauvais, Villers-Cotterets.

6. **Centunculus** (Centenille).

C. minimus. Feuil. subsess., ent.; les supér. alt. Fl. très-petites, solit., axill. subsess., blanch. ou rosées, épanouies vers midi. Cal. à 4 segm. linéair. Caps. s'ouvr. transv[t]. ⊙. Allées hum. AC.

7. **Anagallis**. Tiges diffuses. Feuil. gén[t] opp. Cor. cad., à tube nul, à limbe 5-partit. Caps. s'ouvrant transv[t].

1—Cor. à peine plus longue que le calice, en roue.

A. arvensis (Mouron). Feuil. sess., ponctuées de noir en dessous, oval.-lanc., qqf. ternées. ①. Champs. CC.

α. *Phœnicea*. Fl. roug., rar[t] roses ou blanches.

β. *cærulea*. Fl. bleues.

—Cor. 2 fois plus longue que le cal., presq. en entonnoir.

A. tenella. Feuil. brièv[t] pétiol., non ponctuées, presque rondes. Fl. rose-veiné. ♃. Lieux hum. AC.

8. **Samolus**.

S. Valerandi (Mouron d'eau). Feuil. glauq. ent.; les radic. en rosette. Cal. à tube adhér. à l'ov. Cor. en coupe, petite, à limbe 5-lobé, portant 5 petites écaill. à la gorge. Fl. en grappes terminales. Caps. à 5 valves. ♃. Lieux très-hum. AC.

166—Calice et corolle à 4 divisions. **167**
—Calice et corolle à 5 divisions. **168**
167—Etamines 11 ou plus. **21**
—Etamines 2.

OLÉACÉES. Arbres ou arbrisseaux. Feuilles opposées, sans stipules. Fl. régulières en panicules. Cor. qqf. nulle. Etam. 2. Style 1. Stigmate 2-fide.

1—Feuilles entières. Arbrisseau. 2
—Feuilles pinnées. Arbre.

Fraxinus (Frêne). Fruit : samare membraneuse, compr., ailée-foliacée, 1-loculaire, 1-sperme par avortt.

1—Fleurs sans cal. ni cor., en panicules latérales.

F. excelsior (Frêne). Feuil. à 9-15 fol. oval., lanc.-acum. Fl. polygam., verdâtr., peu apparentes, naisst avant les feuil., en grappes courtes, d'abord dress., puis pench. à la maturité. Avril. Bois, parcs. C.

—Fl. à 2-4 pét. lin., plus longs que le cal., en thyrses terminaux.

F. Ornus (Frêne fleuri). Feuil. à 7-9 fol. Fl. blanchâtr. Samares linéaires. (Cult., off., manne).

2—Cor. à tube très-allongé. Etam. incluses dans le tube.

Syringa.

S. vulgaris [Lilac v. GG] (Lilas). Fl. lilas ou blanches, odor., en thyrses. Caps. à 2 loges 2-sp. Printemps. (Cult. orn.).

—Cor. presq. en entonnoir. Etam. saillantes hors du tube.

Ligustrum.

L. vulgare (Troëne). Feuil. oval., persist. Fl. blanch., en thyrses. Baie noire, de la grosseur d'un pois. Haies, buissons. CC.

168. JASMINÉES.

Jasminum (Jasmin). Arbrisseau. Cor. à tube cylindr. allongé. Etam. 2, incluses. Style 1. Baie 1-sperme.

1—Fleurs jaunes.

J. fruticans. En buisson rameux, toujours vert. Feuil. alternes, simples ou 3-fol. Fl. peu nombr., inodor. (Cult. orn.). Haies.

—Fleurs blanches.

J. officinale (Jasmin). Arbriss. grimp. Feuil. opp., ailées, à 7 fol. acum. Fl. en panic. paucifl., très-odor. (Cult. orn.).

169—Feuilles opposées ou verticillées. **170**
—Feuil. rad., ou alt. et parfois géminées. . **173**
170—Un ovaire simple. Plante herbacée. . . . **176**
—Ov. composé de 2 follic. Pl. sous-frutescente.

APOCYNÉES.

Vinca (Pervenche). Feuil. opp., ent., persist. Fl. axill.

pédic., bleues ou blanches. Cal. à div. acum. Cor. contournée, en coupe à 5 lobes obliq[t] tronqués, à gorge pentagonale. Etam. 5, incluses. Style terminé par un godet membran. Follic. 2 (1 par avort[t]), subcylindr., à graines non aigrettées.

1—Feuil. glabres, luisantes.
V. minor (Petite Pervenche). Div. du cal. glabres, beaucoup plus courtes que le tube de la cor. ♃. Mars, juin. Lieux frais. C.
—Feuilles à bord cilié.
V. major (Grande Pervenche). Feuil. souv[t] cord. à la base. Div. du cal. ciliées, atteignant au moins la moitié du tube de la cor. ♃. Mars, mai. (Cult. orn.). Subspont. près des habitat.

171. ASCLÉPIADÉES. Herb. Cal. et cor. 5-fides. Etam. 5, alt. avec les lobes de la cor. ; filets courts, soudés autour du pistil en une colonne tubul. munie d'une couronne d'appendices pétaloïdes; anthères ord[t] surmontées de membranes soudées et appliq sur le stigm. Stigmate recouvrant les 2 styles et formant une masse spongieuse pentagonale. Fr. composé de 2 carp. capsulaires (follicules), (qqf. 1 par avor[t]), à gr. nombr. aigrettées.

1—Corolle à lobes non réfléchis. Fleurs en corymbes.

Vincetoxicum. Feuil. opp., qqf. verticillées, acum. Cal. petit, 5-denté. Cor. en roue. Couronne des filets des étam. charnue, jaunâtre, à 5 lob. obtus. Follic. glabres, lanc., renflés inférieurement.

1—Cor. blanche, à lob. glabres.
V. officinale [Asclepias Vincetox. L] (Dompte-venin). Feuil. moyennes cord. ♃. Bois. CC.
—Cor. pourpre-noir, à lobes pubescents.
V. nigrum. Feuil. arrond. à la base. ♃. RRR. Natur. au coteau de Beauté (Vincennes)?

Cor. à lobes réfléchis. Fleurs en ombelles simples.

Asclepias.

A. Cornuti [A. Syriaca L] (Herbe à ouate). 1-2 m. Pl. robuste, très-laiteuse. Feuil. ord[t] opp., très-grandes, oval.-obt., toment. en dessous. Fl. rosées, odor. Couronne des filets des étam. formant 5 cornets qui émettent une corne courbée vers le stigmate. Follic. 1-3, renflés, hérissés d'épines molles. (Cult. orn.). Natur. à Malesherbes, l'Ile-Adam, Verberie, forêt de Compiègne.

172—Feuilles multifides. 194
—Non. 176
173—Corolle ciliée ou barbue. 176
—Non. 179

174—Feuilles trifoliolées radicales ou éparses. **78**
—Feuilles trifoliolées opposées. **131**
—Non. **175**
175—Feuilles opposées-connées. **176**
—Feuilles alternes. **180**

176. GENTIANÉES. Herbes à suc amer. Étam. 5, rar[t] 4-12, insérées sur le tube de la cor., alt. avec les divisions de la cor. Capsule 1-loculaire, polysperme.

1—Tige feuillée. Feuilles simples. 2
—Hampe nue. Feuilles radicales, 3-foliolées. . . . 8
2—Divisions de la corolle ciliées. Plante aquatique. . 9
—Non 3
3—Plus de 5 étamines. 6
—Non 4
4—Style nul. Fleurs bleues, rar[t] blanches. 7
—Style distinct. Fleurs jamais bleues.. 5
5—Corolle à 5 divisions. Fl. roses, rar[t] blanches.

Erythræa. Feuil. opp., soudées à la base. Fl. en corymbes dichotomes. Cal. tubul., à 5 div. lin. Cor. à tube étranglé sous la gorge, à limbe 5-partit, contourné à la matur. Étam. 5. Style filif., caduc. Caps. lin.

1—Fl. pédonc., sans bractées.

E. pulchella [Gentiana Centaurium β. L]. 0,1-0,2. Tige ram. souv[t] dès la base. Fl. en bouq. lâches. Cal. presq. égal au tube de la cor. et à la caps. ① ②. Lieux inondés l'hiver. C.

—Fl. subsess., avec bractées.

E. Centaurium [Gentiana C. L] (Petite Centaurée). 0,2-0,5. Feuil. rad. en rosette. Fl. en corymbes multifl. compactes. Cal. plus court que le tube de la cor. et que la caps. ②. Bois, pâturages. CC. (Off.).

—Cor. à 4 divisions. Plante naine, de 0,1 au plus.

Cicendia. Feuil. opp. Cor. en entonnoir, à tube membraneux court et ventru, à limbe 4-fide, contourné à la maturité. Étam. 4. Style filif., caduc.

1—Cal. camp., à 4 dents appliq. sur la caps. Fl. jaunes.

C. filiformis [Gentiana f. L]. Tige dichotome. Feuil. rad. 4-6, oblong.; les caul. opp. très-courtes, lin. ①. Lieux hum. AR.

—Cal. div. jusqu'à la base en 5 lanières linéair. Fl. couleur-chair.

C. pusilla [Gentiana p. L]. Tige très-ram., à ram. étal. Feuil. oblongues-lanc. ①. Lieux hum. R. Sénart, Fontainebleau, St-Léger, Lagny, Aigremont (Poissy).

6. **Chlora.**

C. perfoliata. Pl. glauq. Tige simple, dress. Feuil. oval.-triang., opp.-connées. Fl. en bouq. dichotomes. Cal. à 8 div. lin. Cor. jaune-orange. Étam. 6-8. Style filif. Caps. oblongue. ①. Bois, coteaux. AC.

7—Corolle tubulée, en cloche ou en entonnoir.

Gentiana (Gentiane). Feuil. ent., opp., rar[t] verticillées. Fl. bleues, rar[t] blanch. Etam. 4-5. Style nul. Caps. oblongue.

1—Gorge de la cor. nue . . 2

—Gorge de la corolle munie d'écailles fin[t] laciniées. . . . 3

2—Corolle à 4 lobes.

G. Cruciata (Croisette). Tige flexueuse. Feuil. lanc.-ovales, soudées en gaîne à la base. Fl. sess., fascic. Cal. court, denté, souv[t] fendu. Cor. à tube de 0,02 de long, renflé, bleu-gris en dehors, d'un beau bleu intér[t]. ♃. Bois, coteaux. AC.

—Corolle à 5 lobes.

G. Pneumonanthe. Tige dress. Feuil. lanc.-lin., obt. Cal. à 5 lob. lin., égal[t] presq. le tube de la cor. Cor. en entonnoir, bleu-d'azur, de 0,03-0,05 de long. ♃. Prés hum. AC.

3. *G. Germanica.* Feuil. sess., vertes ou violacées en dessus. Fl. pédonc., axill. ou term. Cal. à 5 lob. lanc.-acum. Cor. bleu-lilas, tubul., 5-fide. ⊙. Lieux secs. AR.

—Cor. en roue, à 5 div. munies à la base de 2 nectaires ciliés.

Swertsia.

S. perennis. 0,2-0,5. Tige glabre. Feuil. oblong.-ovales. Fl. bleu-violacé, en panic. Etam. 5. ♃. Marais tourb. RRR. Silly-la-Poterie (Villers-Cotterets).

8. **Menyanthes.**

M. trifoliata (Trèfle d'eau). Feuil. portées sur un long pétiole arrondi en gaîne embrass. Fl. en grappes simples. Cal. 5-fide. Cor. en entonnoir, rose, à 5 div. barb. intér[t]. ♃. Avr., mai. Marais. AC.

9. **Limnanthemum.**

L. nymphoides [Menyanthes n. L] (Faux Nénuphar). Tige long., radicante. Feuil. nageantes, coriac., suborbic. cord. Fl. grandes, long[t] pédonc., fascic. à l'aisselle des feuil. supér. Cor. mince, jaune, barbue. Etam. 5. Style filif. Caps. ovoïde-acum. ♃. Eté. Mares. AC.

177. CONVOLVULACÉES.

Fl. rég. Cal. à 5 sép. Cor. 5-fide ou à 5 plis. Etam. 5, alternes avec les lobes de la cor. Style 1. Caps. à 2 loges 1-2-spermes.

1—Tige feuillée, volubile.

Convolvulus (Liseron). Racine long[t] trac. Feuil. alt., pétiol. Sép. 5, inég. Cor. en entonnoir, à 5 angles et 5 plis. Pédonc. axill. Etam. incluses. Style filiforme. Stigm. 2.

1—Calice enveloppé dans 2-4 bractées cordées.

C. sepium [Calystegia s. CG] (Grand Liseron). Feuil. sagitt., à oreilles tronq. Pédonc. 1-fide. Cor. grande, d'un très-beau blanc. ♃. Haies, fossés. CC.

—Cal. non enveloppé de bract.

C. arvensis (Petit Liseron, Vrillée, Liset]. Feuil. hast., à oreilles aig. Pédonc. 1-5-flores. Cor. blanche ou rosée. ♃. Champs. CCC.

—Tige capillaire non feuillée, grimpante, parasite.

Cuscuta (Cuscute). Fl. très-petites, en glomérules compactes, espacés le long de la tige. Cal. 5-,rar[t] 4-fide. Cor. en godet globul., à 5-4 lobes munis, sous les étam., d'écailles pétaloïdes laciniées. Styles 2. Caps. à 2 loges 2-spermes.

1—Stigm. globuleux. Fl. pédic., en corymbes. 4

—Stigm. lin.-aigus. Fl. sensibl[t] sess., en glomér. globuleux. . 2

2—Glomér. ayant une bract. à la base. Cor. plus long. que le cal. 3

—Glomér. sans bractée. Cor. dépassant à peine le calice.

C. densiflora GG et CG (Bourreau du Lin). Tige à peine ram. Limbe de la cor. blanc. Etam. incluses. Styles diverg., 3 f. plus courts que l'ov. ①. Sur le Lin. RR. Le Bouchet, Magny, Crouy-sur-Ourcq.

3—Etamines incluses.

C. Europœa (C. major CG). Tige ram. Limbe de la cor. rosé. Styles diverg., plus courts que l'ov. ①. Lieux incult., buissons. Sur l'Urtica dioica, l'Humulus Lupulus, le Vicia sativa, etc. R. Neuilly, Choisy, Montmorency, Senlis, Compiègne, env. de Villers-Cotterets, Bouray.

—Etamines saillantes.

C. epithymum (Teigne, Cheveux du diable). Tige ram., ord[t] rouge. Fl. rosées, à lob. très-étal., à la fin réfl. Styl. dress., plus longs que l'ov. ①. Prairies, bruyères. Sur le Thymus Serpyllum, les Trifolium, les Medicago, le Sarothamnus, les Erica, etc. C.

β. *Trifolii.* Fleurs plus grandes. Styl. diverg., ne dépass[t] pas les étam. Sur le Trèfle et la Luzerne. AR.

4. *C. corymbosa* GG [Grammica racemosa CG]. Tige ram., jaune-orangé. Fl. odor., blanch. ①. Prairies. RRR. Gazons du parc de Fontainebleau, La Ferté-sous-Jouarre, Mareuil-sur-Ourcq.

178. BORRAGINÉES. Herbes ord[t] hispides. Feuil. alt., velues. Etam. 5, alt. avec les lob. de la cor. Style 1. Stigmate indivis ou lobé. Carp. 4, nus au fond de la cor., 1-spermes.

1—Fleurs régulières 2

—Fleurs irrégulières. 12

2—Gorge de la corolle garnie de 5 écailles fermant souvent le tube.. 3

—Gorge sans écaill., qqf. munie de pinceaux de poils. 10

3—Corolle à tube plus ou moins long. 4

—Corolle en roue et à 5 divisions pointues.

Borrago (Bourrache).

B. officinalis (Bourrache). Pl. très-hispide. Feuil. infér. très-ampl., long[t] pétiolées; les supér. embrass. Cor. bleue, rar[t] rose ou blanche. Etam. conniv., à anthères noires, à filets appendiculés. Carp. tuberc. ①. (Cult., off., sudorifique). Subspont. près des hab.

4—Tube de la corolle droit, nullement courbé. . . . 5

—Tube de la corolle courbé. 9

178 (suite).

5—Fleurs en grappes ou en corymbes 6

—Fl. par 2-4 à l'aisselle des paires de feuilles. . . 18

6—Feuilles radicales ayant plus de 0,04 de large. . 7

—Feuilles radicales ayant moins de 0,04 de large. . 14

7—Cor. à 5 découp. ouvertes. Ecail. intér. obtuses. . 8

—Cor. à 5 lobes peu profonds. Ecailles lancéolées.

Symphytum (Consoude).

S. officinale (Grande Consoude). Pl. hisp., robuste. Feuil. oval.-aig.; les infér. ampl.; les supér. décurr., souv[t] opp. Cor. assez grande, blanche ou rosée. Style long. Carp. lisses. ♃. Lieux frais. C. (Off.).

8—Carp. aplatis, hériss. d'aiguill. crochus. Pl. pubesc. 17

—Carpelles arrondis, seul[t] rugueux. Pl. très-hispide.

Anchusa (Buglosse). Ecailles de la cor. poilues. Carp. tuberc., tronqués, excavés à la base; celle-ci entourée d'un rebord saillant et plissé.

1—Toutes les feuil. alt. Fl. en grappes feuillées term., ord[t] unilatér.

A. Italica GG et CG (Langue-de-bœuf). Feuil. très-vel.; les rad. insensibl[t] attén. en pétiole. Cal. à div. lin. très-allongées. Cor. bleue ou rosée, assez grande. ②. Coteaux calcaires. Moissons. AR.

—Feuil. florales opposées. Fl. en têtes au sommet de longs pédonc. axillaires nus.

A. sempervirens. Feuil. peu velues; les rad. persist., très-amples, contractées en pétiole. Cal. à div. oval.-lanc. Cor. bleue. ♃. Natur. dans les haies, près des habit. RR. Issy, env. de Versailles, Neuilly, Les Boves (Magny).

9. **Lycopsis.**

L. arvensis [Anchusa a. GG] (Petite Buglosse). Pl. très-hispide. Cor. bleue, rar[t] rose ou blanche, beaucoup plus longue que le cal. Ecail. de la cor. velues. Carp. fin[t] ponctués, à base entourée d'un rebord saillant très-épais. ①. Champs chemins. CC.

10—Calice tubulé et à 5 dents. 13

—Calice à 5 découpures descendant jusqu'à la base. . 11

11—Feuilles ovales obtuses, toutes pétiolées. 19

—Feuilles lancéolées aiguës, les supérieures sessiles.

Lithospermum (Grémil). Feuil. vel. Fl. en grappes terminales feuillées. Cal. à div. lin. Cor. en entonnoir, à gorge ouverte, poilue. Etam. incluses. Carp. glabres, non contractés en col à la base.

1—Corolle à peine plus grande que le calice. 2

—Cor. beaucoup plus grande que le calice.

L. purpureo-cœruleum. Fl. un peu violettes, puis d'un bleu d'azur. Carp. blancs, lisses luisants. ♃. Bois, buissons. AR.

178 (suite).

2—Feuil. rudes, à 3 nervures. Carp. blanc-de-lait, luisants.

L. officinale (Herbe aux perles). Fl. petites, d'un blanc jaunâtre. ♃. Lieux incult. C.

—Feuil. molles, à 1 nervure. Carp. fauves, tuberculeux.

L. arvense. Fl. petit., blanch., très-rar[t] roses ou bleues. ①. Lieux incultes. C.

12. Echium (Vipérine).

E. vulgare. Tige couverte de petits tuberc. noirs poilus. Feuil. étroites, lanc. Fl. bleues ou roses, en grappes unilatér. formant panic. Cor. en entonnoir 2-labié, dépass[t] le cal. Etam. et style long[t] saill. Carp. rugueux, pointus. ②. CCC.

13. Pulmonaria (Pulmonaire).

P. angustifolia (Herbe au lait de N.-D., Herbe-cœur). Pl. polymorphe. Feuil. hisp., oblong.-lanc., souv[t] tachées de blanc. Fl. d'abord rouges, puis violettes, et enfin bleues, en grappes courtes term. Gorge de la cor. ouverte, bordée intér[t] d'un cercle de poils. Carp. lisses. ♃. Avr., mai. Bois. CC.

β. *tuberosa*. Rac. noueuse. Tube de la cor. velu au-dessous du cercle de poils.

14—Epis feuillés. Carpelles garnis sur leurs angles d'aiguillons crochus 16

—Non. 15

15—Feuilles radicales longuement pétiolées. 17

—Non.

Myosotis (Ne-m'oubliez-pas, Vergiss-mein-nicht). Fl. en grappes scorpioïdes. Feuil. oblong.-lanc., sess.; les rad. ord[t] en rosette. Cor. petite, en soucoupe, à gorge jaune, close par 5 écail. obt., presque glabres. Carp. lisses, luisants.

1—Calice muni de poils étalés crochus. 2

—Cal. couvert de poils appliqués non crochus.

M. palustris. Pl. polymorphe. Feuil. presq. glabr. Cor. bleu-pâle. ② ou ♃. Marais, prés hum. CC.

β. *lingulata*. Style presq. nul.

2—Pédic. infér. des grappes au moins 2 f. plus longs que le cal. 5

—Non. 3

3—Feuil. caul. garnies en dessous, vers leur base, de poils crochus. Pédic. toujours dressés.

M. stricta GG et CG. Feuil. très-velues. Cor. très-petite, bleue. Cal. clos à la maturité. Tige ord[t] florifère dès la base. ①. Lieux arid., murs. AC.

—Feuil. garnies de poils non crochus. Pédicelles étalés. . . 4

4—Fl. jaunâtr., puis bleues, puis violettes. Cal. clos à la maturité.

M. versicolor GG et CG. Tige dressée. Tube de la cor. à la fin une fois plus long que le cal. ①. Lieux incultes. C.

—Fl. bleues. Cal. ouvert à la maturité.

M. hispida GG et CG. Tige flexible, très-long[t] florifère. Tube de la cor. toujours plus court que le cal. ①. Lieux incultes. CC.

5. *M. intermedia* [M. scorpioides L]. Tige diff. Feuil. d'un vert sombre, vel. Cor. petite, bleue. Cal. clos à la matur. ① ou ②. CC.

16. Echinospermum.

E. Lappula [Myosotis L. L]. Tige raide, à ram. très-ouverts, poilue. Feuil. étroites, lanc. Fl. en longues grappes lâches. Cal. à div. lin. étalées. Cor. bleue, en soucoupe, à gorge fermée par 5 écailles obt. Etam incluses. ① ou ②. Lieux secs, murs. AC.

17. Cynoglossum (Cynoglosse). Tige dressée, pubesc. Feuil. lanc. Cor. en entonnoir, à gorge fermée par des écail. obtuses. Etam. incluses. Carp. déprimés, n'adhér[t] au style que par leur sommet.

1—Plante dépass[t] 0,20. . . 2
—Pl. n'atteign[t] pas 0,20. . 3
2—Feuil. blanchâtres, couvertes sur les 2 faces d'un duvet fin.

C. officinale (Cynoglosse, Langue-de-chien). Pl. fétide par frottement. Cor. rouge-sale, rar[t] blanche. Carp. hériss. ②. Lieux pierreux. C.

—Feuil. minces, luisantes, glabres en dessus.

C. montanum GG et CG. Cor. violette ou bleue. Carp. hériss. ②. Bois montueux. RR. Compiègne.

3. *C. Omphalodes* L [Omphalodes verna] (Petite Bourrache). Feuil. minces, oval.-lanc. Grappes nues. Pédic. fins, réfl. à la matur. Cor. bleue. Carp. pubesc. ♃. Avr., mai. RRR. Russy-Montigny (Crépy)? (Cult. orn.).

18. Asperugo (Râpette).

A. procumbens. Tige couch., ram. dès la base, chargée d'aiguilles blanchâtr. réfl. Feuil. très-raid., les supér. par 2-4. Fl. petites, bleues, qqf. blanch., par 2-4 au niveau des p. de feuil. Cal. ayant 2 dents dans chaq. échancr., à 2 lèvres très-développées lors de la matur. Carp. dépass[t] le style. ①. Décombres, chemins. AR.

19. Heliotropium (Héliotrope).

H. Europæum (Tournesol, Herbe aux verrues, Herbe de St-Fiacre). Pl. pubesc., très-rameuse. Feuil. ovales, pétiol., ridées. Fl. en grappes nues contournées. Cor. petite en soucoupe, blanche ou lilas-pâle, à gorge nue, à limbe plissé entre les lob. Style grêle, assez long. Carp. chagrinés. ①. Champs, décombres. CC.

179 — Etam. courbées, inégales, gén[t] barbues. . **181**
—Non **180**

180. SOLANÉES. Feuil. alternes, les supér. ord[t] géminées. Cor. 5-fide, rar[t] 4-6- ou 10-fide. Etam. 5, rar[t] 4-6-10. Ovaire libre. Style 1. Baie ou capsule.

1 — Herbe. 2
—Arbrisseau épineux.

Lycium.

L. barbarum (Lyciet). Feuil. étroites, lanc., briév[t] pétiol. Fl. axill. Cal. ord[t] subbilabié. Cor. en entonnoir, à tube étroit, d'un violet clair. Etam. 5. Baie rouge, 2-locul. Haies. CC.

180 (suite).

2—Corolle régulière. 3
—Corolle irrégulière. 7
3—Corolle en roue. 4
—Corolle en cloche ou en cornet. 5
4—Fleurs en grappes ou en bouquets ombellés.

Solanum. Etam. 5, rar[t] 4-6; anthères conniventes, s'ouvrant par 2 pores latér. Baie 2-, rar[t] 3-4-loculaire.

1—Tige herbac., non grimp. 2
—Tige ligneuse infér[t], grimpante. 4
2—Feuil. pinnatiséquées. . 3
—Feuilles simples.

S. nigrum (Morelle). Feuil. oval.-acum., sin.-dent. Fl. en corymbes paucifl., briève[t] pédonc. Cor. blanche. Baie noire. ①. Champs, décombres. CCC.

β. *villosum*. Pl. très-velue. Baie rougeâtre. RR. Dreux, Pont-St-Maxence.

γ. *leucocarpon*. Baie jaunâtre. AC.

δ. *miniatum*. Baie rouge. R. Grenelle, Nemours.

3—Fl. blanches ou violettes.

S. tuberosum (Pomme-de-terre). Rameaux souterrains tuberc. Fl. en corymbes ram. Baie vert-jaunâtre ou violacée. ♃. (Cult. alim.).

—Fleurs jaunes.

S. Lycopersicum L [Lycopers. esculentum CG] (Tomate). Baie rouge, volum., résultant de la soudure de plusieurs fl. ①. (Cult. alim.).

4. *S. Dulcamara* (Douce-amère, Vigne de Judée, Loque). Feuil. ent., ovales-acum., souv[t] cord., les supér. souv[t] 3-lobées. Fl. en corymbes long[t] pédonc. Cor. violette, souv[t] réfl. Baie rouge. ♃. Haies, lieux hum. C.

—Fleurs axillaires solitaires.

Physalis.

P. Alkekingi (Coqueret). Tige presq. simple. Feuil. géminées, oval. triang. acum. Cor. jaunâtre. Cal. 5-denté, très-ample et rouge après la floraison. Baie rouge, 2-locul. ♃. Vignes, haies. AC.

5—Fleurs axillaires, solitaires ou géminées. . . . 6
—Fleurs en panicules terminales. 8
6—Feuilles ovales entières.

Atropa.

A. Belladona (Belladone). Pédonc. 1-fl. Cor. brune extér[t]. Etam. 5. Baie noire, de la grosseur d'une cerise, 2-locul. ♃. Bois. AR. (Vén.; off., narcotique, dilate la pupille).

—Feuilles anguleuses, dentées, aiguës,

Datura.

D. Stramonium (Pomme-épineuse). Tige dress., lisse. Fl. subsess. aux bifurcations de la tige. Cal. pentagonal. Cor. en cornet de 0,07-0,10, à limbe plissé, blanche. Etam. 5. Caps. ovoïde, chargée d'épines robustes. ①. Villages, chemins. AC. (Vén.).

7. Hyoscyamus (Jusquiame).

H. niger (Hannebane). Pl. fétide, laineuse, visq. Feuil. moll., ord[t] presq. pinnatifid. Fl. en grappes unilatér. Cal. ample, toment. Cor. en entonnoir, à limbe obliq., inég[t] lobé, jaunâtre-veiné. Etam. 5, saill. Caps. 2-locul., polysp. ① ②. Décombres, chemins. C. (Off., narcotique).

8. Nicotiana. Pl. vel.-visq. Cal. 5-denté. Cor. en entonnoir, 5-lobée. Etam. 5, incluses. Caps. polysperme.

1—Fleurs jaune-verdâtre.

N. rustica L et CG (Tabac des paysans). Feuil. obt., pétiol. Cor. à lob. obtus. Caps. subglobul. ①. (Cult.). Vois. des habitat. RR.

—Fleurs rosées.

N. Tabacum L et CG (Tabac). Feuil. lanc.-aig., sess. Cor. à long tube, à lob. aigus. Caps. oblong. ①. (Cult.).

181. VERBASCÉES.

Verbascum (Molène). Herbes. Feuill. alt., crén.-sin., sans stipul. Fl. fascic., rar[t] solit., en grappes. Cor. en roue, à 5 lobes inég., très-caduque. Etam. 5, inég. Style 1, dilaté au sommet. Caps. 2-locul., polysperme. (Ce genre donne lieu à un grand nombre d'hybrides, à caps. avortées.)

1—Tige velue. Feuil. cotonneuses au moins sur 1 face. 2

—Tige glabre. Feuil. luisantes, glabres sur les 2 faces . . . 11

2—Etam. toutes à filets laineux. Feuil. supér. non décurrentes. 8

—Non 3

3—Filets des étamines tous glabres 6

—Trois filets velus 4

4—Feuil. décurr., au moins d'un côté, jusqu'à l'entre-nœud. . . 5

—Feuil. décurrentes jusqu'à la moitié de l'entre-nœud 7

5—Stigm. non décurrent sur le style.

V. Thapsus (Bouillon-blanc). 0,6-1,0. Feuil. ampl. Cor. assez petite, concave, jaune. Filets des long. étam. 4 f. plus longs que les anthères. ②. Lieux incultes. C.

—Stigm. long[t] décurr., et formant un V renversé.

V. thapsiforme GG et CG. (Bouillon-blanc). 1-2 m. Feuil. très-ampl. Cor. grande, plane, jaune, odor. Filets des long. étam. 1-2 fois plus longs que les anthères. ②. Lieux incult. CC. (Off.).

6. *V. crassifolium* GG. Caractèr. du thapsiforme. ②. RRR. Soissons?

7. *V. phlomoides*. Feuil. très-amples; les caul. supér. brièv[t] décurr. en 2 ailes larges, arrond.; celles des ram. simpl[t] cord., sess. Fl. en épis allongés, jaunes, grandes. Stigm. long[t] décurr. sur le style. ②. Lieux incultes. AR.

8—Poils des étamines blanc-jaunâtre. 9

—Poils des étam. violets. . 10

9—Feuil. supér. embrassantes, brusq[t] acuminées.

V. pulverulentum GG et CG. Feuil. munies sur les 2 faces d'un coton blanc se détachant par flocons. Fl. plongées dans un tomentum blanc, en panic. à ram. étalés. Cor. jaune. ②. Lieux incult. C.

—Feuil. supér. non embrass., lancéolées.

V. Lychnitis. Feuil. vertes pubesc. en dessus. Fl. en grappes à ram. dressés. Cor. petite, blanche ou jaune-pâle. ②. Lieux incult. C.

10. *V. nigrum*. Feuil. à face supér.

variable, toment. en dessous. Fl. en épis term. lâches, allong. Cor. jaune, à gorge violette. Caps. très-petite. ②. Lieux pierreux et sabl. AR.

11. *V. Blattaria* (Herbe aux mites). Feuil. supér. sess., non décurr., prof[t] dent. Cor. grande, jaune, à gorge violette. Etam. à filets tous munis de poils violets. ②. Chemins, lieux herbeux. C.

182—4 graines nues au fond du calice. **192**
—Non **183**
183—Moins de 4 étamines. **184**
—Etamines 4. . . . . **185**
—Etamines 5. . . . . **188**
—Plus de 5 étamines. **189**
184—Calice de 2 pièces. Feuil. mucilagineuses. **113**
—Calice à 4-5 divisions. **190**
185—Fl. sessiles sur un réceptacle commun chargé de paillettes, et disposées en un capitule globuleux entouré d'un involucre multifoliolé **197**
—Non **186**
186—Tige décolorée. Feuil. réduites à des écail. **191**
—Non **187**
187—Feuilles pinnatifides et corolle ouverte ne formant pas 2 lèvres très-distinctes, ... **194**
—Plante n'ayant pas ces 2 caractères réunis. **190**
188—Etam. courbées, inégales, gén[t] barbues. . **181**
—Non. **180**
189—Feuilles simples. **55**
—Feuilles trifoliolées **92**

190. SCROFULARINÉES. Fl. hermaphr., irrég. Cal. libre, à 4-5 div. Cor. monopétale, à 4-5 div. Etam. 4, rar[t] 2, insérées sur le tube de la corolle. Ov. libre. Style 1. Caps. 2-, rar[t] 1-loculaire, gén[t] polysperme.

1—Tige feuillée. 3
—Feuilles toutes radicales 10
2—Corolle subrégulière en roue. Etamines 2. 9
—Corolle irrégulière, campanulée, 2-labiée ou en gueule. Etamines 2 ou 4. 3
3—Corolle éperonnée à la base. 7
—Corolle allongée, nullement globuleuse 4
— Corolle courte, presque globuleuse.

Scrofularia. Tige dressée. Feuil. pétiolées, opp. Cal.

190 (suite).

5-fide. Cor. à limbe court 2-labié; lèvre supér. plus longue, 2-lob., l'infér. 3-lobée. Etam. 4 fert., didynames. Caps. ovoïde-pointue, à 2 loges polyspermes.

1—Feuilles simples. 2
—Feuil. pinnatiséquées . . 4
2—Tige non laineuse. Fleurs brunes en dehors 3
—Tige velue, presque laineuse. Fleurs jaune-pâle.
S. vernalis. Feuil. pétiolées, cordées. Fl. en bouq. axill., rapprochés en panic. feuillée ②. Buissons, vieux murs. RR. Ville-d'Avray?, Compiègne, St-Germer, bois de Boulogne.
3—Feuil. oblongues aiguës.
S. nodosa (Grande Scrofulaire). Souche renflée noueuse. Tige à 4 angles non ailés. Fl. en panic. non feuillées. Lob. du cal. presque ent[t] herbacés. ♃. Lieux frais. C. (Off.).
—Feuil. oval.-obtuses.
S. aquatica (Scrofulaire, Herbe du siége de La Rochelle). Tige à 4 angles ailés. Feuil. qqf. munies de 2 oreillettes. Fl. en panic. non feuillées. Lobes du cal. larg[t] scar. ♃. Ruisseaux, fossés. C.
4. *S. canina* (Rue des chiens). Fl. en panic. non feuillées. Cor. pourpre-foncé. Caps. brusq[t] apiculée. ♃. RRR. Vu jadis au Champ de manœuvres (Fontainebleau).

4—Feuilles pinnées ou pinnatifides. 16
—Non 5
5—Etamines 4 fertiles. 6
—Etam. 2 fert., et 2 stériles souv[t] rudimentaires. . . 8
6—Cor. en gueule et ayant une bosse à sa base.

Antirrhinum (Muflier). Feuil. infér. opp.; les supér. alt., glabres. Cal. 5-partit. Cor. en gueule; lèvre infér. 3-lob., présentant un palais saillant qui ferme la gorge. Etam. 4, incluses. Caps. irrég[t] ovoïde, s'ouvrant par 3 trous, polysp.

1—Cal. à div. lin., plus longues que la corolle.
A. Orontium (Tête-de-mort). Fl. axill. en grappes spicif. très-lâches, feuillées. Cor. purpur., souv[t] str., rar[t] blanche. ①. Moissons, chemins. AC.
—Cal. à div. oval. arrondies, plus courtes que la cor.
A. majus (Mufle-de-veau, Gueule-de-loup). Fl. en grappes, à bract. courtes. Cor. grande, rouge ou blanche, à palais jaune. ♃. Vieux murs. AC. (Cult. orn.).

—Cor. n'ayant pas de bosse à sa base 11

7. **Linaria** (Linaire). Feuil. alt., opp., ou verticill. sur le même individu. Cal. 5-partit. Cor. éperonnée à la base, en gueule; lèvre infér. 3-lob., munie d'un palais saill. fermant la gorge. Etam. 5, didynames, incluses. Caps. à 2 log. polysp.

1—Feuilles pétiolées 2
—Feuil. non pétiol., lin. . 4
2—Feuil. velues, plus longues que le pétiole. 3
—Feuil. lisses, rénif.-lob., plus courtes que le pétiole.
L. Cymbalaria [Antirrhinum C. L]. Pl. glabre, très-diffuse. Cor.

190 (suite).

violette à palais jaune; éperon court. ♃. Vieux murs. CC.

3—Feuil. ovales arrondies.

L. spuria [Antirrhin. s. L] (Velvote fausse). Tige couch., poilue. Cor. jaune-pâle ; lèvre supér. violet-foncé en dedans; éperon coniq. arqué. ①. Champs. C.

—Feuil. hastées pointues.

L. Elatine [Antirrh. E. L] (Velvote vraie). Tige couch., poilue. Cor. jaune-pâle; lèvre supér. bleu-violet en dedans; éperon long, subulé. ①. Champs. AC.

4—Fleurs jaunes. 5

—Fleurs violettes. 6

5—Ram. florifères étal.-diff. Cal. à div. lin. obt., égal[t] au moins la moitié du tube de la cor. . . . 11

—Ram. florifères raid.-dress. Cal. à div. lanc. aig., n'atteign[t] que le tiers du tube de la cor.

L. vulgaris [Antirrh. v. L]. 0,2-0,6. Tige simple dress. Fl. grandes en grappes spicif. Cor. jaune-soufre; palais safrané; éperon subulé très-long. Caps. 2 f. plus longue que le cal. ♃. Lieux incult. CC.

6—Fl. en grappes spiciformes. Cor. à gorge compl[t] fermée par le palais. 7

—Fl. axill. Cor. à gorge incompl[t] fermée par le palais. . 12

7—Pl. glabre. Eperon droit. 8

—Pl. velue-glandul. supér[t]. Eperon courbé presque à angle droit 9

8—Eperon long et pointu, au moins aussi long que la cor.

L. Pelisseriana [Antirrh. P. L]. Cor. pourpre-violet ; palais rayé de blanc. ①. Pelouses sèches. R. Le Vésinet, Dourdan, Etampes, Fontainebleau, Nemours, Malesherbes.

—Eperon court, obtus, égal[t] à peine le tube de la cor. 10

9.*L. arvensis* [Antirrh. a. L]. Tige dress. Feuil. glauq. Fl. très-petites de 0,005-0,006. Cor. lilas-veiné ; palais blanchâtre ; éperon plus court que la cor. ①. Champs. RR. St-Léger, Poigny, Melun, Nemours, Compiègne.

10.*L. striata* [Antirrh. Monspessulanum et repens L]. Cor. blanche ou jaunâtre, rayée de violet ; palais ample jaune. ♃. Lieux stér. C.

11.*L. supina* [Antirrh. s. L]. 0,1-0,3. Tige diff. Feuil. infér. verticill. par 4. Fl. grandes en grappes courtes. Cor. jaune-pâle; palais orangé ; éperon très-long. Filet des étam. velu à la base. Caps. un peu plus longue que le cal. ①. Champs arid., vieux murs. C.

12.*L. minor* [Antirrh. m. L]. Pl. pubesc., glandul. Fl. petites, distantes. Cor. violet-pâle ; palais jaunâtre; éperon obt., 2-8 f. plus court que la cor. ①. Champs, vieux murs. C.

β. *prætermissa* GG et CG. Pl. ent[t] glabre. RR. Provins, Puiseaux, Dordives.

8.**Gratiola** (Gratiole).

G. officinalis (Herbe à pauvre homme). Feuil. sess., opp., glabr., lanc., 3-nerv. Cal. 5-partit, muni de 2 bract. Fl. axill., solit. Cor. tubul., à 4 lob. inég., form[t] 2 lèvres peu distinctes, blanc-jaunâtre-rosé, à tube str. Deux des étam. stér., souv[t] rudim. Caps. à 2 log. polysp. ♃. Marais, lieux très-hum. AR. (Off., purgatif).

9.**Veronica** (Véronique). Herbes. Feuil. souv[t] opp. et alt. sur le même individu. Cal. 4-, rar[t] 5-fide. Cor. 4-5-fide, à div.

190 (suite).

supér. plus grande. Etam. 2, insérées à la base de la div. supérieure de la cor. Caps. à deux loges 2-ou polyspermes.

1—Fl. en grappes sur des pédonc. axillaires n'ayant que des bractées. 4

—Fl. axill., ou en grappes terminant la tige ou des rameaux feuillés 2

2—Feuil. florales à l'état de bractées. 3

—Feuil. florales de mêmes forme et grandeur que les infér. . 21

3—Fl. en grappes lâches. Lobes de la cor. tous arrondis. . . . 12

—Fl. en épis denses. 2 lob. de la cor. pointus.

V. spicata. 0,2-0,5. Feuil. oblong., attén. à la base, crén. Grappe term., ord^t solit. Cor. bleu-foncé, 2-3 f. plus longue que le cal. Caps. vel., renflée. Style très-long. ♃. Bois, bruyères. AC.

4—Feuil. velues. 5

—Feuil. liss. Lieux aquat.. 8

5—Cal. à 4 divisions. . . . 7

—Cal. à 5 div. très-inégal.. 6

6—Div. du cal. ciliées. Cor. d'un beau bleu.

V. Teucrium. Feuil. oval. ou lanc., irrég^t incis. Grappes arrivant toutes à la même hauteur. Cor. assez grande. Caps. oblongue, échancr. ♃. Lieux secs. AC.

—Div. du cal. glabres. Cor. bleu-pâle, rose, ou même blanche.

V. prostrata. Tiges étal. Feuil. lanc.-lin., plus ou moins incis., subpétiol. Caps. glabre. ♃. Lieux très-arid. AR.

7—Tige à 2 rangs opp. de poils mous, changeant de faces à chaque entre-nœud.

V. Chamædrys (Véronique femelle). Feuil. subsess. oval-oblong., dent. Grappes opp., lâch. Cor. assez grande, bleu-tendre. Caps. compr., échancr. ♃. Bois, prés, chemins. CC. (Off.).

β. *pilosa*. Tige pubesc. sur toute sa surface, avec 2 rangs de poils plus saill.

—Non. 11

8—Feuil. non lin. Grappes ord^t opp. Caps. ne débordant pas le calice 9

—Feuil. lin. Grappes alt. Caps. échancr., débord^t le cal. . . . 10

9—Feuil. oval. obt., pétiolées.

V. Beccabunga. Tige fistul. Feuil. un peu charnues. Grappes lâches multifl. Cor. bleue ou bleuâtre, dépass^t peu le cal. ♃. Ruisseaux, fossés. C.

—Feuil. longues, aig., sess.

V. Anagallis. Tige fistul. Grappes lâches multifl. Cor. bleu-pâle veiné de rouge, dépass^t à peine le cal. Caps. suborbic., renflée. ①, ② ou ♃. Bord des eaux, fossés. AC.

10. *V. scutellata*. Feuil. sess., lâch^t dentic. Grappes très-lâch.; pédic. longs, étalés. Cor. dépass^t le cal., d'un blanc-bleuâtre veiné de rose. ♃. Bord des étangs, fossés. AC.

11—Caps. débordant larg^t le cal.

V. montana. Feuil. long^t pétiol., fort^t dent. Grappes paucifl. Cor. bleu-pâle veiné de pourpre. Caps. compr., échancr., cil. ♃. Bois hum. AR.

—Non.

V. officinalis (Véronique mâle, Thé d'Europe). Feuil. subsess., crén. ou dent. Grappes ord^t alt., multifl. Cor. bleu-pâle ou rosé. Caps. compr., triang., échancr. ♃. Chemins, prés, bois. C. (Off.).

12—Feuil. moyennes très-prof^t découpées 17

—Non. 13

190 (suite).

13—Feuil. toutes ovales oblongues 14

—Plusieurs feuil. cordées, crénelées 16

14—Pl. glabre ou fin[t] pubesc. 15

—Pl. couverte de poils étal., articulés, glanduleux 18

15—Style aussi long que la caps. Pédicelle égalant le cal.

V. serpyllifolia. 0,1-0,3. Tige radicante à la base, fin[t] pubesc. Feuil. luis. Cor. petite, bleu-pâle veiné. Caps. ord[t] cil. glandul. ♃. Avr., oct. Pâturages, bois. C.

—Style presq. nul. Pédic. 5-6 f. plus court que le calice.

V. peregrina. Pl. ram., glabre. Bract. 5-6 f. plus longues que les fl. Cor. petite, bleue ou bleuâtre. Caps. très-glabre. ①. Mai, juin. RR. Versailles, Trianon.

16—Fl. pédicellées. Style dépassant les lobes de la caps. . . 20

—Fl. subsess. Style plus court que les lob. de la caps.

V. arvensis. 0,05-0,25. Tige très-pubesc., glandul. supér[t]. Cal. à div. dépass[t] la caps. Cor. petite, bleu-clair à gorge pâle. Caps. ciliée, compr., très-échancr. ①. Mars, oct. Lieux cult. CCC.

17—Feuil. plus courtes que les pédonc., à 3-5 div. digit. . . 19

—Feuil. plus long. que les pédonc.; les moyennes pinnatifid., à 5-9 segm.

V. verna. Fl. en grappes lâches, bleu-pâle. Caps. compr., à lob. écartés. ①. Avr., mai. Lieux arid. AR.

18. *V. acinifolia*. 0,04-0,12. Feuil. qqf. rougeâtr. Cal. très-court. Cor. d'un beau bleu, à gorge jaune. Style très-court. Caps. très-large, comprimée, prof[t] 2-lob. ①. Avr., mai. Champs. AR.

19. *V. triphyllos*. Fl. en grappes lâch., bleues, blanch. ou violettes. Caps. grosse, renflée. ①. Mars, mai. Champs, murs. AC.

20. *V. præcox* GG et CG. Feuil. prof[t] crén. Fl. en grappes lâches. Cor. d'un beau bleu, dépassant le cal. Caps. renflée. ①. Avr., mai. Lieux arid. AR.

21—Feuil. oval., ayant plus de 5 crénelures 22

—Feuil. suborbic. à 3-5 grandes crénelures 23

22—Pédicelles 3-4 f. plus longs que les feuil.

V. Persica GG et CG. Feuil. pétiol. Cor. bleu-veiné pâle. Caps. très-large, à 2 lob. minces, diverg. ①. Champs, fossés. RR. Grille de St-Cyr (Versailles), Trianon, L'Etang (St-Germain), l'Ile-Adam.

—Pédic. 1-2 fois aussi longs que les feuil.

V. agrestis. Tige couch. Feuil. pétiol. Cor. bleu-veiné pâle. Caps. à 2 lob. renflés, non diverg. ①. CCC.

23. *V. hederæfolia*. Tige couch. Feuil. pétiol., épaiss. Cal. à segm. cordés, ciliés. Cor. violette, plus courte que le cal. Caps. subglobul. ①. Lieux cult., chemins. CCC.

10. Limosella (Limoselle).

L. aquatica. 0,03-0,08. Pédonc. grêles, courts, 1-fl., au centre d'une rosette de feuil. vert-clair, épaiss., long[t] pétiol. Cor. très-petite, camp.-rotacée, rosée. Etam. 4, rar[t] 2; anthères purpur. Caps. 1-locul. supér[t], 2-locul. infér[t], polysp. ①, ②. Bord des eaux. AR.

11—Corolle bilabiée. Calice 4-denté. 12

—Corolle campanulée. Calice 5-denté.

190 (suite).

Digitalis (Digitale). Feuil. alt., oblongues, dent. Fl. en longue grappe term., unilatér. Cor. tubul.-ventrue ou camp., à limbe court, obliq., subbilabié. Etam. 4, didynames, incluses. Caps. 3-locul., polysperme.

1—Fl. blanch. ou roses, tigrées.
D. purpurea (Digitale, Gant de N.-D.). Feuil. vel. en dessous. Fl. pend. Cal. toment., à div. oval.-obt. Cor. de 0,04-0,05. ♃. Bois, coteaux. C. (Off.).
—Fl. jaune-pâle, non tigrées.
D. lutea. Feuil. lanc., glabr. Fl. étal. horizontalement. Cal. glabre à div. lin. Cor. de 0,02 au plus. ♃. Coteaux et bois secs. AR.
β. *hirsuta*. Tige et feuilles vel. RRR. Les Andelys.

12—Calice tubulé et arrondi 13
—Calice ventru et aplati sur les côtés. 15
13—Feuilles florales à base pinnatifide. 17
—Feuilles florales entières ou seulement dentées . . 14
14—Lèvre infér. de la corolle à 3 lobes échancrés.

Euphrasia (Euphraise).

E. officinalis (Casse-lunettes). Pl. polymorphe. Feuil. sess. oval.; les supér. éparses. Cor. 2-lab.; lèvre supér. très-faibl[t] en casque, large, blanche rayée de violet, à palais jaune. Anthères barbues à la base. Caps. ovoïde, 2-locul., polysp. ①. Prés, pelouses. C.

—Lèvre infér. de la cor. à 3 lobes entiers.

Odontites. Feuil. sess.; les supér. éparses. Cor. 2-lab.; lèvre supér. à bords non repliés. Caps. obt., 2-locul., polysp.

1—Cor. à lobes non barbus. 2
—Cor. à lob. ciliés barbus. 3
2—Cor. à lèvres écartées.
O. rubra [Euphrasia Odontites L]. Cor. rosée; lèvre supér. tronq., l'infér. plus courte. Anthères barbues. Style saill. avant l'épanouissem[t]. ①. Prés, moissons. C.
—Cor. à lèvres conniventes.
O. Jaubertiana GG et CG. Cor. rougeâtre ou jaunâtre; lèvres ég., la supér. arrond. au sommet. Anthères à lob. presq. glabr. Style inclus. ①. Coteaux calcaires. RRR. Moret.
3. *O. lutea* [Euphrasia l. L]. Feuil. lanc.-lin. Cor. d'un beau jaune, très-ouverte, à lèvres égales. Etam. et style saill. Anthères glabr. ①. Coteaux arid. RR. Crépy, Compiègne, Noyon, Soissons.

15. **Rhinanthus**. Feuil. sess., opp., fort[t] dent. Fl. subsess., en grappes term., feuillées. Cal. vésiculeux, 4-denté. Cor. jaune, 2-lab.; lèvre supér. en casque compr., l'infér. plane 3-lob. Anthères velues. Caps. suborbic., presq. plane, 2-locul., polysp.

1—Feuil. florales jaune-pâle.
R. major [R. Crista-galli L] (Crête-de-coq, Cocrète). Cal. pâle, non taché. Cor. pâle, à tube courbé

égal[t] au moins les dents du cal. Style violet, un peu saill. ①. Prés.

α. *hirsutus*. Cal. ent[t] velu. AC.

β. *glaber*. Calice glabre, ou pubesc. sur les carènes. CCC.

—Feuil. florales vertes, à dents acum.-subul., toujours glabres.

R. minor [R. Crista-galli L]. Cal. vert-obscur, taché de brun. Cor. jaune-foncé, à tube droit n'atteign[t] pas les dents du cal. Style caché sous le casque. ①. Prés. AC.

16. **Pedicularis**. Feuil. très-découp. Fl. roses, très-rar[t] blanch., en grappes term. Cal. ventru, à lobes foliac. incisés. Cor. 2-labiée, à tube étroit, dépass[t] le cal.; lèvre supér. en casque compr. Etam. 4, didynames. Caps. ovoïde compr., 2-locul., polysperme.

1—Tige droite, sans rameaux couchés à sa base.

P. palustris (Herbe aux poux). 0,2-0,6. Cal. subbilab., à lob. crispés. Tube de la cor. très-long; casque ayant 2 dents vers sa demi-longueur. ② ou ♃. Lieux marécageux. AC.

—Tige ayant à sa base de longs rameaux couchés.

P. sylvatica. 0,1-0,2. Cal. 5-lobé. Casque de la cor. sans dents vers le milieu de sa longueur. ① ou ♃. Bois frais. C.

17. **Melampyrum**. Feuil. sess., opp.; les caul. ent., les florales (bractées) fort[t] incisées. Cal. tubul., 4-denté. Cor. 2-lab., presq. en gueule; lèvre supér. en casque compr.; l'infér. à 3 lobes, munie de 2 bosses. Etam. 4, didynames. Anthères appendiculées. Caps. ovoïde-compr., à 2 log. 1-2-spermes.

1—Fl. en épi compacte. . . 2

—Fl. par couples, tournées d'un même côté. 3

2—Bractées verdâtres.

M. cristatum. Bract. imbriq. sur 4 rangs, larg., cord., pliées-arq., à bords déchiquetés en cils raid. figurant une crête. Cor. presq. fermée, d'un blanc jaunâtre mélangé de rouge, à palais jaune. ①. Bois secs, coteaux incult. AC.

—Bract. d'un beau rouge.

M. arvense (Rougeole, Blé de vache). Bract. lacin., à div. lin.-subul. Cor. ouverte, purpur., à gorge jaune. ①. Moissons, prés. C.

3. *M. pratense*. Cor. blanchâtre ou jaunâtre, à gorge fermée, qqf. rosée. ①. Bois. C.

191. OROBANCHÉES. Herbes parasites sur les rac. de diverses pl. Tige épaisse. Feuil. réduites à des écailles. Fl. axill. en épi terminal. Cor. tubul.-camp., arquée, à limbe bilabié; lèvre supér. en casque, l'infér. 3-fide. Etam. 4, didynames, insérées sur le tube de la cor. Style 1. Stigmate 2-lobé. Capsule 1-loculaire, polysperme.

1—Fleurs à l'aisselle d'une bractée, et munies en outre de deux bractéoles latérales.

191 (suite).

Phelipæa (Orobanche). Cal. 4-, rar^t 5-lobé.

1—Tige simple. Cor. grande. 2
—Tige ram. Cor. petite . . 3
2—Lèvres de la cor. planes, à dents aig. Anthères sensibl^t glabr.
P. cœrulea GG et CG. Cor. bleu-d'acier veiné. Stigm. blanchâtre. ♃. Pelouses, coteaux secs. Parasite sur l'*Achillea Millefolium*. R. Mantes, Les Andelys, Chaumont, Clermont, Corbeil.
—Lèvres de la cor. arrond., à bords réfl., à petites dents obt. cil. Anthères poilues-laineuses.
P. arenaria GG et CG. Cor. de 0,02-0,03, bleu-violet, rar^t blanche, veinée. Stigm. jaune ou orangé. ♃. Champs incult., coteaux secs. Parasite sur l'*Artemisia campestris*. RR. Pontoise, Lardy, Chamarande, Étampes, Nemours.
3. *P. ramosa* (Orobanche r. L). Cor. ent^t jaunâtre ou lavée de violet, à dents oval.-arrond. ①. Chenevières, jardins. Parasite principalement sur le *Cannabis sativa*. AR.

—Fleurs à l'aisselle d'une bractée, mais non munies de deux bractéoles latérales.

Orobanche (Orobanche). Cal. de 2 pièces distinctes ou un peu soudées, 2-fides, plus rar^t entières.

1—Etam. insér. au-dessous du quart infér. du tube de la cor. 2
—Etam. insér. au-dessus du quart du tube de la cor.. . . . 5
2—Filets des étam. velus . . 3
—Filets glabres infér^t.
O. Rapum GG et CG. Tige renflée en tuberc. à sa base. Cor. rose-jaunâtre, à lob. obscur^t dent. Stigm. jaune-pâle. ♃. Bois, bruyères. Parasite sur le *Sarothamnus*. C.
3—Stigm. ent^t pourpre-foncé. 4
—Stigm. jaune, bordé de brun.
O. cruenta GG et CG. Cor. ventrue, jaunâtre à la base, rouge-sang à la gorge, à lob. dentic. en cils. ♃. Pelouses, chemins. Parasite sur les *Lotus*, *Genista*, *Hippocrepis*, *Onobrychis*. AR.
β. *citrina*. Pl. ent^t jaune. R. Mantes, Fontainebleau.
4—Div. du cal. ne dépass^t pas la moitié du tube de la cor.
O. Galii GG et CG. Cor. d'un rouge briqueté pâle, souv^t violacée sur le dos. Etam. très-velues. ♃. Prés, lisière des bois. C.
—Div. du cal. égal^t sensibl^t le tube de la cor.
O. Epithymum GG et CG. Cor. jaune-pâle ou rougeâtre et veinée de pourpre. Lobe moyen de la lèvre infér. plus grand que les latér. Etam. ne présent^t que qq. poils épars. ♃. Pelouses, prés. Parasite sur le *Thymus* et le *Clinopodium*. C.
5—Div. du cal. égal^t le tube de la corolle 6
—Non.
O. Teucrii GG et CG. Cor. rouge-brun; lèvre infér. à 3 lobes presq. ég. Etam. vel. infér^t. Stigm. purpurin. ♃. Coteaux secs. AR.
6—Stigm. pourpre-violet . . 7
—Stigm. jaune. 8
7—Lèvre supér. de la cor. ent.
O. Picridis GG et CG. Cor. assez petite, un peu arq., blanc-jaunâtre, veinée de bleu. Etam. très-vel. ①. Lieux secs. RRR. Env. de Provins.
—Lèvre supér. de la cor. émarginée ou 2-lobée. 9
8. *O. Hederæ* GG et CG. Cor.

presq. glabre, jaune-pâle, veinée de violet. Etam. sensibl[t] glabr. ①. RRR. Parc de La Roche-Guyon, château des Pressoirs (Côte de Champagne).

9—Cor. insensibl[t] arquée.

O. minor GG et CG. Cor. assez petite, blanchâtre, veinée de lilas. Etam. ne présentant que qq. poils épars. ①. Lieux secs. RRR. Rochers St-Jacques (Les Andelys), Beauvais, Malesherbes?, Pithiviers?

—Cor. à tube brusq[t] courbé vers son tiers inférieur.

O. amethystea GG et CG. Cor. blanchâtre ou veinée de lilas sur le dos, ou ent[t] lilas. Etam. glabres ou présentant qq. poils épars. ♃. Chemins, lieux secs. Parasite sur l'*Eryngium*. AC.

192—Etamines 2 ou 4. Feuilles opposées. . . . **193**
—Etamines 5. Feuilles alternes **178**
193—Feuilles laciniées **194**
—Non.

LABIÉES. Tige tétragone, à rameaux opposés. Feuil. toujours opp., par paires croisées. Fl. solit. ou en glomérules axill. simulant des verticilles, et formant des grappes ou des capitules. Etam. 4, didynames, rar[t] 2. Cor. ord[t] à 2 lèvres. Style terminé par un stigmate 2-fide. Carp. 4, très-distincts, nus au fond du cal., 1-spermes.

1—4 étamines fertiles. 2
—2 étamines fertiles 5
2—Corolle ou presque régulière; ou à 2 lèvres très-distinctes, l'une supérieure, l'autre inférieure.. 3
—Corolle n'ayant que la lèvre inférieure (la supérieure manque absolument ou est très-courte). 37
3—Calice bleuâtre, tubul., à 13-15 nerv. Etam. antérieures les plus longues, infléchies sur la lèvre inférieure.

Lavandula (Lavande).

L. Spica (L. vera CG). Tige lign. Feuil. oblong.-lin. Fl. en épis interr. terminant des ram. nus. Bract. membran., brunes. Cal. à 5 dents obt.; la supér. munie d'un appendice semi-orbic. Cor. bleue, à 5 lobes presque ég. (Cult. arom.). Natur. à Malesherbes.

—Non. 4
4—Corolle à deux lèvres distinctes 6
—Corolle à 4 lobes presque égaux

Mentha (Menthe). Herbes arom. Fl. petites, en glomér. axill. opp. Cal. 4-denté. Cor. en entonnoir presq. rég. Etam. égales, droites, divergentes.

193 (suite).

1—Cal. nu à la gorge. . . . 2
—Cal. velu à la gorge. Gloméр. très-espacés. 8
2—Feuil. sess. ou subsess. . 3
—Feuil. pétiolées. 5
3—Feuil. oval.-suborbic.
M. rotundifolia (Baume, Menthe crépue). Feuil. épaiss., crén., à nerv. très-saill. en dessous. Glomér. en épis cylindr. aigus. Cor. rose ou blanche. ♃. Lieux herbeux, fossés. CC.
—Feuil. oblong.-aiguës . . 4
4—Pl. toment. Feuil. blanchâtr. au moins en dessous.
M. sylvestris (Menthe sauvage). Feuil. fort[t] dentées. Glomér. en épis cylindr. compact. Bract. lin.-subul. Cor. rose ou blanche. ♃. Lieux hum. (Cult.). RRR. Parc de Versailles, Compiègne?
—Pl. sensibl[t] glabre. Feuil. vertes des 2 côtés.
M. viridis. Feuil. lanc., fort[t] dent., tr.-odorantes. Glomér. en épis cylindriques compactes. Bract. lin.-subul. Cor. rose ou violette. ♃. Lieux hum. (Cult.). R. Bois de Boulogne, Versailles, Dreux, Provins, Bresle, Betz.
5—Axe floral terminé par un faisceau de feuilles. 7
—Non. 6
6—Glomér. supér. réunis en tête globuleuse.
M. aquatica (Menthe rouge). Cor. rose-vif. ♃. Bord des eaux.
α. *hirsuta*. Pl. velue. CC.
β. *glabra*. Pl. glabre. AR.
—Glomér. supér. en épi cylindrique.
M. piperita L et CG (Menthe poivrée). Pl. glabre ou à poils rares. Cor. d'un beau rose. ♃. (Cult. arom.) Qqf. natur. près des habitations.
7—Cal. oblong, à dents lanc. subul. dressées.
M. sativa. Feuil. diminuant ordinair[t] de grandeur vers le haut de la plante. Cor. rosée. ♃. Lieux hum. AC.
β. *rubra*. Plante glabre, à odeur pénétrante. Tige raide, rougeâtre. (Cult.). Qqf. subspont. près des habitations.
—Cal. presq. aussi large que long, à dents courtes à la fin étal.
M. arvensis. Feuil. supér. ord[t] de même grandeur que les infér. Cor. rose. ♃. Lieux hum. CC.
8. *M. Pulegium* (Pouliot). Feuil. petites, ellipt., obt., lâchem[t] dentic. Cor. rose, rar[t] blanche. ♃. Lieux hum. CC.

5—Corolle bilabiée 23
—Corolle presque régulière.

Lycopus.

L. Europæus (Pied-de-loup). Feuil. oblong., fort[t] dent. Fl. petites, en glomér. multiflores opp., espacés. Cal. à 5 dents aiguës. Cor blanche, 4-lob. Etam. distantes. ♃. Bord des eaux. CC.

6—Corolle d'un beau jaune-d'or 28
—Non 7
7—Calice à 2 lèvres entières, la supér. portant une bosse qui le ferme après la floraison 35
—Non. 8
8—Etam. incluses avec le style dans le tube de la cor. 33
—Etam. apparentes au moins à la gorge de la cor. . 9

193 (suite).

9—Verticilles des fleurs accompagnés de nombr. bractées sétacées et ciliées, formant involucre. 21
—Non 10
10—Etam. droites divergentes dès l'épanouissement.. . 11
—Etam. parall., ou arq. en se rapprochant vers leur sommet (au moins avant l'émission du pollen). 13
11—Bract. florales larg., ord[t] roug. Fl. en têtes compactes.

Origanum (Origan).

O. vulgare. Feuil. pétiol.,oval., ent. Cal. petit, 5-lobé, à gorge vel. Cor. rose, qqf. blanche; lèvre infér. 3-lob. ♃. Lieux incult. CC.

—Non. 12
12—Feuilles ayant à peine 0,01 de long.

Thymus (Thym). Tige lign. infér[t], très-ram. Cal. barbu à la gorge, str., 2-labié. Cor. à lèvre supér. dress. presque plane, émarginée; l'infér. à 3 lobes presq. égaux.

1—Tiges redressées, jamais radicantes.

T. vulgaris (Thym). Feuil. lin., à bords roulés. Cor. rose, rar[t] blanche, à peine plus longue que le cal. ♃. (Cult. arom.).

—Tiges couchées et long[t] radicantes.

T. Serpyllum (Serpolet). Feuil. oboval., en coin. Cor. purpur., rar[t] blanche, une fois plus longue que le cal. ♃. CCC.

—Feuilles ayant plus de 0,03 de long.

Hyssopus (Hysope).

H. officinalis. Tige lign. Ram. effilés. Feuil. lin., ponctuées-glandul., subsess. Cal. 5-denté, fin[t] str. Cor. bleue, rar[t] blanche. Glomér. plurifl. en épis unilatér. ♃. Vieux murs, rochers. R. Vernon, Mantes, Châteaufort, Brunoy, Rochefort, Malesherbes, Provins.

13—Calice à 5 dents (sensiblement régulier). 14
—Calice bilabié (visiblement irrégulier). 18
14—Anthères rapprochées par paire en forme de croix. 25
—Non. 15
15—1 ou 2 p. de feuil. sur la moitié supér. de la tige. . 31
—Plus de 2 p. de feuil. sur la moitié supér. de la tige. 16
16—Pédoncules subdivisés en plusieurs pédicelles.. . 17
—Pédoncules ne portant qu'une fleur 26
17—Feuilles ovales. 24
—Feuil. lancéolées-linéaires.

Satureia (Sarriette). Odeur forte, agréable. Pl. de 0,1-0,3. Lèvre supér. de la cor. dress., plane. Etam. conniventes.

193 (suite).

1—Feuil. molles, vert-mat.

S. hortensis. Glomér. brièv^{t} pédonc. Cor. lilas, ponctuée. ①. (Cult. condim.).

—Feuil. coriaces luis., fort^{t} ponctuées, glanduleuses.

S. montana. Tige sublign. Glomér. pédonc. Cor. blanche ou rose. ♃. Rochers. RRR. La Justice (Malesherbes), Darvault (Nemours).

18—Filets des étam. ayant une dent au sommet. . . . 36

—Non. 19

19—Fl. grandes, 1-2, rar^{t} 3 à l'aisselle des feuilles . . 34

—Fleurs en glomérules. 20

20—Fleurs blanches.. 22

—Fleurs roses.

Calamintha (Calament). Cal. 2-lab., à gorge ord^{t} barbue. Lèvre supér. de la cor. dress., presq. plane; l'infér. à 3 lob. peu inég. Etam. 4, convergentes au sommet.

1—Pl. de 0,1-0,3. Cal. gibbeux à la base. 3

—Pl. de 0,3-0,6. Cal. droit. 2

2—Feuil. larg. d'au moins 0,03.

C. officinalis [Melissa Calamintha L] (Menthe des montagnes). Feuil. moll., dent. Cal. à dents long^{t} ciliées. Cor. rose-purpur., long^{t} saill. ♃. Bois, pâturages. C.

—Feuilles n'ayant pas 0,02 de large.

C. Nepeta [Melissa N. L]. Feuil. fermes, lâchem^{t} dent. Cal. à dents brièv^{t} cil. Cor. rose-bleuâtre. ♃. Lieux arid. RR. Compiègne, Senlis, La Ferté-sous-Jouarre, Villers-Cotterets, Lieusaint.

3. *C. Acinos* [Thymus A. L]. Pl. très-vel. Feuil. très-petit., pétiol. Fl. portées sur des pédonc. simpl. Cal. à tube courbé renflé. Cor. petite, purpur. ①. Lieux secs. CC.

21. **Clinopodium.**

C. vulgare (Grand Basilic sauvage). Feuil. vel., oval., faibl^{t} dent. Bract. florales sétac., long^{t} ciliées. Fl. purpur., rar^{t} blanch., en glomér. compactes. ♃. Bois, haies, pâturages. CC.

22. **Melissa** (Mélisse).

M. officinalis (Citronelle). Odeur agréable. Feuil. long^{t} pétiol., larges, oval., crén. Fl. jaunâtres, puis blanch., en glomér. long^{t} dépassés par les feuil. ♃. (Cult.). Subspont. près des habitations.

23—Feuilles linéaires, à bords roulés, sessiles.

Rosmarinus (Romarin).

R. officinalis. Odeur forte, agréable. Tige lign. Feuil. coriaces, persist., toment. en dessous. Cal. blanchâtre pulvérulent. Cor. bleu-pâle, rar^{t} blanche. ♃. (Cult. arom.).

—Feuilles ovales, dentées.

Salvia (Sauge). Feuil. ord^{t} ridées. Cal. à 2 lèvres; la supér. ent. ou 3-dent., l'infér. 2-fide. Fl. ord^{t} bleues, en glo-

193 (suite).

mér. axill. opp. Lèvre supér. de la cor. en casque; l'infér. 3-lob. Filet des étam. articulé.

1—Tube de la cor. muni intérᵗ d'un anneau de poils. 2
—Non 3
2—Feuil. non cordées. Fl. brièvᵗ pédicellées.
S. officinalis (Sauge). Pl. aromat., sous-frutesc. à la base. Glomér. 3-4-fl. Cal. coloré, strié, spinescent. Cor. assez grande, rose-lilas, rarᵗ blanche. ♃. (Cult. condim.).
—Feuil. cord. Fl. assez longᵗ pédicellées.
S. verticillata. Pl. fétide. Glomér. infér. 10-15-fl. Cor. assez petite, bleue; lèvre supér. courte. ♃. Chemins. RRR. Arcueil.
3—Bractées plus courtes que le calice. 4
—Non.
S. Sclarea (Orvale, Toute-bonne). Pl. très-odor., vel.-laineuse. Bract. violacées. Glomér. 2-3-fl. Cal. à dents épin. Cor. long., bleu-lilas. ♃. Coteaux secs. AR. (Off.).
4—Fl. dépassᵗ longᵗ le calice.
S. pratensis (Sauge des prés). Glomér. 2-3-fl., en épis allongés. Fl. grandes, bleues, rarᵗ roses ou blanches; lèvre supér. en faux, compr., visq. Style très-saill. ♃. Prés. CCC.
—Fl. dépassᵗ à peine le cal.
S. Verbenaca. Feuil. lob. subpinnatifid. Glomér. 1-4-fl. Cor. petite, bleue, à casque non compr. ♃. Lieux secs. RR. Brunoy, Dreux.

24—Fleurs en verticilles axillaires. 32
—Fleurs en épis pédonculés axillaires et terminaux.

Nepeta.

N. Cataria (Herbe aux chats). Odeur forte, peu agréable. Feuil. pubesc., blanchâtr. en dessous, pétiol., cord., fortᵗ dentées. Glomér. multifl. serrés, brièvᵗ pédonc., en épis. Cor. blanche ponctuée de rouge; lèvre supér. plane, 2-fide; l'infér. à lobe moyen très-ample, concave, crén. Etam. parallèles. ♃. Chemins, haies. AC.

25. **Glecoma.**

G. hederacea (Lierre terrestre). Pl. très-odor., couch.-radicante. Feuil. longᵗ pétiol., rénif., suborbic., crén. Glomér. 1-4-fl. Cor. violet-clair, rarᵗ blanche; lèvre supér. plane, 2-fide; l'infér. à lobe moyen plan, souvᵗ émarginé. ♃. Avr., mai. Ombrages. CC. (Off.).

26—Feuilles caulinaires et inférieures trilobées . . . 29
—Feuilles entières, ou seulᵗ dent., ou crénelées. . . 27
27—Lèvre inférieure de la corolle 3-lobée. 30
—Lèvre infér. 2-lobée; gorge de la cor. présentant de chaq. côté, entre les 2 lèvres, un lobe court ordᵗ 1-2-denté.

Lamium. Cal. à 5 dents non épin. Lèvre supér. de la cor. en casq. Etam. parallèles, non rejetées en dehors après la fécondation; anthères barbues. Carp. tronqués, glabres.

1—Fleurs blanch. Anthères noires. 6
—Non. 2
2—Feuil. toutes plus ou moins

193 (suite).

pétiol., non embrassantes. . . 3
—Feuil. supér. sess. embrass.
L. amplexicaule. Feuil. arrond. crén. Cor. petite, purpur.; orifice de la gorge à peine denté. ①. Lieux cult. CC.
3—Cor. à tube arqué; lèvre supér. doublem[t] carénée sur le dos. 5
—Non 4
4—Feuil. supér. prof[t] incisées.
L. hybridum GG et CG. Glomér. 3-5-fl., rappr. en têtes feuillées. ①. Lieux cult. AR.
—Feuil. toutes pétiolées, crénelées-dentées.
L. purpureum (Ortie rouge). Cor. assez petite, purpurine, très-rar[t] blanche; lobes de la gorge 2-dentés. ①. CCC.
5. *L. maculatum*. Feuil. tachées de blanc. Glomér. 3-5-fl., en grapp. interr. Cor. assez grande, purpur., à lèvre infér. ponctuée, rar[t] blanche; lob. de la gorge à 1 dent subul. ♃. Haies, fossés. RR. St-Maur, Poissy?
6. *L. album* (Ortie blanche). Feuil. vel., dent. en scie, pétiol., cord. Glomér. 4-10-fl., en grappes interr. Cor. assez grande; lob. de la gorge à 1 dent subulée. ♃. CCC.

28. **Galeobdolon**.

G. luteum CG [Galeopsis Galeobdolon L, Lamium Galeobd. GG] (Ortie jaune). Feuil. oval., dent. en scie. Glomér. 3-5-fl. Cor. assez grande; lèvre supér. courbée en faux; l'infér. à 3 lob. aig. Etam. parall., non rejetées en dehors après la fécondation. ♃. Haies. AC.

29. **Leonurus**.

L. Cardiaca (Agripaume). Feuil. long[t] pétiol., très-étal. Glomér. compactes, très-nombr., en épis feuillés, très-lâches. Cal. à 5 dents épin. Cor. rose, ponctuée de pourpre, très-vel. ♃. Chemins. AC.

30—Lèvre infér. de la cor. ayant à sa naissance 2 protubérances coniques; entrée du tube ouverte, non poilue.

Galeopsis. Cal. à 5 dents épin. Cor. à lèvre supér. en casque. Etam. parall., non rejetées en dehors après la fécondation.

1—Tige très-hisp., gonflée sous les nœuds. Feuil. fort[t] dent.. 3
—Non. 2
2—Fl. rouges, rar[t] blanches, à lèvre infér. tigrée de jaune.
G. Ladanum [G. angustifolia GG]. Feuil. oblong.-lanc., pubesc. Tube de la cor. ord[t] 1-2 f. plus long que le cal. ①. Lieux cult. CC.
—Fl. jaune-pâle, qqf. rosées.
G. dubia GG et CG. Feuil. oblong.-lanc., toment. au moins en dessous. Tube de la cor. 3-4 f. plus long que le cal. ①. Champs. R. Marcoussis, Dreux, Dordives.
3. *G. Tetrahit* (Ortie royale). Feuil. oval., pétiol., très-dent. Cal. très-piquant. Cor. purpur., rose ou blanche. ①. Haies, bois. CC.

—Lèvre infér. de la cor. sans protubérance conique; gorge du tube velue intérieurement.

Stachis (Epiaire). Cal. à 5 dents subépineuses. Fl. qqf. entourées de bractéoles lin. Lèvre supér. de la cor. concave;

193 (suite).

l'infér. étalée, à 3 lobes dont le moyen plus grand. Etam. d'abord parall., rejetées en dehors après la fécondation. Carp. arrondis au sommet.

1—Fl. purpur. ou roses. . 2
—Fl. blanc-jaunâtre . . . 10
2—Tig. et feuil. couvertes d'une laine épaisse et blanche . . . 3
—Non. 4
3—Souche non traç. Cal. à dents piquantes.

S. Germanica. Tige dress. Feuil. épaisses. Glomér. 12-20-fl., en épis allong. Cal. blanc-laineux. Cor. rose. ②, ♃. Lieux incult. AC.

—Souche traç. Cal. à peine piquant.

S. lanata GG et CG. Feuil. blanc-argenté. Glomér. multifl. Cor. rose. ♃. RRR. Château de Malesherbes.

4—Feuil. infér. pétiolées. . 5
—Feuil. infér. subsessiles. 8
5—Tige de 0,1-0,3, faible. . 9
—Tige de 0,5-1,0, dressée. 6
6—Bractéoles nulles ou très-petites 7
—Bractéoles aussi longues que le calice.

S. Alpina. Feuil. infér. crén., oval., subcord. Glomér. 5-10-fl. Cor. rouge-ferrugineux, tachée de blanc, laineuse extér[t], à tube dépass[t] peu le cal. ♃. Bois. AR.

7—Feuil. étroites, non cord.

S. palustri-sylvatica GG [S. ambigua CG]. Glomér. 3-5-fl. Cor. rouge, longue. ♃. Lieux frais. RR, Env. de Mareil-Marly, Beauvais.

—Feuil. infér. oval.-acum., très-dent., prof[t] cordées.

S. sylvatica (Grande Epiaire, Ortie puante). Glomér. 3-4-fl. Cor. pourpre-foncé, tachée de blanc, dépass[t] long[t] le cal. ♃. Ombrages, haies. CC.

8. *S. palustris* (Ortie morte). Feuil. lanc., fin[t] dent.; les supér. embrass. Glomér. 3-6-fl. Cor. purpur. ou rose, tachée de blanc. ♃. Bord des eaux. C.

9. *S. arvensis.* Tige ram. dès la base. Feuil. à dents obt. Glomér. 1-3-fl., très-espacés; les supér. en épi très-lâche. Cor. petite, blanc-rose. ①. Champs. AC.

10—Feuil. glabres, les inférieures pétiolées.

S. annua. Feuil. lanc., dent. Glomér. 2-5-fl. Cor. blanc-jaunâtre; lèvre infér. jaune. ①. Champs. C.

—Feuil. velues; les inférieures subsessiles.

S. recta (Crapaudine). Feuil. lanc., lâchem[t] dent. Glomér. 2-5-fl. Cor. blanc-jaunâtre; lèvre infér. tachée de brun. ♃. Lieux arid. C.

31. **Betonica** (Bétoine).

B. officinalis. Feuil. largem[t] crén.; la plupart rad., long[t] pétiol. Glomér. multifl., en épi oblong, interr. Cal. à 5 dents aristées. Cor. rouge, à tube courbe, très-long. Lèvre infér. 3-lobée. ♃. Bois. C.

32. **Ballota.**

B. fœtida [B. nigra L ?]. Feuil. moll.-velues, oval., crén. Glomér. denses, espacés. Cal. en entonnoir, fort[t] nerv., à limbe plissé. Cor. rose, rar[t] blanche; lèvre supér. concave; l'infér. étal., 3-fide, à lobe moyen échancré. Etam. parall., saill. ♃. CCC.

193 (suite).

33.**Marrubium** (Marrube).

M. vulgare. Pl. cotonneuse blanchâtre. Feuil. oval., crén., ridées. Glomér. très-denses, espacés. Cal. multinervé. Cor. blanche, petite ; lèvre supér. étroite, 2-fide ; l'infér. à 3 lobes, les latér. qqf. nuls par avortement. Etam. parall., incluses. ♃. CCC.

β. *Vaillantii.* Feuil. cunéif., incis.-palmées. RRR. Etrechy (Etampes)?

34.**Melittis**

M. melissophyllum (Mélisse des bois). Tige simple. Feuil. grandes, pétiol., oval., dent. Cal. ample. Fl. grand., blanch., tachées de pourpre; lèvre supér. obovale, un peu concave; l'infér. 3-lob. Etam. parall., à anthères d'abord rappr. en forme de croix. ♃. Bois. C.

35.**Scutellaria.** Fl. axill. solit., rejetées d'un même côté de la tige. Cal. à 2 lèvres ent., la supér. munie sur le dos d'une écaille saill., et se renversant jusqu'à l'écail. pour clore le cal. après la floraison. Cor. à lèvre supér. en voûte, munie de 2 dents à sa base, à lèvre infér. plus large, échancr. Etam. parallèles.

1—Feuil. ent. ou faiblt dent., ou brièvt pétiolées. 2

—Feuil. fortt et complètt dent.; les infér. longt pétiolées.

S. Columnæ GG et CG. Tige dress. Fl. en longs épis lâches. Cor. grande, purpur., très-saill. ♃. Bois. RR. Vincennes, Meudon, Jouy, Dreux.

2—Feuil. lâchemt denticulées.

S. galericulata (Toque, Tertianaire). 0,2-0,5. Feuil. toutes lanc. Cal. glabre. Cor. violette, à tube grêle arq. ♃. Bord des eaux. C.

—Feuil. ent., ou munies à la base de 1-2 dents obtuses.

S. minor. 0,1-0,2. Feuil. infér. largt oval. Cal. velu. Cor. rose, petite, à tube un peu ventru, droit. ♃. Lieux hum. AR.

36.**Brunella** (Brunelle). Feuil. toutes pétiol., sauf la paire supér. Glomérules 2-4-fl., rappr. en épi compacte, muni d'ampl. bract. Cal. coloré, 2-lab. Cor. bleue, rose ou blanche; lèvre supér. en casque compr. Etam. parall., appendiculées.

1—Cor. à peine 2 f. aussi longue que le cal. Epi naissant à l'aisselle de la dernière paire de feuil.

B. vulgaris. Feuil. ent., sin. dent. Fl. bleues, rart roses, qqf. blanches (*B. alba*). Etam. portant au sommet du filet une pointe subul. ♃. Pelouses, chemins. CC.

β. *pinnatifida.* Feuil. supér. pinnatifides. C.

—Cor. au moins 3 fois aussi longue que le cal. Epi distant de la dernière paire de feuilles.

B. grandiflora. Feuil. ent., sin. dent. Etam. portant un tuberc. au haut du filet. ♃. Bois, lieux secs. AC.

β. *pinnatifida.* Feuil. pinnatifid. RR. Etampes, Donnemarie.

37—Corolle à une seule lèvre trilobée.

Ajuga (Bugle). Cal. camp., 5-denté. Tube de la cor. muni intért d'un anneau de poils. Etam. parall., saillantes.

1—Fl. bleues, roses ou blanch. Feuil. ent., lâch[t] dentées. . . 2
—Fl. jaunes. Feuil. 3-partites, à divisions linéaires 3
2—Tige alternativ[t] vel. sur deux faces opp., et garnie de jets ramp.
A. reptans (Bugle). Feuil. rad. persist. Glomér. 3-6-fl., en épi term. feuillé. ♃. Bois, chemins. CC.
—Tige velue sur les 4 faces, sans rejets rampants.
A. Genevensis. Feuil. rad. ord[t] détruites à la floraison. Glomér. 3-6-fl., en épi term. feuillé. ♃. Bois, lieux frais. CC.
3. *A. Chamæpitys* GG et CG. [Teucrium C. L] (Ivette). Tiges couch. Feuil. vel., visq. Fl. sess., solit. à l'aisselle des feuilles. ①. Champs. C.

—Cor. à une seule lèvre 5-lobée, laissant passer par une fente supér. les étamines et le style.

Teucrium (Germandrée). Tube de la cor. dépourvu intér[t] d'anneau de poils. Etam. parallèles.

1—Feuil. ent., lin.-oblongues. 6
—Feuil. dentées 2
—Feuil. multifides.
T. Botrys. 0,1-0,3. Pl. vel., visq. Fl. purpur., pédicell., en glomér. 2-3-fl. axill. ①. Lieux arid. AC.
2—Cal. à 5 dents presq. ég. 3
—Cal. bilabié 4
3—Feuil. attén. en pétiole. . 5
—Feuil. sessiles.
T. Scordium. Tige ord[t] velue-laineuse. Feuil. moll., vel. Fl. lilas, solit. ou géminées, axill. ♃. Lieux hum. AC. (Off.).
4. *T. Scorodonia* (Germandrée). Feuil. pétiol., oval. cord., crén. Fl. jaunâtr., solit. axill., en grappes spicif. allong., unilatér. ♃. CCC.
5. *T. Chamædrys* (Petit-Chêne). Feuil. vert-pâle en dessous. Glomér. 1-3-fl. axill., rapprochés en grappes feuillées term. Cor. rose ou purpur. ♃. Lieux arid. C.
6. *T. montanum*. Tig. lign. couch. Feuil. fermes, vertes, luisantes en dessus, blanch.-toment. en dessous. Fl. en capit. term. courts compactes. Cor. blanc-jaunâtre. ♃. Coteaux arid. AR.

194. VERBÉNACÉES.

Verbena (Verveine).

V. officinalis (Herbe sacrée). Tige dress. Feuil. opp. multifid. Fl. solit. axill. alt., en épis grêles effilés. Cal. tubul., 4-5-denté. Cor. bleu-lilas, en entonnoir un peu courbé, à limbe 5-fide, subbilab. Etam. 4, didynames, inclus.; les 2 supér. qqf. stér. Caps. se séparant en 2-4 carp. 1-locul. ♃. Chemins. CC.

195. PLANTAGINÉES. Corolle scarieuse 4-, rar[t] 3-fide. Etam. 4. Style 1. Capsule 2-, rar[t] 1-loculaire.

1—Fleurs hermaphrodites.

Plantago (Plantain). Fl. blanchâtr., en tête ou en épi, munies chacune d'une bractée. Cal. 4-partit. Cor. tubul., à limbe 4-fide réfl. après la fécondation. Etam. long[t] saill., insér. sur le tube de la cor. Caps. membran., s'ouvrant transvers[t].

1—Feuil. toutes radicales. . 2
—Tige feuillée 7
2—Feuil. ent., non linéair. 3
—Feuil. presq. pinnatifid., qqf. lin. ent. (réduites au rachis). 5
3—Feuil. oval. Hampe cylindr. Bract. des fl. non acuminées. 4
—Feuil. très-allongées. Hampe angul. Bract. long[t] acum. . . 6
4—Feuil. brusq[t] contractées en un pétiole assez long. Caps. à 2 log. 4-8-spermes..

P. major (Grand Plantain). Feuil. épaiss., glabr., larg[t] oval., dress. ou peu étal. Hampe dress., égal[t] ou dépass[t] peu les feuil. Epi ord[t] très-allongé. ♃. CCC. (Off.).

—Feuil. rétrécies en un pétiole court. Caps. à 2 log. 1-sp.

P. media (Langue-d'agneau). Feuil. peu épaiss., pubesc., oval.-oblong., étalées en cercle. Hampe brusq[t] coudée à la base, fin[t] str., dépassant beaucoup les feuil. Epi obtus, assez court. ♃. CC. (Off.).

5. *P. Coronopus* (Plantain Corne-de-cerf). Feuil. pubesc.-vel. Epi allongé. Caps. presq. 4-locul., 4-sp. ②. Lieux secs et sabl. C.

6. *P. lanceolata* (Plantain long). Epi ovoïde, compacte. Caps. à 2 log. 1-sp. ♃. CCC. (Off.).

7. *P. arenaria* (Herbe aux puces). Pl. pubesc.-glandul. Feuil. opp., fascic., lin., un peu visq. Epi ovoïde compacte. Caps. à 2 log. 1-sp. ①. Sables. C.

—Fleurs monoïques.

Littorella.

L. lacustris. 0,05-0,10. Feuil. toutes rad., lin., épaiss. Fl. blanch. — Fl. mâles sur des hampes 1-fl. Cal. et cor. 4-fide. Etam. à filet capill. 6-8 f. plus long que la cor. — Fl. fem. sess., géminées ou ternées à la base des hampes et cachées par les feuil. Sép. 3, inég. Cor. 3-4-dentée. Caps. osseuse, 1-sp. ♃. (Vit sous l'eau, mais ne fleurit que sur les rivages desséchés). AR.

196. PLOMBAGINÉES.

Armeria. Feuil. toutes rad., lin. Fl. roses, en glomér. compactes terminant une hampe nue et entourés de fol. membran. prolongées infér[t] en gaîne sur la hampe. Cal. en entonnoir scar., plissé, 5-lobé. Cor. à 5 div. pétaloïdes soudées en tube à la base. Etam. 5. Styles 5. Caps. 1-sperme.

1—Feuil. à 1 nervure.

A. maritima [Statice Armeria L] (Gazon d'Olympe). 0,1-0,2. Lob. du cal. terminés par une arête beaucoup plus courte que le tube. ♃. (Cult. orn.).

—Feuil. à 3-7 nervures.

A. plantaginea GG et CG. 0,2-0,3. Cal. à limbe aussi long que le tube, à lobes aigus attén. en une arête aussi longue que le tube. ♃. Lieux sablonn. C.

197. GLOBULARIÉES.

Globularia (Globulaire).

G. vulgaris. Tige dress. Feuil. rad. arrondies, pétiol.; les supér. petites, sess., lanc., éparses. Fl. en tête terminale, globul., sur un récept. garni de paillettes, et entouré d'un involucre 9-12-fol. Cal. 5-fide. Cor. bleue, rar[t] blanche, à 5 div. lin. inégales. Etam. 4, saill. Fr. sec, 1-sp. ♃. Coteaux stér. AR.

CLASSE IVe. — MONOCHLAMYDÉES

Périgone nul, rudimentaire, ou simple, herbacé ou pétaloïde, libre ou soudé à l'ovaire: (double par exception dans quelques genres).

198—Arbre ou arbrisseau non épineux 249
—Arbrisseau armé d'épines 257
—Plante herbacée. 199
199—Plante renfermant dans toutes ses parties un suc laiteux blanc. Ovaire pédicellé 239
—Non. 200
200—Fl. hermaphr., ayant pistil et étam. 201
—Fl. unisex., sans pistil ou sans étam. . . . 231
201—Fl. ayant une enveloppe florale (périgone). 202
—Fleurs tout à fait nues 317
202—Périg. formé de 1 ou 2 écail. (bract. scar.) . 320
—Non. 203
203—Ovaire dans le périgone. 204
—Ovaire sous le périgone ou soudé avec le tube du périgone. 225
204—Etamines 11 ou plus 205
—Etamines 10 ou moins 206
205—Fl. petites, polygames, en têtes globuleuses très-denses. 103
—Non. 21
206—Périgone à moins de 6 divisions. 207
—Périgone à 6 divisions. 221
—Périgone à plus de 6 divisions. 298
207—Plante aquatique. 208
—Plante terrestre 209
208—Fleurs solitaires, axillaires, peu visibles. 108
— Fleurs en épis 220

209—Feuilles toutes radicales 21
—Feuilles décomposées. 35
—Feuil. oval., de plus d'une ligne de large.. 210
—Feuil. lin., larges d'une ligne au plus . . . 215
210—Feuilles alternes, ou ayant plus d'un pouce de long quand elles sont opposées. 211
—Feuilles, au moins les inférieures, opposées et n'ayant pas plus de 6 lignes de long 117
211—Feuilles 1-3 300
—Plus de 3 feuilles. 212
212—Feuilles découpées ou palmatilobées. . . . 103
—Non. 213
213—Feuil. avec stipules en forme de gaîne. . . 220
—Non. 214
214—Moins de 10 étamines. 216
—Etamines 10.

PHYTOLACCÉES.

Phytolacca.

P. decandra (Raisin de Virginie). 1-2 m. Tige droite, ord[t] purpur. Feuil. grandes, oval., ent. Fl. en grappes pend. Périg. pétaloïde, jaune ou purpur. Styles 10. ♃. (Cult. orn.). Vois. des habitations.

215—Fl. en bouq. multiflores. Feuil. opposées. 117
—Fl. à l'extrém. de pédonc. axill. Feuil. opp. 65
—Fl. solit. ou subsolit. Feuil. alt. ou éparses. 216
216—Périgone en tube 4-fide. Etamines 8. 224
—Sépales 3-5. Etamines 3-5 217
217—Périg. herbacé ou charnu. Feuil. non linéair. 218
—Périgone scarieux. Stigm. jamais en pinceau.

AMARANTACÉES. Herb. Feuil. alt., non stipulées, ent. Périgone à 3-5 div. Etam. 3-5. Caps. 1-sp.

1—Feuil. oval., ayant plus d'une ligne de large, pétiolées.

Amarantus (Amarante). Fl. monoïq. polygames, en glomérules. Périgone muni de 3 bractées. Style 1.

1—Fl. à 3 div. et à 3 étam. 2
—Fl. à 5 div. et à 5 étam. 4
2—Tige glabre. 3
—Tige pubescente.

A. deflexus [Euxolus d. CG]. Feuil. poil. en dessous sur les nerv. Gloméр. supér. en panicul. spicif., denses, non feuillées. Caps. presq.

une fois plus longue que large. ♃. Décombres. RRR. Canal St-Martin (Paris)?

3—Glomérules supér. en panic. spicif., très-feuillées à la base et nues supér[t].

A. Blitum [Euxolus viridis CG]. Feuil. glabr.-luis, en dessous, souv[t] maculées, ord[t] échancr. au sommet. Bract. plus courtes que le périg. Caps. subglobul.-compr. ①. Décombres. CCC.

—Glomérules supér. en grappes spicif. feuillées.

A. sylvestris [A. viridis L, A. Blitum CG]. Bract. égal[t] à peu près le périg. ①. Décombres. CC.

4. *A. retroflexus*. Glomérules spicif. en panic. terminale, non feuillée, très-compacte, munie d'une grappe centrale dépassant peu les latér. Bract. piquantes, 2 f. aussi longues que le périg ①. Décombres, champs. CC.

—Feuil. linéaires-subulées, sessiles.

Polycnemum.

P. arvense. Pl. ord[t] étalée sur terre. Feuil. nombr., presq. imbriq., triquètres. Fl. hermaph. solit. ou géminées, sess., très-petites, verdâtr., munies de 2 bract. scarieuses. Périg. à 5 div. Etam. ord[t] 3. Styl. 2. Caps. entourée par le périg. persistant. ①. Lieux arid. AR.

218—Feuilles glabres. 219

—Feuilles velues. Stigm. en pinceau. 260

219. CHÉNOPODÉES (SALSOLACÉES GG et CG). Herbes. Feuil. non stipul. Fl. peu apparentes. Périgone herbacé, persistant. Etam. 5 ou moins, opp. aux div. du périgone. Stigm. 2-5, libres. Fr. 1-loculaire, 1-sp.

1—Fleurs dioïques, monoïques ou polygames, les mâles et les femelles dissemblables 2

—Fleurs hermaphrodites ou femelles par avortement, toutes ou presque toutes semblables 3

2—Fleurs polygames ou monoïq. Styles 2, filiformes.

Atriplex (Arroche). Feuil. ord[t] alt. — Fl. mâles ou hermaphr., à 3-5 sép. soudés à la base. Etam. 3-5.—Fl. fem. à 2 sép. dress., très-développés à la matur., souv[t] munis d'appendices par leur soudure avec des fl. rudimentaires.

1—Valves des fl. fem. membran., larges, oval., libres.

A. hortensis (Bonne-Dame). Pl. rougeât. ou verte, polymorphe. Feuil. alt.; les infér. grand., triang. ou hast., cord., ent. ou sin.-dent., les supér. oval.-lanc. ①. (Cult. alim.). Vois. des habitat.

—Valves herbac., triang. ou rhomb., soudées infér[t]. . . . 2

2—Feuil. infér. et moyennes hast., tronquées à la base.

A. hastata [A. patula CG]. Pl. farineuse, polymorphe. Feuil. alt. ou opp. Glomér. en grappes lâches. ①. Décombres, fossés, champs. CC.

—Feuil. toutes atténuées en coin à la base.

219 (suite).

A. patula. Pl. peu farineuse. Feuil. brièvem[t] pétiol.; les infér. oblong.-lanc., ent. ou peu dent.; les supér. lin.-aig. Fl. en épis raides. ①. Champs, chemins. CC.

—Fleurs dioïques. Styles 4, filiformes.

Spinacia (Epinard). Feuil. alt. — Fl. mâles.: Sép. 4-5. Etam 4-5. — Fl. fem.: Périg. ventru-tubul., à 2-4-6 div., dont les 2 intér. soudées en forme de caps. Styles très-longs, capillaires. Fr. induré, renfermé dans le périgone.

1—Feuil. oval.-oblongues dans leur pourtour, obtuses.

S. glabra [S. oleracea β. L] (Epinard de Hollande). Fr. dépourvu d'épines. ①. (Cult. alim.). Vois. des habitations.

—Feuil. triang., hast., aiguës.

S. oleracea (Epinard d'hiver). Fr. muni de 2-4 épin., diverg. ①. (Cult. alim.). Vois. des habitat.

3—Fruits secs. 4

—Fr. succulents en glomérules imitant une fraise. . 5

4—Graine rénif., enveloppée à la base par le périg. formant cupule. Feuil. rad. ayant plus de 0,10 de diamètre.

Beta (Bette).

B. vulgaris. Tige dress., angul. Feuil. alt., d'un vert gai ou rougeâtres, luis. Glomér. axill. 1-3-fl., en longs épis feuillés. Périg. lign.-drupacés à la maturité, se soudant entre eux dans chaque glomér. Etam. 5. Styles 2. ①, ②.

α. *Cicla* (Poirée). Rac. cylindr., dure. Feuil. à nerv méd. très-charnue, alim., (Carde).

β. *rapacea* (Betterave) Rac. grosse, charnue, sucrée. (Cult.).

—Graine nue, lenticulaire.

Chenopodium (Ansérine). Fl. hermaphr. Périg. à 5, rar[t] 3-4 sép. soudés à la base. Etam. ord[t] 5, rar[t] moins. Styles 2, rar[t] 3. Fr. enveloppé par le périgone, mais libre.

1—Feuil. ent. ou dentées, non incisées. 2

—Feuil. incis.-dentées . . 10

2—Feuil. oval. ou rhomb. . 3

—Feuil. triang. hastées. . 17

3—Plante à odeur de poisson pourri. 5

—Non. 4

4—Glomér. en grappes lâches, feuillées presq. jusqu'au sommet.

C. polyspermum. Feuil. vert-foncé ou rougeâtres, oval. ou lanc. Périg. étalé à la matur. ①. CC.

—Non. 6

5. *C. Vulvaria*. Pl. farineuse, couch. Feuil. pétiol., oval.-rhomb. Glomér. formant de petites grappes axill. nues Div. du périg. couvrant le fr. ①. CCC.

6—Feuil. toutes oblong.-obt., lâchement sin.-dent., blanch., très-glauq. en dessous. 15

—Non. 7

7—Glomér. en grappes axill. ou term., disposées au sommet de chaq. ram. en corymbe lâche. 14

—Non 8

8—Glomér. épais, en grappes spi-

219 (suite).

cif. feuillées jusqu'au sommet, occupant qqf. toute la tige. . . 16

—Glomér. en grappes non feuillées jusqu'au sommet. 9

9—Feuil. triang., à dents profondes triang. et étal.; les moyennes et les supér. rhomb. et lanc. 13

—Feuil. 2 f. aussi longues que larges, oval.-rhomb., sin.-dentées, rar[t] ent.; les supér. lanc.-lin. aig.

C. album. Pl. polymorphe, souv[t] farineuse. Tige striée de blanc et de vert ou de rouge. Feuil. vert-pâle. Gr. luis. ①. CCC.

10—Feuil. subcord. à la base et offrant de chaq. côté 2-4 lob. très-aigus, le term. en longue pointe ent., vertes sur les 2 faces. . 12

—Non 11

11—Feuil. subtrilobées, à lobe moyen, ord[t] tronq. ou obtus, sin.-denté; les supér. plus étroites, mais de même forme que les infér.

C. opulifolium GG et CG. Pl. farineuse. Tige str. de blanc et de vert. Feuil. tr.-glauq. en dessous, presq. aussi larg. que long. Glomér. en grappes spicif. interr., nues ou souv[t] un peu feuillées à la base, rappr. en panic. term. ①. Décombres, berges. R. Paris (bords de la Seine)?, St-Maur, Choisy, Arcueil, St-Cyr, Dordives.

—Non. 6

12. *C. hybridum*. Odeur désagréable. Tige presq. simple. Feuil. vertes, grandes, rappel[t] celles du Datura Stramonium. Glomér. en grappes ram., non feuillées, étal. et formant panic. lâche. ①. Vois. des habitat. C.

13. *C. urbicum*. Tige str. de blanc et de rouge. Feuil. d'un beau vert en dessus, plus ou moins blanch. en dessous. Glomér. en grappes effilées, nues, serrées contre la tige. ②. Chemins, vois. des hab. AR.

14. *C. murale*. Feuil. vert-foncé, luis., farineuses dans leur jeunesse, oval.-rhomb., arrond.-cunéif. à la base, à dents nombr., inég., aig., dirigées vers le sommet. Gr. non luis. ①. CCC.

15. *C. glaucum*. 0,1-0,4. Feuil. épaiss., vert. en dessus, farineuses en dessous. Glomér. en grappes simpl. dress. compactes, plus courtes que les feuil. et occupant une grande partie de la tige. ①. Vois. des hab., berges. C.

16. *C. rubrum* [Blitum r. CG]. Pl. très-polymorphe. Tige rouge ou striée. Feuil. vertes ou rougeâtr., luis., non farineuses, rhomb. ou hast., dent. ou ent., cunéif. à la base. Fl. term. de chaq. glomér. à 5 étam.; les autres à 1-2 étam. Gr. très-petites. ①. C.

17—Grappes feuillées jusqu'au sommet 16

—Non.

C. Bonus-Henricus [Blitum B.-H. CG] (Herbe du bon Henri, Toute-bonne, Epinard sauvage). Tige str. Feuil. vertes, pulvérulentes, ondulées. Glomér. en grappes courtes, nues et formant une panic. étroite, feuillée seul[t] à la base. Fl. term. de chaq. glomér. à 5 étam.; les autres à 2-3 étam. Styl. très-longs. ♃. (Alim.). Vois. des hab. C.

5. **Blitum**. Fl. hermaphr., rar[t] polygames. Feuil. épaisses luis. Div. du périgone charnues, rouges à la maturité. Etam. 1-5. Styles 2.

1—Tige feuillée jusqu'au sommet.

B. virgatum (Epinard-Fraise). Feuil. briév[t] pétiol., cunéif. à la base, dent., long[t] acum. Glomér.

axill., en longs épis feuillés. ①. Vois. des hab. AR.

—Tige sans feuil. au sommet.

B. capitatum (Arroche-Fraise). Feuil. pétiol., triang., très-aiguës, faiblᵗ dent. Glomér. supér. en têtes. ①. Vois. des habitations.

220—Périgone coloré. **223**

—Périgone vert, herbacé **312**

221—Périgone pétaloïde **293**

—Périgone foliacé **222**

—Périgone scarieux **315**

222—Carpelle 1. Les 3 sépales intérieurs plus grands que les 3 extérieurs. **223**

—Carpelles 3-6. Sépales sensiblement égaux. Feuil. radicales. **307**

223. POLYGONÉES. Herb. Feuil. alt., ent. ou sin., souvᵗ hast. ou sagittées. Fl. petites, hermaphr., rarᵗ unisex., en fascicules axill. Périgone non soudé avec l'ovaire. Fruit sec, 1-sperme.

1—Périgone à 6 divisions.

Rumex. Fl. hermaphr., polygam. ou dioïq., petites, verdâtr. ou rougeâtr., en faux verticilles disposés en épis, à pédic. artic., refl. à la maturité. Périg. à 6 sép., dont 3 intér. (*valves*) plus grands, s'accroissᵗ après la floraison, munis ou non d'une glande sur le dos. Etam. 6. Styles 3. Stigmates en pinceau. Fr. trigone, 1-sperme.

1—Feuil. hastées ou sagittées, acides. 11

—Non. 2

2—Valves dentées. 3

—Valves entières ou à peine denticulées 6

3—Valves n'ayant que 2 dents de chaque côté. 4

—Valves ayant plus de 2 dents de chaque côté. 5

4—Dents au moins aussi longues que la valve.

R. maritimus. Feuil. lanc.-lin. Verticilles tous munis d'une bract., tr.-fournis, en longues grappes. Div. extér. du périg. beaucoup plus courtes que les dents des valves. ②. Mares, ruisseaux. C.

—Dents plus courtes que la valve.

R. palustris. Feuil. lanc.-lin. Verticill. tous munis d'une bract., en épis grêles. Div. extér. du périg. à peu près aussi longues que les dents des valves. ②. RRR. La Seine à Charenton, étang du Trou-Salé.

5—Tige à rameaux effilés très-ouverts ou divariqués.

R. pulcher. Feuil. infér. ordᵗ échancr., en forme de violon. Verticill. distants, munis d'une bractée courte. Dents des valves, tr.-raides. Une glande sur chaque valve. ②. Lieux incult. pierreux. AC.

—Tige à ram. dressés en panic. terminale.

223 (suite).

R. obtusifolius CG [R. Friesii GG]. Verticill. sans bractée, en grappes fournies. Valves munies dans leur tiers infér. de 3-5 dents subul. Glandes de 2 des valves ord[t] rudim. ♃. Lieux frais, chemins. C.

6—Valves 2 fois aussi longues que larges, très-entières . . . 7

—Valves ovales, ord[t] cord., presq. aussi larges que longues, ent. ou dentic. à la base. . . 8

7—Une glande sur chaq. valve.

R. conglomeratus GG et CG. Ram. étal. Verticill. denses, presq. tous munis d'une bractée; les supér. nus, en grappes lâches, effilées. ♃. Lieux hum. C.

—Glande sur une seule valve.

R. nemorosus GG. Tige ram. vers le haut; ram. dress. Verticill. presq. tous sans bractée, en épis grêles. ♃. Bois, lieux frais. C.

β. *sanguineus* L et CG (Sang-de-dragon). Tige et nerv. des feuil. rouge-sang. (Cult.).

8—Feuil. planes ou ondulées, mais non frisées. 9

—Feuil. frisées.

R. crispus. Ram. dress., serrés et courts. Feuil. étroit[t] lanc., aig. Verticill. très-fournis, en panic. allong. étroites. Valves suborbic., dont 2 ord[t] sans glande. ♃. Prés, chemins. CC.

9—Feuil. infér. brusq[t] contractées en pétiole 10

—Feuil. coriaces; les infér. décurr. sur le pétiole.

R. Hydrolapathum. 1-2 m. Feuil. infér. de 0,6-0,8. Verticill. très-fournis, rappr., formant une énorme panic. Valves aiguës. Une glande sur chaque valve. ♃. Bord des eaux. C.

10—Glande sur une seule valve.

R. Patientia (Patience, Oseille-Epinard). Feuil. infér. ovales-lanc., acum. Verticill. fournis, rappr., formant une ample panic. Valves suborbic., à base cord. (Cult.) Vois. des hab.

—Une glande sur chaq. valve.

R. maximus GG et CG. 1-2 m. Feuil. infér. de 0,4-0,5, oblongues-aig. Verticill. fournis, rappr., formant une ample panic. Valves triang., à base cord. ♃. Bord des eaux. RRR. L'Epte à Beausséré, Dreux.

11—Feuil. plus longues que larges. Fl. dioïq. Tige dress. . 12

—Feuil. aussi larges que longues. Fl. polygam. Rac. ramp.

R. scutatus. Tig. à base couchée. Feuil. glauq., charnues, long[t] pétiol., en forme de violon. Valves larg[t] ailées. ♃. Murs, lieux pierreux. RR. Morienval et Orrouy (Compiègne), Septeuil (Mantes), Bellay (Marines), Etré (Dreux).

12—Oreilles des feuil. dirigées en bas, ou recourb. en dedans.

R. Acetosa (Oseille). 0,4-0,8. Div. extér. du périg. réfl. à la matur. Valves beaucoup plus long. que l'ak. ♃. Prés. (Cult. alim.). C.

—Oreilles étalées ou recourbées en haut.

R. Acetosella (Oseille de brebis, Petite Oseille). 0,1-0,4. Div. extér. du périg. dress. Valves petit., ord[t] plus courtes que l'ak. ♃. Chemins, prés, lieux secs. CCC.

—Périgone à moins de 6 divisions.

Polygonum (Renouée). Feuil. accompagnées d'une gaîne scar. entourant la tige. Fl. hermaphr., rar[t] polygam. par avortement. Périg. à 4-5 div. à peu près égales, souv[t] color. au sommet. Etam. 5-8. Styles 2-3. Fr. ovoïde, compr. ou trigone.

1—Feuil. cord.-sagittées . . 9
—Non. 2
2—Fleurs en épis 3
—Fleurs fasciculées par 1-4, à l'aisselle des feuilles. 8
3—Etam. long^t saillantes. . 4
—Etam. incluses. 5
4—Etam. 8. Styl. 3. Fr. trigone.

P. Bistorta. Rac. charnue repliée sur elle-même (Off.). Tige dress. Epi solit. Feuil. infér. décurr. sur le pétiole; les supér. subembrass. Fl. roses. ♃. Prairies hum. et tourb. RR. Tournan, Ons-en-Bray, St-Germer, parc de Pouilly, Ermenonville, Soissons?, Villers-Cotterets?

—Etam. 5. Styl. 2. Fr. ovoïde.

P. amphibium. Feuilles non décurr. sur le pétiole. Fl. roses, en épi dense. ♃. CC.

α. *natans*. Feuil. nageantes, long^t pétiol., glabr. Etangs, rivières.

β. *terrestre*. Feuil. briév^t pétiol., pubesc. Lieux humides.

5—Epis oblongs-obt., denses. 6
—Epis filif. ou interr.. . . 7
6—Gaînes des feuil. nues ou briév^t ciliées.

P. lapathifolium. Pl. polymorphe. Fl. verdâtres ou roses, assez grosses. Fr. orbic., concave sur les 2 faces. ①. Lieux hum. C.

—Gaînes vel. ou long^t ciliées.

P. Persicaria (Persicaire, Pilingre). Pl. polymorphe. Fl. verdâtr. ou roses. ①. Lieux hum. C.

7—Feuil. à saveur herbacée.

P. mite CG [P. dubium GG]. 0,4-0,8. Feuil. lanc.-lin. Fl roses, rar^t verdâtr., en épis presq. filif. pend. ①. Bord des eaux. C.

β. *minus*. 0,1-0,4. Tig. grêl. diff. Fl. très-petites, en épis dress. RR. Triel, Rambouillet, mares de Fontainebleau, Compiègne.

—Feuil. à saveur poivrée. Périgone chargé de points glandul.

P. Hydropiper (Poivre-d'eau, Herbe de St-Innocent, Curage). Feuil. oblong.-lanc. Fl. roses, ou blanc-verdâtr. ①. Bord des eaux. C.

8—Rameaux fleuris feuillés jusqu'au sommet.

P. aviculare (Traînasse, Achée). Ram. ord^t étalés à terre. Feuil. glabr. Fl. roses ou blanches. Fr. fin^t str. en long. ①. CCC.

β. *erectum*. Tig. dressée. AC.

—Fl. supér. en long épi nu ou presque nu.

P. Bellardi. Ram. filif. Feuil. glabr. Fl. souv^t pédic. Fr. chagriné, luis. ①. Champs arid. RRR. Nemours, Malesherbes, Marines.

9—Tige volubile. Style 1, court, à stigmate 3-lobé. 10
—Tige dress. Etam. 8. Styles 3. 11
10—Périgone à divisions extér. non ailées.

P. Convolvulus (Vrillée bâtarde). Tige angul., str., grimp. ou couch. Fascic. 3-6-fl., axill. Fr. terne. ①. Lieux cult. CC.

—Périg. à div. extér. ailées.

P. dumetorum (Grande Vrillée bâtarde). Tige cylindr., grimp. Fascic. 2-6-fl., axill. Fr. luis. ①. Buissons. AC.

11—Fleurs blanches.

P. Fagopyrum [Fagopyrum esculentum CG] (Blé noir, Sarrasin). Fr. lisse, trigone à angl. aig. ent. ①. (Cult. alim.). Qqf. subspont.

—Fleurs verdâtres.

P. Tataricum [Fagopyrum T., CG] (Sarrasin de Tartarie). Fr. rugueux, str., denté sur les angles. ①. (Cult. alim.). Qqf. subspont.

224. DAPHNOÏDÉES. Feuil. entières, sans stipules.

Périgone tubuleux à limbe 4-fide. Etam. 8, insérées à la gorge du périgone. Style 1. Fruit 1-sperme.

1—Sous-arbrisseau.

Daphne. Feuil. lanc., assez grandes. Fl. hermaphr. Fr. charnu-pulpeux.

1—Fl. roses, rar[t] blanches, en fascic. disposés le long des ram.

D. Mezereum (Bois-gentil, Garou). Feuil. caduq., naiss[t] après les fl. Périgone velu. Baie rouge. Févr., mars. Bois montueux. R. (Cult. orn.).

—Fl. jaune-verdâtre, en grappes terminant les rameaux.

D. Laureola. Feuil. persist., coriaces. Périg. glabre. Baie noire. Mars, avril. Bois montueux. AR.

—Herbe.

Passerina.

P. annua GG [Stellera Passerina L, Thymelea P. CG] (Langue-de-moineau, Herbe à l'hirondelle). Feuil. petites, éparses, lanc., sess. Fascic. 1-3-fl., axill. Fl, hermaphr. ou dioïq. par avort[t]. Fr. sec renfermé dans le périg. ①. Champs arid., après la moisson. AR.

225—Feuilles pétiolées, cordiformes. 230
—Non. 226

226—Feuil. verticillées; une étamine 107
—Feuil. verticillées; 4 (rar[t] 5) étamines . . . 132
—Feuilles non verticillées 227

227—Fl. petit., herbac., vertes ou blanc-verdâtre. 228
—Non. 302

228—Feuilles longuement pétiolées 120
—Non. 229

229—Feuilles opposées. Plante aquatique 105
—Feuilles alternes. Plante terrestre.

SANTALACÉES.

Thesium.

T. humifusum GG et CG. Pl. étal.-diffuse. Feuil. alt., sess., lin., 1-nerv. Fl. petites, blanchâtr., en grappes. Périg. tubul., 4-5-fide. Etam. 4-5. Style 1, filif. Fr. subsess., ovoïde, surmonté par les div. enroulées du périg., 1-sp. ♃. Pelouses sèches. AC.

β. *divaricatum*. Tig. fermes. Fr. à pédic. égal[t] sa demi-longueur. AR.

230—Feuilles crénelées. 120
—Feuilles à bord entier.

ARISTOLOCHIÉES. Herbes. Feuilles cordées. Périg. à tube soudé infér[t] avec l'ovaire. Etam. insér.

sur un disque qui recouvre le sommet de l'ovaire. Style court, épais. Stigmates 6, en étoile. Caps. coriace, à 6 loges polyspermes.

1—Tige très-courte, n'ayant que 1-2 paires de feuilles opposées, d'apparence radicales.

Asarum (Asaret).

A. Europæum (Cabaret). Odeur poivrée. Feuil. assez amples, long^t pétiol. Fl. pourpre-noir, solit. Périg. campan., 3-denté. Étam. 12. ♃. Avr., mai. Lieux ombragés. RR. Magny, forêt de Halatte, bois de la Brèche (Versailles), bois des Camaldules, Ablis, Malesherbes, Pithiviers.

—Tige dressée ou volubile. Feuilles alternes.

Aristolochia (Aristoloche). Périg. vert-jaunâtre, tubul., ventru à la base, en cornet au sommet, à limbe terminé en languette. Anthères 6, presq. sess., insér. sur le style court.

1—Tige dressée.

A. Clematitis (Sarrasine). 0,4-0,8. Feuil. coriaces. Périg. à tube presq. droit. Caps. pend. ♃. Vignes, buissons, lieux incult. C.

—Tige volubile.

A. Sipho (Pipe à tabac). Tig. sarment., tr.-longues. Feuil. ayant plus de 0,1 de large. Périg. recourbé, 3-lobé au sommet. ♃. Jardins.

231—Tige grimpante ou munie de vrilles axill. . 261
—Non. 232
232—Feuil. lin., à nervures longitudinales, engaînant la tige dans toute la longueur des entre-nœuds. . . . 318
—Non. 233
233—Plante terrestre. 234
—Plante aquatique 289
234—Feuilles opposées. 235
—Feuillles alternes. 240
—Feuil. radicales. Périg. nul. Fl. sess. autour d'un axe (spadice) entouré d'une spathe en cornet. . . . 317
235—Feuilles simples. 236
—Feuilles digitées 262
—Feuilles pinnées 134
236—Feuilles sessiles connées 65
—Non. 237
237—Feuilles à piqûre douloureuse. 260
—Non. 238

238—Feuilles triangulaires hastées. 219
—Non. 239

239. EUPHORBIACÉES. Feuil. ord[t] entières. Fl. petites, herbacées, verdâtres, monoïques ou dioïques.

1—Tige herbacée. 2
—Tige ligneuse. Arbuste. 3
2—Plante à suc laiteux blanc. . . . .

Euphorbia (Euphorbe). Feuil. simpl. Fl. monoïq. réunies dans un involucre commun formé de 4-5 div. petites, altern[t] avec 4-5 lobes plus grands (*glandes*) étal., jaunes ou rougeâtres. Fl. mâles 10-30, consistant chacune en une étam. Une seule fl. fem. réduite à un ov. pédicellé solit. au centre de l'invol., à 3 styles, à 3 coques 1-sp. Pédoncules rayonnant en ombelle au centre d'un verticille de feuil. (*verticille ombellaire*). Rayons de l'omb. munis, au niveau des invol., de feuil. florales (*bractées*) opp. ou verticillées.

1—Feuil. alternes, éparses. 2
—Feuil. opposées, par paires alternant en croix. 19
2—Glandes de l'invol. arrond. 3
—Glandes en croissant. . . 13
3—Ombelles à 5 rayons ou moins. 4
—Omb. à plus de 5 rayons. 9
4—Caps. chargée de tubercules plus ou moins saillants. . . . 5
—Non.

E. helioscopia (Réveille-matin). Feuil. oboval.-cunéif., fin[t] dent. dans leur moitié supér. Feuil. ombellaires semblables aux caul. Caps. lisse, à 3 coques arrondies sur le dos. Gr. alvéolées. ①. CCC.

5—Glandes pourpre-foncé. . 10
—Non. 6
6—Feuil. moyennes et supér. sess., un peu échancr. à la base. 7
—Feuil. moyennes et supér. atténuées à la base. 8
7—Tuberc. hémisph., peu saill. Caps. assez grosse (0,003-0,004).

E. platyphylla. Feuil. oblong., glabres ou pubesc., assez fermes. Omb. à 5, rar[t] 3-4 rayons 1-4 fois bi-trifurqués. ①. Chemins, champs hum., fossés. AR.

β. *lanuginosa*. Feuil. à face infér. et à bords poil., toment. Lieux secs. RR. Essonne, Malesherbes, Jouarre.

—Tuberc. cylindr.-allongés. Caps. petite (0,001-0,002).

E. stricta. Feuil. oblongues, glabr., minces. Omb. à 3, rar[t] 4-5 rayons 1-4 f. bi-trifurqués. ①. Chemins, lieux cult. C.

8—Ombelles irrégulières. . 9
—Omb. régulières. . . . 11
9—Feuil. lin., mucronées. . 12
—Feuil. allongées, obtuses.

E. palustris. 0,6-1,2. Tige épaisse. Omb. à rayons nombr., ou peu nombr. par avort[t], souv[t] dépassés par les ram. stér. Caps. grosse, prof[t] sill., chargée de tubercules. ♃. Marécages. AR.

10. *E. dulcis*. Souche articulée, charnue. Tige munie, sous l'omb., de petits ram. florifères. Feuil. oval. lanc. Omb. à 5 rayons grêles 1-2 f. bifurq. Bract. tronq. à la base. Caps. chargée de tuberc. obtus inégaux, qqf. velue. ♃. Bois. AR.

239 (suite).

11. *E. verrucosa*. 0,2-0,3. Tiges nombr. en buisson, frutesc. à la base. Feuil. oblong., fin[t] dent. Omb. à 5 rayons ord[t] pl. courts que le verticille ombellaire, 1-2 f. bi-trifurq. Caps. glabre, à sill. peu marqués. ♃. Bois, prés. RR. Nemours, Moret.

12. *E. Gerardiana* GG et CG. 0,2-0,5. Tig. dures à la base. Omb. à rayons nombr. 1-2 f. bi-trifurq. Caps glabre à sillons peu profonds, parsemée de fines papilles ♃. Lieux secs. AC.

13—Bractées libres. . . . 14

—Bract. soudées deux à deux en plateau. Tige lign. infér[t].. 18

14—Feuil. élargies 15

—Feuil. linéair., ayant à peine 0,003 de large 16

15—Omb. à 5 rayons au plus. 17

—Omb. à plus de 5 rayons.

E. Esula. 0,3-0,8. Feuil. mucr., attén. à la base, ent. Bract. cord., mucr. Glandes à cornes courtes. Caps. glabre, prof[t] sill. ♃. R. Episy, Nemours, Fontainebleau, Les Andelys, La Roche-Guyon, Dreux.

16—Omb. à plus de 5 rayons.

E. Cyparissias (Tithymale). 0,2-0,5. Feuil. des ram. stér. presq. sétac., rappr. en pinceau. Rayons de l'omb. 1-2 f. bifurq. Bract. un peu cord. Glandes à cornes courtes. Caps. glabre. ♃. CCC.

—Omb. n'ayant pas plus de 5 rayons.

E. exigua. 0,1-0,2. Omb. à 3, rar[t] 4-5 rayons une ou plusieurs f. bifurq. Bract. lanc. Glandes à cornes très-allong. Caps. petite, lisse. ①. Champs. C.

17—Feuil. supér. aiguës, souv[t] mucronées.

E. falcata. 0,1-0,3. Feuil. 3-nerv., rudes au bord, long[t] attén. à la base; les infér. petites, obt. Omb. à 3-5 rayons plusieurs f. bifurq. Caps. petite, lisse, à coques obtus[t] carénées. ①. Lieux secs. RR. Etampes, Draveil, Sartrouville.

—Feuil. supér. arrondies ou émarginées au sommet.

E. Peplus. 0,1-0,3. Feuil. toutes pétiol., oboval. Omb. à 3 rayons 2-4 f. bifurq. Bract. sess., ent. Glandes à cornes allong. Caps. petite, lisse, à coques doubl[t] carénées. ①. Lieux cult. CCC.

18. *E. sylvatica* [E. amygdaloides G.G.]. Feuil. d'un an souv[t] roug., pétiol., en rosette; celles du printemps sess., écartées. Omb. à 5-10 rayons 1-2 f. bifurq. Caps. glabre, ponctuée de blanc. ♃. Bois. CCC.

19. *E. Lathyris* (Epurge). Feuil. lanc., ent., fermes. Omb. tr.-amples à 4 rayons inég[t] bifurq. Caps. grosse, lisse. ②. AR. (Cult. orn.).

—Plante à suc non laiteux.

Mercurialis (Mercuriale). Feuil. opp., pétiol., dentées. Fl. dioïq. Périg. à 3, rar[t] 4 div., soudées à la base. — Fl. mâles en glomér. espacés formant épis grêles, nus, axill. Etam. 8-12.—Fl. fem. solit. ou fascic., axill. Styles 2, rar[t] 3. Caps. velue, à 2, rar[t] 3 coques 1-spermes.

1—Tige simple. Feuil. à pointe aiguë.

M. perennis. Fl. fem. long[t] pédonc. ♃. Bois. C.

—Tige ram. Feuil. à pointe obtuse.

M. annua (Foirolle). Fl. fem. subsess. ①. CCC.

3. **Buxus** (Buis).

B. sempervirens. Feuil. subsess., opp., coriaces, ent., oval., persist. Fl. monoïq., en glomér. axill. compactes; la centrale fem. Périg. à 4 sép. inég.—Fl. mâle: Etam. 4. —Fl. fem.: Styl. 3, courts. Caps. à 3 log. 2-sp. Mars, avr. Coteaux pierreux, bois. AR.

240—Feuilles simples **241**
—Feuilles 1-pinnées **103**
—Feuilles 2-5-pinnées (genre **Trinia**) **122**
241—Fl. réunies dans un involucre commun.. . **242**
—Non. **243**
242—Folioles des capitules d'un beau blanc ou d'un beau rose (genre **Antennaria**) **136**
—Non. **137**
243—Feuilles linéaires. **244**
—Non. **245**
244—Feuil. capill., en fascic. Périgone 6-fide . . **300**
—Feuil. lin. lanc., éparses. Périg. 4-fide. . . **224**
245—Feuilles velues. **260**
—Non. **246**
246—Périg. à 6 div.; les 3 intér. plus grandes. . **223**
—Non. **247**
247—Feuil. à stipules engaînantes. **223**
—Non. **248**
248—Périgone scarieux. Feuil. sensiblt ovales . . **217**
—Périg. herbacé. Feuil. triang. hastées . . . **219**
249—Fl. hermaphr., ayant pistil et étamines. . . **250**
—Fl. unisexuelles, sans pistil ou sans étam. . **263**
250—Fl. s'épanouissant avant les feuilles. **256**
—Fl. s'épanouisst avec ou après les feuilles. . **251**
251—Feuilles entières ou seulement dentées. . . **252**
—Feuilles incisées ou lobées. **255**
—Feuilles pinnées **167**
252—Etamines 8. Style 1. . . . . **224**
—Moins de 8 étamines **253**
253—Etamines 4. . . . . **89**
—Etamines 5. . . . . **254**
254—Feuil. fortt dent., longt acuminées. **258**
—Non. **89**
255—Tige non sarmenteuse **74**
—Tige sarmenteuse; fleurs en grappes. . . . **75**

—Tige sarmenteuse; fleurs en boules. 123
256—Fleurs roses 224
—Fleurs verdâtres.. 259

257. MORÉES. Arbres ou arbriss. Feuil. alt., à stipul. libres, caduques. Fl. très-petites, monoïq. Ak. 1-sp.

1—Arbrisseau épineux. 3
—Non. 2
2—Feuilles indivises ou irrég[t] lobées-dentées. Fleurs en épis unisexuels denses.

Morus (Mûrier). Périg. à 4 div.— Fl. mâle : Etam. 4.— Fl. fem.: Styles 2. Ak. enveloppés par le périg. charnu à la maturité et soudés entre eux.

1—Feuil. douces au toucher.
M. alba (Mûrier blanc). Fr. blanc ou rosé, à suc incolore, douceâtre. (Cult., vers à soie).

—Feuil. rudes au toucher.
M. nigra (Mûrier noir). Fr. noir, à suc pourpre, sucré, acidulé. (Cult., alim., off.).

—Feuilles épaisses, palmatilobées. Fl. très-nombreuses renfermées dans un réceptacle pyriforme charnu-pulpeux; les supér. mâles, les infér. femelles.

Ficus (Figuier).

F. Carica (Figuier commun). Fl. mâle: Sép. 3. Etam. 3.—Fl. fem.: Sép. 5, soudés infér[t]. Style 1, filif., 2-fide. Ak. très-petits. (Cult. alim.).

3. **Maclura.**

M. aurantiaca (Oranger des Ozages, Bois d'arc). Racine et bois jaun. Epin. vulnérantes. Feuil. oval. Fl. dioïq.—Fl. mâl. en chatons axill. Périg. 4-fide. Etam. 4.—Fl. fem. en têtes axill. formant un fr. ressemblant à une orange. Originaire d'Amérique : fleurit très-rar[t], ne fructifie jamais dans nos climats. Haies du chemin de fer du Nord.

258. CELTIDÉES.

Celtis (Micocoulier).

C. australis. Arbre peu élevé; écorce presq. noire. Feuil. alt., pétiol., acum., très-dent., fort[t] nerv. Fl. hermaphr., qqf. polygam. Périg. à 5 div. étal. Etam. 5. Stigm. 2, longs, diverg. Fr. à peine charnu, noir, renferm[t] un noyau de la grosseur d'un pois. RR. Bois de Boulogne, Malesherbes, les Beauxmonts (Compiègne).

259—Feuilles pinnées.. 167
—Non.

ULMACÉES.

Ulmus (Orme). Arbre élevé. Feuil. alt., pétiol., dent. Fl. hermaphr., vert-rougeâtre, en fasc. axill. paraissant avant les feuil. Périg. à 5, rar[t] 4-8 div. soudées. Etam. en même nombre que les div. du périg. Styl. 2, diverg. Fr. (samare) 1-sp., larg[t] ailé-membraneux dans toute sa circonf. Mars, mai.

1—Fr. subsessile, glabre.

U. campestris (Orme). Polymorphe. Bois, promenades. CC.

—Fr. long[t] pédicellé, à bord fort[t] cilié.

U. effusa (Orme blanc). Bois, routes. R. Neuilly, St-Cloud, Versailles, Malmaison, Compiègne.

260. URTICÉES. Herb. Feuil. à stipules libres ou nulles. Fl. petites, verdâtres, hermaphrodites, monoïq. ou dioïq. — Fl. hermaphr. ou mâle : Sép. 4, plus ou moins soudés. Etam. 4. — Fl. fem. : Akène 1-sperme.

1—Plante à poils vulnérants.

Urtica (Ortie). Feuil. opp., pétiolées, prof[t] dentées. Fl. monoïq. ou dioïq.; périgone de la fl. femelle à 4 div., dont 2 très-petites avortées.

1—Fl. en grappes. 2

—Fl. fem. en têtes globul. 3

2—Feuil. ovales. Fl. monoïq. Grappes courtes.

U. urens (Ortie grièche, Petite Ortie). Fl. mâles et fem. dans les mêmes grappes. ①. CCC.

3—Feuil. cord. Fl. ord[t] dioïq.

U. dioica (Grande Ortie). Grappes allongées, les mâles dress., les fem. pend. ♃. CCC.

3. *U. pilulifera* (Ortie Romaine). Fl. monoïq.; fl. mâles en grappes grêles axill. dress. ② ou ♃. Décombres. RR. Charenton, Savigny-sur-Orge, les Mureaux (Meulan).

—Plante pubescente, non piquante.

Parietaria (Pariétaire).

P. officinalis [P. diffusa GG]. Tig. diffuses Feuil. alt., sensibl[t] ent. Fl. polygam., verdâtres ou rougeâtres, en glomér. axill. sess. — Fl. hermaphr. et mâle : Sép. 4, soudés infér[t]. Etam. 4. — Fl. fem. : Périg. tubul. renflé, 4-denté. Stigm. en pinceau. ♃. Murs, décombres. CCC.

β. *erecta* GG. Tig. dress., peu rameuse. Lieux ombragés. AC.

261—Feuilles alternes 301

—Feuilles opposées. 262

262. CANNABINÉES. Herb. Feuil., au moins les infér., opp. Fl. dioïq., petites, verdâtr. — Fl. mâle : Sép. 5, libr. Etam. 5. — Fl. fem. : Périg. réduit à 1 foliole embrassant l'ov. Style court ou nul. Stigm. 2, filif. Ak. petit, 1-sp.

1—Tige droite, non grimpante.

Cannabis (Chanvre).

C. sativa. Feuil. digit., dent. —Fl. mâles pend., en grappes axill. formant une longue panicule.—Fl. fem. sessiles, en glomérules feuillés formant épis. ①. (Cult.; tissage, huile grasse).

—Tige grimpante.

Humulus (Houblon).

H. Lupulus. Feuil. digit., dent., rar[t] indivises. — Fl. mâl. en grappes axill. ou term. — Fl. fem. en chatons pédonc., à écail. très-ampl. lors de la matur. ♃. Haies, buissons. C. (Cult.; off., bière).

263—Feuil. simples, entières, dent. ou lobées . . 268
—Feuilles digitées. 76
—Feuilles pinnées 264
264—Feuilles opposées. 265
—Feuilles alternes. 267
265—Fleurs blanches. Capsule vésiculeuse. . . . 86
—Fleurs verdâtres 66
266—Feuilles à 3-5 folioles. 74
—Feuilles à 7-15 folioles 167
267—Fleurs mâles et femelles en panicules. . . . 90
—Fleurs mâles en chatons.

JUGLANDÉES.

Juglans (Noyer).

J. regia (Noyer). Arbre. Feuil. alt., imparipinn., glabr., coriac., odor. Fl. monoïq. — Fl. mâl. en chatons pendants, cylindriq. Périg. 6-lobé, muni en dehors d'une écaille bractéale. Etam. 14-36. — Fl. fem. solit. ou fascic. Périg. 3-4-denté, soudé extér[t] avec un invol. 3-4-denté et intér[t] avec l'ov. Styl. 2, très-courts. Stigm. 2, grands, frangés. Fr. (noix) à 2 valves lign. (Cult. alim.).

268—Feuilles linéaires en aiguille, ou très-petites imbriquées en forme de natte. 285
—Non. 269
269—Sous-arbriss. parasite sur divers arbres. . . 125
—Non. 270
270—Feuilles pointues piquantes 300
—Non. 271
271—Feuilles opposées. 272
—Feuilles alternes 274
272—Feuilles caduques. 273
—Feuilles persistantes 239
273—Feuilles à lobes très-marqués. 74

—Feuilles sensiblᵗ entières. 85
274—Fleurs très-nombreuses renfermées dans une enveloppe verte, molle, pulpeuse intérᵗ. 257
—Non. 275
275—Fleurs mâles ou fleurs femelles libres. . . . 276
—Fleurs mâles et femelles en chatons. . . . 277
276—Feuilles stipulées. 89
—Feuilles non stipulées 90
277—Fleurs mâles et femelles en chatons 278
—Fleurs femelles jamais en chatons. Fruit dans une capsule.

CUPULIFÈRES. Arbres ou arbriss. Feuil. alt. Fleurs monoïq. — Fl. mâles en chatons, ordᵗ pourvues chacune d'une écaille bractéale. Périgone lobé. Etam. 4-20. — Fl. fem. solit. ou réunies par 2-3 dans un involucre. Involucres solitaires ou groupés. Périg. caliciforme, à tube soudé avec l'ov., à limbe denté disparaissant lors de la matur. Ovaire 2-6-locul. Fr. protégé par l'involucre accru (cupule).

1—Fleurs paraissant avec les feuilles (avril, mai). . . 2
—Fl. paraissᵗ longtemps avant les feuil. (févr., avril). 6
2—Feuilles entières ou seulement dentées. 3
—Feuilles incisées ou pinnatisinuées. 5
3—Fleurs mâles en chatons cylindriques. 4
—Fleurs mâles en chatons globuleux.

Fagus (Hêtre).

F. sylvatica (Fayard, Fouteau). Arbre élevé. Feuil. pétiol., oval., lâchᵗ dent. ou sin., aiguës. — Fl. mâles en chatons globul., pédonc., pend., à écailles bractéales tr.-petites, caduq. Périg. camp., 5-6-denté. Etam. 8-12, saill. —Fl. fem. renfermées 1-3 dans un invol. urcéolé, 4-lobé, soudé extérᵗ à de nombr. bract. lin. Périg. à limbe allongé découpé. Styl. 3, filif. Fr. (faîne) trigone, renfermé complétᵗ dans la cupule lign., chargée d'épin. non vulnérantes. (Huile de faîne). CCC.

4—Chatons mâles pend. Fl. fem. en grappes lâches. . 7
—Chatons mâles dressés. Involucres fructifères subsolitaires axillaires, chargés d'épines vulnérantes.

Castanea (Châtaignier).

C. vulgaris [Fagus Castanea L]. Arbre élevé. Feuil. pétiol., lanc., ayant plus de 0,1 de long., fortᵗ dent. à dents cusp. — Fl. mâles en glomér. entourés d'écail., formant des chatons filif. interr. Périg. 5-

fide. Etam. 8-15, saill.—Fl. fem. 1-3 dans un invol. urcéolé, sess. à l'aisselle des feuil. ou des chatons mâles, soudé extér[t] avec de nombr. bract. lin. Périg. allongé en col étroit. Styl. 3-8. Fr. (châtaigne) renfermés par 1-5 dans la cupule coriace, épin. CC.

5. **Quercus** (Chêne). Arbres ord[t] élevés. — Fl. mâles en chatons filif. interr., dépourvus d'écail. bractéales. Périg. à 6-8 div. ciliées. Etam. 6-10. — Fl. fem. solit. ou fascic. par 2-3. Invol. formé de bract. écailleuses imbriq. soudées, hémisphérique (cupule). Style court. Stigm. 3-4, courts, étal. Fr. (gland) ovoïde, entouré à sa base par la cupule indurée.

1—Feuil. à lob. obt. mutiq. . 2
—Feuil. à lob. aig. mucr. . 6
2—Fl. fem. subsessiles. . . 3
—Fl. fem. réunies au bout d'un pédonc. 5-6 f. plus long que le pétiole des feuil. 4
3—Feuil. à poils roux en dessus, fort[t] toment. en dessous. Rac. traç. 5
—Non,

Q. sessiliflora [Q. Robur β. L] (Rouvre, Durelin). Grand arbre. Feuil. pétiol. Cupule à écail. apprim. Lieux secs. CCC.

β. *pubescens*. Feuil. pubesc., au moins dans leur jeunesse.

4. *Q. pedunculata* [Q. Robur α. L] (Chêne à grappes, Chêne blanc, Gravelin). Grand arbre. Feuil. subsess., glabres. Ecail. de la cupule apprim. Lieux frais. CC.

5. *Q. Tauza* GG et CG (Tauzin, Chêne noir). Arbre petit, formant buisson. Pétioles et jeunes ram. toment. RRR. Bois de St-Martin (Thury).

6. *Q. Cerris*. Cupule à écail. lin.-subul., libres, contournées. RR. Forêt de Marly, Fontainebleau, Auxy, Beauvais, Thury.

6. **Corylus** (Coudrier).

C. Avellana (Noisetier). Arbriss. Feuil. doubl[t] dent., oval., acum. — Fl. mâl. en chatons cylindr. pend., à écail. imbriq. Etam. 6-8, insér. sur une bract. 2-lob. (périg.), soudée extér[t] avec l'écail. bractéale correspondante.—Fl. fem. dans un bourgeon écailleux. Invol. 1-2-fl., lacin. Styl. 2, rouges, filif. Fr. (noisette) enveloppé par la cupule foliac., irrég[t] déchiquetée. Bois. CC.

7. **Carpinus** (Charme).

C. Betulus. Arbre. Feuil. pétiol., oval., doubl[t] dent., arrond. ou cord. à la base. Fl. paraiss[t] avec ou un peu avant les feuilles. — Fl. mâles en chatons cylindr., à écail. ciliées, rougeâtr. par le bout. Bract. imbriq. Périg. nul. Etam. 6-20, insér. à la base de l'écail. bractéale ; anthères barbues au sommet. — Fl. femelles en grappes. Invol. pédic., 3-lobé. Périg. soudé avec l'ov. Styl. 2, filif. Fr. compr., nervé, embrassé extér[t] par la cupule foliac., 3-lobée, à lobe moyen ample. CC.

278—Chatons globuleux 282
—Non. 279

279—Ecailles des chatons échancrées en croissant. Arbrisseau très-odorant. 284
—Non. 280

280—Chaton mâle ovoïde ; étam. dépassant beaucoup les écailles. Chaton fructifère charnu 257
—Non. 281
281—Fleurs monoïquess. 283
—Fleurs dioïques.

SALICINÉES. Arbres ou arbriss. Feuil. alt. ou éparses, très-rar[t] opp., ent. ou dentées. Fl. en chatons allongés, munies chacune d'une écaille, paraissant avant ou avec les feuilles. Périgone très-petit, en forme de glande à la base des étamines ou du pistil. Caps. ovoïde-conique, polysperme. Graines aigrettées soyeuses.

1—Ecailles des fleurs à bord entier cilié. Etam. 2-3, très-rar[t] 5. Feuilles briév[t] pétiolées.

Salix (Saule). Arbres ou arbriss. Feuil. ent. ou légèr[t] dent.; bourgeons recouverts par une seule écaille. Chatons paraiss[t] avant ou avec les feuil. Périg. réduit à 1-2 glandes placées à la base des étam. ou de l'ov. Style 1. Stigm. 2.

1—Arbre à rameaux pend. vers le sol. (Mâle inobservé). . . . 7
—Non. 2
2—Sous-arbriss. (0,2-0,5), étalé à terre, très-rameux. 19
—Non 3
3—Chatons (avr.,mai), sur un pédonc. feuillé. Ecail. des fl. ent[t] jaun. ou rousses. Caps. glabre ou velue. 4
—Chatons (mars, avr.), sess. ou subsess. à la floraison. Ecail. brun-noir, au moins à leur sommet. Caps. tomenteuse. . . . 10
4—Ecail. velues jusqu'à leur sommet. Ord[t] 2 étam. 5
—Ecail. glabres à leur sommet. Etam. 3. 8
5—Arbre. Ecail. caduques avant la matur. Caps. toujours glabre. 6
—Arbriss. Ecail. persist. Caps. glabre ou vel. (Mâle inobservé). 9
6—Stipules larges, obliq[t] oval. Feuil. à la fin glabr., luis. Etam. glabr. Caps. à pédic. 2-3 fois aussi long que la glande.

S. fragilis. 5-8 m. Ram. fragiles à leur artic. Feuil. lanc.-acum., fin[t] dentic. Chatons mâles allong., assez denses ; les fem. très-lâch. Stigm. échancr. Bord des eaux. AC.

—Stipules très-petites, lanc. Feuil. toujours soyeuses, au moins en dessous. Etam. vel. Caps. sess.

S. alba (Saule blanc). 10-15 m. Feuil. lanc.-acum., fin[t] dent. Chatons mâl. grêles, arq.; les fem. minces, assez compactes. Stigmates 2-fides. Bord des eaux. CCC.

β. *vitellina* (Osier jaune, Amarinier). Ram. grêles d'un beau jaune. (Cult.).

7. *S. Babylonica* (Saule pleureur). Feuil. lanc.-lin., long[t] acum. Avril, mai. Parcs.

8. *S. triandra* (Osier brun). Arbriss. ou arbuste. Feuil. stipul., glabr. des deux côtés, 3-4 fois aussi long. que larges, dent. Chatons mâl. lâch., à fl. comme verticill. Caps. glabre, pédic. Style très-court.

281 (suite).

Ecail. persist. Bord des eaux, vignes. CC.

β. *amygdalina.* Ecorce noir-pourpre. Feuil. glauq. en dessous.

9—Feuil. fort[t] denticulées.

S. undulata GG et CG. 2-3 m. Feuil. oblong.-lanc., à la fin glabr. Chatons de 0,03-0,05. Caps. à pédic. 2 f. aussi long que la glande. Style long. Bord des rivières. AR.

—Feuil. obscur[t] dentic., acum.

S. hippophaefolia GG et CG. 2-3 m. Feuil. étroites, à la fin glabr. Ecail. rosées. Caps. à pédic. égal[t] à peu près la glande. Style long. Bord des rivières. AC.

10—Etam. 2, plus ou moins soud. Caps. à pédic. plus court que la glande 11

—Etam. 2. ent[t] libres. Caps. à pédic. plus long que la glande. 13

11—Etam. soudées dans toute leur longueur. Style presq. nul.

S. purpurea (Osier rouge, Verdian). 1-4 m. Feuil. obovał. acum., à la fin luis., dentic. Chatons mâl. grêles; les fem denses, cylindr. (0,03). Bord des eaux, vallées. AC.

β. *Helix*. Feuil. très-étroit., très-allong., bleuâtr.; les supér. opp. AR.

—Etam. soudées à moitié. Style filiforme. 12

12—Feuil. sublin. (0,10-0,15 sur 0,01-0,02). 14

—Non.

S. rubra GG et CG. 1-4 m. Feuil. lanc. à bords roulés, très-lâch[t] dentic. Chatons mâl. ovoïd.-oblongs; les fem. denses cylindr. Bord des eaux, vignes. AR.

13—Feuil. très-allong. Caps. sess. ou briév[t] pédicellée. 14

—Feuil. n'étant pas 2 f. aussi long. que larges. Stipul. rénif. Caps. à pédic. 4-6 f. aussi long que la glande 15

14—Feuil. sublin. (0,10-0,15 sur 0,01-0,02). Stipul. peu apparentes. Caps. sess.

S. viminalis (Osier blanc). 3-7m. Ram. très-effilés Feuil. ent., vertes en dessus, blanch -soyeuses en dessous. Chatons mâl. ovoïd.-oblongs, compactes; les fem. denses, cylindr. (0,03-0,04). Style filif. Bord des eaux, oseraies, vignes. CCC.

—Feuil. lanc. (0,06-0,10 sur 0,02-0,03). Stipul. assez ampl. Caps. à pédicelle 2 f. aussi long que la glande.

S. Smithiana GG et CG. 3-4 m. Buisson touffu. Feuil. lâch[t] crén., vert-foncé en dessus, blanch.-toment. en dessous. Chatons mâl. subcylindr. (0,03). Style long. Bord des eaux, bois. AR.

15—Chatons paraissant avant les feuil. Stigm. subsess. 16

—Chatons paraiss[t] avec les feuil. Style de 0,002-0,003 . . 20

16—Chatons de 0,03-0,06. Pédic. de la caps. aussi long que l'écaille. 17

—Chatons de 0,02-0,03. Pédic. de la caps. bien plus court que l'écaille. 18

17—Bourgeons des feuil. gris-tomenteux.

S. cinerea. 3-5m. Feuil. oval.-oblong., vert-sombre et fin[t] pubesc. en dessus, toment.-cendrées en dessous. Taillis hum., bord des eaux. C.

—Bourgeons glabres.

S. Caprea (Marceau). 5-10 m. Feuil. oval., ord[t] à pointe recourb., ampl., luis. en dessus, toment. en dessous. Chatons gros, très-denses, ovoïd. (cylindr. après la floraison). Bois, bord des eaux. CC.

18. *S. aurita* (Petit Marceau). 1-3 m. Bourgeons glabres. Feuil. très-rug., oboval., à pointe recourb., pubesc. en dessus, hériss.-toment.

281 (suite).

en dessous. Taillis hum., bord des eaux. C.

19. *S. repens*. Tige souterraine traç. Feuil. variables. Chatons (avr., mai), petits, subglobul. (0,01-0,02). Prés hum. R. St-Léger, Morfontaine, Port-aux-Perches, Sacy-le-Grand, Neuville-Bosc, St-Germer, Nemours, Malesherbes.

20. *S. nigricans* GG et CG. 1-4 m. Bourgeons pubesc. Feuil. variables, d'un vert foncé, noircissant par la dessiccation. RRR. Forêt de Dreux.

—Ecailles des fleurs à bord déchiqueté, cilié ou glabre. Etam. 8-20. Feuilles long[t] pétiolées.

Populus (Peuplier). Arbres. Feuil. alt., sin., angul. ou dent. Périg. réduit à une glande en forme de godet.—Fl. mâle : Etam. insér. sur le godet tronqué obliq[t]. — Fl. fem.: Ov. sess. ou pédic., entouré à sa base par le godet. Style court. Stigm. 2. Caps. toujours glabre. Mars, avril.

1—Branches relevées formant une long. et étroite pyramide. 6

—Non 2

2—Ecail. des chatons vel. Etam. 8. Bourgeons non visq. . . . 3

—Ecail. glabres. Etam. 12-20. Bourgeons visq. Feuil. toujours glabres.. 5

3—Pétiole purpurin, double de la feuille.

P. Tremula (Tremble). 8-15 m. Ecorce lisse. Feuil. glabr. (rar[t] pubesc.), très-mobiles. Chatons de 0,04-0,06. Ecail. mâl. cunéif., incis.-digit., long[t] barbues. Stigm. 2-fid. Bois, lieux hum. CC.

—Non. Feuil. blanch.-vel. en dessous, dans leur jeunesse. . 4

4—Ecail. dent. Chatons de 0,02-0,03.

P. alba (Ypréau, Blanc-de-Hollande). 18-25 m. Ecorce crevassée. Feuil. souv[t] glabr. à la fin de l'été; pétiole moitié de la feuil. Stigm. à lobes en croix. Bois, terrains hum. CC.

—Ecailles laciniées. Chatons de 0,04-0,06.

P. canescens (Grisard). 5-12 m. Ecorce lisse. Branches ascendantes. Pétiole de la longueur de la feuil. Stigm. à lobes en éventail. AR.

5—Bourgeons inodor. Feuil. aussi larg. que longues.

P. Virginiana GG [P. monilifera CG] (Peuplier de Virginie, Peuplier Suisse). 25-35 m. Feuil. triang., à dents nombr., rég., saill. et recourbées; pétiole rougeâtre. Chatons mâl. de 0,06-0,08. Chatons fem. de 0,04-0,05, en chapelet lâche à la matur. AC. (Orn.).

—Bourgeons résineux, odor. Feuil. plus longues que larges.

P. nigra (Léard, Liardier, Peuplier franc). 20-30 m. Feuil. à base légèr[t] arrond., crénelées. Chatons fructifères de 0,05-0,08. Allées, lieux hum. C. (Bourgeons employés pour le *Populeum*, onguent antihémorrhoïdal).

6. *P. pyramidalis* GG et CG (Peuplier d'Italie). Arbre élevé. Feuil. sensibl[t] quadrang., très-glabres. Etam. 12-20. Fem. inobservée. Allées, bord des eaux. CC.

282. PLATANÉES.

Platanus (Platane). Arbres élevés. Epiderme de l'écorce

se détachant par plaques. Feuil. alt., grandes, long^{t} pétiol., palmatilob. Fleurs monoïq.; les mâles et les fem. sur des ram. différents, en chatons globul. Ecail. bractéales et périg. nuls. — Fl. mâle : Etam. indéfinies, entremêlées d'écail. — Fl. fem.: Ov. très-nombr., serrés. Style 1. Fruit coriace, poilu à la base, 1-sperme. Avril, mai.

1—Feuil. prof^{t} lobées, tronquées à la base.

P. orientalis. Parcs, promenades.

—Feuil. obscur^{t} lob., allongées en coin à la base.

P. occidentalis. Plus rar^{t} planté que le précédent.

283. BÉTULINÉES. Arbres ou arbriss. Feuil. alt. ou éparses, caduques. Fleurs monoïques. Chatons paraissant dès l'automne et se développant au printemps avant les feuilles; les mâles toujours allongés, pendants.

1—Pédoncule des chatons simple; les chatons fem. cylindr., pendants. Ecorce blanc-d'argent, se détachant par lames.

Betula (Bouleau).

B. alba. 10-15 m. Feuil. pétiol., triang., long^{t} acum., doubl^{t} dent. en scie, très-glabr. sur les 2 faces. — Chatons mâl. 1-3 au sommet des ram. Ecail. bractéales pelt., munies de 2 bractéoles et recouvrant 3 fl. Périg. écailleux et concave, d'une seule pièce. Etam. 4, à moitié soud. par paire. — Chatons fem. à écail. bractéales 3-lob., cil., portant 3 fl. Périg. nul. Ov. sess. Stigm. 2, filif. Gr. compr.-ailée. Bois. CC.

β. *pubescens.* Feuil. presq. cord., simpl^{t} dent., un peu velues ainsi que les jeunes rameaux. AR.

—Pédoncule des chatons rameux; les chatons fem. ovoïdes, dressés. Ecorce grise, adhérente.

Alnus (Aune). Feuil. dent., ou incis.-dent. — Chatons mâles à écail. bractéales pelt., munies à leur bord de 4 bractéoles, et recouvrant 3 fl. Périg. 4-fide. Etam. 4. — Chatons fem. à écailles obt., charnues, 2-fl., munies à leur aisselle de 4 bractéoles, agglutinées avant la matur. Périg. nul. Ov. sess. Stigm. 2, filif. Fr. lentic., non ailé.

1—Feuil. obt., souv^{t} tronq.

A. glutinosa [Betula Alnus L]. Arbre de 10-20 m. Jeunes ram. glabr. Feuil. lob., incis. ou dent., poil. en dessous sur les nerv. Bois hum., bord des eaux. CC.

—Feuil. aig., ou légèr^{t} acum.

A. incana [Betula i. L]. Arbriss. de 1-3 m. Jeunes ram. pubesc. Feuil. fin^{t} et doubl^{t} dent., pubesc.-toment. en dessous, qqf. incis.-pinnatifid. RRR. Env. de la mare aux Evées (Fontainebleau).

284. MYRICÉES.

Myrica.

M. Gale (Galé, Piment royal). 0,6-1 m. Aromatique. Feuil. épaiss., oblong., ent. ou dentic., cad. Fl. ord[t] dioïq., rar[t] hermaphr., paraiss[t] avant les feuil.— Chatons mâl. filif. Ecail. bractéales brunes, bordées de blanc. Périg. nul. Etam. 2-8, courtes.—Chatons fem. ovoïd., dressés. Ecail. bractéales adhér. à l'ov. Périg. nul. Styl. 2, courts. Fr. 1-sp., enveloppé par l'écail. bractéale accrue chargée de points résineux brillants. Avr., mai. Lieux sabl. hum. R. St-Léger, Rambouillet, Vaux (Triel), Mont-d'Arcy (Pierrefonds).

285—Feuilles en aiguille. **286**
—Feuil. très-petites, imbriquées, serrées. . . **287**

286—Chatons mâles très-petits, globuleux; les femelles imitant une baie bleu-noir. **287**
—Chatons coniq.; les fem. à écailles ligneuses.

ABIÉTINÉES. Arbres verts. Feuil. en aiguille, persistant pendant l'hiver. Fleurs monoïq., rar[t] dioïq.— Chatons mâles formés d'écailles servant chacune de connectif à 2 lobes d'anthère.— Chatons fem. formés d'écail. nombreuses imbriq., représentant chacune un carpelle, munies extér[t] d'une bractée membraneuse et intér[t] de 2 ovules. Chatons fructifères oblongs coniq. (cônes), à écail. lign. ou coriaces. Gr. munies d'une aile persist. ou caduque.

1—Feuil. éparses ou distiq., qqf. d'abord fasciculées. Cône à écailles minces au sommet 2
—2, 3 ou 5 feuilles sortant d'une spathe membraneuse. Cône à écailles épaissies au sommet.

Pinus (Pin). Arbres. — Chatons mâles ovoïd.-oblongs, en épi à la base des jeunes pousses de l'année. — Chatons fem. ovoïd., 1-3, terminaux.

1—Faisceaux de 2 feuilles. . 2
—Faisc. de plus de 2 feuil. 7

2—Arbre à cime pyram. Chatons mâl. en grappes compactes. Gr. 2-5 f. plus courtes que l'aile . 3
—Arbre à cime en parasol. Chatons mâl. en grappes allong. Gr. grosses, beaucoup plus longues que l'aile. 5

3—Feuil. de 0,05-0,07. *P. sylvestris* (Pin sylvestre). 25-30 m. Cônes réunis par 2-3, de la longueur des feuil., pédonc., penchés; écail. ternes. Avr., mai. Bois, parcs. CCC.

β. *rubra* (Pin d'Ecosse). Ecorce et jeunes pousses rouges. Cônes par 3-4, plus petits que les feuil.
—Feuil. de 0,10-0,20 . . . 4

4—Feuil. moll., lisses, recourb.

en tous sens.

P. Laricio (Pin de Corse). 25-30 m. Feuil. de 0,12-0,16. Cônes presq. sess., étalés, luis. Bois. Fontainebleau, Malesherbes. (Orn.).

—Feuil. raid., à bords rudes. 6

5. *P. Pinea* (Pin Pignon, Pin doux). 25-30 m. Feuil. glauq., de 0,08-0,15. Cônes de 0,12-0,18, obt., réfl., luisants. (Orn.).

6. *P. maritima* CG [P. Pinaster GG] (Pin des Landes). 20-30 m. Feuil. de 0,10-0,20, dépass[t] les cônes. Cônes subsess., aigus, luis. Mai. Bois, parcs. AC.

7—Faisceaux de 3 feuilles.

P. Sabiniana (Pin de Sabine). 35-45 m. Feuil. et cônes de 0,25-0,30. — *P. rigida* (Pin à trochets). 3-10 m. Feuil. de 0,15-0,20. Ecail. term. par une épine.— etc... (Orn.).

—Faisceaux de 5 feuilles.

P. Cembro (Alviès, Teinier). 4-12 m. Feuil. de 0,05-0,08. — *P. Strobus* (Pin Weimouth). 40-50 m. Feuil. de 0,08-0,10. — etc... (Orn.).

2—Feuil. d'abord fascic., et devenant éparses par l'allongement du bourgeon. Cône allongé presq. cylindriq. . 3

—Cône court, ovoïde, à sommet arrondi.

Abies (Sapin). Arbres.— Chatons mâles solit.— Chatons fem. solit., à écailles minces au sommet.

1—Feuil. distiq. (sur 2 rangées). Cônes dress., à écail. larges, obt., caduques.

A. pectinata DC [Pinus Picea L et GG, Picea pectinata CG] (Sapin, Sapin argenté). 30-40 m. Feuil. glauq. en dessous. Cônes de 0,09-0,12. Avr., mai. Bois, parcs.

—Feuil. irrég[t] éparses. Cônes pend., à écail. attén. au sommet, persistantes.

A. excelsa CG [Pinus Abies] (Epicéa, Pesse, Faux Sapin). 25-30m. Feuil. vertes, courtes, quadrang., très-aig. Cônes bruns. Avril, mai. Bois, parcs.

3—Feuilles vert-clair, molles, ne durant qu'un an. Cône à écailles lâches, tronquées ou échancrées au sommet.

Larix (Mélèze).

L. Europœa CG [Pinus Larix]. 20-40 m. Bois rouge. Feuil. de 0,02-0,03. — Chatons mâl. en forme de bourgeons solit. et latér. — Cônes assez petits, ovoïd., d'abord rouge-pourpre. Mai. (Orn.).

—Feuilles vert-noir, durant plusieurs années. Cône à écailles conniventes.

Cedrus (Cèdre).

C. Libani CG [Pinus Cedrus L] (Cèdre du Liban). 25-30 m. Feuil. un peu piquantes. Cônes gros, ovoïd. (Orn.).

287. CUPRESSINÉES. Arbres ou arbriss. toujours verts. Fleurs dioïq. ou monoïq. — Chatons mâles très-petits, formés d'écail. peltées servant chacune de connectif à 3-8 lobes d'anthère. — Chatons fem. formés d'un petit nombre d'écail. imbriq., dépourvues de bractées et munies à leur base interne d'un ou plusieurs ovules.

Chatons fructifères courts, subglobuleux, ligneux ou charnus.

1—Feuilles verticillées ou imbriquées 2
—Feuilles presque distiques. 3
2—Fruit terminal à écailles coriaces ou ligneuses. . . 4
—Chatons fructifères axillaires, imitant une baie.

Juniperus (Genévrier). Arbriss. Fl. dioïq., rar[t] monoïq. — Chatons mâl. oval., formés d'écail. portant chacune infér[t] 3-6 lobes d'anthère. — Chatons fem. formés d'écail. imbriq., bacciformes à la matur., 3-spermes.

1—Feuil. verticill. par 2-3, piquantes, de 0,01-0,02.

J. communis. 1-3 m. Fruit noir-bleu à la matur. Avr., mai. Bruyères, forêts, coteaux. C.

—Feuil. imbriq. appliq. sur les ram., de 0,002-0,005.

J. Sabina (Sabine). Arbriss. ou arbuste. Fr. petit, bleuâtre. R. (Cult. orn., off.).

3. **Taxus** (If).

T. baccata. Arbuste très-ram. Fl. dioïq., en chatons axill. solit. ou géminés.—Chatons mâl., petits, formés de 6-10 écail. pelt., portant infér[t] 5-8 lob. d'anthère. — Fl. fem. solitaires, entourées d'écailles imbriquées et formées d'une cupule charnue, rouge à la matur., 1-sp. Avr. (Orn.).

4—Rameaux quadrangulaires. Ecailles mucronées au centre, portant plusieurs graines à leur base.

Cupressus (Cyprès). Fl. monoïques, sur des rameaux différents. (Orn.).

—Rameaux aplatis. Ecailles mucronées au sommet, portant 2 graines à leur base.

Thuya. Fl. monoïq., sur des ram. différents. (Orn.).

EMBRANCHEMENT II. — MONOCOTYLÉDONÉES

TIGE ORDINAIREMENT HERBACÉE, CONSTITUÉE PAR DES FAISCEAUX FIBRO-VASCULAIRES ÉPARS DANS LE TISSU CELLULAIRE ET NE FORMANT PAS DE COUCHES CONCENTRIQUES. — FEUILLES A NERVURES PRESQUE TOUJOURS SIMPLES ET PARALLÈLES, SOUVENT LONGUEMENT ENGAINANTES A LEUR BASE.— FLEURS DISTINCTES : PÉRIGONE FORMÉ DE PARTIES ORDINAIREMENT TERNÉES, SOUVENT REMPLACÉES PAR DES BRACTÉES OU DES SOIES, QUELQUEFOIS NULLES. ÉTAMINES ET PISTILS DISTINCTS. — EMBRYON POURVU D'UN SEUL COTYLÉDON.

288—Calice non coloré, verdâtre. 292

—Calice de la couleur des pétales 294

289—Pl. flottante, ayant l'apparence d'une ou plusieurs petites feuil. lenticulaires donnant en dessous naissance aux fibres de la racine. 314

—Non. 290

290—Périgone pétaloïde, très-apparent. 291

—Non. 308

291—Fleurs hermaphrodites ou monoïques. . . . 292

—Fleurs dioïques. 306

292. **ALISMACÉES.** Pl. aquat. Feuil. ord[t] radicales. Fl. blanches, rosées. Périgone régulier à 6 div., dont les 3 extér. herbacées persistantes, les 3 intér. pétaloïdes, ord[t] caduques. Etamines hypogynes.

1—Fl. hermaphrodites. Feuil. non sagittées. Etam. 6.. 2

—Fl. monoïq. Feuil. ord[t] sagitt. Etam. nombreuses.. 3

2—Feuil. ord[t] non échancrées à la base. Capsules nombreuses en tête arrondie, non adhérentes entre elles.

Alisma. Fl. long[t] pédonc. Carp. 1-spermes.

1—Feuil. toutes rad. Pédonc. terminaux. 2

—Tige feuillée. Pédonc. axillaires. 3

2—Fl. en panic. rameuse et pyramidale.

A. Plantago (Fluteau, Plantain d'eau). Feuil. variables. Fl. blanch. ou rosées. Carp. sur un rang, en cercle. ♃. Mares, fossés. CC.

—Fl. en ombelle non ram. (qqf. surmontée d'une seconde omb.).

A. ranunculoides. Feuil. longues, atténuées aux 2 bouts. Fl. blanc-rosé. Carp. sur plusieurs rangs, en tête globuleuse. ♃. Mares, fossés. AR.

3. *A. natans.* Tige submergée, subfilif. Feuil. noyées très-étroites, sess.; les caul. ellipt., pétiol., flottantes. Pédonc. 1-5, aux nœuds de la tige. Fl. blanches. Carp. 6-15 en tête. ♃. Mares, étangs. R. Montfort-l'Amaury, St-Léger, Fontainebleau, Villefermoy, Aigremont (Poissy), Dreux, Beauvais, Chartres.

—Capsules 6-8, soudées, divergeant en étoile. Feuilles tronquées ou un peu cordées à la base.

Damasonium.

D. stellatum [Alisma Damas. L]. Feuil. rad. atteign[t] souv[t] l'ombelle. Fl. petites, blanch. ou rosées, en omb. terminale, ou en 2 ou plusieurs verticilles superposés. Caps. à pointe piquante, à dos tranchant, 1-2-sp. ♃. Etangs, lieux inondés. AR.

3. **Sagittaria** (Sagittaire).

S. sagittæfolia (Fléchière). Feuil. rad. sagitt. Fl. assez grandes, blanc-rosé, ternées, en grappes interr., les infér. fem. — Fl. mâle : Etam. environ 24. — Fl. fem. : Ov. nombr., 1-sp., en tête globul. ♃. Bord des eaux. CC.

β. *vallisnerifolia*. Feuil. en long ruban. Eaux courantes.

293—Plus de 6 étamines **294**
—Etamines 4-6. . . . . **295**
—Etamines 3 . . . . **297**

294. BUTOMÉES.

Butomus (Butome).

B. umbellatus (Jonc-fleuri). 0,6-1,2. Feuil. rad. très-longues, lin. Fl. assez grandes, rosées, en omb. terminale. Périg. à 6 div.; les 3 extér. sensiblt colorées, persistantes ; les 3 intér. pétaloïd., cad. Etam. 9. Caps. 6, verticillées, polysp. ♃. Etangs, bord des eaux. C.

295—Fleurs violettes, de 0,10 de long, naissant directement d'un bulbe souterrain.

COLCHICACÉES.

Colchicum (Colchique).

C. autumnale (Tue-chien). Fl. 1-3, naissant d'un bulbe sur un bourgeon qui s'allonge, au printemps suivant, en une tige portant les feuil. et les caps. Feuil. lanc.-lin. Fl. en entonnoir tubuleux, 6-fide. Etam. 6. Styles 3. Caps. grosse, polysp. ♃. Prés. CC.

—Non. **296**

296—Tige feuillée jusqu'aux fleurs et au delà ; ou tige nue supérieurement et portant des fleurs blanches globuleuses, suaves, à périgone 6-denté. **300**
—Non.

LILIACÉES. Pl. terrestres herbacées. Souche bulbeuse (le **Phalangium** excepté). Feuil. le plus souvt toutes radicales, ordt lanc.-lin. Fleurs ordt munies de bractées scarieuses ou de spathes, hermaphr., régulières. Périgone pétaloïde, caduc, à 6 div. ordt presq. semblables. Etam. 6, hypogynes. Style 1. Stigm. 3, plus ou moins soudés. Caps. 3-loculaire.

1—Périgone à 6 divisions libres ou soudées dans leur moitié inférieure **2**
—Périgone à 6 dents courtes. **13**
2—Style très-distinct **3**
—Stigmates sessiles. Fleurs très-grandes.

296 (suite).

Tulipa (Tulipe).

T. sylvestris. Bulbe. Tige de 0,2-0,3, nue supér[t]. Feuil. lanc., pliées, glauq. Fl. jaun., camp., à 6 div. pubesc. au sommet. Caps. à log. polysp. ♃. Avr. Vignes, parcs, taillis. R. Les Ternes, St-Cloud, Grignon, Vitry-sur-Seine. Livry, Savigny-sur-Orge, Beauvais.

3—Fleurs en grappe, en épi ou en panicule. 4
—Fl. en omb. entourée d'une spathe à 1-2 valves. . 11
4—Fleurs jamais jaunes. 5
—Fleurs jaunes 10
5—Filets des étam. presq. cylindr. ou coniques. . . . 6
—Filets des étamines très-aplatis à leur base. . . . 9
6—Périgone resserré sous l'ovaire en un tube très-étroit, figurant un pédicelle. 14
—Non. 7
7—2 bractées colorées à la base des fleurs 12
—Non 8
8—Tige grande et feuillée.

Lilium (Lis).

L. Martagon. Bulbe jaune. Feuil. lanc. Fl. 3-8, rose-ponctué, à div. roulées en dehors. ♃. Natur. dans les bois d'Arthies (Mantes).

—Tige de 0,1-0,3. Feuilles radicales.

Scilla. Bulbe. Div. du périgone étalées dès la base.

1—Fleurs d'août à sept. Pédonc. 1-2 f. aussi longs que le périg.

S. autumnalis. Feuil. 3-6, se développ[t] après la floraison. Fl. bleu-lilas. Caps. à log. 2-sp. ♃. Pelouses sèches. AC.

—Fleurs de mars à avril. Pédonc. infér. 3-5 fois aussi longs que le périgone.

S. bifolia [Adenoscilla b. GG]. Feuil. 2-3, engaînantes, atteignant environ la longueur de la tige lors de la floraison. Fl. d'un beau bleu, très-rar[t] blanch., en grappe lâche. Caps. à log. ord[t] 6-sp. ♃. Bois. AR.

9. **Ornithogalum** (Ornithogale). Bulbe. Feuil. toutes rad., lin., nombr. Div. du périg. libres, rayées de vert. Caps. à log. oligospermes.

1—Fl. en longue grappe spicif.

O. Pyrenaicum. 0,5-0,8. Feuil. plus courtes que la hampe. Périg. blanc-jaunâtre. ♃. Mai, juin. Buissons, champs. AC.

—Fleurs en corymbe.

O. umbellatum (Dame d'onze heures). 0,1-0,3. Feuil. égal[t] la hampe. Périg. blanc, s'ouvrant à 11 h. ♃. Avr., mai. Champs, bord des bois. C.

10. **Gagea**. Bulbe. Feuil. 1-3, rad., lin. Qq. bractéoles au haut de la tige. Périg. à 6 div. libres. Caps. à log. oligospermes.

1—Fl. 3-12 (rar[t] 1-2), en corymbe. Tige de 0,1-0,2.

296 (suite).

G. arvensis [Ornithogalum a. L]. 2 feuil. bractéales opp., à la base du pédonc. Div. du périg. aiguës, str. de vert. ♃. Mars, avr. Champs secs, vignes. AR. —Fl. 1, rar^t 2. Tige de 0,5-0,8.

G. Bohemica GG et CG. 3-4 feuil. bractéales alt. Div. du périg. obtuses. ♃. Févr., mars. RRR. Rochers de Poligny (Nemours).

11. **Allium** (Ail). Plantes à odeur forte. Bulbe. Tige nue ou d'apparence feuillée : (les feuilles qui paraissent caul. se prolongent jusqu'au bulbe par l'intermédiaire d'une longue gaîne). Filets des 3 étam. intér. souv^t munis de chaque côté d'une dent ou d'un appendice filif. Caps. à loges 1-2-spermes. (Une partie des fl. est souv^t convertie en bulbilles).

1—Etam., au moins les intér., à 3 pointes 2
—Etam. à filet simple. . . 9
2—Feuilles planes. 3
—Feuil. cylindr. ou demi-cylindriques. 5
3—Ombelle portant des bulbilles et des capsules. 4
—Ombelles ne portant que des capsules. 6
4—Fl. d'un blanc sale.

A. sativum (Ail). Spathe d'une seule pièce, très-pointue, dépassant l'omb. ♃. (Cult. alim.). Subspont. près des habitations.

—Fl. purpurines.

A. Scorodoprasum (Rocambole). Feuil. à bord scabre. Spathe à 2 valves plus courtes que l'omb. ♃. Juin, juill. R. St-Maur, Charenton, Fontainebleau. (Cult. alim.).

5—Omb. portant des bulbilles et des capsules.

A. vineale. Spathe d'une seule pièce. Omb. lâche. Fl. rose-pâle. Etam. saill. ♃. Juin, juill. Champs, vignes, bois. C.

—Omb. ne portant que des capsules 7
6—Style court inclus.

A. Porrum (Poireau) Omb. volum. Fl. blanchâtr., str. de rouge; anthères rougeâtres. ♃. Juin, août. (Cult. alim.).

—Style saillant.

A. Ampeloprasum (Poireau d'été). Omb. volum. Fl. rosées; anthères jaunes. ♃. Juill., août. (Cult. alim.).

7—Div. du périg. conniventes.

A. Spærocephalon. Spathe à 1-2 valves. Omb. fournie. Fl. d'un beau rouge. Etam. saill. ♃. Juin, août. Lieux secs. C.

—Div. du périgone étalées en étoile. 8
8—Tige de 0,2-0,3.

A. Ascalonicum (Echalote). Bulbes petits agrégés. Spathe courte, à 2 valves. Div. du périg. lilas, à carène presque noire. ♃. (Cult. alim.).

—Tige de 0,6-1,0, renflée à la base.

A. Cepa (Oignon). Bulbe gros, uniq. Spathe à 2-4 valves réfl. Omb. volum. Fl. ord^t blanc-verdâtre. ♃. (Cult. alim.).

9—Tige renflée à la base.

A. fistulosum L et CG (Ciboule). 0,4-0,5. Bulbe unique. Feuil. cylindr. Fl. verdâtres. ♃. (Cult. alim.).

—Non 10
10—Fleurs roses ou striées.. 11
—Fleurs blanch. ou jaun. 13
11—Feuil. cylindriques. . . 12
—Feuil. planes. Tige nue. 16
12—Tige feuillée seul^t dans le quart infér. Périg. en étoile.

296 (suite).

A. Schœnoprasum (Civette, Ciboulette). 0,15-0,25. Spathe color., à 2 valves. Périg. rose. Etam. incluses. ♃. (Cult. alim.).

—Tige feuillée au moins jusqu'au milieu. Div. du périg. conniventes. 14

13—Fleurs blanches.

A. ursinum (Ail des bois). Hampe triang. Feuil. 2, rad., pétiolées, planes. Omb. lâche, aplatie. ♃. Avr., mai. Bois. AR.

—Fleurs jaunes. 15

14. *A. oleraceum*. Feuil. str. en dessous, rudes. Spathe à 2 valves. Omb. portant beaucoup de bulbilles et peu de fleurs. Fl. d'un blanc rosé, str. de vert et de rouge. ♃. Juill., août. Champs, vignes. CC.

15—Hampe feuillée.

A. flavum. Feuil. lin., convexes, canalic. Spathe à 2 valves persist., terminées en long. pointe. Etam. saill. ♃. RRR. Chaise-à-l'Abbé (Fontainebleau).

—Hampe nue.

A. Moly (Ail doré). Omb. fournie. ♃. (Cult. orn.). RRR. Subspont. Prairies de St-Denis et de Stains ?

16. *A. fallax* GG et CG. Tige angul. Feuil. lin., égalt presq. la tige. Omb. fournie, hémisph. ♃. Juin, août. Prairies, bord des rivières. RRR. Bords de la Seine à Grenelle, à Ivry?, Blunay (Provins)?, Savigny-sur-Orge.

12. Endymion.

E. nutans [Hyacinthus non scriptus L] (Jacinthe des bois). Bulbe. Hampe nue. Feuil. liss., très-longues. Fl. en entonnoir, bleues, rart blanches, très-rart roses, en grappe term., penchées. Etam. incluses. Caps. à loges polysp. ♃. Printemps. Bois. CC.

13. Muscari. Bulbe. Tige simple. Feuil. rad. Fl. bleues, en grappe term. spicif.; les supér. souvt stér., plus petites. Périgone subglobuleux, à limbe court. Caps. à loges 1-2-sp.

1—Feuil. ayant 0,005-0,012 de large. 2

—Feuil. lin.-jonciformes, à peine larges de 0,002-0,003.

M. racemosum [Hyacinthus rac. L] (Ail des chiens). 0,1-0,3. Feuil. moll., étal. Grappe courte ovoïde, dense. Fl. (les supér. stér.), à odeur de prune. ♃. Avr., mai. Lieux cult., pelouses. C.

2—Fl. d'un beau bleu.

M. botryoides [Hyacinthus b. L]. 0,1-0,2. Feuil. dress. Fl. inodores (les supér. stér.), en grappe de 0,04-0,07. ♃. Avr., mai. RRR. Pépinières de Vitry ?

—Fl. infér. brun-gris.

M. comosum [Hyacinthus c. L] (Vaciet) 0,3-0,5. Feuil. denticul. au bord. Fl. en grappe à la fin très-longue (0,1-0,2) ; les stér. très-allong., en houppe term. bleue. ♃. Mai, juill. Lieux cult. CC.

14. Phalangium. Souche fibreuse. Tige nue ou presque nue, de 0,5-0,6. Feuil. lin. Fl. blanches. Div. du périg. étal. Caps. à loges oligospermes.

1—Tige simple.

P. Liliago [Anthericum L. L]. Feuil. souvt aussi long. que la tige. Fl. assez grandes (0,02), en grappe simple terminale. Style courbé. ♃. Mai, juin. Bois, coteaux. R. Forêt de Rougeaux, Mennecy, Fontainebleau, Nemours, Senlis, Compiègne.

—Tige rameuse supér[t].

P. ramosum [Anthericum r. L]. Feuil. plus courtes que la tige. Fl. assez petites (0,01), en panic. lâche. Style droit. ♃. Bois, coteaux. Juin, juillet. AR.

297—Fleurs très-peu apparentes. Feuilles ovales, coriaces, terminées en épine. Baie. 300
—Fleurs très-apparentes. Etam. 6 296
—Fleurs très-apparentes. Etam. 3. 303
298—Fleurs très-nombreuses. 299
—Une fl. au-dessus de 4-5 feuil. verticillées. 300
299—Feuilles incisées ou palmées 103
—Feuilles entières. 111

300. ASPARAGINÉES (SMILACÉES GG). Pl. terrestres, herbac. (le **Ruscus** excepté). Fl. rég., qqf. unisex. Périg. pétaloïde, à 4, 6 ou 8 div. Etam. en même nombre que les div. du périg. Ovaire libre. Baie à 3, plus rar[t] 2-4 loges polyspermes ou oligospermes, qqf. 1-loculaire et 1-sperme par avortement.

1—Feuil. 4-5, verticillées au-dessous d'une fl. terminale.

Paris (Parisette).

P. quadrifolia (Raisin de renard). Feuil. ovales. Périg. verdâtre, à 8 div. libres, étal.; les 4 intér. filif. Etam. 8, à anthères long[t] acum. Styles 4. Baie noir-bleu. ♃. Bois. AR.

—Non 2
2—Tige herbacée. 3
—Sous-arbriss. à feuilles épineuses. 8
3—Feuillage filiforme 7
—Non 4
4—Périgone à 6 dents. 5
—Périg. à 4 div. libres presque jusqu'à la base. . . 6
5—Tige arquée. Périgone tubuleux, à dents dressées.

Polygonatum. Tige très-feuillée dans sa moitié supér. Feuil. alt., rejetées d'un même côté. Fl. blanch., pend., rejetées du côté opposé aux feuil. Etam. 6. Style indivis.

1—Pédonc. 1-2-flores.

P. vulgare [Convallaria polygonatum L] (Sceau de Salomon). Tige angul. str. Etam. à filet glabre. Baie noir-bleu. ♃. Bois. Avr., mai. C.

—Pédonc. 3-5-flores.

P. multiflorum [Convallaria m. L] (Grand Sceau de Salomon). Tige arrond. Etam. à filet velu. Baie rouge. ♃. Bois. Avr., mai. AC.

—Tige droite. Périgone globuleux, à dents recourbées en dehors après l'épanouissement.

Convallaria.

C. maialis (Muguet). Feuil. oval. Hampe nue. Fl. blanch., en grappe, suaves. Etam. 6. Style indiv. Baie rouge. ♃. Avr., mai. Bois. CC.

6. Maianthemum.

M. bifolium [Convallaria b. L]. Tige flexueuse. 2-3 feuil. caul. alt., pétiol., très-cord. Fl. petites, blanch., en grappe term. Périg. étalé. Etam. 4. Style indivis. Baie rouge. ♃. Mai, juin. Bois. AR.

7. Asparagus (Asperge).

A. officinalis. 0,5-1m. Tige très-rameuse. Rameaux sétacés simulant des feuil. filif. fascic. Fl. à la base des ram. foliiformes. Périg. blanc-jaunâtre, camp., à 6 div., rétréci infér[t] en tube mince. Fl. dioïq. par avortem[t]. Etam. 6. Style indivis. Baie rouge. ♃. Bois, prés, coteaux. AC. (Cult. alim.).

8. Ruscus (Fragon).

R. aculeatus (Petit Houx). Pl. ram. Ramuscules verts aplanis, figurant une feuille coriace, terminée en épine. Fl. très-petites, sess. sur la face supér. des ramuscules foliiformes. Périg. blanc-verdâtre ou violacé. Pl. dioïq. par avortem[t]. Etam. 3. Style indivis. Baie rouge, assez grosse. ♃. Mars, avr. Bois. AC.

301—Feuilles à bord découpé **112**

—Feuilles à bord entier.

DIOSCORÉES.

Tamus (Tamier).

T. communis (Sceau de N.-D., Herbe aux femmes battues). Tige volubile, de 1-3 m. Feuil. alt., long[t] pétiol., cord. acum. Fl. dioïq., rég., blanchâtres, en grappes axill. lâches. Périg. 6-denté. — Fl. mâle : Périg. en tube court. Etam. 6.—Fl. fem. : Périg. à tube soudé avec l'ov. Styl. 3. Baie rouge. ♃. Taillis. AC.

302—Plus de 6 étamines. Feuilles pinnées. . . . **103**

—Etamines 6 . . . . **304**

—Etamines 4. Feuilles verticillées **132**

—Etamines 3 . . . . **303**

—Etamines 2 (en apparence), très-courtes, soudées avec le style. Fleurs très-irrégulières. **305**

303. IRIDÉES. Tige herbacée. Feuilles en forme de glaive, alt., à base engaînante, ou radicales très-allongées. Fl renfermées avant la floraison dans des bractées en forme de spathe. Périgone à tube soudé avec l'ovaire, à 6 div. pétaloïdes sur 2 rangs. Etam. 3. Style indivis. Stigmates 3, souvt dilatés ou pétaloïdes. Capsule à 3 loges, ordt polyspermes.

1—Fleurs régulières. 2
—Fleurs plus ou moins irrégulières 3
2—Périg. à tube étroit, naissant directement d'un bulbe.

Crocus.

C. sativus (Safran). Feuil. 6-9, étroit. Fl. lilas, à tube de 0,05-0,15, à limbe 6-fide. Style filif. Stigm. très-odorants, orangés, lin., pend. Ov. presq. souterrain. ♃. (Cult., condim.). Pithiviers, Puiseaux.

—Non.

Iris. Souche charnue, ram. Feuil. en glaive. Fl. munies de spathe à la base. Périg. à 6 div.; les 3 extér. réfl. et larg., les 3 intér. dress. Style triang. Stigm. dilatés, pétaloïd., carénés, 2-labiés au sommet. Caps. à 3 log. polysp.

1—Fl. bleues ou bleuâtres. . 2
—Fleurs jaunes. 4
2—Div. extér. du périgone barbues intérieurement. 3
—Non. 5
3—Tige simple, 1-2-flore, de 0,1-0,2.

I. pumila (Petite Flambe). Feuil. dépassant la tige. Fl. violacées, souvt nuancées de jaune, à barbes bleu-pâle. ♃. Vieux murs, toits de chaume, jardins. AC.

—Tige rameuse, pluriflore, de 0,4-0,8.

I. Germanica (Iris, Flambe). Feuil. plus courtes que la tige, larges. Fl. 3-7, très-grandes, violet-indigo, à barbes orangées. ♃. Murs, toits de chaume, jardins. AC.

4. *I. Pseudo-Acorus* (Iris des marais). 0,5-1 m. Fl. grandes, à div. extér. non barbues. ♃. Rivières, marais. CC.

5. *I. fœtidissima* (Iris-gigot). 0,4-0,6. Feuil. très-long., sentant par frottement l'odeur de gigot à l'ail. Fl. petites, bleu-gris rayé de noir. ♃. Bois secs. AR.

3. **Gladiolus** (Glaïeul).

G. communis. Bulbe. Tige feuillée. Feuil. lin., aig. Fl. en épi unilatéral, flexueux. Périg. purpurin, à limbe 6-fide, subbilabié. Stigm. brusqt élargis. ♃. Natur. dans le parc de Malesherbes.

304. AMARYLLIDÉES. Pl. terrestres. Feuil. toutes rad., lin. Fl. rég., renfermées avant la floraison dans une spathe. Périg. à tube soudé avec l'ov., à 6 div. pétaloïd. Etam. 6. Style indivis. Caps. à 3 log. polysp.

1—Périgone à gorge nue.

Galanthus.

G. nivalis (Perce-neige). Bulbe. Feuil. 2. Hampe 1-fl. Spathe lin.-allongée, courb., fendue. Fl. blanche, penchée, à div. intér.

tachées et striées de vert. ♃. Févr., mars. Bois, prairies, parcs. R. Trianon, Luzarches, Magny, Beauvais, Senlis, Thury. (Cult. orn.).

—Périgone muni à sa gorge d'une couronne ou d'un godet pétaloïde.

Narcissus (Narcisse). Bulbe. Fl. penchées. Périg. à 6 divisions toutes de même couleur. Mars, avril.

1—Fl. jaune ayant à la gorge un godet jaune. 2

—Fl. blanche ayant à la gorge une couronne courte 3

2—Godet aussi long que les divisions du périgone.

N. Pseudo-Narcissus (Aiault, Porillon, Chaudron, Godet, Bonhomme). Hampe 1-fl. ♃. Bois, pâturages ombragés. C.

—Godet ayant à peine la moitié des divisions du périgone.

N. incomparabilis GG et CG. Hampe 1-fl. Périg. d'un jaune très-pâle; godet d'un beau jaune foncé. RRR. ♃. Bois du Désert (Versailles), entre Trianon et le grand Canal, parc de Vaux-Praslin (Melun), forêt de Chantilly.

3. *N. poeticus* (Jeannette, Herbe à la Vierge). Hampe nue, 1-fl. Fl. grande; couronne à bord frisé orangé. ♃. Bois, prés. RR. Porte de la Minière (Satory) et env. de Versailles, Le Châtelet, Armainvilliers. (Cult. orn.).

305. ORCHIDÉES. Herb. Fibres radicales charnues, ord[t] soudées en tubercules ovoïdes ou palmés. Tige simple. Feuil. alt., gén[t] ramassées au bas de la tige, ord[t] engaînantes à la base. Fl. en épi terminal, munies chacune d'une bractée. Périgone à 6 pét.; les 3 extér. semblables entre eux, un des 3 intér. (*labelle*) très-différent des 2 autres par sa grandeur, qqf. prolongé en éperon. Etam. 3, à filets soudés avec le style en une colonne courte (*gynostème*); les deux latérales ord[t] stér., réduites à un petit mamelon charnu (*staminode*), la moyenne fertile, distincte ou confondue avec le gynostème. Anthères à deux loges; chaque loge renfermant une masse de pollen atténuée ord[t] à sa base en un pédicelle (*caudicule*) terminé par une glande visqueuse (*rétinacle*), libre ou soudée avec le rétinacle voisin. Rétinacles nus ou renfermés dans un repli (*bursicule*) du stigmate. Ov. infère. Stigm. formant au sommet du gynostème une surface oblique glandul. Caps. 1-locul., polysperme.

1—Tige feuillée au moins à la base 2

—Tige munie d'écailles remplaçant les feuilles. . . . 12

2—Labelle éperonné à sa base. 16

305 (suite).

—Non 3

3—Fleurs en épi unilatéral. 4

—Fleurs en épi non unilatéral 5

4—Épi contourné en spirale.

Spiranthes. Fibres rad. 2-5, renflées, charnues. Fl. petit., blanches, odorantes. Périg. presq. en gueule étroite, à div. formant presq. angle droit avec l'ovaire. Labelle ent., canalic. en dessus, embrass[t] le gynostème. Gynostème court.

1—Tige feuillée.

S. æstivalis. GG et CG. Feuil. lanc.-lin. Juill., août. ♃. Prés hum. AR.

—Feuil. en fascic. radical, latéral par rapport à la tige.

S. autumnalis [Ophrys spiralis L]. Feuil. courtes, oval.-oblong., brusq[t] atten. en pétiole. ♃. Août, oct. Pelouses, lieux secs. R. Montmorency, env. de Versailles, Liancourt, Balancourt, Melun, Le Châtelet, Triel, Magny, Jouarre.

—Épi non contourné en spirale.

Goodyera.

G. repens [Satyrium r. L]. 0,1-0,3. Feuil. infér. étalées, oval.; les supér. lin.-acum., appliquées. Fl. sess., blanchâtres. Labelle ent., lanc., creusé d'une large fossette à sa base. ♃. Été. Bois de sapins. RRR. De la grille de Maintenon au Mail de Henri IV (Fontainebleau).

5—Partie terminale du labelle sensibl[t] entière. . . . 6

—Partie terminale du labelle découpée, ou très-nettement lobée. 11

6—Labelle au bas de la fleur. 7

—Labelle au haut de la fleur.. 13

7—Souche fibreuse. Labelle glabre brusquement rétréci à sa partie moyenne. 8

—Bulbe. Labelle pendant, convexe par dessus, ord[t] pubescent, velouté, brun bizarrement taché. 21

8—Fleurs roses ou vert-rougeâtre. 10

—Fleurs d'un beau blanc. 9

9. **Cephalanthera.** Souche fibreuse. Tige feuillée dans toute sa longueur. Fl. assez grandes. Div. du périg. presq. ég., conniv. Labelle concave à la base, présentant à son rétrécissement 3 crêtes longit., saill. Gynostème allongé.

1—Fl. blanches. Ov. glabre. 2

—Fl. roses. Ov. pubescent. 3

2—Bractées beaucoup plus courtes que l'ovaire.

C. ensifolia GG [C. Xiphophyllum CG]. Feuil. lanc.-lin., distiq. Div. extér. du périg. aiguës. ♃. Mai, juin. Bois, ombrages. R. Versailles, Port-Villez, Songeons, Magny, Chaumont, Compiègne, Crépy, Dieux, Fontainebleau, Malesherbes, Provins.

305 (suite).

—Bract. égal^t ou dépass^t l'ov.

C. grandiflora [Serapias g. L]. Feuil. oval.-lanc., embrass. Div. du périg. toutes obt. ♃. Mai, juin. Bois, ombrages. AR.

3. *C. rubra* [Serapias r. L]. Tige flexueuse. Feuil. lin.-lanc. Epi souv[t] pauciflo. Div. du périg. toutes acum. ♃. Juin, juill. Forêts, buissons. RR. Compiègne, Les Andelys, Fontainebleau, Chantilly.

10—Fleurs d'un beau rose. Ovaire sessile. 9

—Fleurs vert-rougeâtre. Ovaire pédicellé.

Epipactis. Souche très-fibr. Tige feuillée. Feuil. oval., les supér. lanc. Fl. en épi lâche. Div. du périg. à peu près égales. Labelle à base concave, présentant à son rétrécissement 2 saillies obt. Gynostème court, prolongé au-dessous de l'anthère en lamelle subquadrangulaire.

1—Extrémité du labelle briév[t] acuminée et recourbée.

E. latifolia [Serapias l. L]. 0,2-0,8. Tige pubérulente. Fl. verdâtr.-rosées. Ov. oblong ou subglobul. ♃. Bois, coteaux. C.

β. *atrorubens*. Fl. petites, pourpre-foncé. Saillies du labelle crépues. Coteaux arid. AC.

—Extrém. du labelle arrondie, obtuse.

E. palustris [Serapias longifolia L]. 0,3-0,6. Tige très pubesc. supér[t]. Fl. vert-cendré, veinées de rouge en dedans. Ov. lin.-oblong. ♃. Prés marécageux. AC.

11—Labelle à plus de 2 divisions. 14

—Labelle 2-fide. Tige portant 2 larges feuilles opposées demi-embrassantes.

Listera.

L. ovata GG [Ophrys o. L, Neottia o. CG]. Rac. fibreuse. Fl. vert-jaunâtre. Div. extér. en casque. Labelle allongé, pend., divisé en 2 lobes prof., lin., presq. parall. ♃. Bois, ombrages. C.

12—Fleurs d'un gris roussâtre.

Neottia.

N. Nidus-avis [Ophrys N. L]. Rac. fibr. Pl. décolorée, ayant l'apparence d'une Orobanche. Div. du périg. camp., en casque. Labelle pend., à base concave, à 2 lob. diverg. ♃. Bois, ombrages. AC.

—Fleurs grandes, violettes.

Limodorum.

L. abortivum [Orchis a. L]. Souche fibreuse. Tige robuste violacée. Périg. à div. conniventes embrassant le labelle. Labelle éperonné, à limbe entier. ♃. Bois. AR.

13—Labelle aussi long et beaucoup plus grand que les autres divisions du périgone.

Liparis.

L. Lœselii [Ophrys L. L]. Souche épaisse. Tige de 0,1-0,2. à

305 (suite).

3 angles presq. ailés. Feuil. 2, rad., vert-jaunâtre, oblong., pliées. Epi 3-10-fl. Fl. petites, jaune-verdâtre. Gynostème long. ♃. Prairies tourb., marais. R. Marines, Presles, ancien parc de Marly?, Morfontaine, Crépy, St-Léger, Nemours, Episy (Moret), Mennecy, Malesherbes.

—Labelle plus court que les autres divisions du périgone.

Malaxis.

M. paludosa [Ophrys p. L]. Bulbe. Tige très-grêle, de 0,05-0,15. Feuil. 2-4 au bas de la tige, vert-jaunâtre, oblong., pliées. Fl. très-petit., nombr., jaune-verdâtre. Labelle concave, embrass[t] le gynostème : (2 des div. extér. réfl. vers le labelle, la 3e plus grande, dirigée en bas, formant un faux labelle). Gynostème très-court. ♃. RRR. Observé jadis à l'étang du Cerisaie (Rambouillet).

14—Divisions du périg. toutes conniventes en cloche. . 20

—Non 15

15—Labelle à lobes non linéaires-filiformes, pubescent velouté, bizarrem[t] taché. Ovaire non contourné. . . . 21

—Labelle à 4 lobes linéaires-filiformes, glabre. Ovaire contourné.

Aceras.

A. anthropophora [Ophrys a. L] (Ophrys pendu). 2 tuberc. globul. Tige nue sous l'épi. Epi très-allongé. Fl. vert-jaunâtre, rayées de brun. Div. extér. en casque. Labelle plus long que l'ov. ♃. Prés secs, pelouses. AR.

16—Labelle à 3 lobes linéaires, ondulés ; celui du milieu ayant 0,04-0,06 de long.

Satyrium.

S. hircinum L [Aceras h. GG, Loroglossum h. CG]. Tuberc. ovoïd. Feuil. lanc. Fl. à odeur de bouc, en long épi. Div. extér. du périg. en casque, verdâtr. ponctuées de pourpre. Eperon égal à peine au quart de l'ov. ♃. Sables, coteaux, haies. AC.

—Non. 17

17—Labelle à 3 lobes. 18

—Labelle entier ou à plus de 3 lobes. 19

18—Tubercules entiers. Eperon du labelle filiforme, au moins égal à l'ovaire. Un seul rétinacle.

Anacamptis.

A. pyramidalis CG [Orchis p. L, Aceras p. GG]. Feuil. lanc. Fl. rose-vif, en épi compacte ovoïde. Labelle muni à sa base de 2 lamelles saillantes. ♃. Bois, pelouses. AR.

—Pl. n'ayant pas à la fois les tuberc. entiers et l'éperon filif. au moins égal à l'ov. Deux rétinacles.. 19

305 (suite).

19.**Orchis**. Tuberc. ent. ou palmés. Périg. à divisions extér. presq. égal., dirigées d'un seul côté, converg. ou étal.; la supér. conniv. avec les 2 intér. Labelle éperonné, ord^{t} à 3 lobes ; le moyen ent.-émarginé, 2-lobé ou 2-fide. Rétinacles nus ou dans une bursicule 2-locul. Ov. contourné.

1—Labelle indivis, lin.-oblong. Fl. blanches. 15
—Labelle lobé 2
2—Eperon allongé en forme de corne. 3
—Eperon 4-5 f. plus court que l'ov. et arrondi en bourse. . . 18
3—Labelle 3-lobé 4
—Labelle 4-5-lobé 5
4—Tuberc. ovoïd., entiers. . 5
—Racine fibreuse,ou tubercules palmés 12
5—Divisions extér. du périg. toutes 3 conniventes en casque. 6
—Deux des div. extér. du périg. étalées ou réfléchies . . . 11
6—Labelle 3-fide ; le segment moyen souv^{t} 2-fide. Fl. ponctuées de pourpre 7
—Labelle 3-lobé ; lobe moyen émarginé ou 2-lobé.

O. Morio. Fl. purpur. ou violett., rar^{t} blanch., veinées de vert. Epi de 6-9 fl. épanouies toutes ensemble. Labelle variable à taches blanch., ponctué de lilas. Eperon un peu plus court que l'ov. Bract. colorées. ♃. Prés, ombrages. AC.

7—Bract. atteignant au moins la moitié de l'ov. Fl. petites. . . 8
—Bract. ne dépassant pas le tiers de l'ovaire. 9
8—Segment moyen du labelle 2-fide au sommet.

O. ustulata. Bract. color. Fl. en casque globul. pourpre-foncé. Labelle blanc. Eperon 3-4 f. plus court que l'ov. ♃. Pâturages, bois, coteaux. AR.

—Segm. moyen entier. Fl. ord^{t} à odeur de punaise.

O. coriophora. Fl. en casque acum., brun-rougeâtre rayé de vert. Div. du périg. en partie soudées. Labelle pend., verdâtre, ponctué de rouge. Eperon un peu plus court que l'ov. ♃. Prés. AR.

9—Labelle à 5 segm., dont 2 extér. lin., 2 plus courts élargis, et le 5me en dent courte. 10
—Labelle à 5 segm., dont 4 lin. (les 2 intér. au moins aussi longs que les extér.), et le 5me en dent courte.

O. Simia [O. militaris ε. L]. Fl. en casque acum., d'un blanc rosé ponctué de pourpre. Eperon court. ♃. Bois, prés. AR.

10—Casque rose-pâle cendré.

O. militaris. Fl. en épi un peu lâche. Div. extér. du périg. en casque. ♃. Bois, ombrages. AR.

—Casque pourpre-foncé, presque noir.

O. purpurea [O. militaris β, δ. L]. Fl. en épi dense. Labelle variable. Eperon court. ♃. Bois, ombrages. AC.

(Les *O. Simia, militaris, purpurea* donnent de fréquents hybrides).

11—Feuil lanc.-oblong., élargies au sommet, planes. Bract. 1-nerv.

O. mascula. Tubercul. gros, fétides. Fl. purpur. Labelle crén., très-large, 3-lobé. Eperon égal^{t} à peu près l'ov. ♃. Avr., juin. Pelouses, pâturages. AR.

—Feuil. lanc.-lin. aig., pliées canaliculées. Bract. 3-5-nerv.

O. laxiflora GG et CG. Fl. rouge-foncé. Labelle variable, large, 3-lobé ; lobe moyen à base cunéif. Eperon court. ♃. Prés hum. AC.

β. *palustris*. Lobe moyen du la-

305 (suite).

belle aussi long ou plus long que les latéraux.

12—Eperon filif. arq., 2 fois au moins aussi long que l'ov. . . 16

—Non. 13

13—Eperon cylindriq. ou coniq. Feuil. larges. 14

—Eperon délié. Odeur de vanille très-prononcée. Feuil. lin. 17

14—Tige fistul. Div. extér. du périg. toutes 3 dressées.

O. latifolia. Feuil. souv[t] tachées de noir. Fl. pourpres, ponctuées de brun. Labelle à 3 lobes peu prof. ♃. Prairies hum. C.

—Tige pleine. 2 des div. extér. du périg. étalées.

O. maculata. Feuil. ord[t] tachées de violet. Labelle suborbic. à 3 lob. peu prof. Eperon plus court que l'ov. ♃. Bois, lieux herbeux. CC.

15—Log. des anthères parallèl.

O. bifolia [Platanthera b. CG]. 0,2-0,5. Tubercul. ovoïd. entiers. 2, rar[t] 3 feuil., radicales, grandes, ovoval. Eperon filif. plus long que l'ov. ♃. Bois, prés. C.

—Log. diverg. par leur base.

O. montana GG [Platanthera m. CG]. 0,3-0,6. Comme le précédent. CC.

16. *O. conopsea* [Gymnadenia c. CG]. 2 des div. extér. du périg. étalées. Labelle à 3 lob. obtus. ♃. Prés, bois. AC.

17. *O. odoratissima* [Gymnadenia o. CG]. Fl. rosées ou purpur., en épi grêle. ♃. Coteaux herbeux, prés hum. R. Malesherbes, Sceaux (Château-Landon), Nemours, Episy (Morel), Vernon.

18. *O. viridis* GG [Satyrium v. L, Gymnadenia v. CG]. Tubercul. palmés. Fl. vert-jaunâtre, en épi oblong. Div. extér. du périg. en casque subglobul. Labelle sublin., 3-denté. ♃. Prés hum. AR.

20. **Herminium.**

H. monorchis CG [Ophrys m. L, H. clandestinum GG]. Tuberc. 2-3, ent. Fl. petites, jaune-verdâtre, en épi grêle allongé. Labelle conniv. avec les 5 autres div. du périg., à 3 lobes lin., non éperonné. Ov. contourné. ♃. Coteaux secs. RR. La Roche-Guyon, Magny, Méru, Senlis, Beauvais, Compiègne, Noyon.

21. **Ophrys.** Tubercules ent. subglobul. Epi lâche 2-8-fl. Div. extér. du périg. étalées; les 2 intér. plus petites dressées. Labelle convexe, épais, subcharnu, pourpre-brun, velouté, ent. ou lobé, présent[t] souv[t] 2 bosses à sa base.

1—Labelle ent., denté ou obscur[t] lobé au sommet. 2

—Labelle nettement lobé. . 3

2—Périgone vert. Labelle sans appendice terminal.

O. aranifera [O. insectifera δ. L] (Ophrys-Araignée). Labelle marqué de 2-4 lignes glabr. livides, convexe en avant, concave à la base. ♃. Coteaux herbeux. AR.

—Périg. rosé. Labelle muni d'un appendice recourbé en dessus.

O. arachnites [O. insectifera η. L] (Ophrys-Bourdon). Labelle marqué d'une tache verdâtre, convexe en avant, concave à la base. ♃. Bois, coteaux herbeux. AC.

3—Labelle 5-lobé, recourbé au sommet, avec appendice replié en dessous.

O. apifera [O. insectifera ι. L] (Ophrys-Abeille). Périg. rosé. Les 2 lobes latér. du labelle triang., infléchis; le lobe moyen très-ample, demi-globul., marqué d'une tache verdâtre. ♃. Bois, coteaux. AR.

—Labelle 4-fide, sans appendice terminal.

O. muscifera [O. insectifera α. L] (Ophrys-Mouche). Div. intér. du périg. filif., pourpre-foncé. Labelle marqué d'une large tache quadrang., glabre, bleuâtre. ♃. Bois, coteaux. AC.

306. HYDROCHARIDÉES. Pl. aquat. Feuilles radicales. Fl. dioïq., blanch., à 6 div.; les 3 extér. herbacées. Stigmates 6, 2-fides. Baie 6-locul., polysp.

1—Feuil. orbiculaires cordiformes, long^t pétiolées.

Hydrocharis.

H. Morsus-ranæ (Morrène). Fl. blanch., à 6 div., dont 3 intér. grandes.—Fl. mâle: Etam. 12, dont 3 stér. Ov. rudim. — Fl. fem. très-long^t pédic. Etam. 6, réduites à des filets stér. Ov. soudé avec les pét. intér. Stigm. 6. ♃. Etangs, ruisseaux. AC.

—Feuil. non orbiculaires. 2

2—Feuil. triang., en glaive, lanc., spinescentes.

Stratiotes.

S. aloides. — Fl. mâle: Etam. nombr., les extér. stér. — Fl. fem. en tube à la base. Etam. réduites à des filets stér. Stigm. 6. Ov. soudé avec le tube du périg. ♃. Natur. dans des mares de la forêt de Marly, dans l'étang de Trivaux (Meudon).

—Feuil. planes linéaires.

Vallisneria.

V. spiralis. — Fleur mâle : Hampe tr.-courte terminée par une spathe multiflore. Etam. fert. 1-3. Les fl. mâl. se détachent du spadice pour flotter sur l'eau au moment de la fécondation. — Fl. fem. solit. sur un très-long pédoncule en spirale se déroulant à la floraison et ramenant ensuite au fond de l'eau l'ov. fécondé. Stigm. 3, pétaloïd. ♃. Introduit dans la rivière du bois de Boulogne.

307. JONCAGINÉES.

Triglochin.

T. palustre (Troscart). Tige grêle. Feuil. lin., en fascic. radicaux. Fl. en longue grappe, petites, verdâtr. Périg. à 6 div. concaves herbac. Etam. 6. Ov. libre. Caps. à 3 carp. lin., soudés supér^t à un prolongement de l'axe. ♃. Marais, prairies très-hum. AC.

308—Tige feuillée **309**

—Feuilles toutes radicales. **316**

309—Feuil. verticill., et tig. formées d'articles. . **331**

—Feuil. verticill., et tiges non articulées. . . **310**

—Feuilles alternes ou opposées. **311**

310—Feuilles pinnées. **106**

—Feuilles di- ou trichotomes. 109
—Feuilles entières.. 311
311—Feuilles supérieures obovales, opposées . . 108
—Feuilles capillaires. Ovaires 2-4. 312
—Feuil. lin., dent.-spinescentes. Un ovaire. 313

312. POTAMÉES. Pl. aquatiq. Feuil. à stipules ord[t] embrassantes. Carpelles 1-spermes.

1—Fleurs en épis, se développant hors de l'eau.

Potamogeton (Potamot, Epi-d'eau). Fleurs hermaphr. Périg. à div. herbacées libres. Etam. 4. Carp. 4, ou moins par avort[t], libres, sess.; (doivent être étudiés frais).

1—Feuil. toutes sess., et lin. en forme de feuil. de Graminées.. 13
—Non. 2
2—Feuil. ovales ou lancéolées. 3
—Feuil. supér. oval,; les infér. linéaires. 7
3—Feuil. très-distinct[t] pétiol. 4
—Feuil. sess. ou atténuées en court pétiole. 6
4—Feuil. supér. opaques. . 5
—Feuil. toutes translucides. 8
5—Epi dépassant 0,03 de long.

P. natans. Feuil. supér. oval.; les infér. allong., réduites au pétiole après la floraison. Epis ord[t] lâches et interr. par avort[t] de qq. carp. Carp. gros (0,003-0,004). ♃. CC.

β. *fluitans*. Feuil., même les supér., allong. Eaux courantes. C.

—Epi n'atteignant pas 0,03.

P. polygonifolius GG et CG. Tige de 0,1-0,2 Feuil. assez petit., persist. après la floraison. Epis très-serrés. Carp. petits, rougeâtr. par dessiccation. ♃. R. St-Léger, env. de Rambouillet, Senlisse, Fontainebleau, Morfontaine, Crépy, vallée de Bray.

6—Feuil. supér. opaques, oval., brièv[t] pétiol.; les infér. plus étroites, sess.

P. rufescens GG et CG. Pl. rougeâtre par dessiccation. Epis denses. Carp. lentic., à carène aiguë. ♃. RR. Dreux, Dampierre.

—Feuil. toutes translucides et de même forme 9

7. *P. gramineus*. Feuil. toutes submergées, lanc. - lin. Pédonc. longs, gros et renflés. ♃. AR.

β. *heterophyllus*. Feuil. supér. flottantes, peu nombr., opaques, oval., long[t] pétiol.; les infér. nombr., translucides, lin.

8. *P. plantagineus* GG et CG. Feuil. supér. oval. ou un peu cord.; les infér. lanc.-oboval. Pédonc. grêles. Carp. petits, à carène aig., peu saill. ♃. AR.

9—Feuil. toutes opposées.. 19
—Feuil. des dichotomies opp.; les autres alt.. 10
10—Feuilles larges de 0,02 ou plus 11
—Feuil. larg. de 0,01, fort[t] ondulées, crispées, dentic. . . 12
11—Feuil. non embrassantes.

P. lucens. Feuil. assez grandes oblongues, mucr. ; stipules. égal[t] presq. l'entre-nœud. ♃. C.

—Feuil. embrassantes.

P. perfoliatus. Feuil. oval.-obt. Carp. compr. à bord obtus. ♃. CC.

12. *P. crispus*. Feuil. sess. Carp. assez gros, ovoïdes, à bec presq. aussi long que le carp. ♃. C.

13—Tige compr.-ailée, presq. plane et subfoliacée.

P. acutifolius GG et CG. Feuil.

aiguës ou cusp. Epis 4-6-fl. Carp. sublentic., à dos crén.-tuberc. ♃. Mares. RRR. Ons-en-Bray, Trappes.

—Non. 14

14—Feuil. engaînant longt la base du rameau correspondant . . 18

—Non. 15

15—Pédonc. fructifère 1-4 f. plus long que l'épi. 16

—Pédonc. fructif. à peine aussi long que l'épi.

P. obtusifolius GG et CG. Feuil. lin., 3-5-nerv., obt., brièvt mucronulées. Epis 6-8-fl. ♃. RRR. Mare de Troux (Guyancourt).

16—Pédonc. beaucoup plus gros que la tige, renflés au sommet. 7

—Non. 17

17—Carpelles presq. tous développés.

P. pusillus. Feuil. lin. ou très-étroites. Epis 4-8-fl. Pédonc. 2-4 fois plus long que l'épi. Carp. à dos non crén. ♃. AR.

—Ram. fascic. à l'aisselle des feuil. alt. Fl. presq. toujours à 1 carp., par avortt des 3 autres.

P. trichoides GG et CG. Feuil. lin.-sétac. Epis 4-6-fl. Pédonc. 1-2 fois plus long que l'épi. Carp. à dos crén.-tuberc. ♃. AC.

18. *P. pectinatus*. Feuil. lin.-sétac. Fl. en épi interr., disposées par paires subunilatér. Carp. gros (0,003-0,004), convexes, liss. ♃. CC.

19. *P. densus*. Feuil. toutes de même forme, translucides, petites, sess., pliées souvt en dehors. Pédonc. courbés en crochet. Epis 2-6-fl. Carp. largt carénés, à bec court. ♃. AC.

α. *densus*. Feuil. presq. imbriq.

β. *laxifolius* [serratus L]. Feuil. espacées.

—Fleurs 1-2, axillaires, se développant sous l'eau.

Zannichellia.

Z. palustris. Pl. vivant sous l'eau. Feuil. capillaires, alt. dans le bas, opp. ou verticill. dans le haut. Fl. monoïq. ou polygam., très-petites, sess., solit. ou 1 mâle et 1 fem. réunies à l'aisselle de la même feuille. — Fl. mâle : Périg. nul. Etam. 1, longt filif. — Fl. fem. : Périg. membran. Style long, persist. Carp. 2-4, libres, lin., subsess. ou pédic. ♃. C.

313. NAÏADÉES. Pl. submergées. Tige ram., dichotome. Feuilles très-étroites, sin., à dents mucronées, opp. ou verticill. par 3-5, à base large engaînante. Fl. peu apparentes. Périgone réduit à une spathe membraneuse.

1—Fleurs monoïques, en glomérules à l'aisselle des feuilles. Gaîne des feuilles denticulée ciliée.

Caulinia.

C. fragilis GG [C. minor CG]. Tige très-grêle. Feuil. ne dépasst pas 0,002 de large. — Fl. mâle : Etam. 1, à anthère 1-locul. — Fl. fem.: Ov. soudé à la spathe. Styl. 2. ①. R. St-Maur, Bas-Meudon, Moret, Nemours, Charenton?, Argenteuil?

—Fleurs dioïques, subsolitaires à l'aisselle des feuilles. Gaîne des feuilles entière.

Naïas.

N. major [N. marina L]. Tige souvt dentic.-spinesc. au sommet. Feuil. ayant 0,003-0,004 de large. —Fl. mâle : Etam. 1, à anthère 4-locul. — Fl. fem. : Ov. entouré par la spathe. Styl. 3. ①. AC.

314. LEMNACÉES.

Lemna (Lentille d'eau). Pl. recouvrant la surface des mares. Tige herbacée, articulée, à articles aplanis lentic. (*frondes*) simulant des feuil. qui sortent l'une de l'autre et donnant chacun en dessous naissance aux fibres radicales. Fl. monoïq., rart dioïq., très-rart visibles, naissant au bord des frondes dans une spathe renfermant 2 fl. mâles réduites chacune à une étam., et 1 fl. fem. réduite à un ovaire.

1—Fronde suborbiculaire. . 2
—Frondes lanc. pétiol., souvt croisées par trois.
L. trisulca. Pl. submergée avant la floraison. ①. C.
2—Fronde à une seule fibre radicale. 3
—Fronde rouge en dessous, à plusieurs fibres radicales. . . 4
3—Fronde non renflée spongieuse en dessous.
L. minor. Fronde petite. ①. CCC.
—Fronde renflée spongieuse, très-convexe en dessous.
L. gibba. Fibre rad. ordt très-longue. ①. AC.
4.*L. polyrhiza*. Fronde assez grande, épaisse, ne fleurit jamais. ①. C.

315—Fleurs en chaton cylindrique 317
—Fleurs en panicule 319
316—Périg. nul. Fl. sess. autour d'un axe (spadice) entouré d'une large spathe blanche en dedans. 317
—Non. (Pl. monoïque) 195
—Non. (Pl. dioïque). 306

317. AROÏDÉES.

Fl. sess. autour d'un axe charnu (spadice) entouré par une spathe d'une seule pièce.

1—Spathe n'étant pas de même forme que les feuilles. Spadice terminal. Fl. unisexuelles, sans périgone. . . . 2
—Spathe allongée, compr., de même forme que les feuil. Spadice latéral sessile. Fl. hermaphrodites munies d'un périgone 3
2—Spadice nu au sommet. Feuilles hastées, sagittées.

Arum (Gouet). Spathe en cornet. Spadice portant les fl. mâl. (étam.) à sa partie moyenne, et les fl. fem. (ovaires) à sa partie infér. Baies rouges.

1—Feuil. à taches brunes, ou non tachées.
A. maculatum (Pied-de-veau). Feuil. à oreilles peu divariquées.

Spadice violet. ♃. Printemps. Bois, haies. CC.
—Feuil. veinées de blanc.
A. Italicum GG et CG. Feuil. à oreilles divariquées. Spadice jaunâtre. ♃. Mai. RRR. Coteau de Port-Villez.

—Spadice couvert de fl. jusqu'au sommet. Feuil. oval.-cord.

Calla.

C. palustris. Spathe plane, brusq^t apiculée, blanche en dedans. —Fl. mâl. (étam.) mêlées avec les fl. fem. (ov.). Baies rouges en épi dense. ♃. Juin, juill. Natur. dans qq. mares de la forêt de Marly.

3. Acorus.

A. Calamus. 1,0-1,2. Feuil. semblables à celles des roseaux, engaînantes à la base. Fl. jaunâtr., recouvrant tout le spadice. Périg. à 6 div. scar. Étam. 6. Caps. bacciforme, 1-3-sp. Pl. à odeur de biscuit de Savoie. ♃. Juin, juill. Natur. dans qq. mares de la forêt de Marly, où il a dépéri.

318—Fleurs en épis glabres ou velus, non garnis de poils bruns **321**

—Fleurs en boules ou en chaton cylindrique compacte garni de poils bruns.

TYPHACÉES. Pl. d'eau. Feuil. lin. plus ou moins engaînantes à leur base. Fl. monoïques, sans périgone, groupées séparément en épi ou en tête. Caps. 1-locul., 1-sperme.

1—Fleurs en chaton cylindrique.

Typha. Tige simple de 1-2 m. Fleurs formant 2 chatons compactes superposés; l'épi supér. mâle composé d'étam. rappr., soudées, entremêlées de soies ou d'écailles; l'épi infér. fem., formé d'ovaires à pédicelle capillaire entremêlés de soies brunes, ayant l'apparence d'un cigare.

1—Epis fem. et mâle contigus ou distants de 0,01 au plus.
T. latifolia. Feuil. ayant gén^t 0,02 de large au moins. ♃. C.

—Epis fem. et mâle espacés de 0,02-0,04.
T. angustifolia. Feuil. ayant gén^t moins de 0,01 de large. ♃. AC.

—Fleurs en têtes globuleuses, superposées et espacées.

Sparganium. Têtes supérieures mâles, formées d'étam. très-nombreuses entremêlées d'écail. ent. ou 2-fides, détruites à la maturité. Têtes infér. fem., à fruits sessiles, munis à leur base de 3 écailles.

1—Tige simple. Têtes inférieures (fem.) ord^t pédonculées. . . . 2

—Tige rameuse dans sa partie florifère.

S. ramosum GG et CG. Ram. portant à leur base 1-2 têtes fem. gén[t] sess., et à leur sommet plusieurs têtes mâles. ♃. C.

2—Feuil. dressées, à 3 faces.

S. simplex GG et CG. Stigmate lin., subulé. ♃. AC.

—Feuil. couchées, lin., planes. Tige flottante.

S. minimum GG et CG. 0,1-0,6. Feuil. vert-pale, transparentes. Ord[t] 1, rar[t] 2 têtes mâles. 2-4 têtes fem. Stigm. court. ♃. R. St-Léger, bois St-Pierre (vallée de l'Yvette), Nemours, Malesherbes, Melun, Bondy?, Meudon, Beauvais.

319. JONCÉES. Herbes. Fl. petites, brunâtres, en bouquets ou en panicule. Ram. de l'inflorescence munis chacun de 2 bractées; l'une plus grande souvent foliacée, l'autre en gaîne tubul. embrassant la base du rameau. Périgone rég. à 6 div. scarieuses libres. Etam. 3 ou 6. Style 1. Stigm. 3, filif. Capsule.

1—Feuilles glabres, cylindriques, ou canaliculées, ou réduites à des écailles engaînantes.

Juncus (Jonc). Caps. à loges polyspermes.

1—Feuil. réduites à des écailles engaîn[t] le bas de la tige. Panicule latérale 2

—Tige feuillée; ou feuil. toutes radicales et panic. terminale. 5

2—Tige droite, verte. 3 étam. 3

—Tige courbée vers le haut, glauque. 6 étamines 4

3—Panic. ramassée en tête.

J. conglomeratus. Tige fin[t] striée dans la pl. fraîche, étranglée sous la panic. ♃. Lieux hum. CC.

—Panicule étalée.

J. effusus. Tige lisse dans la pl. fraîche (striée dans la pl. sèche), non étranglée sous la panic. ♃. Lieux hum. C.

4. *J. glaucus*. 0,5-0,8. Gaînes rad. brunes, luis. ♃. Lieux hum. C.

5—Fl. agglom. par paquets. 6

—Non. 10

6—Tige nue. 10

—Tige feuillée 7

7—Feuilles très-noueuses; (les faire glisser entre les doigts). . 11

—Feuil. à peine noueuses. 8

8—Caps. obtuse égal[t] environ le périgone 12

—Caps. pointue, beaucoup plus courte que le périgone. . . . 9

9. *J. pigmæus* GG et CG. 0,03-0,12. Feuil. sétacées, presq. aussi longues que la tige. Périg. à div. lin. pointues, conniv. Etam. 3. ①. Lieux hum. R. Etangs de St-Hubert, St-Léger, Fontainebleau.

10—Bract. florales presq. égales. 9

—Bract. infér. dépass[t] le capit.

J. capitatus. 0,03-0,15. Feuil. courtes, subfilif. Glomér. 3-8-fl., ord[t] solit., rar[t] géminés ou ternés. Etam. 3. ①. Sables hum. ou tourb. R. St-Léger, Lardy, Fontainebleau, Nemours, Malesherbes.

11—Tige ord[t] renflée à la base. Feuil. sétacées. 3 étam. . . . 12

—Tige non renflée. 6 étamines. Caps. à angles vifs 13

12. *J. supinus* [J. bulbosus L]. 0,1-0,3. Tige variable. Glomér. distants, 4-12-fl., souv[t] entremêlés de fascicules de feuil. capill. Etam. 3. ♃.

α. *radicans*. Tige couchée radicante. Lieux hum. C.

β. *aquatilis*. Tige flottante, allongée. AR.

13—Périgone pâle ; divisions toutes ellipt.-obtuses 15

—Périg. brun ; div., au moins les extér., aiguës. 14

14—Div. intér. du périg. scar.-bordées, obtuses.

J. lamprocarpus [J. articulatus α, β, L]. 0,1-0,5. Caps. noire, brillante, brusqᵗ mucronée. ♃. Lieux hum. C.

—Div. toutes lanc., très-aiguës.

J. sylvaticus [J. articulatus γ. L]. 0,2-0,8. Caps. brune, atténuée en bec, mucronée. ♃. Lieux hum. C.

15. *J. obtusiflorus* GG et CG. 0,4-0,8. Feuil. rad. remplacées par des écail. jaunâtr. Panic. à ram. réfractés. Caps. petite, pointue, de la longueur du périg. Lieux hum. C.

16—Tige feuillée. 17

—Tige nue.

J. squarrosus. 0,2-0,6. Feuil. sétac. Fl. en petits bouquets formant un corymbe étroit ou 2 corymbes superposés. Bract. courtes. ♃. Sables tourb. R. St-Léger, Fontainebleau, Compiègne, Senlis, Morfontaine, Crépy, Ons-en-Bray.

17—Périg. à div. subulées dépassᵗ très-longᵗ la capsule. 21

—Non 18

18—Périg. à div. tr.-obtuses. 19

—Périg. à div. acum., à peu près longues comme la caps. 20

19—Caps. une fois plus longue que le périgone.

J. compressus GG [J. bulbosus]. 0,2-0,6. Tige qqf. bulbiforme à sa base. Bract. au moins aussi longue que la panic. ♃. Lieux hum. C.

—Caps. dépassant à peine le périgone.

J. Gerardi GG. 0,2-0,5. Tige grêle. Comme le précédent. ♃. RRR. Bords de l'Oise (près l'Ile-Adam).

20. *J. Tenageia*. 0,05-0,30. Tige grêle. Fl. sess., en panic. très-lâche. Bract. plus courte que la panic. ①. Lieux hum. AC.

21. *J. bufonius*. 0,05-0,30. Tige dichotome. Fl. en corymbe lâche. Caps. oblongue. ①. Lieux hum. CC.

—Feuilles très-velues, planes.

Luzula. Capsule à une loge 3-sperme.

1—Fl. agglom. par paquets. 3

—Non. 2

2—Feuil. rad. lin.-lanc. (0,007-0,010 de large). Rameaux et pédonc. étalés ou réfl. à la maturité.

L. pilosa GG [Juncus p. L, L. vernalis CG]. Caps. obt., mucr. ♃. Avr., mai. Bois, pâturages. C.

—Feuil. rad. lin.-étroit. (0,002-0,005 de large). Ram. et pédonc. dressés, même à la maturité.

L. Forsteri GG et CG. Caps. aiguë, mucr. ♃. Avr., mai. Bois, pâturages. C.

3—Fl. en épillets pédonculés : (le central seul sess.). Pédonc. en ombelle. Glomér. 6-15-flores. . 4

—Fl. en panicule très-décomposée. Glomér. 2-4-flores.

L. maxima CG [L. sylvatica GG]. Feuil. rad. très-grandes (0,2-0,3); les caul. très-courtes. ♃. Mai, juin. Bois, coteaux. RRR. Bois du Parc (Beauvais), forêt de Vernon.

4—Souche traçante. Glomér. 3-6, penchés à la maturité.

L. campestris [Juncus c. L]. 0,1-0,3. Etam. à filet 3-5 f. plus court que l'anthère. ♃. Avr., juin. Pelouses, prés. CC.

—Souche cespiteuse. Glomér. dressés, même à la maturité.

L. multiflora GG et CG. 0,3-0,5. Etam. à filet aussi long que l'anthère. ♃. Mai, juin. Pelouses, bois, bord des mares. AC.

320—Feuilles engaînantes 321
—Non. 108

321—Fl. accompagnées d'une seule écaille. Feuil. engaînantes, à gaîne très-rar' fendue. Tige gén' triang., n'ayant pas de nœuds à l'insertion des feuil. 322
—Fl. accomp. de 2 écail. Feuil. engaîn., à gaîne fendue. Tige cylindrique, noueuse à l'insertion des feuilles 323

322. **CYPÉRACÉES.** Herbes. Tige ord' simple, souvent triang., non renflée en nœuds aux points d'insertion des feuilles. Feuil. embrassant une grande étendue de la tige par une gaîne non fendue, à limbe entier, ord' linéaires, qqf. réduites à la partie engaînante. Fl. hermaphr. ou monoïq., très-rar' dioïq., naissant chacune à l'aisselle d'une écaille et groupées en épillets multifl. ou pauciflores. Périgone nul ou remplacé tantôt par 2 bractées soudées en une enveloppe ouverte au sommet, comme dans les Carex, tantôt par des soies souvent au nombre de 6. Etam. 3, rar' 2, hypogynes. Style 1. Stigm. 2-3. Ak. 1-spermes.

1—Fleurs hermaphrodites. Akènes nus. 2
—Fleurs monoïques ou dioïques. Akènes renfermés dans une capsule (*utricule*) percée à son sommet. 14

2—Epillets très-aplatis et dont les fleurs rangées sur deux rangs opposés ont l'apparence d'une natte.

Cyperus (Souchet). Tige feuillée. Epill. 20-30-fl., sess. ou pédonc., en corymbe terminal ombellif. Ecaill. pliées carénées. Bract. foliacées, en collerette à la base des pédonc. de l'inflorescence. Eté. Lieux marécageux.

1—Tige d'au plus 0,3. Souche fibr. Collerette à 2-3 feuil. . . 2
—Tige d'au moins 0,5. Souche traç. Collerette à plus de 3 feuil.
C. longus. Stigm. 3. 2. RR. Mennecy, Nemours, Dreux, Marines.
2—Ecailles brunes, aiguës. Epillets linéaires.
C. fuscus. 0,1-0,3. Stigm. 3. ①. AC.
—Ecailles jaune-pâle, obtuses. Epillets lancéolés.
C. flavescens. 0,05-0,15. Pl. vert-pâle. Stigm. 2. ①. AR.

—Epillets n'étant pas à la fois très-aplatis et garnis de fleurs sur 2 rangs opposés 3

3—Epillets garnis de soies très-longues qui, à la maturité, forment comme un paquet d'ouate. 9

322 (suite).

—Non 4

4—Un seul épi, ou épillets sessiles agglomérés en une seule tête au haut d'une tige nue. 5

—Plusieurs épis ou épillets formant plusieurs têtes sur une tige nue ou feuillée. 6

5—Tête subglobul., munie d'un involucre de 2 feuil., dont une brusq[t] contractée en alène 4-5 f. plus longue que la tête.

Schœnus (Choin).

S. nigricans. 0,3-0,6. Tige raide, arrond., lisse. Feuil. rad. Tête composée de 5-10 épill. paucifl., brun-noir. Ecail. pliées, aig., sur 2 rangs; les infér. stér. Stigm. 3. ♃. Prairies tourb. AR.

—Non 10

6—Epis nombreux, mais solitaires à l'extrémité des rameaux d'une tige feuillée. 11

—Epillets agglomérés par paquets. 7

7—Tige nue ou feuillée seulement à la base. 11

—Tige feuillée 8

8—Feuilles à bords et à carène garnis de petits aiguillons disposés en scie.

Cladium.

C. mariscus [Schœnus m. L]. Tige robuste de 1 m. et plus, cylindr., fistul., feuillée jusqu'au sommet. Epill. très-nombr., réunis par glomér. en corymbe. Ecail. infér. des épill. plus petites que les supér. et stér. Style non articulé, mais renflé à sa base en coiffe embrass[t] l'ov. Stigm. 2-3. ♃. Tourbières, bord des marais. AR.

—Non. 13

9. **Eriophorum** (Linaigrette). Tige feuillée. Feuil. supér. souv[t] réduites à leur gaîne. Epill. penchés à la maturité. Style filif. Stigm. 3. Ecail. florales imbriq. en tout sens.

1—Plusieurs épill. Mai, juin. 2

—Epi solit. term. Avr., mai.

E. vaginatum. ♃. Tourbières, mares. RR. Forêt de Sénart, St-Léger, Les Essarts, Montfort-l'Amaury.

2—Feuil. planes élargies à la base, vert-pâle, rudes sur les bords. Ord[t] 7-12 épillets. 4

—Feuil. triquètres ou pliées en carène. 4-6 épillets. 3

3—Pédonc. rudes, briév[t] toment. Soies très-courtes. Bractées membran., courtes.

E. gracile GG et CG. Tige filiforme. Feuil. canalic. carénées, triquètres dans toute leur longueur. Ak. jaunâtr., arrond. mutiq. ♃. Marais tourbeux. R. Env. de Rambouillet, Montfort-l'Amaury, bois St-Pierre (vallée de l'Yvette), Melun, Moret, Nemours, Besmont.

—Pédonc. tout à fait lisses. Soies très-longues.

E. angustifolium [E. polystachyum L]. Feuil. vert-foncé, canalic., triquètres à leur sommet. Ak. noirs, aigus-acum. ♃. Lieux marécageux. AC.

322 (suite).

β. *congestum.* Capit. subsessiles. AR.

4. *E. latifolium* [E. polystachyum L]. Pédonc. rudes au toucher. Ak. bruns, obtus mutiq. ♃. Prairies hum. C.

10—Les 2 écailles inférieures égal[t] au moins la demi-longueur de l'épi 11
—Non 12

11. **Scirpus.** Epillets à écailles infér. plus grandes que les supér.; les 1-2 infér. stériles. Stigm. 2-3. Style à base persistante, non dilatée. Lieux marécageux.

1—Tige simple 2
—Tige rameuse feuillée. . 9

2—Un seul épi terminal. . . 10
—Plusieurs épillets. . . . 3

3—Tige triquètre, au moins supér[t]. Inflorescence pseudolatérale. Feuil. molles allongées. . . . 4
—Tige cylindrique. Infloresc. terminale. Feuil. nulles, ou courtes et canaliculées. 7

4—Epill. sess. disposés sur deux rangs en un épi compr. term. . 6
—Non. 5

5—Ombelle à rayons composés (corymbe). Ecailles vert-noir.

S. sylvaticus. 0,8-1,2. Tige feuillée. Feuil. larges, très-longues. Bract. égalant ou débordant le corymbe. Stigmates 3. ♃. Fossés, ombrages. C.

—Ombelle à rayons simples. Ecailles brunes.

S. maritimus. 0,8-1,2. Souche noueuse. Tige feuillée. Feuil. très-allong., planes. Bract. dépassant long[t] l'omb. Stigm. 2-3. ♃. C.

β. *compactus.* Omb. à ram. très-courts.

6. *S. compressus* [Schœnus c. L]. Souche traçante. Tige feuillée à la base. Feuil. lin. Bract. infér. dépassant ord[t] l'infloresc. Stigm. 2. ♃. AR.

7—Tige d'au plus 0,2. . . . 8
—Tige de 1-2 mètres.

S. lacustris (Jonc des tonneliers). Tige s'amincissant de la base au sommet. Epill. en omb. ord[t] composée. Stigm. ord[t] 3. Pl. vert-foncé, croissant dans l'eau. ♃. CC.

β. *glaucus.* Stigm. ord[t] 2. Pl. vert-glauq., croissant dans les lieux inondés l'hiver. AR.

8—Tige non capillaire. Infloresc. ramassée au milieu de la tige.

S. supinus. 0,05-0,20. Epill. 3-10, assez gros, sess. Stigm. 3. Ak. plissés en travers. ①. R. Etangs du Trou-Salé, de St-Hubert, Montfort-l'Amaury ?, Villeneuve-St-Georges.

—Tige capill. Infloresc. sous le sommet de la tige.

S. setaceus. 0,03-0,10. Epill. 2-3, petits, sess. Stigm. 3. Ak. str. en long. ①. C.

9. *S. fluitans.* 0,05-0,15. Tige couch. ou flottante, artic., ayant une feuil. subul. à chaque articulation. Epill. très-petits, ovoïd., solit. au sommet des ram. ♃. R. Friches d'Aigremont (Poissy), St-Léger, étang du Cerisaie (Rambouillet), forêt des Ivelines, Fontainebleau, Chartres.

10—Base de la tige enveloppée de gaînes tronquées au sommet.

S. pauciflorus [S. Bœothryon L]. 0,1-0,2. Tiges dress. fascic. Epi 3-5-fl.; les 2 écail. infér. un peu plus courtes que l'épi et embrassant sa base. ♃. Juin, juill. AR,

—Base de la tige enveloppée de gaînes terminées en pointe verte.

322 (suite).

S. cæspitosus. 0,05-0,20. Tiges dress., fascic. Epi 3-7-fl.; les 2 écail. infér. embrassant et égalant l'épi. ♃. Mai, juin. RR. St-Léger, étang du Cerisaie (Rambouillet), Morfontaine.

12. **Heleocharis.** Tige munie à sa base d'écail. engaînantes. Feuilles nulles. Fl. en épi simple. Ecail. florales nombreuses, imbriq. de tout côté; les infér. plus grandes que les supér.; les 1-2 infér. stér. Stigm. 2-3. Akènes ord[t] munis de 6 soies courtes, couronnés par la base du style renflée et persistante. Bord des eaux, lieux marécageux.

1—Tige cylindrique, non capillaire 2

—Tige capill. tétragone. . 6

2—Pl. de 0,1-0,4. Epi long. Tige ayant 2 gaînes à sa base. 3

—Pl. de 0,05-0,15. Epi ovoïde ou subglobuleux. Tige n'ayant qu'une gaîne à sa base. . . . 5

3—Ecaille florale infér. stér. embrass[t] presq. ent[t] la base de l'épi. 4

—Les 2 écail. floral. infér. vertes, stér., demi-embrassantes.

H. palustris [Scirpus p. L]. Souche long[t] ramp. Tiges épaisses. Epi brun. Ecail. aig., sauf les 2 infér. stér. Stigm. 2. ♃. CC.

β. *minor*. 0,05-0,15.

4—Souche ramp. Ecail. aiguës.

H. uniglumis GG et CG. Epi brun-foncé. Stigm. 2. Ak. jaunâtr., compr., à bords obtus. ♃. AR.

—Souche courte fibreuse. Ecail. arrondies au sommet.

H. multicaulis GG et CG. Epi brun., souv[t] vivipare. Stigm. 3. Ak. à angles aigus. ♃. AR.

β. *digyna*. Stigm. 2. Ak. compr.

5. *H. ovata* GG et CG. Tige grêle. Epi brun. Ecail. oval. obtuses. Stigm. 2. ①. RR. Meudon?, St-Léger, Trou-Salé, Charly, Sénart?

6. *H. acicularis* [Scirpus a. L]. 0,05-0,10. Souche traç. Tige simple. Epi 5-10-fl. Stigm. 3. ♃. CC.

13—Une ou deux écailles infér. stériles, plus grandes que les supérieures. 11

—3 ou 4 écail. infér. stér., plus petites que les supér.

Rhynchospora. Tiges fascic., grêles, un peu triquètres. Feuil. plus courtes que la tige, lin. Stigm. 2. Ak. couronnés par la base du style renflée, persistante, et entourés de 6-12 soies. Marais tourbeux.

1—Panic. blanchâtre, à peine égalée par les bractées inférieures.

R. alba [Schœnus a. L]. Epill. en petites grappes formant corymbe. ♃. R. Rambouillet, St-Léger, Morfontaine, Neuf-moulin, Neuville-Bosc.

—Panic. brune, dépassée par les bractées inférieures.

R. fusca [Schœnus f. L]. Epill. formant 2 grappes oblongues, l'une term., l'autre axill. et long[t] pédonculée. ♃. RR. St-Léger, étang du Cerisaie (Rambouillet), St-Germer.

14. **Carex** (Laîche). Tige simple triquètre. Fl. en épis. Epis à écail. imbriq. sur plusieurs rangs.— Fl. mâle : Etam. 2-3.— Fl.

322 (suite).

fem. : Ov. surmonté d'un style à 2-3 stigm. filiformes passant à travers l'ouverture de l'utricule qui renferme l'akène.

1—Tige n'ayant qu'un épi simple, terminal. 2 stigm.. . . . 2
—Tige portant plusieurs épis ou épillets, espacés ou rapprochés. 2 ou 3 stigm. 5
2—Epi ent[t] mâle ou ent[t] fem. Pl. dioïque 3
—Non. 4
3—Feuil. étroites, lisses. Souche stolonifère.
C. dioica. 0,1-0,2. Tige lisse. Utric. ovoïd. gibbeux, étalés à la matur. ♃. Marais tourb. RR. Dampierre, Malesherbes, Sceaux (Château-Landon), Morfontaine, Villers-Cotterets, env. de Compiègne, vallée de l'Ourcq.
—Feuil. sétac., à bords très-rudes. Pl. gazonnante.
C. Davalliana GG et CG. 0,1-0,4. Tige scabre. Utric. oblongs-lanc., réfl. à la maturité. ♃. Marais tourb. RRR. Chantilly, Fontainebleau ?, vallée de l'Ourcq.
4—Qq. fleurs fem. au sommet de l'épi. 3
—Epi femelle à la base, mâle au sommet.
C. pulicaris. 0,1-0,3. Tige lisse. Feuil. roulées sétacées, rudes au bord vers leur sommet. Utric. compr., attén. aux 2 bouts, luis., réfl. à la matur. ♃. Marais. AC.
5—2 stigmates. 6
—3 stigmates. 29
6—Epillets androgynes en épi composé ou en capitule (qqf. entremêlés d'épill. unisexuels). . . 7
—Epill. unisexuels : les supér. femelles. 10
—Epis unisex. tr.-distincts: 1 ou plusieurs mâl. au sommet de la tige; 1 ou plusieurs fem. axillaires. 26
7—Epill. agglomérés en tête arrond., entourée d'un invol. de 2-3 longues feuil. 25
—Point d'involucre. . . . 8
8—Souche long[t] rampante. 9
—Non 13
9—Epill. tous androgynes. 12
—Plusieurs épill. unisex. 10
10—Epill. supérieurs femelles.
C. disticha GG et CG. 0,3-0,6. Souche traç. Feuil. lin., rudes. Epill. nombr. ovoïd.; les supér. et les infér. fem.; ceux du milieu mâles. Utric. ovoïd., attén. en bec 2-fide. ♃. Lieux hum. C.
—Epillets supér. mâles. . 11
11—Utric. comprimés supér[t] en une large bordure membraneuse.
C. arenaria. 0,1-0,4. Feuil. lin., acum.-subul., rudes au bord. Epill. nombr., ovoïd. ; les infér. ord[t] fem., les supér. mâles, ceux du milieu mâles ou androgynes. Utric. oval.-lanc., acuminés en bec 2-cusp. ♃. Terrains sabl. R. Lévy (Dampierre), Morfontaine, Senlis, Compiègne, Villers-Cotterets, Crépy, Senlisse.
—Non. 12
12—Epill. 6-12.
C. Ligerica GG et CG. 0,2-0,5. Feuil. étroit[t] lin. Utric. verdâtr., briév[t] pédic., nerv. sur les 2 faces, étroit[t] ailés de la base au sommet, attén. en bec assez long 2-cusp., souv[t] avortés. ♃. RRR. Coteaux de Lévy (Dampierre).
—Epillets 3-6.
C. Schreberi GG et CG. 0,1-0,4. Feuil. étroit[t] lin. Utric. fauves, petits, fin[t] nervés, très-étroit[t] ailés vers le haut, oval., acum. en bec 2-cusp., souv[t] avortés. (Dans les endroits ombragés, les épill. infér. sont qqf. presq. ent[t] fem. CG). ♃. AR.
13—Epill. mâles au sommet. 14

322 (suite).

—Epill. fem. au sommet. 20

14—Epillets formant un épi peu ou point interrompu. 15

—Epill. en épi présentant à sa base des interruptions de 0,01-0,02. 17

—Epillets en panicule. . 18

15—Feuil. d'au moins une ligne de large. 16

—Feuil. étroit[t] linéaires. 19

16—Feuil. ayant plus d'une ligne de large. Utric. 5-7-nerv. sur chaq. face.

C. vulpina. 0,3-0,6. Tige robuste, à angles presq. ailés, à faces excavées. Epi composé de nombr. épillets ovoïd.; épill. infér. souv[t] découpés en épill. secondaires. Utric. étalés. ♃. Lieux hum. C.

—Feuil. d'une ligne de large. Utric. lisses sur le ventre.

C. muricata. 0,2-0,5. Tige à angles aigus, non ailés, à faces planes. Epi de 4-7 épill., tous simples. Utric. étal., verdâtr. ♃. Bois, prés. CC.

β. *virens*. Epi grêle, interr. à sa base. Ecail. blanc-verdâtre. C.

17. *C. divulsa* GG [C. muricata β. CG]. Tige très-grêle, penchée au sommet. Epill. paucifl.; les infér. très-écartés. Utric. verdâtr., ord[t] non nervés. Ecail. blanchâtr. ♃. Prés, bois. CC.

18—Tige à faces planes et à angles vifs scabres. Utric. à 2-3 nerv. rayonnantes.

C. paniculata. 0,4-0,8. Feuil. larges, fermes, égal[t] presq. la tige, pliées en deux; les infér. réduites à une gaîne large et brune. Ecail. larg[t] blanches-scar. sur les bords. ♃. Marais. C.

—Tige à faces convexes. Utric. à nombr. nerv. régulières.

C. paradoxa. 0,4-0,7. Feuil. très-long., étroit[t] lin. Ecail. étroit[t] scar. aux bords. ♃. Marais. R. Epernon, Mennecy, Lardy, Nemours, Malesherbes, La Ferté-Milon, Marines.

19. *C. teretiuscula* GG et CG. 0,3-0,7. Pl. gazonnante. Tige grêle. Feuil. lin. Ecail. brunes, membran.-blanchâtr. aux bords. Utric. très-petits, oval., à bec légèr[t] 2-denté. ♃. Tourb. R. Melun, Moret, Nemours, Malesherbes. Senlisse, Rambouillet, Liancourt, St-Germer, Villers-Cotterets.

20—Epill. infér. espacés de 0,02-0,03 à l'aisselle de bract. foliacées dépassant la tige 24

—Non. 21

21—Epill. tous rapprochés. 22

—Epill. au moins les infér., écartés. 23

22—Epillets cylindriques. Utric. non ailés.

C. elongata. 0,3-0,6. Tige ferme, très-scabre. Utric. 6-12, bruns, doubles des écail., str., étalés à la matur. ♃. Marécages, fossés. RRR. St-Léger, Senlisse, Montfort-l'Amaury, Bondy?

—Utric. à contour ent[t] ailé.

C. leporina. 0,2-0,6. Epill. 4-6, rappr., alt. Ecail. égal[t] le fr. Utric. brunâtres, dress., acum. en bec assez long 2-fide. ♃. Lieux hum. C.

23—Epill. 3-5. Utric. très-diverg. en étoile.

C. stellulata CG [C. echinata GG]. 0,1-0,4. Tige grêle, à angles obt. Feuil. vert-foncé, lin., canalic. Epill. globul., écartés. Ecail. larg[t] ovales. Utric. larg[t] oval., atten. en long bec briév[t] 2-fide. ♃. Prés, tourb. AC.

—Epill. 4-7. Utric. dressés.

C. canescens. 0,2-0,5. Tige grêle. Epill. blanc-verdâtre; les infér. distants de 0,01. Utric. faibl[t] str., à bords aigus dentic., oval., acum. en bec court ent. ♃. Marais

322 (suite).

tourb. RR. Env. de Rambouillet, Montfort-l'Amaury, Senlisse, Bondy?

24. *C. remota*. 0,3 0,6. Tige très-grêle. Feuil. molles, planes, lin., très-longues. Epill. 5-8, très-petits. Utric. vert-pâle, ovales, en bec très-court ent. ♃. Lieux frais. AC.

25. *C. cyperoides*. 0,2-0,5. Tige lisse. Feuil. planes, lin., long^{t} acum., subul. Epill. mâles à leur base. Ecail. acum.-sétac. Utric. pédic., plan-convexes, attén. en long bec 2-fide. ♃. Marais desséchés. RRR. Armainvilliers (Tournan)?

26—Bract. infér. 2-3, larges, dépassant la tige 28

—Bractée infér. étroite, égalant à peine la tige 27

27—Feuilles égalant ou dépassant la tige.

C. Goodenowii GG et CG. 0,1-0,5. Souche traç. Epis mâles 1, rar^{t} 2. Epis fem. 2-4, cylindr., qqf. mâl. au sommet. Bractée infér. égal^{t} à peine la tige. Utric. vert-brun, arrondis aux 2 bouts, plan-convexes. ♃. Mares, fossés. AR.

—Feuil. plus courtes que la tige. Gaînes infér. déchirées en réseau filamenteux.

C. cæspitosa CG [C. stricta GG]. 0,5-1,0. Pl. formant de fermes îlots de gazon dans les marais. Epis mâl. 1, rar^{t} 2. Epis fem. 2-3, cylindr., souv^{t} mâles au sommet. Bractée infér. dépass^{t} à peine le premier épi fem. Utric. assez gros, vert-blanchâtre, compr., presq. lanc., nerv. ♃. Marécages. C.

28. *C. acuta*. 0,3-1,0. Souche traç. Pl. polymorphe. Epis mâles 2-3. Epis fem. très-longs, qqf. mâles au sommet, d'abord pench., dress. à la matur. Utric. ellipt.-compr., convexes sur les 2 faces, nerv. inf ér^{t}. ♃. Lieux aquat. CC.

29—Un seul épi mâle. . . 33

—Plusieurs épis mâles. . 30

30—Utricules glabres . . . 31

—Utricules velus 74

31—Utric. à bec sensiblement nul. 32

—Bec très-développé . . 61

32. *C. glauca*. 0,1-0,5. Souche traç. Pl. polymorphe. Tige lisse. Feuil. glauq. Epis mâles 2-3, qqf. 1 par avort^{t}. Epis fem. 2-3, cylindr., écartés, pédonc., à la fin pench. Ecail. fem. obt., mucr. Utric. convexes. ♃. Avr., juin. CCC.

33—Epis fem. 2-3-fl., cachés dans un épais gazon de feuil. 3-4 f. plus longues que les tiges. Tige de 0,05-0,10. 54

—Non 34

34—Epis fem. sessiles. . . 44

—Plusieurs des épis fem. pédonculés. 35

35—Utric. glabres, rar^{t} hisp. sur les bords et au sommet. . . . 36

—Utricules velus 55

36—Epi mâle solit. par avort^{t}; les épis avortés sont indiqués par la présence d'écail. stériles. . 32

—Un seul épi mâle. . . 37

37—Utricules à bec court. . 38

—Utricules à bec long. . 57

38—Epis fem. très-écartés (0,04-0,10 de distance). Tige lisse. . 39

—Non. Tige scabre. . . 41

39—Epis fem. 3-6, très-longs, arqués à la maturité. 40

—Epis fem. 2-3, dressés même après la floraison 42

40—Epis compactes, atteignant 0,10 de long.

C. maxima GG et CG. 0,6-1,2. Feuil. grandes et larges, planes. Epi mâle très-long. Epis fem. ord^{t} 4, pend. Bract. foliac. très-longues. Utric. assez petits, à bec court scar. ♃. Juin. Ruisseaux, bois hum. AR.

—Epis filiformes très-lâches.

C. strigosa GG et CG. 0,2-0,4.

322 (suite).

Epi mâle grêle et lâche. Epis fem. 3-4, pench. à la fin ; les infér. long[t] et fin[t] pédonc. Bract. foliac., très-longues. Utric. fusiformes, à bec court, blanc. ♃. Bois hum. RRR. Compiègne, Villers-Cotterets, Serans (Magny).

41—Utric. obtus, sans bec. Ecail. fem. vert-jaunâtre, mucr.

C. pallescens. 0,2-0,4. Epi mâle oblong-lin., roux-pâle. Epis fem. 2-3, ovoïd., denses, pédonc. Bract. foliac., très-longues. Utric. vert-pâle, ovoïd.-renflés. ♃. Mai, juin. Prés, bois hum. C.

—Utric. ovoïd, brusq[t] contractés en bec court 2-denté, membran. Ecail. fem. brunes, obt.. 43

42. *C. panicea*. 0,2-0,4. Feuil. glauq., fermes. Epi mâle oblong. Epis fem. lâches. Utric. ovoïd., à bec très-court tronqué. ♃. Mai, juin. Prés, bois hum. C.

43. *C. obesa* GG et CG. 0,1-0,2. Epi mâle oblong-lin. Epis fem. 1-3, ovoïd.-oblongs, denses : l'infér. seul pédonc. Bractée infér. surmontée d'une arête verte subul.; les supér. rudiment. ou ent., membran. Utric. bruns, luis. ♃. Avr., juin. Pelouses sèches. RRR. La Chaise-à-l'Abbé (Fontainebleau).

44—Utricules glabres. . . 63

—Utricules velus 45

45—Utric. atten. en long bec. Feuil. roulées sur elles-mêmes, filif. Pl. de 0,5-0,9. 74

—Utric. à bec dépass[t] à peine l'écaille. Feuil. planes ou en gouttière. Pl. de 0,1-0,4. 46

46—Ecail. fem. obt., à bord large argenté, scarieux. 52

—Non. 47

47—Epis fem. subglobul., sessiles. 51

—Epis fem. oblongs ou cylindriq., plus ou moins pédonc., (au moins les infér.). 48

48—Bec sensibl[t] nul. Epi mâle aigu, jaune 50

—Bec distinct. Epi mâle obtus, brun. 49

49—Souche traç. Feuil. plus courtes que la tige.

C. præcox. 0,1-0,3. Epi mâle en massue. Epis fem. 2-3, ovoïd.-oblongs, l'infér. pédonc. Utric. pyriformes ♃. Lieux secs. CC.

—Souche non traç., blanchâtre. Feuil. très-long., molles.

C. polyrhiza GG et CG. Pl. formant des gazons épais. Souche surmontée par les nerv. des feuil. détruites. Tige grêle, allong. Bec scar., 2-denté ♃. Bois hum. RRR. Crépy-en-Valois?, Nemours.

50. *C. tomentosa*. 0,1-0,4. Souche traç. Tige dress. Bractée infér. ent[t] foliac, atteign[t] l'épi mâle. Epis fem. subcylindr., un peu distants, multifl. Ecail. aig.-acum. Utric. blanchâtr., vel.-toment., globul., à bec presq. nul. ♃. Ombrages. AR.

51—Bract. infér. foliacée.

C. pilulifera. 0,1-0,4. Tige grêle, souv[t] tombante. Bract. infér. atteign[t] l'épi mâle. Epis fem. 3-6, rappr., 10-15-fl. Utric. verts, pubesc., pyriformes. ♃. Bois. C.

—Bract. toutes membran. 53

52. *C. ericetorum*. 0,1-0,3. Souche traç. Epi mâle panaché. Epis fem. 1-3, rappr., ovoïd. Bract. très-courtes, noires ou brunes. Ecail. fem. cil. Utric. bruns, ovoïd., très-obt. ♃. Pelouses sèches. R. Mennecy, Fontainebleau, Malesherbes, Chantilly, Crépy, Compiègne, Liancourt, Dreux.

53. *C. montana*. 0,1-0,3. Feuil. infér. à gaîne ord[t] purpur. Epi mâle noirâtre. Epis fem. 1-3, très-rappr., paucifl. Ecail. mucr. Utric. blanchâtr., atten. à la base, insensibl[t] rétrécis en bec court. ♃. Pelouses arid. RRR. Bois Yon (Dreux), Mail

322 (suite).

de Henri IV (Fontainebleau).

54. *C. humilis*. Epi mâle oblong aigu. Epis fem. 3-5, écartés, occupant presq. toute une tige courte cachée par les feuilles. Bract. argentées, mutiq. Utric. verdâtr. ♃. Terrains arid. AR.

55—Utric. à bec très-court. Feuil. planes. Pl. de 0,1-0,4 56

—Utric. à long bec dépassant l'écail. Feuil. roulées, filif. Pl. de 0,5-0,9. 74

56—Epi mâle obtus. Epis fem. multiflores (20 fl. et plus). . . 49

—Epi mâle lin.-aigu. Epis fem. 6-8-fl.; le supér. dépassant à la fin l'épi mâle.

C. digitata. 0,1-0,2. Gaîne des feuil. rouge-brun. Epi mâle panaché de brun et de blanc. Epis fem. 2-3, dressés, lin., écartés. Bract. brunes, luis., plus courtes que le pédonc. Utric. ovoïd. ♃. Bois montueux. RR. Luzarches, Chaumont, Compiègne, Noyon, Villers-Cotterets.

57—Epis fem. contenant plus de 6 utricules. 58

—Epis fem. ne contenant que 3-6 gros utricules. 60

58—Ecailles fem. très-long[t] subulées. 69

—Non. 59

59—Epis fem. 4-6, tous long[t] et fin[t] pédonculés, pench. à la matur.

C. sylvatica. 0,2-0,6. Epi mâle filif. Epis fem. lin., lâch., distants. Ecail. cusp., jaunâtr., mais à carène verte. Utric. all., verts même à la matur., à bec 2-fide aussi long que l'utric. ♃. Bois. CC.

—Non. 63

60. *C. depauperata* GG et CG. 0,3-0,5. Tige lisse. Epi mâle lin.-aigu, panaché de blanc et de fauve. Epis fem. 2-4, écartés. Utric. verdâtr., nerv., renfl., atténué. à la base, à bec lin. ♃. Bois. AR.

61—Tige lisse 62

—Tige à angles aigus, scabres. Pl. toujours traçante. 71

62—Epis fem. cylindr. Tige ayant plus de 0,2. Pl. traçante. . . 70

—Epis fem. ovoïd., compact., dressés, rappelant l'épi d'orge. Tige de 0,1-0,2. Pl. gazonnante.

C. hordeistichos GG et CG. Feuil. fermes, dépass[t] la tige. Epis mâles 2-3, rappr., oblongs, pâles, très-écart. des épis fem. Epis fem. 2-3. Ecail. fem. blanchâtr. Utric. gros, jaunâtr., à long bec 2-fide. ♃. Fossés hum. RRR. Bondy, Montmorency ?, Ville-d'Avray.

63—Gaîne des feuil. infér. non prolongée en ligule. Bractées souv[t] réfléchies. 64

—Gaîne des feuil. infér. prolongée en ligule. Bract. toujours dressées. 65

64—Utric. non bordés de cils raides. Ecail. fem. non dent.-cil.

C. flava. 0,2-0,5. Epi mâle fauve. Epis fem. 2-4 dress., ovoïd.-oblongs; les supér. subsess. Bract. toujours étal. ou réfl. Ecail. oblong.-aig. Utric. jaunâtr., étal., oboval. renfl., à bec recourbé. ♃. Prés. C.

β. *Œderi* GG et CG. 0,05-0,15. Epis fem. sess., petits, agglomérés. Utric. à bec droit. Sables hum. AC.

—Utric. bordés de cils raid. Ecail. fem. cil.-dent. au sommet.

C. Mairii GG et CG. 0,3-0,6. Epis fem. 2, plus rar[t] 3-4, rappr., ovoïd., vert-pâle; les supér. sess. Bractée infér. herbacée, ord[t] dress. Utric. vert-glauque, à bec 2-denté. ♃. Lieux hum. AR.

65—Ecail. fem. obtuses, mucronulées. 67

—Ecail. fem. aiguës. . . 66

66—Ecail. fem. sans mucron.

C. Hornschuchiana GG [C. fulva CG]. 0,3-0,5. Ligule courte. Epi mâle panaché de fauve et de

322 (suite).

blanc. Epis fem. 2-3; le supér. ovoïde, sess.; les infér. oblongs, pédonc. Utric. verdâtr., renflés. ♃. Prés tourb. AC.

β. *xanthocarpa* GG [sterilis CG]. Pl. vert-jaunâtre. Utric. gros, stér. AR.

—Ecail. fem. long^t cusp. 68

67. *C. distans*. 0,2-0,5. Ligule oblongue. Epi mâle obt., fauve. Epis fem. 2-4, très-espacés, dress., pédonc., (les pédoncules supér. souv^t inclus). Utric. fauves, un peu renflés, contractés en bec dépass^t l'écaille, 2-denté. ♃. Prés hum. C.

68. *C. lævigata* GG et CG. 0,4-0,9. Deux ligules: l'une opp. à la feuille, courte; l'autre soud. au limbe, oblongue. Epi mâle lin., très-long. Epis fem. 2-4, cylindr.; l'infér. sur un pédonc. capill. Utric. verdâtr., atten. en long bec 2-fide. ♃. Prés tourb. RR. Les Planets (St-Léger) Gambaiseuil (Montfort-l'Amaury). Neuville-Bosc, Magny, Villers-Cotterets.

69—Tige lisse. Epis fem. lâches Plante traçante. 73

—Tige très-rude. Epis fem. très-compactes. Pl. gazonnante.

C. Pseudo-Cyperus. 0,4-0,9. Feuil. larg., plus longues que la tige. Epi mâle lin., verdâtre. Epis fem. 3-5, cylindr., rappr., long^t pédonc., pend. Utric. fauves, renfl. à la maturité, nerv., à bec grêle 2-fide. ♃. Marécages. AC.

70—Ecail. très-long^t cuspidées, dépass^t beaucoup l'utric. . . 73

—Ecail. mutiq. long^t dépassées par l'utricule.

C. ampullacea GG et CG. 0,3-0,6. Pl. traç. Epis mâles 2-3, rappr., grêles, fauve-pâle. Epis fem. 2-3, distants des épis mâles, très-compact.; les supér. sess., les infér. pédonc. Utric. gonflés, subglobul., presq. transparents, jaunâtr., brusq^t contractés en bec étroit 2-fide. ♃. Etangs, prés tourb. AR.

71—Ecail. mâles brunes. . 72

—Ecail. mâles jaune-pâle.

C. vesicaria. 0,4-0,8. Pl. traç Epis mâles 2-3, rappr., grêles. Epis fem. 2-3, distants, cylindr.; le supér. sess. Ecail. fem. aig., mutiq. Utric. très-gros, jaunâtr., ovoïd.-coniq., atten. en bec étroit 2-fide. ♃. Bord des eaux. C.

72 Ecail. mâles infér. mutiq., arrondies au sommet.

C. paludosa GG et CG. 0,8-1,0. Pl. traç. Epis mâles 2-4, brun-foncé, très-inég., sess. Epis fem. 2-3, cylindr., compactes. Ecail. fem. aig. Utric. vert-livide. subtrigones-compr. ♃. Bord des eaux. CC.

β. *Kochiana* GG et CG. Ecail. fem. long^t cusp., dépass^t l'utric.

—Ecail. mâles toutes acuminées aristées 73

73. *C. riparia* GG et CG. 0,5-1,3. Pl. traç. Epis mâles 3-5, roux, rappr., sess. Epis fem. 3-4, écart., cylindr., compactes. Utric. brunâtr., assez gros, étal. à la maturité, ovoïd -coniq., à bords arrond. ♃. Bord des eaux. CC.

β. *gracilis*. Tige presq. lisse. Epis mâles 1-2. Epis fem. lâches, long^t pedonc., souv^t pend. Ecail. très-long^t arist., dépass^t beaucoup l'utric. Marécages ombragés. AR.

74 - Ecail. fem. brunes. Feuil. très-long., roulées, filif., glabres.

C. filiformis. 0.5-0,9. Pl. traç. Tige lisse. Bractée infér. peu ou point engaînante. Epis mâles 1-3, très-grêles. Epis fem. 2-3, dress., espacés, cylindr. Ecail. fem. cusp. Utric. assez gros, roux, atten. en bec 2-fide. ♃. Marais. R. St-Léger, env. de Rambouillet, Mennecy, Malesherbes. Sceaux (Château-Landon).

—Ecail. fem. vert-pâle. Feuil. molles planes.

C. hirta. 0,2-0,5. Pl. traç. Tige lisse. Feuil. ord[t] pubesc., surtout aux gaînes. Bractée infér. très-long[t] engaînante. Epis mâles 2-3, rappr., vel. Epis fem. 2-3, dress., espacés, oblongs. Ecail. fem. long[t] cusp. Utric. assez gros, verdâtr., atten. en bec large prof[t] 2-fide. ♃. Lieux hum. CC.

323. GRAMINÉES. Herbes. Tige (*chaume*) simple, très-rar[t] rameuse, renflée en nœud à l'insertion des feuil., cylindrique. Feuil. lin., distiq., à nerv. parallèles, embrassant la tige dans une grande étendue par une gaîne à bords libres (*gaîne fendue*), très-rar[t] à gaîne fendue seul[t] au sommet ou entière. Gaîne munie ord[t] à son sommet d'un appendice membraneux (*ligule*). Fl. comprises chacune entre deux écailles (*glumelles*) (*) : tantôt solitaires, tantôt alternes par 2 ou plus sur un même pédoncule, et constituant un *épillet* (uniflore dans le premier cas, bi-ou-plurifl. dans le second) muni à sa base de 2 écaill. stériles (*glumes*). Périgone nul ou représenté par 2, rar[t] 3 écaill. à peine visibles (*glumellules*). Etam. 3, rar[t] 2, qqf. 1 par avort[t]. Ovaire portant ord[t] 2 styles, devenant à la maturité un *caryopse* sec, à périsperme farineux. Epillets hermaphr. ou polygames, rar[t] unisexuels, contenant souv[t] des fl. stér. ou rudimentaires. Des épillets sessiles ou subsess. sur un axe composent un *épi*. Ils forment panicule, s'ils sont tous pédicellés.

1—Epillets mâles en panicule terminale. Epillets femelles en épis axillaires. 98
—Epillets hermaphrodites (ou rar[t] les uns hermaphr., les autres mâles), jamais en épis unisexuels 2
2—Epillets visiblement pédicellés, en panicule plus ou moins étalée. 3
—Epi terminal. 9
—Plusieurs épis naissant sensiblement du sommet de la tige et comme digités ou verticillés. 34
—Plusieurs épis plus ou moins espacés. 32

(*) Les 2 glumelles sont inégales : l'une plus grande, emboîtant l'autre et insérée un peu plus bas, est la *glumelle inférieure*; la seconde, interne et regardant par sa face dorsale l'axe de l'épillet, est la *glumelle supérieure*. L'ensemble des 2 glumelles se nomme souvent *bale*.

323 (suite).

3—Epillets agglomérés en plusieurs paquets serrés et tournés d'un même côté. 67
—Non 4
4—Fleurs solitaires. 5
—Epillets biflores ou pluriflores. 37
5—Fl. ayant, outre les 2 glumell., 1 ou 2 glum. à sa base. 6
—Point de glumes à la base de la fleur.

Leersia.

L. oryzoides [Phalaris o. L]. 0,6-1,0. Feuil. planes, scabr. Epill. à 1 fl. souvᵗ stér. Glumelles cil., mutiq. ♃. Bord des eaux. Août, oct. R. Sartrouville, Grenelle, Paris?, de Charenton à Créteil, Brunoy?, Nemours, Port-aux-Perches, Beauvais.

6—Glumes à carène ailée (**Phalaris**). 8
—Fl. à arête très-plumeuse de 0,05-0,25 de long. . . 42
—Fl. n'ayant ni l'un ni l'autre de ces deux caractères. 7
7—Glumelles environnées de poils. 8
—Non. 21
8—Poils plus longs que les glumelles. 39
—Poils plus courts que les glumell. et feuil. jonciform. 40
—Poils plus courts que les glumell. et feuilles planes.

Phalaris. Epill. 1-fl. Glum. égales, compr.-carén., plus longues que les fl. Glumell. carénées.

1—Glumes à carène ailée. Panicule en forme d'épi ovoïde.

P. Canariensis (Alpiste). 0,4-0,7. Fl. rayées de vert et de blanc. ①. (Cult.).

—Glumes à carène non ailée. Panicule diffuse.

P. arundinacea [Baldingera a. CG]. 0,8-1,2. Fl. vert-blanchâtre, ou panachées de violet. Glumell. accomp. de poils plus courts qu'elles. ♃. Bord des eaux. C.

β. *picta*. Feuil. rayées de blanc. (Orn.).

9—Glume intér. des épillets presq. nulle, et l'extér. à 5-7 nervures chargées d'épines crochues. 30
—Non. 10
10—Epi ayant toutes ses fl. d'un même côté de la tige. . 72
—Non. 11
11—Tige de 0,04-0,10, portant un épi grêle filiforme . 20
—Non 12
12—Epi aplati ou sensiblement anguleux 83
—Epi arrondi 13
13—Glumes tronq. au sommet et brusqᵗ acuminées. . . 26
—Glumes à carène très-largement ailée, rayées de vert (**Phalaris**). 8

323 (suite).

—Glumes n'offrant ni troncature terminale, ni carène très-larg[t] ailée. 14
14 - Epi garni de barbes ou de filets 15
— Epi non barbu. Epillets uniflores. 25
—Epi non barbu. Epillets 2-4-flores. 56
15—Barbes attachées aux fleurs. 16
—Filets naissant sur les pédoncules des fleurs. . . . 31
16—Axe flex., ayant sur chaq. dent 3 épill. sess. (dont deux qqf. stér.). 84
- Non. 17
17—Epi glabre et dont les barbes ne dépassent jamais les glumelles de plusieurs lignes 18
—Epi velu, ou épi à barbes surpass[t] les glumelles de plusieurs lignes. 27
18—Epi ovoïde de 0,01-0,02. 29
—Epi allongé, ayant plus de 0,04 19
19—Epi non luisant. Etamines 3. 26
—Epi luisant. Etamines 2.

Anthoxanthum.

A. odoratum (Flouve). 0,2-0,5. Pl. odor. après dessication. Epill. subpédic., à glum. très-inég. (la supér. envelopp[t] les fl.), contenant 1 fl. fert. et 2 fl. stér. réduites chacune à 1 glumelle vel., aristée. ♃. Bois, prés. CCC.

20—Epi garni de barbes.. 74
—Epi filiforme dépourvu de barbes. Tige capillaire.

Mibora.

M. minima CG [Agrostis m. L, M. verna GG]. 0,04-0,10. Pl. en touffe. Feuil. courtes, lin. Epi lâche, ord[t] violacé. Epill. 1-fl. Glum. arrond. tronq. Glumell. vel.-cil. ①. Mars, mai. Lieux sabl. C.

21—Glumelles prolifères, ou allongées en forme de feuilles (**Poa**). 63
—Glumelles non prolifères 22
22—Gaîne des feuilles sensiblement lisse. 23
—Gaîne abondamment garnie de poils longs, dressés. 33
23—Glumelles ayant une ligne de long ou plus 24
—Glumelles très-petites, ayant moins d'une ligne.. . 41
24—Glumes arrondies sur le dos. 43
—Glumes carénées. Panicule spiciforme.. 25
25—Feuil. roulées cylindriq., presq. piquantes.. . . . 40
—Feuil. planes. Glumes acuminées (**Phleum**) . . . 26

323 (suite).

—Feuil. planes. Glumes mutiq. Pl. de 0,05 0,25, en touffe.

Crypsis.

C. alopecuroides GG et CG. Panic. spicif., dense obt., noirâtre. Epill. 1-fl. Glum. et glumell. ent., carén., mutiq. ①. Août, oct. Bord des eaux. RRR. Alfort, Grenelle, Bondy?, env. de Versailles.

26—Glumes mutiq., soudées à la base. Glumelle unique, à arête genouillée. 27

—Glumes libres à la base. 2 glumelles.

Phleum (Phléole). Feuil. planes, rudes aux bords; la supér. à gaîne très-longue. Epill. 1-fl. Glumes égales, carén., libres à la base, dépassant les fleurs. Glumelles 2; la supér. bidentée.

1—Glumes tronq., brusquement acum. 2

—Glum. insensiblt acum. . 3

2—Glumes glabres. 4

—Glumes à carène ciliée.

P. pratense. 0,2-0,6. Glum. tronq., brusqt arist. ♃. Prés. CCC.

β. *nodosum*. Souche renflée. Pl. grêle. Epi ordt court. Pelouses. C.

3—Glum. à carène fortt cil. . 5

—Glum. sensiblt glabres.

P. Bœhmeri [Phalaris phleoides L]. 0,2-0,4. Feuil. courtes. Glum. longt mucr. ♃. Lieux secs. C.

4. *P. asperum* CG et CG. 0,1-0,3. Glum. brièvt mucr., fint tuberc. ①. Lieux secs. RRR. Env. de Beauvais.

5. *P. arenarium*. 0,1-0,2. Feuil. courtes; gaîne supér. renflée. ①. Sables. RR. Argenteuil, Pierrelaye, Senlis, Morfontaine.

27. **Alopecurus** (Vulpin). Epill. 1-fl. Glum. égales, plus longues que la fl., plus ou moins soudées par leur base, compr.-carén., mutiq. Glumelle unique portant une arête dorsale genouillée.

1—Fl. velues 2

—Fl. glabres. 3

2—Tige dressée.

A. pratensis. 0,4-0,7. Glum. soudées jusqu'à leur milieu. ♃. Prés. C.

—Tige couchée à la base, souvt radicante, coudée aux articul.. 4

3—Gaînes des feuil. cylindr.

A. agrestis. 0,2-0,6. Epi allongé. ①. Champs, chemins. C.

—Gaînes supér. renflées en forme de spathe 5

4. *A. geniculatus*. 0,2-0,4. Glumes soud. seult à la base. Anthères violett. ♃. Marais. C.

β. *fulvus*. Arêtes ne dépasst pas les glum. Anthères fauves.

5. *A. utriculatus* [Phalaris u. L]. 0,1-0,3. Epi ovoïde, compacte. ①. Prairies hum. RRR. Meudon?, Rambouillet?, St-Germain, Vincennes.

28—Epi très-allongé 96

—Epi court. 29

323 (suite).

29—Epillets uniflores (**Phleum**) 26
—Epillets 2-4-fl., bleuâtres.

Sesleria.

S. cœrulea [Cynosurus c. L]. 0,2-0,5. Tige long[t] nue supér[t]. Feuil. brusq[t] mucr. Barbes très-courtes. Glumelle infér. 3-5-dent. ♃. Avr., mai. Coteaux secs. R. Beauvais, Dreux, de Mantes aux Andelys, Fontainebleau.

30. **Tragus.**

T. racemosus [Cenchrus r. L]. 0,1-0,2. Tige souv[t] rameuse. Feuil. courtes, rudes, à gaîne ventrue. Epill. 1-fl., groupés par 2-4 le long de pédonc. courts rappr. en grappe spicif. terminale. ①. Lieux arid. R. Etampes, Malesherbes, Herblay, Fontainebleau?

31. **Setaria.** Tige simple ou ram. Epill. 1-fl., entourés de filets raides. Glum. 2., inég. Glumell. mutiq., égales. Fl. fert. accomp. d'une fl. stér. réduite à 1 ou à 2 glumell. très-inég.

1—Axe de l'épi glabre. . . . 2
—Axe velu ou cotonneux. . 5
2—Filets rudes, accrochants. 4
—Non. 3
3—Les 2 glumes de moitié plus courtes que la fl.

S. glauca [Panicum g. L]. 0,1-0,4. Feuil. glauq. Epis roux. Glumell. de la fl. fert. ridées en travers. ①. Champs secs. AR.

—Une des glum. ég. à la fl.

S. viridis [Panicum v. L]. 0,1-0,5. Epis verts ou purpurins. Glumell. de la fl. fert. fin[t] ponctuées. ①. Champs. CC.

4. *S. verticillata* [Panicum v. L]. 0,3-0,5. Feuil. à une nerv. blanche. ①. Champs. CC.

5. *S. Italica* [Panicum I. L] (Millet des oiseaux). 0,5-1,0. Feuil. larges. Epi ord[t] lobé, atteign[t] par la culture de 0,2 à 0,3, penché-arq. ①. (Cult.). Qqf. subspont. près des habit.

32—Épis ayant toutes les fl. d'un même côté de l'axe. . 33
—Non. 78

33. **Panicum.** Epill. compr. par le dos, renfermant 2 fl.; l'une neutre ou mâle, l'autre hermaphr. Glume infér. très-petite, qqf. nulle. Fl. stér. à 1 ou 2 glumelles. Fl. fert. à 2 glumelles égales, lisses, cartilagineuses.

1—Fl. form[t] plusieurs épis. . 2
—Fl. en panicule diffuse.

P. miliaceum (Mil, Millet). 0,3-1,2. Tige grosse. Feuil. larges et moll., très-vel. sur les gaînes. Panic. courbée. Epill. assez gros. ①. (Cult.). Vois. des habitat.

2—Epis linéaires, digités ou verticillés 3
—Epis alternes le long de l'axe de l'inflorescence.

P. Crus-galli [Oplismenus C. CG]. 0,2-0,8. Epill arist. ou mutiq. Glum. rudes, ciliées. ① ou ②. Lieux hum. et sablonn. AC.

3—Feuil. à limbe velu.

P. sanguinale [Digitaria s. CG] (Miliasse). 0,2-0,5 Tige redress. Epis 4-10. ①. Lieux cult. CC.

—Feuilles à limbe glabre.

323 (suite).

P. glabrum GG [P. filiforme L, Digitaria fil·f. CG]. 0,1-0,4. Tiges grêles, couchées. Epis 2-4. ①. Lieux arid. AC.

34—Epis glabres. 35
—Epis très-velus. 36
35—Tig. dures, radicantes, émettant de nombr. rameaux renflés et comme écailleux à la base.

Cynodon.

C. Dactylon [Panicum D. L] (Chiendent). 0,1-0,4. Souche long^t traç. Feuil. glauq., courtes, lin.; celles des ram. stér., étal. distiq. Epis 3-6, ord^t violacés. Epill. petits, 1-fl. Glumes 2, presq.ég., étal., carén. ♃. Lieux secs. C.

—Non. 33

36. **Andropogon** (Barbon).

A. Ischæmum. 0,3-0,6. Tige à nœuds violets. Epis 3-10. Epill. géminés sur les dents de l'axe; l'un sess. hermaphr.; l'autre pédic., mâle ou neutre. Arêtes genouillées. ♃. Lieux secs. AR.

37—Pédicelles des épillets très-courts. 56
—Non. 38
38—Glumelles entourées de très-longs poils soyeux, et feuilles grandes, larges de 10-12 lignes.

Phragmites.

P. communis [Arundo Phragmites L] (Roseau, Jonc à balais). 1-2 m. Souche long^t rampante. Tige très-feuillée. Panic. très-ample, violacée. Epill. 3-7-fl. ♃. Août, sept. Lieux aquat. CCC.

—Non. 44

39. **Calamagrostis.** Panic. rameuse. Epill. 1-fl. Glumes 2, carén., beaucoup plus longues que les fl. Glumell. aristées.

1—Tige feuillée, même supér^t.
C. epigeios [Arundo e. L]. 0,8-1,2. Panic. à ram. dressés. Arête naissant sur le dos de la glumelle. ♃. Bois, coteaux. CC.
—Tige nue supérieurement.
C. lanceolata [Arundo Calamagrostis L]. 0,6-1,0. Arête très-courte, naissant dans l'échancr. de la glumelle. ♃. Marais. RRR. Sceaux (Château-Landon).

40. **Psamma.**

P. arenaria GG [Arundo a. L, Ammophila a. CG]. 0,6-0,9. Souche traç. Feuil. janciformes, presq. piquantes. Epill. content^t 1 fl. fert. et un pédic. barbu, en épi allongé, serré. Glumes aig., mutiq. Glumelle infér. 2-dent., briév^t mucr. ♃. Coteaux secs. RRR. Malesherbes.

41. **Agrostis.** Panic. rameuse, à ram. verticillés. Epill. 1-fl. Glumes carén., mutiq., plus longues que les glumelles.

323 (suite).

1—Epillets mutiques ou munis d'une arête courte. 2
—Arête 3-6 f. aussi longue que la fleur. 3
2—Glumelles 2, ord[t] mutiques.
A. alba. Pl. polymorphe. Souche souv[t] traçante [*stolonifera*]. Feuil. toutes planes. Panic. contractée [*coarctata* CG] ou étal. [*vulgaris* GG et CG], blanchâtre ou violacée. ♃. CC.
β. *pumila*. Pl. naine.
—Glumelle unique, ord[t] munie d'une courte arête dorsale.
A. canina. 0,4-0,6. Feuil. rad. roulées-sétac. Panic. lâche, ord[t] violacée. ♃. Lieux hum. AC.
3—Panic. ample dont les rameaux ont plus d'un pouce de long.
A. Spica-venti [Apera S. CG]. Tige à 3-4 nœuds. ①. Moissons. C.
—Panic. serrée, interr., dont les ram. n'ont pas plus d'un pouce.
A. interrupta [Apera i. CG]. 0,2-0,5. Tige à 2 nœuds. ①. Lieux arid., vieux murs. AR.

42. Stipa.

S. pennata. 0,3-0,6. Feuil. jonciformes. Panic. paucifl., à ram. courts. Glum. presq. égal., carén., plus long. que la fl. Epill. 1-fl. Arête tordue, plumeuse, de 0,05-0,25, cad. Fl. pédicell. ♃. Mai, juin. Coteaux secs. RR. Fontainebleau, Nemours, Malesherbes, Le Lardy, Les Andelys.

43—Fleur fertile accompagnée d'une fl. stérile rudimentaire. Glumes brun-roux. 66
—Non.

Milium (Millet).

M. effusum. 0,8-1,2. Tige glabre. Panic. paucifl., lâche. Glumes mutiques, égal[t] au moins la fl. Glumell. mutiques. ♃. Lieux frais. C.

44—Tige de 0,4-1,0 et n'offrant qu'une articul. à la base. 68
—Tige plusieurs fois articul., ou ayant moins de 0,3. 45
45—Epillets 2-flores. 46
—Epillets multiflores. 58
46—Glumelles de 1-2 lignes; arêtes nulles ou courtes. 47
—Glumelles de 4-6 lignes; ou garnies d'une longue arête genouillée ou tordue. 54
47—Glumelles tout à fait dépourvues d'arête.. 48
—Glumell. munies d'arête, ou au moins mucronées. . 51
48—Glumes embrass[t] presque complétem[t] l'épillet. . . 49
—Glumes beaucoup plus courtes que l'épillet 57
49—Glumes ayant au plus une ligne de long.. 50
—Glumes ayant plus d'une ligne de long. 66
50—Plante non aquatique. 58
—Plante aquatique.

Airopsis.

A. agrostidea CG [Antinoria a. GG]. 0,1-0,3. Pl. traçante, souv[t] na-

323 (suite).

geante. Panic. à ram. capill. géminés. Epill. très-petits, 2-fl., ord^t violacés. Glum. et glumell. mutiq. ♃. Mares. RRR. Franchard (Fontainebleau).

51—Épillets glabres, gris-argenté et luisants 52
—Glumes ciliées. Feuil. et articulations velues. . . . 55
52—Arête terminale, ne constituant qu'un mucron. . . 56
—Arête naissant vers la base de la glumelle. 53
53—Glumelle infér. ent., munie d'une arête à articulation ciliée et à sommet renflé en massue.

Corynephorus.

C. canescens [Aira c. L]. 0,1-0,3. Tige à nœuds colorés. Feuil. sétac. Panic. serrée. Epill. 2-fl. Glumes mutiq., dépass^t les fl. ♃. Lieux secs. C.

—Glumelle infér. dentée, munie d'une arête ni articulée, ni renflée au sommet.

Aira (Canche). Epill. en panic., à 2 fl. qqf. accompagnées d'une 3e fl. ord^t rudim., pédicellée. Glum. 2, mutiq., égal^t ou dépass^t les fl.

1—Pl. ①, n'ayant pas ord^t 0,25. Glumelle infér. bicusp. Epillets 2-fl. 2
—Pl. ♃, dépass^t 0,30. Glumelle infér. tronq., irrég^t 3-5-dentée. Epill. ord^t 3-flores. 3
2—Panic. très-étalée, à rameaux subtrichotomes.
A. caryophyllea. 0,1-0,2 (rar^t 0,4-0,5). Feuil. sétac. Epill. petits, blanchâtr. ou rougeâtr. ①. Lieux secs. C.
—Panic. très-resserrée, spicif.
A. præcox. 0,04-0,15. Feuil. sétac. Epill. petits, verdâtres. ①. Avr., juin. Lieux secs. AC.
3—Panic. peu étalée, longue de 0,08-0,10. Arête genouillée . . 4
—Panic. très-ouverte, longue de 0,15-0,25. Arête droite.
A. cæspitosa L [Deschampsia c.]. 0,5-1,0. Feuil. planes, assez larges. ♃. Prés, bois. Juin, juillet. AC.
β. *vivipara*. Vivipare. AR.
4—Epillets plus longs que leur pédicelle.
A. uliginosa CG, 1re édit. [Deschampsia Thuillieri GG; Desch. discolor CG, 2me édit.]. 0,3-0,6. Feuil. rad. très-étroit., planes ou pliées en deux. Ligule lanc. aig. ♃. Août, sept. Marais. RR. Rambouillet, Les Planets (St-Léger), Montfort-l'Amaury, Sacy-le-Grand.
—Epill. à peine aussi longs que leur pédicelle.
A. flexuosa L [Deschampsia f.]. 0,3-0,7. Feuil. rad. sétac. Ligule courte, obt., souv^t 2-fide. ♃. Juin, août. Bois. CCC.

54—Epillets contenant 2 fleurs fert. hermaphrodites.

Avena (Avoine). Epill. en panic., à 2-3, rar^t 4-6 fl.; la supér. ord^t ster. Glum. 2, convexes, non aristées, égal^t env. l'épill. Glumelle infér. 2-dent. ou 2-fide, munie d'une arête

323 (suite).

dorsale tordue-genouillée, qqf. nulle par avort[t]. Cariopse poilu au sommet.

1—Pédonc. des épill. courbé en hameçon. Glumes 5 9-nerv. . 2
—Pédoncule droit. Glum. 1-3-nervées. 7
2—Glumell. glabr. Epill. 2-fl. 3
—Glumelles chargées de longs poils soyeux 6
3—Glumelle infér. à 1 arête. 4
—Gl. infér. à 3 arêtes; celle du milieu long., tordue-genouillée. 5
4—Panic. étalée en tout sens, très-ram. Arête tordue, genouillée, qqf. nulle.

A. sativa (Avoine). 0,5-0,1. ①. (Cult.). CC.

—Panic. resserrée, unilatérale, peu rameuse. Arête droite ou un peu flexueuse, qqf. nulle.

A. orientalis (Avoine de Hongrie). ①. (Cult.). AR.

5. *A. strigosa*. Epill. lin. ①. Moissons. RRR.

6. *A. fatua* (Folle Avoine). 0,6-1,0. Epill. gros, ord[t] 3-fl. Arête assez robuste. ①. Moissons. C.

7—Plusieurs rameaux de la panicule ayant plus de 4 épillets. 9
—Non. 8
8—Ram. de la panic. verticillés par 3-5, au moins les inférieurs.

A. pubescens. 0,5-1,0. Epill. 2-4-fl., luisants. Fl. supér. à pédicelle très-pubesc. ♃. Mai, juin. Prés, bois. AC.

—Rameaux géminés ou solit.

A. pratensis. 0,5-1,1. Epillets 3-6-fl. ♃. Juin, juill. Prés, bois. AC.

9. *A. flavescens* L [Trisetum f.]. 0,3-0,7. Epillets petits, luisants, 2-3-fl. ♃. Prairies, bois. C.

—Fl. inférieure mâle, stér.; la supér. hermaphrodite. .

Arrhenatherum.

A. elatius [Avena e. L] (Fromental). 0,6-1,4. Panic. ram. Epill. luis., vert-blanchâtre, 2-fl. Glumes très-inég. Glumelle infér. de la fl. mâle portant une longue arête dorsale, flexueuse. ♃. CCC.

β. *bulbosum* (Chiendent à chapelet). Collet de la rac. renflé en 2-3 tuberc. superposés. Champs secs. C.

55. **Holcus** (Houque). Panic. ram., d'abord étal., puis spicif. Epill. contenant 2 fl.; l'infér. hermaphr.; la supér. mâle. Glumes 2, carén., ciliées, presq. égales, plus longues que les glumell. Glumelle infér. de la fl. mâle munie d'une arête dorsale : celle de la fl. hermaphr. mutiq.

1—Arêtes courtes, à la fin crochues.

H. lanatus (Foin de mouton, Blanchard). 0,4 0,7. Souche fibr. Feuil. restant vel. ♃. Prés. CC.

—Arêtes dépassant les glumes d'une ligne.

H. mollis. 0,4-0,7. Souche traç. Feuil. devenant glabr. ♃. Prés, champs, bois. C.

56—Glumelle infér. bordée de longs poils soyeux. . . . 66
—Epillets glabres, à plus de 4 fleurs. 77
—Epillets luisants, à 2-4 fleurs.

Kœleria. Tige long[t] nue au sommet. Epill. très-briév[t]

323 (suite).

pédic., alt., en panic. spicif. Glum. 2, compr.-carén.; l'infér. plus petite, la supér. 3-nerv. Glumelle infér. ent., non arist.; la supér. 2-carénée, 2-dentée.

1—Feuil. planes, long[t] ciliées, non déchirées à la dessiccation.

K. cristata [Aira c. L] 0,2-0,5. Panic. interr. à sa base. Epill. 2-4-fl., vert-blanchâtre ou violacés. Glum. plus courtes que les fl. ♃. Prés, bois. C.

—Feuil. enroulées sétac., sensibl[t] glabr.; les infér. se déchirant en un épais réseau filamenteux.

K. setacea GG [K. Valesiaca CG]. 0,1-0,3. Panic. serrée. Epill. ord[t] 2-fl., souv[t] panachés de violet. Glum. lin., la plus longue égal[t] les fl. ♃. Coteaux secs. RRR. Episy (Moret).

57—Plante non aquatique (**Poa**). 63

—Plante aquatique.

Catabrosa.

C. aquatica [Aira a. L]. 0,2-0,6. Tige couchée radicante infér[t], souv[t] nageante. Feuil. lin., courtes. Panic. grande, à ram. verticill. par 4-10. Epill. mats, 2-fl. Glum. 2, courtes, mutiq. Glumell. mutiq., à la fin étalées. Fl. très-cad. ♃. Marais, fossés. AC.

58—Fleurs nues et sans barbes. 59

—Fleurs garnies de barbes très-apparentes. 75

59—Glumes arrondies-ventrues, cordées. Epillets plus larges que longs. 65

—Non. 60

60—Glumes ayant à peine une ligne de long. 61

—Glumes ayant plus d'une ligne de long. 69

61—Glumes très-inégales. Pl. aquatiq., ayant 0,50 au moins.

Glyceria. Pl. de fossés ou de marais. Epillets comprimés. Glumes mutiques. Glumelles obtuses mutiques.

1—Panicule effilée, presque unilatérale.

G. fluitans [Festuca f. L] (Herbe à la manne). Tige de 1 m. et plus, couch.-radicante infér[t]. Epill. ord[t] 7-15-fl., et ayant env. 0,02 de long. ♃. CC.

—Panic. très-rameuse, étalée en tout sens. 2

2—Feuil. fermes de 3-4 lignes de large, brusq[t] acum.

G. aquatica [Poa a. L]. Tige robuste de 1 à 2 m. Epill. 5-9-fl. et ayant à peine 0,01 de long. ♃. C.

—Feuil. moll., lin.-aig.

G. nervata GG et CG. Tige grêle de 0,5-0,8. Epill. 4-5-fl. ♃. Natur. dans les marais du bois de Meudon.

—Non. 62

62—Epillets ovales-oblongs 63

—Epillets linéaires. 64

63—Epillets à 8-25 fleurs. 64

323 (suite).

—Epillets à 2-7 (rar[t] 8-9) fleurs.

Poa (Paturin). Pl. non aquat. Epill. en panic. Glum. mutiq., presq. égales. Glumell. mutiq.; l'infér. compr.-carén., aiguë, à 5 nervures; la supér. bifide.

1—Epillets 2-5-fl. Tige sensibl[t] cylindrique 2

—Epillets 5-9-fl. Tige fort[t] comprimée jusqu'au sommet. . 6

2—Tige comme bulbeuse à la base 5

—Non. 3

3—Tige ayant plus de 0,3. . 4

—Tige ayant moins de 0,3.

P. annua. Rac. fibr. Feuil. presq. aussi long. que la tige et larges de 0,003. Panic. subunilatér., très-étal. Pédonc. solit. ou géminés. ①. Avr., oct. CCC.

4—Panic grêle, à fl. pench. Nerv. de la glumelle infér à peine visibles.

P. nemoralis. 0,4-0,6. Pl. polymorphe. Rac. fibr. Ligule presq. nulle. Epill. ord[t] 2-fl. ♃. CC.

—Panic. à ram. ouverts ou redressés. Glumelle infér. à 5 nerv. saillantes 7

5. *P. bulbosa*. 0,3-0,5. Feuil. courtes et très-étroites. Panic. compacte à ram. courts. ♃. Avr., juin. Lieux secs. CC.

β. *vivipara*. Fl. transformées en bourgeons foliacés. CC.

6. *P. compressa*. 0,2-0,4. Rac. traç. Tige à 2 angles vifs. Panic. subunilatér. à ram. courts. ♃. Murs, lieux secs. AC.

7—Rac. traç. Ligule courte, tronq.

P. pratensis. 0,0-0,8. Gaîne des feuil. lisse. ♃. Prés, champs. CCC.

β. *angustifolia*. Feuil. infér. enroulées, capill. Lieux secs. C.

—Rac. fibr. Ligule oblong.-aiguë.

P. trivialis. 0,6-1,0. Tige un peu rude au toucher de bas en haut sous la panic. Gaînes ord[t] scabres. ♃. Prés, bois.

64. **Eragrostis**. Epillets presq. plans, 5-25-flores, en panicule rameuse. Glumes et glumelles mutiques.

1—Rameaux de la panic. solitaires ou géminés.

E. megastachya GG [E. vulgaris CG, Briza Eragrostis L]. 0,1-0,4. Epill. assez gros, 8-25-fl. ①. Lieux secs. AR.

—Rameaux, au moins les infér., verticillés par 4-5.

E. pilosa [Poa p. L]. 0,05-0,35. Epill. petits, lin., 5-12-fl., violet-foncé. ①. Sabl. hum. RRR. Belle-croix (Fontainebleau), Grenelle?

65. **Briza**.

B. media (Amourette). 0,2-0,5. Panic. très-diff., à longs ram. capillaires. Epill. 5-9-fl., en forme de cœur. ♃. Prés. CC.

66. **Melica**. Feuil. à gaîne ord[t] non fendue. Epill. à 1-2 fl. hermaphr., accomp. d'une ou plusieurs fl. supér. stér., rudimentaires. Glumes et glumelles mutiques.

1—Glumelles glabres. . . . 2

—Glumelle infér. bordée de longs poils soyeux.

M. ciliata CG [M. Nebrodensis GG]. 0,3-0,5. Tiges fascic., rudes au sommet. Feuil. sétac., fermes. ♃.

323 (suite).

Coteaux secs. R. Conflans-Ste-Honorine, de Mantes aux Andelys.

2—Epill. contenant 2 fl. fertiles et 1 fl. stérile.

M. nutans. 0,3-0,5. Ligule très-courte, arrond. Pédic. grêles, courbés. ♃. Bois. RR. Luzarches, Senlis, Compiègne, Crépy.

—Epill. ne contt que 1 fl. fertile et 1 fl. stérile.

M. uniflora GG et CG. 0,4-0,6. Ligule brusqt subul. Pédic. longs, droits. ♃. Bois. CC.

67—Plante ayant moins de 0,20.

Scleropoa.

Scleropoa rigida GG [Poa r. L, Festuca r. CG]. Tige raide. Feuil. planes, étroit. Epill. ayant à peine 0,01, en grappe subunilatérale. ①. Murs, lieux arid. AC.

—Plante ayant de 0,40 à 1,10.

Dactylis.

D. glomerata. Epill. ordt 3-4-fl., courbés, en fascic. compactes unilatér. Glum. compr., inég. Glumelle infér. à arête courte. ♃. CCC.

68. **Molinia.**

M. cærulea [Melica c. L]. Feuil. 2-4, planes, raid., à la base de la tige; la gaîne infér. recouvrant toutes les autres. Panic. ram., serrée ou diffuse. Epill. verts ou violets, content 2 fl. fert. et qqf. 1 fl. supér. stér., très-petits. qqf. vivipares. Glum. 2, très-court., mutiq. Glumell. mutiq. ♃. Prés, bois. CC.

69—Panicule longue de 0,10-0,20. 70

—Panicule n'ayant pas plus de 0,05 de long 71

70—Plante aquatique. Rameaux de la panicule très-écartés. Glumelle inférieure obtuse. 61

—Plante terrestre. Rameaux de la panicule très-rapprochés. Glumelle inférieure aiguë 77

71—Epis aplatis. Glumes plus courtes que les épillets . 77

—Epis courts renflés. Glumes aussi longues que les épill.

Danthonia.

D. decumbens [Festuca d. L]. 0,1-0,5. Feuil. à limbe et à gaîne poilus, souvt aussi longues que la tige. Epill. peu nombr., 3-5-fl., la fl. supér. stér. Glumes mutiq. Glumelle infér. 2-dentée, briévt mucr. ♃. Lieux secs. C.

72—Epillets 1-flores, sans glumes à la base. 97

—Epill. à 1 ou plusieurs fl., ayant 1 ou 2 glumes. . 73

73—Epillets dépourvus de bractées pectinées. 74

—Epillets cachés sous des bractées pectinées (glumes et glumelles d'épillets stériles).

Cynosurus. Feuilles planes. Glumes des épillets fertiles acuminées ou briévt aristées.

323 (suite).

1—Glum. et glumell. des épill. stér. mucronées. Epi étroit, allongé.
C. cristatus (Crételle). Epill. 3-5-fl., pubesc. ♃. Prés. C.

—Glum. et glumell. des épill. stér. long^t^ arist. Epi ovoïde, court.
C. echinatus. Epill. 2-fl., luis. ♃. RRR. St-Gratien?, Clamart?

74—Epi filiforme, sans barbes. Plante naine. 20
—Barbes ayant moins d'un demi-pouce de long. . . 28
—Barbes ayant au moins un demi-pouce 75
75—Arêtes tordues ou genouillées (**Avena**). 54
—Arêtes droites. 76
76—Limbe ou gaîne des feuil. velus. Glumelle infér. 2-fide, munie d'une arête naissant ord^t^ au-dessous de son sommet 82
—Feuil. glabres. Glumelle infér. aig., munie d'une arête terminale. 77
77—Arêtes des fl. infér. plus longues que l'épillet.

Vulpia. Epill. compr. latér^t^, 3-8-fl., en panicule. Glumes inég., carén., acum. Glumelle infér. aig. carén., munie d'une longue arête term.; glumelle supér. aig., 2-dentée.

1—Glume infér. 1-2 f. plus courte que la supér.
V. Pseudo-Myuros GG [Festuca Myuros CG]. 0,2-0,5. Feuil. lin., enroulées. Panic. presq. aussi longue que la tige. Glume supér. non arist. Une étam. ①. Murs, lieux secs. C.
β. *sciuroides* [Festuca s. CG]. Panicule courte, éloignée de la feuille supér. C.
—Glume infér. 8-10 fois plus courte que la supér., ou nulle.
V. bromoides GG [Festuca b.]. 0,2-0,5. Feuil. lin., enroulées. Glume supér. arist. 3 étam. ①. Murs, lieux arid. C.

—Arêtes nulles, ou celles des fl. infér. ne dépass^t^ pas l'épillet.

Festuca. Epillets compr. latér^t^, 3-10-fl., en panicule. Glumes inég. Glumelle infér. aig., arrondie sur le dos; glumelle supér. aig., 2-fide ou 2-dentée.

1—Glumelles sans barbe . . 2
—Glumelle infér. barbue. . 4
2—Pl. n'atteign^t^ pas 0,2; épill. subsess.
(Voir le genre **Scleropoa**, n° 67).
—Pl. n'ayant pas ces deux caractères réunis. 3
3—Feuilles planes 9
—Feuil. roulées-capillaires.
F. tenuifolia. 0,2-0,4. Panic. étroite. Epill. 4-5-fl. ♃. Mai, juin. Bois, prés. CC.
4—Arête plus courte que la glumelle. 5
—Arête plus longue que la glumelle. 11
5—Toutes les feuil. planes. Arête réduite à un mucron 9
—Feuil., au moins les infér., roulées sétacées. 6
6—Souche cespiteuse. . . . 7
—Souche long^t^ traçante. . 8
7—Feuil. toutes roulées-sétac.
F. ovina. 0,1-0,5. Pl. poly-

323 (suite).

morphe. Feuil. liss. ou scabr. Epill. 3-6-fl. ♃. Prés, bords des bois. C.

β. *duriuscula*. Feuil. compr.-carénées. CCC.

—Feuil. caul. planes, plus larg. que les infér.

F. heterophylla. 0,6-0,9. Feuil. toujours glabres. Panic. vert-pâle. ♃. Bois montueux. AR.

8. *F. rubra*. 0,3-0,6. Glumelles luis., ord[t] violacées, distinct[t] nerv. ♃. Prés, bords des bois. C.

β. *pubescens* [F. dumetorum L]. Epill. velus ou pubescents. AC.

9—Epillets 4-5-flores.

F. arundinacea GG et CG. 0,6-1,0. Feuil. de 0,01 de large, rudes. Pédic. allongés, portant plus de 5 épill. ♃. Prés hum., bord des eaux. C.

—Epill. à plus de 5 fl. . . 10

10—Epill. en panicule.

F. pratensis [F. elatior L]. 0,5-0,8. Pédonc. ord[t] géminés, les plus courts n'ayant qu'un épill. ♃. Prés, bord des eaux. C.

—Epillets en grappe spiciforme distique.

F. loliacea CG [Glyceria l. GG]. Epill. subsess. ♃. Prés hum. RR. Gentilly, St-Gratien, Thury.

11. *F. gigantea* [Bromus g. L]. 0,6-1,8. Tige à nœuds violacés. Feuil. à bords rudes, ord[t] très-larges. Panic. de 0,25 à 0,35, à longs ram. géminés, long[t] nus. Epill. 5-9-fl., long[t] aristés. ♃. Bois. AR.

78—Epis arrondis. 79

—Epis aplatis ou sensibl[t] anguleux. 80

79—Glumell. sans arête, mais échancr., 2-dent. (**Phleum**). 26

—Epis garnis d'arêtes ou de filets. 15

80—Epillets ayant à peine 0,01 de long. 77

—Epillets ayant plus de 0,01 de long. 81

81—Epillets dont un des côtés tranchants est appuyé contre l'axe de l'épi. 94

—Non 82

82—Epill. subsess., en grappe simple. 89

—Epillets pédonculés.

Bromus (Brome). Epillets en panic., compr. latér[t], à 5-10 fl., rar[t] moins par avort[t]. Glum. mutiq. inégales. Glumelle infér. 2-fide, aristée au-dessous de son sommet ou vers son sommet, rar[t] mutiq. par avortement.

1—Epill. à sommet élargi dans la floraison. Arêtes des fl. latér. dépass[t] ou atteign[t] le sommet des supér. 2

—Non. 3

2—Panic. fournie d'un seul côté, pend. Ram. mollement velus.

B. tectorum. 0,2-0,6. Tige pubesc. au sommet. Feuil. molles. Epill. ord[t] pubesc. ①. CCC.

—Panic. ample, très-lâche, étal. de tout côté. Ram. très-rudes.

B. sterilis. 0,3-0,7. Tige ent[t] glabre, luis. Feuil. rudes sur les bords. Epill. glabres. ①. CCC.

3—Glumes des épill. très-inég. Glumelle infér. lancéolée, compr.-carénée. Plante ♃. 4

—Glum. des épill. presq. ég. Glumelle infér. ovale, à dos arrondi; la supér. fort[t] cil. Pl. ① ou ②. 5

323 (suite).

4—Panic. très-lâche, pendante, à longs rameaux.

B. asper. 0,8-1,2. Feuil. toutes pareilles. Epill. 7-9-fl. ♃. Ombrages. C.

—Panicule dressée.

B. erectus. 0,6-1,0. Feuil. rad. étroites, pliées-carénées, long^t cil.; les supér. planes, 2 f. plus larges. Epill. 5-11-fl. ♃. Prés secs, coteaux. C.

5—Panic. à ram. courts, ou les infér. à peine 3-4 f. plus longs que les épill. Epill. lanc.-oblongs. 6

—Panic. très-rameuse, à ram. très-allong., capill., long^t nus à leur base. Epill. lanc.-linéaires. . . 7

6—Gaîne des feuil. pubesc. Fl. se recouvrant les unes les autres, même à la maturité 8

—Gaîne des feuil. glabre. Fl. écart. après la floraison et ne se recouvrant plus les unes les autres.

B. secalinus [Serrafalcus s. GG]. 0,4-1,0. Feuil. rudes. Panic. à la fin pench., unilatér., simple ou peu ram. Epill. 5-15-fl. ①. Moissons, prés. AC.

7. *B. arvensis* [Serraf. a. GG]. 0,3-0,8. Tige ent^t glabre. Feuil. moll., à limbe et gaîne velus. Epill. 5-10-fl. Arêtes ayant env. la longueur de la glumelle. ①. Lieux cult. C.

8—Epillets glabres.

B. racemosus [Serraf. commutatus GG]. 0,3-0,9. Panic. lâche, étal., unilatér., pend. après la floraison. Epill. 8-10-fl. Glumell. faibl^t nerv. ②. Moissons, prairies. C.

—Epill. mollem^t pubesc.

B. mollis [Serraf. m. GG]. 0,2-0,7. Panic. oblongue, égale, dress., compacte après la floraison. Epill. 6-10-fl. Glumell. fort^t nerv. ②. CCC.

83—3 épill. (dont 2 qqf. stér.), sur chaque dent de l'axe. 84

—Epillets solitaires sur chaque dent de l'axe.. . . . 85

84—Epillets 1-flores.

Hordeum (Orge). Epill. formant épi, groupés par 3 sur les dents de l'axe; les latér. souv^t mâles ou neutres. Glumes lin., arist.; celles d'un même groupe figur^t un involucre. Glumelle infér. long^t aristée.

1—Les trois épillets de chaque groupe fertiles. 2

—Les 2 épill. latéraux mâl. ou neutres, qqf. rudim.. 4

2—Arête 1-2 f. plus longue que la fleur (**Elymus**).

—Arête 10-20 f. plus longue que la fleur. 3

3—Epi carré; les 2 épill. latér. de chaque groupe plus saill.

H. vulgare (Orge commune, Escourgeon). 0,6-0,9. Epi allongé. ①. (Cult.). CC.

—Epi à 6 rangs égalem^t espacés et saill.

H. hexastichon (Orge d'hiver). 0,6-0,9. Epi court. ①. (Cult.). CC.

4—Epillets tous aristés. . . 6

—Epill. latér. mutiques . . 5

5—Epi de 3-4 pouces, égal.

H. distichon (Pamelle, Orge à 2 rangs). 0,6-0,9. Arêtes dress. ①. (Cult.). CC.

—Epi court, pyramidal.

H. Zeocriton (Faux Riz, Orge en éventail). Arêtes diverg^t en éventail. ②. (Cult.). R.

6—Arêtes de 1-2 pouces.

H. murinum. 0,2-0,5. Glum. de l'épill. moyen de chaq. groupe

323 (suite).

ciliées. ♃. Chemins, murs. CCC.
— Arêtes n'ayant pas 1 pouce.

H. secalinum. 0,5-0,8. Glum. de l'épill. moyen non cil. ♃. Prés. C.

— Epillets 2-3-flores.

Elymus.

E. Europæus [Hordeum E. CG]. 0,5-0,8. Epi long, lâche. Glum. lin. Glumelle infér. arist. ♃. Bois. RRR. Compiègne, Ouzouër?, Villers-Cotterets.

85—Epillets comprimés et dont un des côtés tranchants est appliqué contre l'axe de l'épi.. 94
—Non.. 86

86—Glumelle inférieure mutique ou prolongée au sommet en une arête droite. 87
—Glumelle inférieure donnant naissance sur son dos à une longue arête tordue et genouillée. 95

87—Glumes munies à leur sommet de 2-5 longues arêtes étalées 91
—Non 88

88—Glumelles long[t] aristées et fortement ciliées.

Secale (Seigle).

S. cereale (Seigle). 0,8-1,6. Epi compr. Epill. contenant 2 fl. fert. et une fl. rudim. réduite à un pédicelle (très-rar[t] fert). ①. (Cult.). CCC.

—Glumell. mutiq. ou aristées, mais non ciliées . . . 89

89—Glumes sensibl[t] égales. Epill. enchâssés dans l'axe. 90
—Glumes inégales. Epill. non enchâssés 93

90—Glumes ovales, convexes-ventrues. Epillets élargis à leur base, en épi serré. Pl. cult., alim.

Triticum (Froment). Epillets sess., alt. Glum. égales, plus courtes que les fl. Cariopse obtus, velu au sommet, non appendiculé.

1—Epi tétragone, à axe tenace. Epill. imbriq. sur plusieurs rangs. Caryopse libre. 2
—Epi compr., à axe fragile. Epill. distiq. Caryopse adhér[t] aux glumelles 3

2—Glumes carénées-ailées seul[t] au sommet.

T. vulgare GG [T. sativum CG] (Blé, Froment). Tige fistul. supér[t]. Epill. ord[t] 4-fl. ①. CCC.

α. æstivum L (Blé de mars). Glumelles long[t] aristées : se sème au printemps.

β. hybernum L. Glumelles mutiq. ou presque mutiq. : se sème en automne.

—Glum. carénées-ailées jusqu'à la base.

T. turgidum (Pétanielle, Gros Blé). Tige ord[t] pleine supér[t]. Epill. ord[t] 4-fl., arist., et vel.-soyeux. ①. AC.

β. compositum (Blé de miracle).

323 (suite).

Epi ram. infér[t], volum. Epill. ord[t] 3-fl. RR.

3—Epill. à plus d'une fl. fertile. *T. Spelta* (Epeautre). Epi long, lâche. Epill. à 3-4 fl. arist. ou mutiq. ①. RRR.

—Epill. à 1 seule fl. fert. *T. monococcum* (Ingrain, Dinkel). Epi très-aplati, serré. Epill. 3-fl. ①. RRR.

—Glumes lancéolées ou lin.-oblongues. Epill. pointus à leur base, en épi lâche. Pl. sauvage. 92

91. **Ægilops**. Epill. 2-5-fl., sess., alt., distiq. Glumes 2, presq. ég., tronq., à 2-5 dents long[t] arist.

1—Epill. 2-4, très-rapprochés. *Æ. ovata* [Triticum o. GG]. 0,1-0,2. Epill. surmontés d'une touffe d'arêtes diverg. ①. Lieux secs. RRR. Rieux (Beauvais), Fontainebleau.

—Epill. 5-6, en épi allongé. *Æ. triuncialis* [Triticum t. GG]. 0,15-0,20. ①. Lieux secs. RRR. Côte de Champagne, Moret?

92—Pl. n'atteignant pas 0,5. Epillets ayant à peine 0,01 de long 96

—Pl. dépass[t] 0,5. Epillets ayant au moins 0,01 de long.

Agropyrum. Epill. sess., alt. Caryopse lin.-oblong, appendiculé.

1—Glumelles à arête nulle ou courte. Rac. artic., traçante. *A. repens* GG [Triticum r.] (Chiendent des officines). 0,5-0,8. Feuil. scabr. seul[t] en dessus. Epill. 4-7-fl. ♃. CC.

—Glumell. à arête plus longue que la fl. *A. caninum* [Elymus c. L, Triticum c. GG]. 0,6-1,0. Tige dress. Feuil. scabr. sur les 2 faces. Epill. 3-5-fl. ♃. Haies, bois. AC.

93—Glumelle supér. aiguë, 2-dent., à carènes faibl[t] ciliées. 96

—Glumelle supér. obt., à carènes garnies de cils raides.

Brachypodium. Epill. multifl., en épi distiq. Glumes inég., plus courtes que les fl. Glumelle infér. aristée.

1—Arêtes supér. aussi long. que la fl., réunies en pinceau. *B. sylvaticum* [Bromus pinnatus L]. 0,5-0,9. Souche fibreuse. Feuil. vert-foncé, moll., arq. en dehors. ♃. Bois, prés. C.

—Arêtes toutes plus courtes que la fl., droites et raides. *B. pinnatum* [Bromus p. L]. 0,3-0,7. Souche long[t] ramp. Feuil. glauq., dress., raides. ♃. Lieux incult., prés. CC.

94—Epill. subpédic., à 2 glum. inégales (**Glyceria**). . 61

—Epill. sessiles, à une seule glume.

Lolium (Ivraie). Epill. alt., distiq., en épi simple (qqf. rameux). Glumelles légèr[t] ciliées.

1—Glume plus courte que l'épill. Epill. lancéolés 2

—Glume aussi long. que l'épill. Epill. elliptiques. 3

323 (suite).

2—Tige de 0,1-0,5. Rac. ♃, émettant de nombr. faisceaux de feuil.

L. perenne (Ray-grass). Epill. 3-10-fl., mutiq. Mai, sept. Chemins, prés. CCC.

β. *Italicum*. Epill. 5-15-fl., arist. Prés. AR.

—Tige de 0,6-1,0. Rac. ①, n'émettant pas de faisceaux de feuil.

L. multiflorum GG et CG. Epi atteignant jusqu'à 0,5 de long. Epill. 12-25-fl., ordᵗ arist. Mai, juill. Prés, champs. AR.

3. *L. temulentum* (Ivraie). Tige souvᵗ ram. Epi large, épais. Epill. 5-10-fl., ordᵗ arist. ①. Juin, juill. Champs. AC.

95. **Gaudinia.**

G. fragilis [Avena f. L]. 0,3-0,6. Tige grêle. Epi allongé, à articul. fragiles. Epill. 4-8-fl. Glum. mutiq., inég. ①. Lieux incultes. R. St-Maur, Bondy, St-Germain, Versailles, Chevreuse?, Lagny, Meudon, Joinville, Marolle (La Ferté-Milon).

96—Epillets brièvement pédicellés. 77

—Epillets sessiles.

Nardurus. Epill. alt., appliqués contre la tige par une des faces, en épi lâche. Glumes 2. Glumelle supér. 2-dent.; l'infér. arist. ou mutiq. Caryopse oblong, non appendiculé.

1—Fl. en épi unilatér. étroit.

N. tenellus GG [Triticum unilatérale L, Festuca unilat. CG] 0,08-0,25. Epill. petits, 3-7-fl. Fl. très-aig. ①. Lieux secs, murs. C.

—Epill. alt. sur 2 rangs, en épi (qqf. ram. à sa base).

N. Lachenalii GG [Festuca Poa CG]. 0,1-0,4. Epillets 4-8-fl. Fl. presq. obt. ①. Lieux sablonn. RR. Nemours, Mennecy, La Ferté-Aleps.

97. **Nardus.**

N. stricta. 0,1-0,3. Tige raide, noueuse seulemᵗ à la base. Feuil. filif., roulées-subul.; les rad. en gazon compacte. Epi unilatér., ayant souvᵗ plus de 0,1. Glumelle infér. longᵗ acum.-subul. ♃. Bruyères hum., landes. AR.

98. **Zea.**

Z. Mays (Maïs, Blé de Turquie). 0,8-1,5. Tige robuste. Feuil. très-grandes. Epis fem. d'env. 0,2. Graines très-grosses, jaun. ou brunes. Styles longs, pend. ①. (Cult., var. nombr.).

CRYPTOGAMES

EMBRANCHEMENT III. — ACOTYLÉDONÉES

VÉGÉTAUX DÉPOURVUS D'ÉTAMINES ET DE PISTIL. REPRODUCTION AU MOYEN DE GRANULES (SPORES), FORMÉS ORDINAIREMENT D'UN SEUL UTRICULE, SANS ADHÉRENCE AVEC LA CAPSULE (SPORANGE) QUI LES RENFERME. SPORANGES ACCOMPAGNÉS QUELQUEFOIS D'ORGANES MALES (ANTHÉRIDIES) CONTENANT DES CORPUSCULES DOUÉS DE MOUVEMENTS PROPRES ET NOMMÉS ANTHÉROZOÏDES.

324—Plante pourvue de racine, de tige et souvent de feuilles **325**

—Pl. formée d'une substance homogène, spongieuse, crustacée, foliacée, ou filamenteuse. **339**

325—Plante pourvue de feuilles. **326**

—Plante articulée, dépourvue de feuilles, ord' à rameaux verticillés. **331**

326—Fructification naissant dans ou sur la substance même des feuilles. **327**

—Fructification distincte des feuil., ou portée sur un pédoncule **328**

327—Fructification sur la face infér. des feuil., pulvérulente, nue ou couverte d'une pellicule. **330**

—Non. **336**

328—Fruits en grappes ou en épis. **329**

—Non. **332**

329—Feuil. très-petites, nombr., rapprochées, imbriq. ou distiques **334**

—Non. **330**

330. FOUGÈRES. Feuil. (*frondes*) ord' enroulées en crosse avant leur épanouissement, à base ou pétiole (*rachis*) persistant, souv' muni d'écail. brunes, à limbe ord' pinnatiséqué. Fructification pulvérulente, nue ou couverte d'une pellicule (*indusium*) caduque à la maturité.

330 (suite).

1—Fructifications en épi ou en panicule. Point d'indusium 2
—Fr. sur le dos des feuil., ord[t] munies d'indusium. . 6
2—Feuil. 1-2 fois pinnées. Sporanges en panicule . . 3
—Une feuil. ovale entière. Sporanges en épi linéaire. . 4
3—Fructifications terminant la feuille. 5
—Fructifications sur un pédoncule distinct de la feuille.

Botrychium.

B. Lunaria [Osmunda L. L]. 0,05-0,15. Deux feuil. pinnatiséq., l'une stér. à segm. semi-lunaires, l'autre à segm. réduits à leur nervure couverte de sporanges. ♃. Mai, juill. Lieux découverts. AR.

4.**Ophioglossum** (Langue-de-serpent).

O. vulgatum (Herbe sans couture). 0,1-0,3. Feuille stér. ovale-lanc. Sporanges soudés entr'eux, sess. ♃. Mai, juin. Lieux hum. AR

β. *Lusitanicum* ? 0,03-0,08. Feuil. stér. lin.-lanc. RRR. Env. de la tour de Pocancy (Lardy).

5.**Osmunda** (Osmonde).

O. regalis (Fougère fleurie). Feuil. en touffe, les unes stér., les autres fertiles. Feuil. de 0,6-1,2, très-amples, 2-pinnées. Segments fructifères des feuil. fert. à lobes contractés, lin., couverts de sporanges pédicellés. ♃. Juin, sept. Lieux marécageux. AR.

6—Feuilles découpées. 7
—Feuil. scul[t] 2-3-fides à leur sommet 18
—Feuil. entières, en forme de ruban large d'au moins 0,01 19
7—Groupes de sporanges pourvus d'un tégument continu, bordant la feuille comme un ourlet. 21
—Non. 8
8—Sporanges en groupes oblongs, entremêlés d'un grand nombre d'écailles roussâtres, luisantes.

Ceterach.

C. officinarum [Asplenium Ceterach L]. 0,05-0,15. Feuil. en touffe, à lob. alt., épais. Sporanges sans indusium. ♃. Murs, rochers. AR.

—Non. 9
9—Segments des feuil. fertiles beaucoup plus espacés que ceux des feuil. stériles. Sporanges formant 2 longues bandes parallèles à la nervure médiane des segments. . . . 20
—Non. 10
10—Sporanges en groupes arrondis et détachés. . . . 11

330 (suite).

—Sporanges en groupes linéaires dans le jeune âge, confluents en un seul paquet à la maturité. 18

La fructification doit être observée avant son complet développement; plus tard, le déchirement ou la chute de l'indusium et l'agglomération des groupes de sporanges altèrent les caractères distincts des genres.

11—Feuilles une ou plusieurs fois pinnées. 13

—Feuil. seulement pinnatifides, à lobes alternes. . . 12

12. **Polypodium.** Sporanges dépourvus d'indusium.

1—Feuil. seul[t] pinnatifides.

P. vulgare. 0,2-0,5. Groupes de sporanges sur 2 rangs parall. à la nerv. moyenne des lob. de la feuil. ♃. Murs, ombrages, vieux troncs. C.

—Feuil. 2-3-pinnées, ternées.

P. Dryopteris. 0,2-0,4. Segm. des feuil. diminuant de la base au sommet. Groupes de sporanges ayant moins de 0,001. ♃.

α. *genuinum*. Pl. molle, glabre. Bois. RR. Compiègne, Villers-Cotterets, Satory, Bondy?, Sénart?

β. *calcareum*. Pl. raide, parsemée de poils glandul. Murs, quais, rochers. R. Parc de Versailles, Bougival, bois de Boulogne?, Paris?, Sénart, Nemours.

13—Feuil. 1-pinnées : les lob. des segm. sont confluents. 15

—Feuilles plusieurs fois pinnées. 14

14—Groupes de sporanges recouverts par un indusium (qqf. caduc à la maturité) 15

—Point d'indusium. Feuilles ternées. 12

15—Indusium soudé latér[t] avec la nervure de la feuille qui lui donne naissance. 17

—Non. 16

16—Indusium orbic., stipité, libre dans tout son pourtour et fixé par le centre seulement.

Aspidium.

A. aculeatum [Polypodium a. L]. 0,4-0,8. Feuil. 2-pinnatiséq., briév[t] pétiol.; segm. infér. beaucoup plus courts que les moyens; dents des lob. mucr.-arist., la term. plus long[t] cusp. ♃. Bois. AR.

—Indusium réniforme, fixé par un pli allant du centre à sa circonférence.

Polystichum. Groupes de sporanges suborbic.

1—Feuilles 1-pinnées. . . . 2

—Feuilles 2-3-pinnées. . . 5

2—Pétiole nu; lob. ent. ou légèr[t] crén. Indusium cad. Sporanges sur 2 rangs. 3

—Pétiole écail.; lobes dent. Indusium persistant. Sporanges sur 1 rang 4

3—Souche grêle, traç. Feuil. long[t] pétiolées.

P. Thelypteris GG [Polypodium T. L, Nephrodium T. CG]. 0,3-0,7. Lob. des segm. des feuil. roulés en dessous à la matur. Grou-

330 (suite).

pes de sporanges à la fin confluents. ♃. Prairies hum. AR.

—Souche épaisse, cespiteuse. Feuil. brièv^t pétiolées.

P. Oreopteris GG [Nephrodium O. CG]. 0,4 0,8. Feuil. chargées en dessous de points résineux, jaunes. Lob. des segm. restant sensibl^t plans. Groupes de sporanges distincts. ♃. RRR. Forêts de Villers-Cotterets et de Halatte, St-Léger?

4—15-20 paires de fol. Dents des lobes mutiques.

P. Filix-mas GG [Polypodium Fil.-mas L, Nephrodium Fil.-mas CG] (Fougère mâle). 0,5-1,0. Feuil. brièv^t pétiol. ♃. Bois, ombrages. CC.

—5 14 paires de fol. Dents des lobes mucronées.

P. cristatum GG [Polypodium c. L, Nephrodium c. CG]. 0,3-0,6. Feuil. brièv^t pétiol. ♃. Bois hum. RR. Senlisse, Rambouillet, St-Léger, Morfontaine.

5. *P. spinulosum* GG [Nephrodium s. CG]. 0,1-0,3. Feuil. moll.; segm ord^t espacés, les infér. presq. aussi longs que les moyens; dents des lob. également cusp. ♃. Bois, chemins creux. C.

17—Feuil. de 0,5-1,0, à lobes lanc-aig. Indusium frangé, libre du côté de la nervure médiane du segment de la feuille. 18

—Feuil. de 0,1-0,4, à lobes oval.-obt. Indusium libre du côté du bord et du sommet du segment.

Cystopteris.

C. fragilis [Polypodium f. L]. Feuil. vert-gai, 2-3-pinn., minces. Groupes de sporanges arrond. Indusium très-cad. ♃. Rochers hum., murs, ombrages. AR.

18. **Asplenium** (Doradille). Indusium caduc.

1—Feuil. div. seul^t au sommet en 2-3 segm. lin. ent. ou incis. 6

—Feuilles pinnées. 2

2—Segm. plus courts au sommet et à la base de la feuille. . . 3

—Feuil. se rétrécissant de la base au sommet. 7

3—Feuil. 1-pinnées. 5

—Feuil. 2-pinnées. 4

4—Feuil de 0,5-1,0.

A. Filix-fœmina [Polypodium Fil.-f. L] (Fougère femelle). Feuil. 2-pinn., assez minces, à lobules ent. ou dent. au sommet Groupes de sporanges sur 2 rangs, souv^t confluents à la matur. ♃. Bois et lieux hum. AC.

—Feuil. de 0,1-0,2.

A. lanceolatum GG et CG. 0,1-0,2. Pétiole presq. nul. Lob. des segm. oboval., doubl^t dent. Groupes de sporanges suborbic. avant de devenir confluents. ♃. Rochers. RR. D'Itteville à La Ferté-Aleps, Fontainebleau, Malesherbes.

5. *A. Trichomanes* (Capillaire). 0,1-0,2. Rachis brun-noir, fin^t crén. Feuil. à nombr. segm. oval. rhomb., naissant presq. dès la base du rachis. Groupes de sporanges 2-sériés, confluents au centre des segm. après la chute de l'indusium. ♃. Murs hum., rochers. C.

6. *A. septentrionale* [Acrostichum s. L]. 0,05-0,15. Pétiole plus long que le limbe. Groupes de sporanges réunis par 2-3, couvrant et même débord^t les segm., quand ils sont

devenus confluents. ♃. Murs, rochers. RRR. La Chapelle en Serval (Senlis), Samoreau, Nemours, Provins, Etampes?

7—Feuil. à segm. très-nombreux. 9

—Feuil. à 3-10 segm. . . . 8

8—Lob. cunéif.-allongés, incisés au sommet.

A. Germanicum CG [A. Breynii GG]. 0,05-0,15. Feuil. 1-pinn. supér[t], 2-pinn. infér[t]. Groupes de sporanges par 2-6 dans chaque segm. ♃. Rochers. Samoreau (Fontainebleau).

—Lobes oval.-rhomb., ent. ou crén.

A. Ruta-muraria (Sauve-vie). 0,05-0,10. Rachis vert, plus long que le limbe. Feuil. coriaces, 1-2-pinn.; segm. à 3-5 lob. Sporanges confluents après la chute de l'indusium et couvrant la face infér. des lob. ♃. Murs, rochers. C.

9. *A. Adianthum-nigrum* (Capillaire noir). 0,1-0,3. Pétiole form[t] les deux tiers infér. de la feuille. Feuil. 2-3-pinn., coriaces, vert-foncé en dessus. ♃. Murs, rochers, bois hum. AC.

19. **Scolopendrium.**

S. officinale [Asplenium o. L] (Langue-de-cerf). Feuil. en touffe, de 0,3-0,6, d'un beau vert luisant, cord. à la base. Sporanges en bandes obliques par rapport à la nervure médiane, munis d'indusium. ♃. Puits, rochers hum., vieux murs. AR.

20. **Blechnum.**

B. Spicant [Osmunda S. L]. Feuil. pinnées; les stér. atténuées aux 2 bouts; les fert. (0,3-0,6) dépass[t] les stér., à segm. lin. espacés. Sporanges munis d'indusium. ♃. Bois hum. AR.

21. **Pteris.**

P. aquilina (Grande Fougère). 0,6-1,5. Feuil. 2-3-pinn. Pétiole prof[t] enterré, présentant par une coupe oblique à l'axe l'image de l'aigle double. Sporanges munis d'indusium. ♃. CCC.

331 — Fructification en épi terminal.

ÉQUISÉTACÉES.

Equisetum (Prêle, Queue-de-cheval). Souche trac. Tige formée d'articles facilement séparables, nue ou munie aux nœuds de rameaux verticillés; articulations ceintes d'une gaîne dentée. Rameaux de même structure que la tige. Fructification en épi terminal, composé d'écailles peltées, portant à leur face inférieure 6-9 sporanges. (Dans qq. esp. les tiges sont de deux sortes, les unes fertiles, les autres stériles).

1—Gaînes de la tige à 20-30 dents long[t] subulées. 5

—Non. 2

2—Tige stérile. 3

—Tige fertile. 7

3—Tig. à ram. étalés dressés. 4

—Rameaux arq. pendants, ord[t] ramifiés eux-mêmes. 6

4. *E. arvense.* Tige fert. de 0,1-0,2, brune, nue. Gaînes à 8-12 dents très-aig. Mars, mai. — Tige stér. de 0,2-0,5, verte, à ram. tétragones. Gaînes des ram. 4-dent. ♃. Champs hum. CC.

(Les tig. rameuses portent qqf. un épi. On les distingue de l'*E. palustre* par les gaînes des ram.)

5. *E. Telmateya* GG et CG. Tige fert. de 0,2-0,4, rougeâtre, nue. Gaînes à 20-30 dents long[t] subul. Epi gros. Mars, avr. — Tige stér. de 0,5-1,2, grosse, blanc-d'ivoire, à ram. octogones, très-longs, très-nombr., verticill. par 20-30. ♃. Lieux très-hum., ruisseaux. AC.

(Les tig. rameuses portent qqf. un épi à leur sommet et même au bout des ram.).

6. *E. sylvaticum*. Tige fert. de 0,1-0,3, blanc-rougeâtre, d'abord nue, puis rameuse. Gaînes prof[t] div. en 3-4 lob. ent. ou laciniés. Epi petit. Avr., mai. — Tige stér. de 0,2-0,7, blanchâtre, à ram. grêles, ord[t] ramifiés, arq.-pend. ♃. Bois hum. RRR. Villers-Cotterets, Fontainebleau?

7—Gaînes prof[t] 3-4-lobées. . 6
—Gaînes 6-12-dentées . . 8
—Gaînes ayant plus de 12 dents. 9

8—Tige brune. 4
—Tige verte.

E. palustre. 0,3-0,6. Tig. toutes fert., à 6-8 sillons prof., rameuses. Gaînes à 6-8, rar[t] 12 dents aig. Ram. à gaînes 5-6-dentées. ♃. Mai, août. Marais, lieux hum. CC.

β. *polystachyum*. Rameaux terminés par un épi. AC.

9— Gaînes vertes à la base.

E. limosum. 0,5-1,0. Tig. toutes fert., seul[t] str., ord[t] nues, qqf. munies vers le haut de verticill. irrég. de 10-20 ram. Gaînes à 14-20 dents subul. ♃. Mai, août. Marais. AC.

β. *polystachyum* Rameaux terminés par un épi. AR.

- Gaînes ayant à la base une large zone noire.

E. hyemale (Prêle des tourneurs). 0,5-1,0. Tig. toutes fert., vert-glauque, rudes, persistant l'hiver, nues, rar[t] subram. Gaînes à 16-20 dents, dont la pointe est très-caduque. Epi ord[t] mucr. ♃. Automne, qqf. mars, avr. Lieux hum. et sabl., tourbières. RR. Etang-neuf (Houdan), bois de Valvins, Nemours, env. de Compiègne.

—Non. Pl. submergée, fructifiant sous l'eau . 335

332—Fructifications dans des urnes pédicellées recouvertes par un couvercle et une coiffe caducs. 338

—Fr. dans des coques nues. 333

333—Fruits naissant de la tige ou des feuil., s'ouvrant naturellement en plusieurs valves. 337

—Fr. placés vers les racines, à l'aisselle de long. feuil. jonciformes, et ne s'ouvrant pas d'eux-mêmes.

RHIZOCARPÉES.

Pilularia (Pilulaire).

P. globulifera. Pl. aquatiq. Feuil. alt., lin., subul., d'un beau vert, dress. Fr. à 4 loges renferm[t] les sporanges, de la grosseur d'un pois, couvert d'un feutrage brunâtre. ♃. AR.

β. *natans*. Feuil. flottantes, atteignant une grande longueur.

334. LYCOPODIACÉES.

Lycopodium (Lycopode). Pl. terrestre, herbacée ou

sublign., à tige ram., feuillée, radicante infér^{t}. Feuil. persist., très-petites, sess., ent., lin., recouvrant ent^{t} la tige et les rameaux. Sporanges naissant chacun à l'aisselle d'une bract. qui les dépasse très-long^{t}, crustacés, jaunâtr., subglobul., remplis de petits granules (spores). Juillet, septembre.

1—Feuil. non terminées par un long poil 2

—Feuil. terminées par un long poil blanc. 3

2—Epi solitaire sessile.

L. inundatum. 0,0-0,2. Tige à 1-2 ram. fructifères. Epi verdâtre. ♃. Bruyères hum. RR. Etang de Grand-Moulin (Senlisse), St-Léger, Rambouillet, Larchant, Morfontaine, Neuville-Bosc, vallée de Bray, Malesherbes ?

—Epis 3-6, au sommet d'un long pédoncule commun.

L. Chamæcyparissus GG et CG. Tige dress., non cachée par les feuil. Feuil. coriaces, appliq. ♃. RRR. Bois du Belloy (Beauvais).

3. *L. clavatum* (Herbe aux masses, Soufre végétal). 0,3-1,0. Tige couch., cachée par les feuil. Feuil. étal. Epis jaune-pâle, en massue, ord^{t} géminés, qqf. réunis par 3-4. ♃. Ombrages, rochers. AR. (Off., industrie).

335. CHARACÉES.

Chara (Charagne). Plantes fétides, se fixant dans la vase, souvent incrustées de dépôts calcaires. Rameaux verticillés, simples ou ramifiés. Organes reproducteurs de 2 sortes (anthéridies et sporanges), placés sur les rameaux au centre ou au-dessous d'un involucre unilatéral de 4-8 bractées. Anthéridies globuleuses, rouges, paraissant ord^{t} avant les sporanges, renfermant de nombreux anthérozoïdes filiformes. Sporanges renfermant une spore, ovoïdes, striés, à enveloppe incolore constituée par 5 lanières soudées en spirale dont les sommets forment une couronne 5-dentée.

1—Tige opaque, à articles, (au moins les infér.), composés d'un tube central entouré d'un rang de tubes plus minces, très-fragile après dessiccation. Sporanges et anthéridies toujours solit.; l'anthéridie sous le sporange. 2

—Tige plus ou moins diaphane, à articles formés d'un tube unique, flexible même après dessiccation. Sporanges souv^{t} agglom.. . . 5

2—Sporanges et anthéridies sur le même individu. 3

—Non.

C. aspera CG. 0,1-0,3. Tige très-grêle, ord^{t} incrustée, hérissée supér^{t} de longs et fins aiguillons. Ram. verticillés par 6-8. RRR. Lac de Morfontaine (en face de l'île Molton), Sceaux (Château-Landon), Palaiseau ?

3—Tige grisâtre, incrustée. 4

—Tige verte, à peine incrustée.

C. fragilis CG. 0,2-0,6. Pl. polymorphe. Tige grêle, str., sans aiguill. Ram. verticill. par 6-10. Sporange gén^{t} plus long que les bract., à couronne effilée. CC.

4—Tige robuste, sill., tordue, à longs et nombr. aiguill. fascic., surtout supér^{t}.

C. hispida L et CG (Grande

Charagne). 0,3-0,8. Ram. verticill. par 6-10. Sporange gros, plus court que les bract., à couronne étal. CC.

—Tige grêle, str.; peu ou point d'aiguillons.

C. fœtida CG (Charagne commune). 0,1-0,4. Ram. verticill. par 6-10. Sporange plus court que les bract., à couronne courte, tronq. CC.

5—Sporanges et anthéridies sur le même individu 7

—Non. 6

6—Ram. infér. avortés, soud. en une masse crustacée blanchâtre formant étoile.

C. stelligera [Nitella s. CG]. 0,2-0,6. Tige raide, grise. Ram. verticill. par 4-8, simpl. Sporanges solit. le long des ram., long^t dépassés par les bract. Eaux courantes. RRR. Bas-Meudon?, Chantilly?, canal du Loing à Nemours et à Moret.

—Non.

C. syncarpa [Nitella s. CG]. 0,2-0,4. Tige grêle, flexible, vert-gai, luis. Ram. verticill. par 6-10, aigus. Sporanges réunis par 2-3, sans bract., vers le milieu des ram. simples, ou à l'angle de div. des ram. 2-3-furqués. Anthéridies en glomér. compactes. Eaux stagnantes. RR. Lagny, forêt de Sénart.

β. *opaca* CG. Anthéridies non rapprochées en glomér. compactes. RR. Trou-Salé, forêt de Fontainebleau.

7—Sporanges solitaires aux angles de div. des rameaux. . . 8

—Sporanges agglomérés. . 11

8—Ram. à div. term. mucr. . 9

—Ram. à div. term. aiguës, mais non mucr. 12

9—Tige non capill. Ram. allong., à div. terminales plus courtes que les infér. 10

—Tige capill. Ram. courts, en verticill. compactes subglobul., enduits de mucilage, espacés en grains de chapelet, à div. nombr., les term. plus longues que les infér.

C. tenuissima [Nitella t. CG]. 0,05-0,30. Pl. vert-sombre. Anthéridies solit. Fossés tourb. R. Sénart, vallée de l'Essonne, Episy, Chantilly?

10—Ram. à div. capill. étalées divergentes.

C. gracilis [Nitella g. CG]. 0,1-0,2. Tige grêle, vert-gai. RR. Etang de Grand-Moulin (Senlisse), mare aux Evées (Fontainebleau).

—Rameaux à divis. non capill. dressées.

C. mucronata [Nitella m. CG]. 0,2-0,4. Tige assez grêle, verte. R. La Seine au Bas-Meudon, Trou-Salé, Ermenonville, Sénart, Nemours, Thurelles.

11—Sporanges 2, aux angles de div. des ram. 12

—Ram. simples. Sporanges 2-3 au sommet des rameaux.

C. translucens [Nitella t. CG]. 0,3-0,8. Tige raide. Ram. fert. très-petits, terminés par 3 bract. Anthéridie solit. au centre des 3 bract.; sporanges par 2-3 sous les 3 bract. Eaux stagnantes. AR.

12. *C. Brongniartiana* [Nitella B. CG]. 0,2-0,5. Tige assez grêle. Ram. ord^t verticill. par 6, 2-3-furq. Sporanges solit., rar^t 2, sous l'anthéridie. RR. Etangs du Cerisaie, de Guipereux, de Gambaiseui (Montfort-l'Amaury).

336—Caps. à peu près globuleuses et distinctes. 337

—Fruits forts petits, peu apparents, semblables à des points enfoncés dans la feuille. 347

337. **HÉPATIQUES.** Fronde verte, étal., membr. ou foliac., sinueuse ou lobée, ord^t ram., ramp. Qqf. tiges,

337 (suite).

rameaux et folioles distincts. Monoïq. ou dioïq. Fl. mâles : globules pleins d'une liqueur fécondante, fréqt sess. dans un calice. Fl. fem : caps. presq. closes, ou perforées au sommet, s'ouvrant ordt en 2-4 valves. (Cet ordre renferme, suivant Mérat, 8 genres comprenant 55 espèces).

1—Caps. sess., nichées dans une fronde membraneuse. 2
—Caps. pédicellées. 6
2—Capsule ne s'ouvrant point, ou s'ouvrant par un pore rond. 3
—Capsule s'ouvrant en 2 valves. 4
3—Caps. entourée d'un cal. à 2 valves.. 5
—Non.

Riccia. Caps. surmontée d'un tube saill., et perforée au sommet. (6 esp.).

1—Plante flottante.
R. natans L. Fronde ent., ou à lob. obcord., en forme de lentille d'eau. Etangs.
—Pl. adhérant au sol par une face.
R. cavernosa. Fronde radiée, dichotome, criblée de pores. Terrains gras.

4—Caps. à peu près globuleuse. 5
—Caps. longue, lin., subulée.

Anthoceros. (2 esp.).

A. lævis. Fronde indivise, lisse, en rosette, sinuée, de 0,04-0,06 de diamètre. Lieux hum., sur la terre. AR.

5. **Targionia**. (1 esp.).

T. hypophylla L. Fronde de 0,02-0,03, oblong., spatul., membran., pourpre en dessous, se renflant en un cal. bivalve à ses extrém. Murs, rochers et terre hum.

6—Caps. agglom. sous un réceptacle pédicellé. Fronde membraneuse.

Marchantia. Fronde étal., sinuée, d'un vert gai. Capsule s'ouvrant en 4 valves. Organes mâles en godet, sessiles. (4 esp.).

1—Récept. coniq., 5-7-lobé.
M. conica L. Fronde ram., ramp., glandul. en dessous. Pédic. long, transparent. Lieux hum.
—Récept. plan., 8-10 lobé.
M. polymorpha L (Hépatique des fontaines). Fronde de 0,04-0,07, lob., obt., div. en losanges par des lignes vertes. Lieux hum., puits. C.

—Caps. solit. au sommet des pédicelles.

Jungermannia. Pl. petites. Tige et feuil. ord[t] à la manière des Mousses. Caps. globul., s'ouvrant en 4 valves, insérée sur un pédic. entouré à sa base d'une petite gaîne et qqf. d'une sorte de cal. (39 esp.).

1—Membrane foliacée. . . . 2
—Tige garnie de feuil. distiq. 3
2—Pédic. de 0,05-0,07, naissant du dessus des feuil., à leur extrémité.
J. epiphylla L. Fronde oblong., poil. en dessous. Mars, avr. Sur la terre hum.
—Pédic. naissant du dessous des feuil.
J. pinguis L. Fronde charnue en dessous. Sur la terre hum.
3—Feuil. ent., ovales. . . . 4
—Feuil. échancr. ou dent. 8
4—Feuil. munies à leur base de stipules. 5
—Feuil. munies d'oreillettes. 6
—Ni stipul., ni oreillettes. 7
5—Pl. brun-pourpre.
J. Tamarisci L. Tige ramp., pinnée, n'atteignant pas 0,08. Stipul. presq. quadrang. Pédic. axill. Printemps. Troncs, rochers. CC.
—Pl. verte.
J. dilatata L. Tige ramp., vaguement ram., n'atteignant pas 0,08. Feuil. du haut plus larges. Stipul. arrondies. Pédic. term. Hiver. Troncs, rochers. C.
6—Feuil. et oreillettes ciliées.
J. nemorosa L. Tige dress. Feuil. très-petites et très-serrées. Pédic. de 0,03, term. Printemps. Bois hum., sur la terre. AC.
—Non.
J. complanata L. Tige ramp., Feuil. translucides. Pédic. nombreux, naissant le long des tig. Hiver. Troncs. C.
7. *J. asplenioides* L. Tige ascendante. Feuil. oboval., cil.-dent. Pédic. de 0,03-0,04. Mai. Bois. C.
8—Feuil. munies d'oreillettes à leur base. 6
—Feuil. dent. sur tout leur contour. 7
—Feuil. ayant à leur sommet 2 dents aiguës.
J. bidentata L. Tige ramp. Feuil. munies de stipul. lacin. Pédic. de 0,012-0,015. Printemps. Bois, sur la terre et les troncs pourris. C.

338. **MOUSSES.** Tige simple ou ram. Feuil. très-petites, ord[t] munies d'une nerv. qui se prolonge en soie au-delà du sommet. Fl. mâle (*anthéridie*) : vésicule contenant un corpuscule filif. enroulé (*anthérozoïde*), et entourée par une rosette de feuil. dite périgone. Fl. fem. (*archégone*) comprenant : 1° Le *périchèse*, glomérule de feuil. florales, ord[t] plus pâles que les caul., au centre duquel naît le pédicelle ; 2° l'*épigone* qui enveloppe l'urne ; il se divise en deux parties dont l'infér. (*vaginule*) entoure la base du pédic., et dont la supér. (*coiffe*), soulevée par l'urne lors du développement, recouvre cette dernière en manière de capuchon, caduc, ent. ou fendu latér[t] (dimidié) ; 3° l'urne (*sporange*), d'abord sess., puis

338 (suite).

pédicellée, souv entourée de rudiments d'urnes avortées (*paraphyses*). Sous la coiffe, l'urne porte un couvercle (*opercule*) plus ou moins coniq., cad. : l'ouverture de l'urne, après la chute de l'opuscule, est ou nue, ou bordée d'un ou deux rangs de dents ou de cils (*péristome* ou nu, ou simple, ou double). Les spores sont dans l'urne. Les mousses sont la plupart vivaces. (Cet ordre fournit à la Flore parisienne, suivant M. Em. Le Dien dont nous avons suivi la nomenclature, 86 genres comprenant 258 espèces, sans compter les variétés).

(Abréviations : Operc., Opercule; — Périst., Péristome; — Aut., Automne; — Hiv., Hiver; — Print., Printemps.)

1—Urne fermée par un rudiment d'operc. qui ne s'ouvre jamais. 2
—Opercule s'ouvrant à la maturité. 6

2—Tige presq. nulle. Feuilles radicales. 3
—Tige visible et garnie de feuilles. 5

3—Feuil. imbriquées, et sans nerv. longitudinale.

Acaulon. (1 esp.).

A. muticum [Phascum m. L]. Très-petit, vert-jaune. Urne sess. | En petites touffes. Allées, murs, fossés. C.

—Feuil. étal., traversées par une nervure. 4

4.**Phascum.** (4 esp.).

P. cuspidatum L. Tige très-courte, simple. Feuil. acum. Urne | subsess. Murs, terre hum. C.

5—Feuil. oval., terminées par une petite pointe.. . . 4
—Feuil. allongées en forme d'alène.

Pleuridium. (3 esp.).

P. subulatum [Phascum s. L]. 0,005-0,008, simple. Urne subsess. | Eté. Chemins, bruyères. AC.

6—Péristome nu. 7
—Périst. muni d'une ou deux rangées de dents ou de cils. 12

7—Coiffe très-distincte, se rompant longit[t] et n'entourant point la base de l'urne 8
—Coiffe peu distincte, se rompant transv[t] et entourant de ses débris la base de l'urne.

Sphagnum. Pl. de marais, glauq. ou blanc-rosé. (7 esp.).

338 (suite).

1—Urne sphérique.

S. cymbifolium [S. palustre α. L]. Tig. atteignant 0,2-0,3. Feuil. oval., presq. obt. CC.

—Urne ovale ou oblongue.

S. acutifolium [S. palustre β. L]. 0,08-0,10. Feuil. pointues. C.

8—Urne ovoïde. 9

—Urne en forme de poire.

Physcomitrium. (2 esp.).

P. pyriforme [Bryum p. L]. Tige très-courte, ord[t] simple. Feuil. dent., vert-pâle. Pédic. de 0,015-0,020. Urne droite. Prés gras, fossés. C.

9—Feuil. portant un long poil blanc. 11

—Non 10

10—Feuil. crépues par la dessiccation.

Hymenostomum. (1 esp.).

H. microstomum [Gymnostomum m. DC]. Tige courte, simple. Pédic. de 0,005-0,007. Urne petite, à orifice resserré. En gazons, le long des chemins. AC.

—Non 11

11. **Pottia.** (4 esp.).

1—Feuil. portant un long poil blanc.

P. cavifolia [Gymnostomum ovatum DC]. Très-petit, simple. Feuil. concaves. Pédic. de 0,005-0,007. Hiv. Murs, rochers. AC.

—Non.

P. truncata [G. truncatulum DC, Bryum truncatulum L]. Très-petit, simple. Feuil. planes. Pédic. de 0,008-0,010. Jardins, champs, routes. CC.

12—Dents du périst. adhérant par le sommet à une membrane horizontale (*épiphragme*) 29

—Dents libres à leur sommet. 13

13—Péristome à une rangée de dents. 14

—Péristome à deux rangées de dents. 31

14—Péristome 8-12-32-denté. 15

—Péristome 4-denté.

Tetraphis. (1 esp.).

T. pellucida [Mnium p. L]. 0,010-0,015. Dioïq. Fl. fem. : pédic. de 0,02. Coiffe très-allong. Urne cylindr. Ombrages hum. C.

15—Coiffre glabre 16

—Coiffe hérissée de poils. 32

16—Dents droites, ou plus ou moins étalées. 17

—Dents tortillées, qqf. soudées entre elles.

Barbula. Urne cylindr. Périst. à 16-32 dents très-fine. Coiffe subul. (19 esp.).

338 (suite).

1—Base du pédic. nue . . . 2

—Base entourée de feuil. roulées en gaîne cylindr.

B. convoluta [Tortula c. DC]. Très-petit, jaunâtre. Operc. subulé. Dioïq. Chemins, fossés. C.

2—Nervure de la feuil. prolongée en poil blanc. 3

—Non. 4

3—Nervure verdâtre.

B. muralis [Bryum m. L]. 0,006-0,012. Pédic. de 0,01-0,02. Coiffe brune. Dents libres. En larg. groupes arrond., barbus. Murs, rochers. C.

—Nervure rougeâtre.

B. ruralis [Bryum r. L]. 0,02-0,06. Pédic. de 0,02, tordu. Périst. à 16 dents, réunies à la base, pourpres. Chaumes, murs, troncs. CC.

4—Dents libres.

B. fallax [Bryum imberbe L]. 0,014-0,028, rameux. Feuil. lanc.-aig. Pédic. de 0,020-0,025. Operc. à bec égalant l'urne. Dents cad. Fossés, chemins hum. CC.

—Dents long[t] soudées.

B. subulata [Bryum s. L]. Petit, simple. Feuil. oval.-oblong. Pédic. de 0,03-0,04, tortillé. Operc. subulé. Murs, rochers, chemins. C.

17—Dents simples et entières. 18

—Dents fendues au sommet en 2-3 laciniures. . . . 23

18—Coiffe médiocre, caduque.. 19

—Coiffe grande, persist., en éteignoir.

Encalypta. Péristome 16-denté. (3 esp.).

E. vulgaris [Bryum extinctorium L]. 0,004-0,008. Feuil. ent., imbriq. Pédic. de 0,010-0,012. Urne cylindr. Operc. à long bec caché sous celui de la coiffe. Murs, rochers, lieux secs. C.

19—Dents lin., rapprochées par le sommet. 20

—Dents élargies à la base, diverg[t] au sommet . . . 21

20—Feuil. non tortillées, même après dessiccation . . . 21

—Feuil. se tortillant par la dessiccation.

Weissia. Périst. 16-denté. Coiffe dimidiée. (3 esp.).

1—Tige très-courte, simple.

W. viridula [W. controversa DC]. Feuil. lin., vert-clair. Pédic. jaune. Urne ovoïde. En larges tapis sur la terre hum. AC.

—Tige de 0,03-0,06, divisée au sommet.

W. cirrhata [Mnium c. L]. Feuil. lanc., vert-jaune. Pédic. plus court que la tige. Urne oblongue. Operc. en bec fin[t] subulé. Toits, bois, gazons. C.

21—Coiffe coupée horizontalement à la base 22

—Coiffe tronq. obliq[t] à la base et en forme de capuchon.

Anacalypta. (2 esp.).

A. lanceolata [Grimmia l. DC]. Tige de 0,005-0,010, simple. Feuil. mucr., les infér. décolorées. Pédic. de 0,005-0,010. Coiffe petite, pâle. En gazons serrés. Murs, pierres. C.

22. **Grimmia**. Périst. simple, 16-denté. (10 esp.).

1—Feuil. terminées par un long poil blanc.

G. pulverulenta [Bryum p. L]. 0,01-0,02. Pédic. arq. Urne str.

338 (suite).

Dents 2-fid. Operc. acum. En touffes convexes. Aut. Murs, toits, pierres. CC.

—Non.

G. apocarpa [Bryum a. L]. 0,01-0,03, rameux. Feuil. vert-noirâtre. Urne sess. Operc. à bec court. En gazons serrés. Aut. Troncs hum. C.

23—Dents fendues en 2 lanières jusqu'au milieu de leur longueur. 24

—Dents fendues au delà de leur milieu en 2-3 lanières. Pl. aquatique.

Cinclidotus. Péristome simple, 16-denté. (2 esp.).

C. fontinaloides [Fontinalis minor L]. 0,05-0,20, rameux. Feuil. imbriq., ellipt., acum., fort[t] nerv., vert-foncé. Urne subsess., latér. Périst. et operc. rouges. Eaux courantes. AC. Marly, l'Oise, Episy (Moret), Joinville-le-Pont.

24—Feuilles imbriquées. 25

—Feuil. déjetées sur 2 rangs opposés.

Fissidens. (4 esp.).

1—Pédicelles partant de la base des tiges.

F. taxifolius [Hypnum t. L]. 0,01, simple. Feuil. 15-25. Pédic. 0,01-0,02. Lieux hum. CC.

—Pédic. partant du milieu des tiges.

F. adianthoides [Hypnum a. L]. 0,05-0,08, rameux. Feuil. 50-80, engaîn. Pédic. 0,03-0,05. Prés, bois hum. C.

25—Feuil. dirigées d'un seul côté vers l'extrém. des jets. 26

—Feuil. égal[t] imbriquées en tout sens. 27

26—Tige de 0,01-0,02.

Dicranella. (3 esp.).

D. heteromalla [Bryum h. L]. Feuil. capill., en faucille, vert-gai. Pédic. 0,02. Urne ovoïde. Operc. en alêne, aussi long que l'urne. En touffes. Aut. Bois, champs. C.

—Tige de 0,03-0,06.

Dicranum. Péristome simple, à 16 dents bifid. (5 esp.).

D. scoparium [Bryum s. L]. Feuil. subul., en faucille, vert-gai, devenant jaune-doré. Pédic. 0,05-0,06. Urne cylindr., arq. Operc. en alêne aussi long que l'urne. En touffes, souv[t] couvertes d'un duvet roux. Aut. Bois, bruyères. CC.

27—Urne pendante. 22

—Urne droite ou très-peu penchée. 28

28—Feuil. glauque-pâle, sans nervure.

Leucobryum. (1 esp.).

L. glaucum [Bryum g. L]. 0,06-0,08. Fragile, rameux au sommet.

338 (suite).

Feuil. lanc., serrées contre la tige. Pédic. 0,02. Urne courbe, à ouverture obliq., souv[t] stér. En touffes denses. Bois, bruyères, prés hum. C.

—Feuil. vertes, à nerv. longitud., rouge.

Ceratodon. (1 esp.).

C. purpureus [Mnium p. L]. 0,01-0,02. Urne sill., obliq. Operc. coniq. Se reconnait à toutes ses parties (les pédic. surtout) imprégnées de pourpre. Toits, murs, sur la terre. C.

29—Coiffe très-vel. Poils dirigés de haut en bas 30

—Coiffe peu vel. Poils dirigés de bas en haut.

Atrichum. Périst. simple, 32-denté, à épiphragme. (1 esp.)

A. undulatum [Bryum u. L]. 0,02-0,04. Feuil. lanc., dentic., ondulées, vert-clair, à nerv. saill. Pédic. 0,03. Urne cylindr., courbe. Operc. subulé. Bois, vergers. C.

30—Urne ovale arrondie.

Pogonatum. (3 esp.).

P. nanum [Mnium polytrichoides L]. Tige presq. nulle. Feuil. lin. Pédic. 0,007-0,025. Coiffe dimidiée. Operc. à bec crochu. Bruyères, bois arid. C.

—Urne quadrang. Pédicelle renflé sous l'urne.

Polytrichum. Coriace, de couleur sombre. Périst. 32-64-denté, à épiphragme. Dioïq. (5 esp.).

1—Feuil. dent. en scie, au moins vers le sommet.

P. commune L. 0,01-0,02 dans les lieux secs; 0,1-0,2 dans les lieux hum. Feuil. lin., subul., serrées. Pédic. 0,06-0,12. Périst. 64-denté. Operc. plat à bec pyram. Aut. Bruyères, bois. CC.

—Feuil. absolument ent. . 2

2—Feuil. sans poil terminal.

P. juniperinum [P. commune β. L]. Divisé à la base en ram. droits de 0,03-0,06. Pédic. 0,03-0,06. Bois secs, bruyères. C.

—Feuil. terminées par un poil blanc de 0,003-0,004, (caduc).

P. piliferum [P. commune γ. L]. Simple. Pédic. 0,02-0,04, souv[t] stér. Lieux arid. C.

31—Coiffe glabre.. 33

—Coiffe hérissée de poils en dessus 32

32. **Orthotrichum**. Urne cylindr., term. Operc. à bec coniq. court. Coiffe sill. en long. Périst. simple ou double. (11 esp.).

1—Feuil. terminées par une soie blanche diaphane.

O. diaphanum DC. 0,01, rameux. Urne subsess., str., à 16 dents qui se réfléchissent et à 16 cils cad. Troncs, murs. C.

—Non 2

2—Urne dépassant les feuil.

O. anomalum [Bryum striatum β. L]. 0,02. Urne str. Périst. simple, à 16 dents réunies 2 à 2. Arbres, murs, toits. C.

338 (suite).

—Urne enveloppée par les feuil. 3

3—Urne à 16 dents et 16 cils.

O. leiocarpum [Bryum striatum α. L]. 0,01; ram. Feuil. vert-jaune, puis brunes. Urne lisse. Troncs, murs. C.

—Urne à 16 dents et 8 cils.

O. affine DC. 0,02, ram. Feuil. recourbées, étal. Urne profᵗ sill. Murs, troncs. AC.

33—Coiffe à peu près conique. 34

—Coiffe ventrue, tétragone à la base, en alène au sommet.

Funaria. Périst. double; l'extér. à 16 dents tordues obliqᵗ. (3 esp.)

F. hygrometrica [Mnium h. L]. 0,005-0,010. Feuil. supér. plus grand. que les infér., concaves imbriq., serrées. Pédic. 0,04-0,06, arqué ou flexueux par l'humidité. Urne pench. Operc. très-obt. Print. Rochers, bois, murs hum., chemins. CC.

34—Urnes naissant du sommet des rameaux. 35

—Urnes naissant latérᵗ le long des rameaux. 44

35—Urne sphériq. Lanières du périst. intér. bifurq. . 45

—Urne ovale-oblong., ou pyriforme; lanières simpl., alternativement plus larges et plus étroites. 36

36—Tiges simples. 37

—Tiges plus ou moins rameuses.

Aulocomnion. Monoïque. (2 esp.)

A. palustre [Mnium p. L]. 0,05-0,10; dressé. Feuil. lanc., dent. en scie, vert-jaune.— Fl. mâl. en tête.— Pédic. des urnes 0,02-0,04. Urne oblong., inégale, sill. Operc. coniq. Bois hum. C.

37—Urne pendante. 38

—Urne droite ou inclinée. Feuil. dentelées. . . . 43

38—Pédicelles solitaires. Feuil. étroites. 39

—Pédic. souvᵗ agrégés. Feuil. grand., translucides. . 43

39—Feuil. supér. égales aux inférieures. 40

—Feuil. supér. sensiblᵗ plus grandes. 41

40—Urne ovoïde ou oblongue. 42

—Urne en forme de poire pendante.

Leptobryum. Hermaphrodite. (1 esp.)

L. pyriforme [Mnium p. L]. 0,06-0,12, très-simple. Feuil. sétac., dentic., à large nerv. Sabl. hum. AR.

41—Toutes les feuil. lanc. et dent. en scie. 43

—Toutes les feuil. entières. 42

42. **Bryum.** Périst. double; l'extér. à 16 dents aig.; l'intér. membr., plissé, déchiré en lanières et cils alternatifs. (11 esp.).

338 (suite).

1—Feuil. concaves, blanc-glauq., très-exactement imbriq.

B. argenteum L. 0,005-0,010. Feuil. brusq^t acum. Pédic. 0,010-0,012. Operc. obt. Hiv. Murs, toits, sur la terre. CC.

—Feuil. planes, ou courbées en carène nullement glauq.. . . 2

2—Urne un peu resserrée à son orifice.

B. cæspititium L. 0,01; d'abord simple, puis div. en ram. courts et serrés. Feuil. acum. Pédic. 0,01-0,02. Operc. presq. plan. En touffes denses. Fructifie jusqu'en été. Murs, toits. CC.

—Urne s'élargissant de la base au sommet.

B. capillare L. 0,01-0,02. Feuil. étal., terminées par une soie. Pédic. 0,02-0,03. Fossés, vieux troncs. C.

43. **Mnium.** (8 esp.).

1—Feuil. très-pointues.

M. hornum L. 0,02-0,05. Feuil. supér. plus grand., fort^t dent. en scie. Pédic. 0,04. Urne pendante. Operc. coniq. ♃. Bois frais. C.

—Feuil. presq. obt., ondulées.

M. undulatum [M. serpyllifolium δ. L]. 0,05-0,10. Souche ord^t ram. Pédic. souv^t agrégés. Urne pendante. Operc. coniq. Ombrages hum. C.

44—Urne sphér. Lanières du périst. intér. bifurq. . . . 45

—Urne allongée ou ovoïde 46

45—Feuil. linéaires, légèr^t dent. en scie.

Bartramia. Urne globul., sill., terminale. Périst. extér. 16-denté ; l'intér. à 16 dents bifid. (4 esp.).

B. pomiformis [Bryum p. L]. 0,02-0,04; ram., garni à la base d'un duvet roux. Feuil. nombr., serrées. Pédic. 0,02. Urne obliq., str. Operc. presq. plan. Print. Sur la terre, rochers hum. CC.

—Feuil. oval.-lancéolées, entières.

Philonotis. (2 esp.).

P. fontana [Mnium f. L]. 0,05-0,10; à ram droits, rappr. Feuil. très-imbriq. Pédic. semblant latér. par l'allongement des ram. Urne subglobul., str. Monoïq. Eté. Marais, fontaines. C.

46—Urne subsessile 47

—Urne pédicellée 48

47—Plante aquatique, flottante.

Fontinalis. Urne presq. cachée dans le périchèse. Périst. extér. à 16 dents élargies; l'intér. à 16 cils en réseau. (2 esp.).

F. antipyretica L. Peut atteindre 0,3-0,4. Feuil. oval.-lanc., embrass., transparentes, sur 3 rangs; celles du périchèse arrond. Urnes latér. souv^t stér. Enfonce dans l'eau l'extrém. de ses tig., à la matur. Eté. C.

—Non 5

338 (suite).

48—Périst. intér. à 16 cils ou lanières uniformes . . . 49
—A 32 ou 48 lanières inégales. 55
49—Feuil. déjetées sur 2 rangs opposés. 50
—Non 52
50—Feuil. ovales, obtuses. 53
—Feuil. acum., ridées transversalement.

51.**Neckera**. Urnes latér. Périst. extér. à 16 dents aiguës; l'intér. à 16 cils alt. avec les dents. (4 esp.)

1—Pédic. plus court que les feuilles.

N. pennata [Fontinalis p. L]. Tige de 0,05-0,10, tombante. Feuil. aig., luis., distiq. Mars, avr. Vieux troncs de Chêne. AC.

—Pédic. 0,015-0,020.

N. crispa [Hypnum c. L]. Tige atteignt jusqu'à 0,2, faible, à ram. sur un seul plan. Feuil. obt., luis. Operc. subulé. En larg. touffes. Rochers, troncs, sur la terre. AC.

52—Périst. intér. composé de 16 cils distincts à la base.

Anomodon. (2 esp.).

A. viticulosus [Hypnum v. L]. Souche long., couch. Rameaux grêl., longs. Feuil. obt., imbriq., vert-foncé. Pédic. 0,02-0,03. Urne subcylindr., droite. Périst. jaunâtre. Troncs. AC.

—Périst. intér. composé de 16 lanières partant d'une membrane. 54

53.**Omalia**. (4 esp.).

O. trichomanoides [Leskea t. DC]. 0,03-0,04. Feuil. larg., transparentes. Pédic. 0,015. Urne ovoïde, dress. Operc. à bec coudé. Ecorce des arbres. C.

54—Feuil. munies à leur base de 3 nerv. ou stries parall.

Homolothecium. (1 esp.).

H. sericeum [Hypnum s. L]. Jets allong., ramp. Feuil. pointues, imbriq., soyeuses, vert-jaunâtre. Pédic. 0,02. Urne cylindr. droite. Print. Troncs. CC.

—Feuil. munies d'une seule nervure.

Leskea. Urnes latér. Périst. extér. à 16 dents aig.; l'intér. membran., divisé en 16 lanières égales. (1 esp.).

L. polycarpa DC. Tige ramp. Feuil. ent., aig. Pédic. 0,02, nombreux. Urne long., cylindr. Périst. pâle. Troncs. C.

55—Rameaux la plupart distiq. et diminuant de grandeur vers le sommet. 56
—Rameaux vagues. Feuil. à bout réfléchi. 71
—Rameaux vagues. Feuil. à bout non réfléchi . . . 60

338 (suite).

56—Feuil. terminales très-serrées et formant comme une pointe raide. 71
—Non 57
57—Feuil. élargies et obtuses 71
—Feuil. très-étroites. 58
58—Tiges redressées. 66
—Tiges ramp., attachées à la terre 59
59—Pédic. tuberc., rudes. Fructifie à la fin de l'hiver. 69
—Pédicelles lisses. Fructifie de mai à juillet.

Thuidium. (2 esp.)

T. tamariscinum [Hypnum proliferum L]. Tiges de 0,07-0,08, rég^t 2-3-pinn. Feuil. acum., imbriq., vert-roux. Pédic. 0,03-0,04. Urne cylindr., courbe. Été. Bois, vergers. C.

60—Feuil. imbriquées de tous côtés 61
—Feuil. distiques 62
61—Rameaux filiformes 62
—Non 63

62. **Amblystegium.** (4 esp.)

1—Feuil. distiques.
A. riparium [Hypnum r. L]. Pl. aquat., de grandeur variable jusqu'à 0,1-0,2. Feuil. ent., acum., lâches, vert-clair. Urne ovoïde pench. Toute l'année.

—Non.
A. serpens [Hypnum s. L]. Tige couch.; ram. filif. Feuil. très-fines, subul. Urne cylindr., courbe. Ombrages. C.

63—Feuilles entières. 70
—Feuil. dentées en scie. 64
64—Urne penchée. 65
—Urne droite.

Isothecium. (2 esp.)

I. myurum [Hypnum m. DC]. Souche ramp.; ram. cylindr., arq. Feuil. oval., aig., concaves. Pédic. 0,03. Troncs. C.

65—Feuil. imbriquées sur 3 côtés. 66
—Non 67

66. **Hylocomium.** (6 esp.)

1—Feuil. imbriq. sur 3 rangs.
H. triquetrum [Hypnum t. L]. Feuil. lanc., str. Urne oblong., pench. Operc. coniq. Bois, vergers. CC.

—Non.
H. splendens [Hypnum parietinum L]. Tige 3-pinn. Feuil. oval., brusq^t acum. Urne pench. Operc. à bec égalant l'urne. Bois. C.

67—Feuil. terminées par un poil blanc. 69
—Non.. 68

338 (suite).

68—Feuil. cordiformes, striées 69

—Non.

Brachystegium. Tiges ramp., div. en ram. redressés, presq. simples. Urne ovoïde, pench. Operc. coniq. (7 esp.).

1—Pédicelle rude et hérissé de petites papilles.

B. rutabulum [Hypnum r. L]. Feuil. acum., concaves. CC.

—Non.

B. velutinum [Hypnum v. L]. Feuil. lanc., terminées par un prolongement filif.; celles qui entourent la base du pédic. fines comme des crins. En larg. touffes d'aspect soyeux. C.

69. **Eurynchium.** (5 esp.)

1—Ram. la plupart distiq.

E. prælongum [Hypnum p. L]. Polymorphe. Feuil. oval., acum., dent. Pédic. un peu rude. Urne ovoïde, pench. Troncs. C.

—Non. 2

2—Feuil. terminées par un poil.

E. piliferum [Hypnum Lamarckii DC]. Couché. Feuil. oval., long[t] subul., dent. Urne ovoïde, pench. Bois. C.

—Non.

E. striatum [Hypnum s. DC]. Tige ramp., allong. Feuil. élargies à la base, str., dent. Urne cylindr., arq. Operc. à bec obliq., long comme l'urne. Print. Bois, vergers. C.

70—Feuil. lancéolées, acum., planes, striées.

Camptothecium. (1 esp.)

C. lutescens [Hypnum l. DC]. Couché, div. en nombr. ram. cylindr., droits. Feuil. ent., vert-jaune. Pédic. rude. Urne ovoïde, pench. Operc. coniq. Print. Terres arid., rochers, murs. C.

—Feuil. ovales, très-concaves.

Rhincostegium. (6 esp.)

R. murale [Hypnum m. L]. Tige 0,03-0,06, tombante, ram. Feuil. ent., imbriq. à la base, distiq. au sommet des ram., presq. obt. Pédic. 0,010-0,012, latér. Urne ovoïde, un peu pench. Operc. à bec arq Hermaphr. Print. Murs, pierres. C.

71. **Hypnum.** Urnes oblong., presq. toujours pench., latérales. Périst. extér. 16-denté; l'intér. à 16 lanières, entre chacune desquelles on trouve 1, 2 ou 3 cils. (23 esp.)

1—Rameaux distiques . . . 2

—Rameaux vagues 3

2—Feuil. term. très-serrées en pointe raide.

H. cuspidatum L. Tige 0,08-0,15, presq. droite, pinn. Feuil. ent.; les infér. oval., concaves. Pédic. 0,06-0,08. Operc. coniq. Fossés, bord des ruisseaux. C.

—Non.

H. purum L. Tige 0,08-0,12, ascend., pinn. Ram. étalés. Feuil. ent., oval.-mucr., concaves. Pédic. 0,04. Operc. coniq. Bois, prés, gazons. CC. (Mousse très-nette; calfatage des bateaux, orn. des corbeilles de fleurs).

3—Feuil. à bout réfléchi

H. cupressiforme L. Tige 0,03-0,05, couch., ram. Feuil. fort[t] imbriq., lanc., en faucille. Pédic. 0,03-0,04. Urne cylindr., un peu pench.; un seul cil entre les dents du périst. interne. Operc. coniq., mamelonné. Print. Troncs, rochers, sur la terre. CC.

—Non.

H. stellatum DC. Ram. épars, dress., peu branchus. Feuil. long[t] aig., cord., jaune-brun ; les term. en disque étalé. Operc. coniq., apiculé. Souv[t] stér. Bois hum., marais. C.

339—Plante aquatique. 347
—Non. 340

340—Plante en filaments capillaires 346
—Non. 341

341—Plante crustacée, membraneuse, foliacée, ou chevelue, parsemée d'une poudre farineuse. Fructifications sess., en forme de pores, de tubercules ou de cupules.

LICHENS. Pl. végétant sur la terre, les pierres ou l'écorce des arbres. Spores tantôt libres, tantôt contenues dans des thèques (sporanges) rapprochées par groupes et entremêlées de filets stériles (paraphyses).

—Non. 342

342—Plante spongieuse ou subéreuse, de forme et de dimension très-diverses. 344

—Plante sèche en forme de pustules ou de taches diversement colorées, isolées ou groupées à la surface des feuil. et des herbes, ou sous l'épiderme des écorces. 343

343—Taches ou plaques gén[t] noires, émettant une pulpe remplie de spores.

HYPOXYLONS. Récept. fructifères coriaces ou ligneux, formés de loges creuses (thèques) rangées par séries simples ou ram., souv[t] anastomosées.

Cet ordre renferme, dans l'étendue de la Flore parisienne, 15 ou 16 genres, dont plusieurs comprennent un grand nombre d'espèces.

Les Hypoxylons sont gén[t] microscopiques. Quelques Sphæria font exception et offrent l'apparence des Clavaria (Champignons). Nous ne décrirons, parmi les **Sphæria**, que les 2 esp. suivantes :

1—Pl. div. au sommet en lob. aplatis et pointus.

S. cornuta DC. 0,06-0,08, coriace, noir à l'extér., blanc en dedans, couvert dans sa jeunesse de longs poils noirs. Spores mêlées avec un suc glaireux dans de petites cavités répandues à la surface. Pieux, poutres, jardins, bois. Toute l'année. C.

—Pl. simple, ou div. en lob. non aplatis et ord[t] obtus.

S. digitata [Clavaria d. L]. 0,06-0,08. Ord[t] il naît de la même base plusieurs tiges en forme de massue. Spores comme dans l'esp. précédente. Bois pourri, sur la terre. AC.

—Poussières ou pustules, très-rar[t] noires, microscopiques, naissant sous ou sur l'épiderme des végétaux vivants ou morts, qui se gonfle souvent pour leur former une sorte de réceptacle. 345

344. CHAMPIGNONS. Pl. charnues, qqf. subligneuses, offrant un chapeau sess., ou pédonculé, parfois en creuset, en boule, en massue, ou en corne plus ou moins ramifiée, de courte durée, aimant l'ombre, gén[t] parasites sur les substances végétales ou animales en voie de décomposition. Organe de la végétation (*mycelium*) ord[t] souterrain, formant un tissu filamenteux ou membran., et donnant naissance au Champignon qui est sess. ou pédonculé, nu ou renfermé à l'origine dans une enveloppe (*volva*) plus ou moins fugace. Fructifications tantôt à l'extér., tantôt dans l'intér. du Champignon qui dans ce dernier cas leur sert d'enveloppe (*peridium*). Spores ord[t] contenues dans des *thèques* (sporanges), rar[t] nues.

Nous suivrons la nomenclature de De Candolle pour la description des genres et des espèces.

1—Pl. figurant un creuset rempli de semences ayant la grosseur et la forme d'une lentille. 21
—Non 2

2—Fructification à l'extérieur du Champignon 3
—Spores en poussière abondante dans l'intérieur du Champignon qui les enveloppe jusqu'à la maturité. . . . 22

3—Chapeau crevassé, réticulé en dessus. 4
—Non 5

4—Chap. rég[t] coniq., troué au sommet, couvert d'une glue qui contient les spores.

Phallus (Satyre). (2 esp.)

P. impudicus. 0,10-0,12. Pied perforé comme un crible. Odeur cadavéreuse. Sept., oct. Bois. AR.

344 (suite).

—Non.

Morchella (Morille). (8 esp.)

M. esculenta. Pied blanc, lisse. Chap. ovoïde, alvéolé, variant du blond au brun. Odeur agréable. Avr. Bois, prés. AC. (Comest.)

5—Surface fructifère nue. 16

—Surface garnie de pointes, de tubes, de lames ou de rides. 6

6—Surface fructif. garnie de papilles, de pointes ou de tubes. 10

—Surf. doublée de rides ou de lames 7

7—Lames libres, ou à peine anastomosées. 8

—Rides proéminentes, presq. toujours anastomosées. 9

8—Champignon muni d'une volva complète ou incomplète, persistant à la base du pied.

Amanita (Amanite). La volva laisse qqf. des lambeaux sur le chapeau. Les lames contiennent les thèques. (13 esp.)

1—Pied muni vers son sommet d'un collier (reste d'une membrane qui recouvrait les lam., à la naissance). 3

—Non. 2

2—Chap. strié aux bords.

A. vaginata. 0,10-0,15. Pied c eux, portant à la base une longue gaîne, cachée sous terre. Chap. 0,06-0,08, du roux au fauve, à la fin livide. Eté. Bois de Pins. R. (Comest.)

—Chapeau non strié.

A. pusilla. 0,02-0,03. Volva se déchirant en 3-5 lanières. Pied court, transparent. Chap. 0,02, hémisph., blanc strié de noir. Lam. roses. Groupé. Aut. Bois, jardins. (Vén.).

3—Chap. strié aux bords . . 4

—Non. 6

4—Lames blanches. 5

—Lames jaunes.

A. aurantiaca (Oronge). 0,08-0,12. Volva complète à la naissance, donnant l'apparence d'un œuf au Champignon. Chap. 0,08-0,12, sec, orangé, qqf. jaune-pâle, rar^{t} peluché. Eté. Bois. RRR. Fontainebleau?, Etampes? (Comest.)

5—Chapeau écarlate.

A. muscaria (Fausse Oronge). 0,08-0,12. Volva incomplète. Chap. 0,12-0,18, luis., gén^{t} moucheté de pellicules blanch., rar^{t} jaun. Sept., oct. Bois. C. (Vén.)

—Chapeau blanc-sale.

A. solitaria. 0,10-0,15. Volva incomplète. Chap. 0,12-0,15, déprimé au milieu, taché de verrues épaiss., brunes. Sept., oct. Bois. R. (Comest.)

6—Pied blanc. Volva complète. 7

—Pied bistre-rougeâtre.

A. aspera. 0,05-0,06. Volva incomplète. Pied fibrilleux. Chap. 0,07-0,08, fauve, chargé de verrues rudes, saill. Juill., oct. Bois. AC. (Vén.)

7—Chapeau coloré.

A. bulbosa. 0,12-0,18. Pied fistul., à base renflée; collier épais. Chap 0,05-0,10, convexe, d'un fauve plus ou moins foncé, chargé irrég^{t} d'écail. ou de verrues de teinte variable. Août, nov. C. (Très-vén.)

344 (suite).

α. *citrina*. Chap. jaune.
β. *viridis*. Chap. vert.
—Chapeau blanc.

A. verna. 0,05-0,07. Chap. 0,05-0,10, qqf. peluché, ne pouvant se peler. (Ne pas le confondre avec l'*Agaricus edulis*, qui est sans volva et peut se peler). Odeur vireuse. Août, sept. Bois. C. (Très-vén.)

—Champignon dépourvu de volva.

Agaricus (Agaric). Les lames contiennent les thèques. (350 esp.)

1—Pied nul. 2
—Pied court, sur le côté du chap.. 7
—Pied excentrique 11
—Pied central 15

PLEUROPES. Pied nul, latéral, ou excentrique.

2—Lames anastomosées . . 3
—Lames rayonnantes. . . 4
3—Chap. mince, velu. . . . 6
—Chap. épais, glabre.

A. quercinus. Irrég., volum., coriace, couleur de liége, attaché par sa partie supér. contre les vieux troncs et les bois de charpente, et ne montrant que ses lam. C.

4—Lames creusées en gouttière sur la tranche.

A. alneus. Chap. 0,04-0,08, mince, sec, blanc-sale. Lam. rougeâtres. Gén[t] sur l'Aune.

—Non. 5
5—Chap. cotonneux en dessus. 6
—Chap. glabre, très-coriace, roux-brun.

A. abietinus. 0,03-0,05. Lam. très-saill., glauq. Fentes des troncs et charpentes de Sapin. AC.

—Chap. glabre, presq. charnu, bleu-ardoise.

A. epixylon. 0,01-0,02. Lam. d'abord rougeâtr., puis noirâtres, foliac. Les troncs coupés. AC.

6. *A. coriaceus*. 0,06-0,07, sec, coriace, jaune-pâle, à zones noires. Vieilles souches. C.

7—Lames inégales. 8
—Lames de même longueur.

A. stypticus. Pied 0,01-0,02, élargi au sommet, et continu avec le chap. Chap. 0,03, roux, rénif., qqf lobé, à bord roulé en dessous. Saveur styptique. Groupé. Oct., avr. Troncs coupés. CC. (Vén.)

8—Chap. brun ou roux. . . 9
—Chap. blanchâtre. . . . 12
9—Pl. croissant sur le bois. 10
—Pl. croissant sur la terre.

A. petaloides. Pied court, canalic. Chap. presq. vertical, sin., blanc mêlé de brun; en forme de pétale à onglet prolongé. Groupé. Sept., oct. AR.

10—Pied long. Lam. jaunâtr. 12
—Pied court. Lam. blanches.

A. glandulosus. Chap. 0,12-0,18, lisse, plus ou moins brun, d'abord hémisph., puis sin. Lam. décurr., munies de houppes vel.-glandul. Odeur agréable. Groupé. Oct., janv. AC.

11—Lam. peu ou point décurrentes sur le pied. 12
—Lam. décurr. presq. jusqu'à la base du pied. 13

12. *A. inconstans* [A. conchatus et dimidiatus Bulliard]. Chap. 0,2-0,3, mince, irrég[t] sin., souv[t] en forme de coquille. Lam. jaunâtr. Groupé latér[t] le long des troncs elevés. AC. (Comest.)

13—Chap. marqué de taches claires, à peu près hexagonales.

A. tessellatus. Pied 0,05-0,06, blanc, arq. Chap. 0,10-0,12, fauve. Lam. blanch. ou jaunâtr., à base échancr. Aut. Croît ord[t] sur le

344 (suite).

Pommier sauvage. AC. (Suspect).
—Non 14
14—Lam. un peu décurr., pointues aux 2 bouts.
A. orcellus. Pied 0,02-0,05, blanc, ord[t] arq., glabre. Chap. 0,03-0,07, zoné ou maculé de noir. Lam. jaun. Aut. AR.
—Lam. seul[t] adhér. au pied, échancr. à la base.
A. ulmarius. Pied 0,08-0,12, arq., un peu velu, continu avec le chap. Chap. volum. (0,30-0,40), qqf. rayé de brun rouge. Lam. jaune-pâle. Aut. Croît ord[t] sur l'Orme. AC.
15—Suc laiteux blanc ou jaune 25
—Suc limpide ou noir . . 16
16—Lam. de longueurs inégales 35
—Lam. toutes ent. et égal. 17

RUSSULES. Pied central. Lames égales et non terminées sur un bourrelet annulaire.
17—Lam. terminées à un bourrelet annulaire distinct du pied. 59
—Lam. terminées sur le pied ou le centre du chap. 18
18—Plusieurs lam. fourchues. 21
—Lam. toutes simpl.; chap. concave ou peu convexe. . . . 19
19—Lames blanches 20
—Lam. jaun. ou ocracées.
A. alutaceus. Chap. rouge, à la fin sillonné sur les bords. Lam. larg., souples comme de la peau. Août, sept. Bois. (Alim.; ne pas le confondre avec l'*A. pectinaceus* qui a les lam. blanch.)
α. campanulatus. Chap. campanulé, rose.
20—Chap. vert ou verdâtre. 24
—Non.
A. pectinaceus. Chap. grand, str., à bord sin., blanc, brun, violet, rouge ou rosé. Eté, aut. Bois. CC. (Vén.)

21—Lam. adhér., ou décurr. 22
—Lam. non adhér. au pied.
A. fœtens [A. piperatus Bulliard]. Chap. 0,15-0,25, jaune-sale, gluant, à bords cannelés. Infect; saveur poivrée. Sept., oct. Bois. CC. (Vén.)
22—Chapeau cramoisi.
A. ruber. Pied souv[t] str. de rose. Chap. 0,08-0,10, à bords liss. Lam. blanch., 2-3-furq. Juill., sept. Bois. C. (Très-vén.)
—Non. 23
23—Chap. farineux ou écailleux.
A. furcatus. Chap. 0,08-0,10, d'un vert terne et inégal, comme moisi. Lam. presq. toutes bifurq. Saveur nauséabonde, amère. Eté. Bois arid. C. (Vén.)
—Non 24
24. *A. virescens* (Verdette). Chap. 0,05-0,10, plus foncé au centre, à surface sèche, qqf. rugueuse ou fendillée, varie du vert-de-cuivre au vert blanchâtre. Lam. peu nombr., qqf. bifurq. Eté. Bois. AC. (Comest.)

LACTAIRES. Pied central. Lames inégales. Suc laiteux blanc, qqf. jaune ou rouge.
25—Chap. marqué de zones concentriques. 26
—Non. 30
26—Pied ou lames colorés. . 27
—Pied et lames blancs.
A. zonarius. Pied presq. nul. Chap. 0,06-0,10, jaune-terne; zones nombr. au bord qui est sin. angul. Eté, aut. Bois, prés, où il est presq. caché sous la terre. AC.
27—Chair restant blanche après avoir été coupée. 28
—Chair devenant jaune.
A. theiogalus. Pied 0,03-0,04. Chap. 0,05-0,06, fauve un peu zoné. Lam. un peu décurr. Août, sept. Bois. AR. (Vén.)

344 (suite).

28—Chapeau glabre 29
—Chapeau peluché, au moins dans la jeunesse. 34
29—Pl. jaune-livide.
A. pyrogalus. Pied 0,03-0,04. Chap. 0,12-0,16, à zones nombr. noires. Lam. rougeâtr. Août, sept. Bois sombres, prés. AR. (Vén.)
—Pl. rougeâtre ou marron.
A. subdulcis. Pied 0,03-0,05. Chap. 0,08-0,09. Lam. rosées. Sept., nov. Bois, parmi la Mousse. AR. (Suspect.)
30—Chapeau coloré 31
—Chapeau blanc.
A. acris [A. piperatus Mérat]. Pied 0,02-0,03, épais, blanc. Chap. 0,08-0,10, à la fin ondulé. Lam. souv[t] bifurq., jaun., qqf. rosées. Été, aut. Bois, pelouses. CC. (Suspect).
31—Pied et chap. de même couleur 32
—De deux couleurs . . . 33
32—Chap. glabre, fauve ou jaunâtre. 29
—Chap. peluché, rougeâtre. 34
33—Chapeau gris-pâle.
A. azonites. Pied 0,04-0,05, mince (0,01), à base jaunâtre. Chap. 0,05-0,06. Lam. jaun., à peine attachées au pied. Été. Bois. R. Ermenonville, Luzarches. (Suspect.)
—Chapeau noirâtre.
A. plumbeus. Pied 0,04-0,05, épais, bistre-clair. Chap. 0,08-0,10. Lam. jaunâtr., un peu décurr. Aut. Bois. AC. (Vén.)
34. *A. necator* (Mortou). Pied 0,08-0,10. Chap. 0,07-0,08, qqf. semi-orbic. Sept., oct. Bois. (Très-vén.)

COPRINS. Pied central creux, nu ou muni d'un collier. Lam. inégales, se fondant en eau noire, dans la vieillesse. Chapeau membraneux, fragile, d'abord ovoïde, conique, puis en cloche. Espèces très-fugaces, non comestibles.

35—Lames nues dans la jeunesse 36
—Lames recouvertes, dans la jeunesse, d'une membrane complète ou non. 47
36—Pied plein 72
—Pied creux. 37
37—Lam. noircissant ou pourrissant dans la vieillesse. . . 38
—Lam. ne noircissant pas et se desséchant 60
38—Lames n'adhérant pas au pied. 39
—Lam. adhérentes au pied.
A. papilionaceus. Pied 0,08-0,10, jaunâtre, parsemé vers le haut d'une poudre bistrée. Chap. 0,03-0,04, noir-fuligineux. Lam. mouchetées comme les ailes de certains papillons. Mai, nov. Feuil. pourries. C.
39—Pied écaill., velu ou farineux. 44
—Pied glabre et cylindriq. 40
—Pied glabre, à base renflée.
A. picaceus. Pied 0,15-0,18, blanc. Chap. grand, devenant presq. plat, à plaques blanch., larg., sur un fond noir. Lam. noires. Sept., oct. Bois, jardins, sur les végétaux putréfiés. C.
40—Pied blanc ou un peu grisâtre. 41
—Pied fauve ou brun. . 52
41—Pl. soudées plusieurs ensemble par le pied 42
—Pl. solit.; ou en société, mais non soudées 43
42—Chap. fauve-pâle, marqué de taches rousses au sommet.
A. atramentarius. Pied 0,12-0,15. Chap. 0,06-0,07, en cloche allongée, hum., jaune-strié. Lam. ventrues. Aut. Lieux hum. On trouve qqf. des groupes de 40 individus.

344 (suite).

—Chap. gris, fauve au sommet.

A. deliquescens. Pied 0,08-0,12. Chap. 0,04, en cloche allongée dont les bords se relèvent à la fin. Lam. noires, à marge blanche. Toute l'année. Prés, jardins. C.

43—Pied épais de 0,007-0,008.

A. micaceus. Pied 0,09-0,11. Chap. à centre fauve, peluché, à bord fort[t] str. Lam. toutes formées par les plis d'une seule membrane. Mai, nov. Bois, prés, jardins. CC.

—Pied épais de 0,002.

A. ephemerus. Pied 0,07-0,08. Chap. à bord strié, à la fin déchiré et roulé en dessus. Ne dure qu'un jour. Fumiers. C.

44—Pied velu ou peluché.. 46

—Pied farineux.

A. cinereus. Pied 0,15-0,20. Chap. 0,08-0,11, cendré, se retroussant. Lam. lin., ponctuées. Eté. Bois, prés. AC.

45—Collier adhér. au pied. 58

—Collier mobile sur le pied.

A. typhoides. Pied 0,18-0,20, renferm[t] un filet cotonneux central. Chap. cylindriq. de 0,09-0,10 de long. Sept. Bois humides, jardins. AC.

PRATELLES. Pied central, nu ou muni d'un collier. Chapeau charnu. Lames noircissant, sans se fondre, dans la vieillesse.

46. *A. amarus.* Pied 0,06-0,07, aune. Chap. 0,04, jaune. Lam. gris-verdâtre. Très-amer. Groupé. Eté, aut. Sur les troncs pourris. AC. (Vén.)

47—Membrane incomplète, laissant en se déchirant des lambeaux filamenteux plus ou moins fugaces 48

—Membrane complète laissant un collier sur le pied 55

48—Pied creux. 49

—Pied plein 127

49—Lambeaux de la membrane sur le pied et très-fugaces. . 50

—Lambeaux persist. au bord du chapeau. 53

50—Chapeau lisse. 51

—Chap. à bord strié . . 137

51. *A. campanulatus.* Pied 0,12-0,14, roux-pâle. Chap. 0,03-0,04, roux-brun, en cloche. Lam. arq., roux-cannelle. Groupé par 4-5. Sept. Bois. AC.

52. *A. semi-orbicularis.* Pied 0,04-0,05. Chap. 0,02, hémisph., luis., jaunâtre. Presq. toute l'année. Chemins, champs. CC.

53—Lames violacées. Lambeaux de la membrane très-apparents. 54

—Lames cannelle. Lambeaux peu visibles 137

54. *A. appendiculatus.* Mous, aqueux. Pied 0,07-0,08, blanc. Chap. 0,02-0,06, roussâtre, ord[t] str., à bord souv[t] fendu. Gén[t] groupé. Sept., nov. Bois, jardins. CC.

55—Pied plein 56

—Pied creux. 138

56—Pied à base renflée. . 57

—Non. 141

57—Chap. peluché. 45

—Chapeau glabre. . . . 58

58. *A edulis* [A. campestris L] (Champignon de couche). Pied 0,03-0,06. Chap. 0,04-0,10, blanc, arrondi, qqf. brun au centre. Lam. d'abord rosées, puis fuligineuses, et enfin noires. Prés, friches, bois, fumiers. C. (Comest.; cultivé sur couche dans les caves et les carrières souterraines; le seul vendu sur les marchés de Paris).

α. *arvensis.* Chap. uni et blanc-de-neige. Lam. recouvertes d'une membrane formant, à la fin, comme un collier au haut du pied. Pâturages des chevaux. CC.

ROTULES. Pied central. Lames

344 (suite).

égales terminées sur un bourrelet annulaire qui entoure le pied.

59. *A. rotula.* Pied 0,03, épais de 0,001-0,002, glabre et noirâtre. Chap. 0,01 au plus, très-mince, plissé, blanc. 15-20 lam. au plus. Eté, aut. Bûches, feuilles mortes. C.

MYCÈNES. Point de collier. Pied central fistuleux. Chapeau non ombiliqué.

60—Lames n'adhérant pas au pied 61
—Lam. adhér. ou décurr. 66
61—Pied velu ou velouté, au moins à sa base. 62
—Pied tout à fait glabre. 63
62—Lames blanches. . . . 140
—Lam. fauves ou rousses. Chapeau non gluant.

A. alliaceus. Pied 0,08-0,12, épais de 0,005-0,006, noir, effleuri soyeux. Chap. 0,05-0,06, blanc-brun. Lam. blanchâtr., libres. Odeur d'ail. Sept., nov. Bois hum., sur les feuil. mortes. AC. (Suspect.)

—Lam. jaunâtr. Chap. gluant.

A. nigripes. Pied 0,08, velouté, noir à la base Chap. 0,05, fauve, avec le centre brun, peu charnu. Ord[t] groupé par 10-12. N'a ni le goût ni l'odeur des Champignons: on croirait mâcher de la gomme. Nov., févr. Sur les troncs. AR.

63—Chap. strié au moins sur le bord. 64
—Chap. non strié. . . . 78
64—Lam. blanch. ou jaunâtr. 65
—Lam. roug., violettes ou cannelle. 137
65—Pied fauve ou jaunâtre, épais de 0,004-0,008 81
—Pied noirâtre, d'une excessive ténuité.

A. epiphyllus. Pied 0,06-0,08. Chap. 0,007-0,009, blanchâtre, rugueux. Groupé. Sept., oct. Bois, sur les feuil. tombées. C.

66—Lames plus ou moins décurr. 67
—Lam. seul[t] adhér. . . . 68
67—Pied cylindrique . . . 94
—Pied à base renflée.

A. ventricosus. Pied 0,07-0,09, jaunâtre. Chap. 0,05-0,06, gris-jaunâtre ou blanc, lisse, souv[t] str. au bord. Lam. rousses, nombr., sinueuses, terminées par un crochet légèr[t] décurr. Eté, aut. Bois, sur la terre ou les fumiers. AC.

68—Pied velu ou hérissé à la base. 69
—Pied tout à fait glabre. 71
69—Pl. croissant sur les arbres. 70
—Sur les feuil. mortes. . 106

70. *A. fistulosus.* Polymorphe. Pied 0,04-0,10, jaune, toujours glabre, mais chargé, à la base, de petits poils raides, noirs; entrant par une petite racine pointue dans les fentes des arbres. Chap. 0,02-0,06, blanchâtre, roux ou gris, formant une protubérance dans l'intérieur du pied. Lam. nombr. Groupé. Aut. CC.

71—Lames blanches.

A. Adonis. Pied 0,05, lisse, filif., sans racine. Chap. 0,008-0,010, lisse, en cloche, blanc, rose ou vert. Groupé par 8-10. Sept., nov. Bois. C.

—Non. 54
72—Pied tout à fait glabre. 73
—Pied écailleux, velouté, peluché ou hérissé. 95
73—Lam. libres ou seul[t] adhérentes. 74
—Lam. décurr. sur le pied. 82
74—Pied simple. 75
—Pied rameux 120
75—Pl. croissant sur les tiges ou les feuil. 76
—Pl. croissant sur terre. 109
76—Pied au moins 4 fois plus long que le diamètre du chap. 77

344 (suite).

—Pied au plus 2 f. plus long que le diamètre du chap. . . 106

77. *A. clavus*. Pied 0,04. Chap. 0,003-0,008, roussâtre, transparent, à bord sinué. Lam. blanch., peu nombr. Groupé en grand nombre. Août, nov. CC.

OMPHALIES. Point de collier. Pied central, plein ou fistul. Chapeau ombiliqué. Lames presq. toujours décurrentes.

78—Chap. en cloche jusqu'à la fin. 79

—Chap. coniq., plan ou concave. 80

79—Lam. roux-orangé ou cannelle. 51

—Lames blanchâtr. ou jaunâtres. 80

80—Pl. solitaire 52

—Pl. naissant par groupes. 81

81. *A. dryophilus*. Pied 0,03-0,06, glabre, jaunâtre, épais de 0,004-0,008. Chap. 0,03-0,08, étalé, lisse, qqf. déprimé, jaune-pâle. Aut. Bois. C.

82—Pied aminci à la base. 97

—Non. Surf. hum., gluante. 83

—Non. Surface sèche. . 86

83—Pied blanc. Chap. concave dans la vieillesse 84

—Pied plus ou moins coloré. Chap. convexe 131

84—7-8 demi-lames entre les lam. entières. 85

—1-3 demi-lames. . . . 124

85. *A. infundibuliformis*. Pied 0,04-0,06, plein, épais, velu, évasé supér[t]. Chap. 0,07-0,09, jaunâtre ou grisâtre, luis., hum., en entonnoir à bord sin. Aut. Sur les feuil. mortes. AC. (Comest.)

86—Pied plus long que le diamètre du chap. 87

—Pied plus court. . . . 89

87—Chap. marqué au bord de stries rayonnantes.

A. pseudo-androsaceus. Pied 0,03-0,04, grêle, blanc. Chap. 0,01-0,02, grisâtre, membran. Lam. distantes. Groupé. Eté, aut. Bois et bruyères. C.

—Chap. non str., d'au moins 0,03. 88

—Chap. non str. d'au plus 0,01.

A. fibula. Pied 0,04-0,05, épais de 0,001-0,002, jaune. Chap. roux, lisse, ombiliqué. Lam. distantes. Juin, oct. Mousses, Graminées. CC.

88—Pl. violette dans toutes ses parties.

A. amethysteus. Pied 0,05-0,07, tenace. Chap. 0,04-0,06, charnu, coriace, velouté, à la fin jaunâtre. Lam. très-distantes, épaiss. Groupé par 2-4. Aut. C. (Comest.)

—Pl. dont les diverses parties ne sont pas de même couleur. 110

89—Chap. en entonnoir. . 85

—Chap. convexe, plan ou peu concave. 90

90—Chapeau verdâtre ou bleuâtre. 97

—Chap. blanc, roux-jaunâtre ou rougeâtre 91

91—Pied str. ou rayé en long. 98

—Non. 92

92—Chapeau blanchâtre ou jaunâtre 93

—Chap. rouge au centre. 99

93—Pied aminci par le bas. 94

—Aminci par le haut.. . 105

94. *A. virgineus*. Pied 0,02-0,03. Chap. 0,03-0,04, blanc, str., ferme ou mou suivant l'exposition. Lam. distantes. Ord[t] groupé. Aut. Friches et bruyères. C. (Comest.)

95—Lames décurrentes . . 96

—Lam. libres, ou adhér. sans se prolonger sur le pied. . . 101

96—Pl. croissant sur terre. 100

—Sur les vieux troncs.

A. tigrinus. Blanc tigré de brun. Pied 0,02-0,03, flex. Chap. 0,04-0,06, ombiliqué, écail. velu.

344 (suite).

Lam. blanch., très-nombr., dentic. Groupé. Eté, aut. AC. (Comest.)

GYMNOPES. Point de collier. Pied plein. Chapeau charnu.

97. *A. odorus.* Pied 0,05-0,06. Chap. 0,08-0,09. Lam. blanchâtr.; 6-8 demi-lam. entre 2 lam. ent. Odeur fort[t] anisée. Sept. Bois. AC. (Suspect.)

98. *A. pileolarius* [A. nebularis Mérat]. Pied 0,03-0,06, à base renflée. Chap. 0,07-0,10, toment. cendré. Lam. nombr., gris-blanc. Odeur douce. Aut. Bois, sur les feuil. pourries. C. (Comest.)

99. *A. ficoides.* Pied 0,03-0,05, blanchâtre. Chap. 0,06-0,08, mamelonné au centre. Lam. distantes, décurr. Août, nov. Prés. AC.

100—Pied chargé, vers le haut, de petites écailles. 125

—Pied velouté dans toute sa longueur. 103

—Pied velu ou hérissé à la base. 105

101—Pied velu ou hérissé. . 102

—Pied écail., ou peluché. 107

102—Pied str. ou rayé en long. 103

—Non 104

103. *A. longipes.* Pied 0,02, prof[t] enterré, à base filif., str. Chap. 0,05-0,08, roussâtre, gluant, rug. Lam. blanch., distantes. Juill., sept. Bois, sur les rac. pourries. AC

104—Pl. croissant sur terre. 105

—Sur végétaux morts ou vivants 106

105. *A. albellus* (Mousseron). Blanc ou jaune très-pâle. Pied 0,04-0,05, épais de 0,10-0,15. Chap. 0,03-0,04, convexe. Lam. à la fin rosées, très-serrées. Odeur suave. Mai, oct. Friches et bois. R. (Comest.; s'expédie, conservé, du Midi à Paris.)

106. *A. hariolorum* (Ag. des devins). Pied 0,03-0,04, devient fistul. Chap. 0,03-0,04, jaune-pâle, presq. plat, lisse. Lam. flex. Odeur agréable. Eté. Bois, sur les feuil. mortes. AC. (Comest.)

107—Chap. écail., ou peluché. 126

— Non 108

108. *A. crustuliniformis.* Ressemble à un échaudé. Pied 0,04-0,06, blanc, tacheté de peluches noirâtres dans le milieu. Chap. 0,04-0,08, jaunâtre, bosselé, gluant dans les temps hum. Lam. rousses. Odeur nauséeuse. Aut. Bois. CC. (Vén.)

109—Chap. glabre. 111

—Chap. velu, peluché ou écailleux. 110

—Chap. poudreux.

A. furfuraceus. Pied 0,06-0,08, fibr., épais de 0,008-0,010, blanc. Chap. 0,05-0,08, jaunâtre, moucheté au centre, mamelonné, sin. Eté. AC.

110. *A. ovinus.* Pied 0,02-0,03, cendré. Chap. 0,03-0,05, du blanc au brun. Lam. larg., arq., distantes. Odeur de farine; chair rougissant à l'air. Groupé. Eté. Pâcages. AR. Plessis-Piquet. (Comest.)

111—Chap. ni rayé ni strié. 112

—Chap. rayé. Lam. rougeâtr.

A. glaucus. Pied 0,06-0,08, bleu-de-ciel. Chap. 0,03-0,05, bleu-pâle, plus clair au bord, souv[t] taché au centre. Lam. échancr. près du pied. Juill., oct. Prés. AC.

— Chap. str. Lam. jaunâtr.

A. rimosus. Pied 0,04-0,12. Chap. 0,06-0,08, brun-jaunâtre, satiné, mamelonné, marqué de crevasses rayonnantes. Août, sept. Bois, chemins. CC. (Suspect.)

112—Pied ni str., ni rayé.. 114

—Pied strié en long. Lames blanches 113

—Pied strié en long. Lames plus ou moins colorées.

A. fulvus. Pied 0,08-0,12, chargé de fibrilles. Chap. 0,06-

344 (suite).

0,07, brun-fauve, mince, visq. Lam. tronq. à la base. Août, sept. AC.

113. *A. leucocephalus*. Blanc. Pied 0,06-0,08, se maculant en noir. Chap. 0,07-0,08 au plus, souv[t] crevassé-écail. Lam. très-serrées, adhér. au chap. Très-amer. Groupé. Juin, sept. Bois. AC. Versailles, Meudon, Verrières. (Suspect.)

114—Lam. ent[t] libres. . . 115

—Lames plus ou moinsadhér. au pied. 121

115—Pied plus long que le diamètre du chapeau. 116

—Non. 117

116—Lam. blanch. Pied tordu.

A. contortus. Roux-brun. Tige ram., noire. Pied 0,06-0,07. Chap. 0,03-0,04, mamelonné. Eté. Bois, sur les rac. AC.

—Lam. colorées. Chap. aurore, noircissant dans la vieillesse.

A. croceus [A. dentatus L]. Pied 0,06-0,08, fistul. à la fin. Chap. coniq., très-irrég., lobé-denté. Chair noircissant. Mai, oct. Prés moussus. AR. Versailles.

117—Pied blanc. 108

—Pied jaunâtre 118

118—Pied velu ou peluché. 119

—Pied glabre.

A. frumentaceus. Pied 0,06-0,09, qqf. str. de brun. Chap. 0,06-0,08, jaune-paille, varié de brun. Lam. jaun. Août, oct. Bois. AC. (Comest.)

119—Pied atteignant 0,02 d'épaisseur. Chap. bosselé . . . 108

—Pied épais de 0,005-0,006 au plus. Chap. régulier.

A. tortilis (Faux Mousseron). Pied 0,03-0,04, se tord comme une corde en séchant. Chap. 0,04, roussâtre. Parfumé. Aut. Bois et friches. C. (Comest.)

120. *A. repens*. Jaune. Tige ramp., rougeâtre, poussant de tous côtés des pieds, simpl. ou ram., de 0,08-0,10. Chap. 0,02. Lam. nombr. Aut. Bois, sur les Mousses et les feuil. pourries. C.

121—Pied blanchâtre ou jaunâtre. 122

—Pied jaune, roux, brun ou de couleur foncée. 123

122—Chap. de 0,01 au plus. 77

—Chap. de 0,05 au moins. 113

123—Pl. violette ou rousse. 134

—Pl. jaune-soufre.

A. sulphureus. Pied 0,08-0,10, épais de 0,01, tordu. Chap. 0,06, convexe. Lam. nombr., arq. Odeur fétide. Aut. Bois, sur la terre. AC. (Suspect.)

124—Chap. absolum[t] blanc. 125

—Chap. jaunâtre.

A. ericetorum. Pied 0,03-0,08, jamais écail. au sommet. Chap. exactement convexe. Lam. nombr. Goût agréable. Aut. Bois. AC. (Comest.)

125. *A. eburneus*. Pied 0,03-0,08, chargé d'écail. noires à son sommet. Chap. luis., comme poli. Lam. nombr., arq. Facile à confondre avec l'*A. leucocephalus*. Aut. Bois, sur les Mousses. AC. (Comest.)

126—Chap. sec. Lam. jaunes. 136

—Chap. visq. Lam. blanches.

A. Russula Mérat. Pied rosé, écail. velu. Chap. 0,08-0,10, rougeâtre. Aut. Bois. AC. (Comest.) Ne pas le confondre avec l'*A. pectinaceus*, dont le chap. n'a pas d'écail. et dont les lam. sont presq. toutes égales.

CORTINAIRES. Pied central. Lames d'abord recouvertes par une membrane incomplète, laissant sur le pied un collier filamenteux.

127—Pl. croissant sur terre. 128

—Sur le vieux bois. . . 135

128—Pied écailleux 129

—Non. 130

344 (suite).

129—Lames roussâtres.

A. turbinatus. Pied 0,10-0,18, à base renflée en toupie; collier rougeâtre. Chap. 0,15-0,25, jaune-sale, plus foncé au centre. Aut. Futaies. AR. (Suspect.)

—Lames rouges.

A. mucosus. Jaune. Collier rouge. Chap. 0,03-0,08, très-glutineux. Juill., nov. Bois. AC. (Suspect.)

130—Chap. gluant. 131

—Non. 132

131. *A. glutinosus*. Couleur cannelle. Pied 0,05-0,10, à sommet taché de noir. Chap. 0,06-0,08, collant. Août, oct. AC. (Suspect.)

132—Pied entouré, vers le milieu, d'un liséré rouge.

A. hæmatochelis. Pied 0,10-0,12, blanc-fauve. Chap. 0,08-0,10, rouge-rouille. Lam. rousses, d'abord couvertes d'une membrane laissant des traces au bord du chap. ou au sommet du pied. Aut. Bois de Hêtres. (Non vén.)

—Non. 133

133—Lames recouvertes d'une membrane aranéeuse.

A. araneosus. Dimensions et couleur variables, qqf. ent[t] violet (*violaceus*). Chap. d'abord hémisph., restant convexe. Lam. nombr. Aut. Bois. C. (Non vén.)

—Lames nues. 134

134. *A. nudus*. Pied 0,05-0,06, nu. Chap. 0,10-0,12, violet-roux, charnu seul[t] au centre, glabre. Lam. nombr. Eté, aut. Bois. C. (Suspect.)

135—Pied et chap. non écailleux.

A. castaneus. Pied 0,02-0,03, blanc nuancé de brun, à la fin fistul. Chap. 0,05-0,06, satiné, couleur de la châtaigne, à bord souv[t] blanchâtre. Lam. libr., recouvertes d'abord d'une toile aranéeuse. Groupé. Aut. Sur les Mousses ou les vieux troncs. C. (Comest.)

—Pied et chap. écail. . 136

136. *A. squammosus*. Fauve foncé. Chap. 0,08-0,10, mamelonné, à bord cilié. Chair jaune. Lam. nombr. Aut. Sur les vieilles souches. AC. (Suspect.)

137. *A. hydrophilus*. Pied 0,05-0,07, blanc, fistul. Chap. 0,03-0,08, fauve, à bord str. et sin. Lam. cannelle, très-nombr. Juill., nov. Bois. CC, après les longues pluies. (Suspect.)

LEPIOTES. Pied central. Lames ne noircissant pas, recouvertes d'abord par une membrane laissant un collier sur le pied.

138—Pied glabre 139

—Pied écailleux ou cotonneux au dessous du collier. . 140

139—Pied à base renflée, bulbeuse.

A. procerus (Grisette). Pied pouvant atteindre 0,3-0,4, panaché en travers de blanc et de brun; collier mobile. Chap. 0,08-0,10, blanchâtre, d'abord ovoïde, à épiderme se relevant en écail. brunes. Lam. blanch. Odeur agréable. Eté. Bois, bruyères, champs. AC. (Comest.)

—Non 45

140. *A. clypeolarius*. Pied 0,08-0,12, blanc, fistul. Chap. 0,05-0,08, blanchâtre, taché de rouille, camp. Lam. blanch. Odeur peu agréable. Sept., oct. Bois hum. AC. (Suspect.)

141—Pied écailleux au-dessous du collier. 142

—Non. 143

142. *A. annularius*. Roux. Pied 0,09-0,10, avec débris de colliers étagés, le dernier en godet. Chap. 0,06-0,09, écail. velu, qqf. glabre. Lam. jaunâtr., distantes. Groupé qqf. par 20-30. Aut. Au pied des vieux troncs. CC. (Vén.)

143—Lames rouges, brunes ou noirâtres. 144

344 (suite).

—Lam. blanch. ou jaun. 145
144—Collier mobile sur le pied. 45
—Collier fixe. 58
145—Pl fauve. Lam. color. 142
—Pl jaune-d'or. Lam. blanch.

A. aureus. Pied 0,06-0,07, plein, courbe; collier peu apparent. Chap. 0,04, moucheté, convexe. Lam. étroit. Odeur nauséeuse. Eté. Bois hum. AC. (Vén.)

9—Rides peu prononcées. Plante se retournant pendant la végétation. 15
—Rides très-prononcées. Pl. ne se retournant pas.

Merulius. Chap. charnu ou membran., relevé en dessous par des plis ou veines renflées, souv[t] anastomosées. (22 esp.).

1—Chap. pédonculé. Pl. terrestre. 2
—Chap. sess. ou subsessile. Sur le bois ou les Mousses.

M. muscigenus. Pied court, latéral. Chap. 0,04, fauve-pâle, glabre, lobé, horizontal. Aut. AC.

2—Chap. lisse en dessus . . 3
—Chap. peluché ou comme égratigné.

M. cornucopioides [Peziza cornucop. L]. En tube évasé, membran., noir-brun en dedans à bord réfléchi, glauq. en dehors à veines effacées. Sept. Bois. AR.

3—Pied plein 4
—Pied creux.

M. lutescens. Pied 0,06, jaune, à base renflée. Chap. 0,03-0,04, jaune-brun, ondulé; veines très-saillantes. Groupé. Juill., nov. AC. Bois hum.

4—Pied noir.

M. nigripes. Pied 0,05-0,10, cylindr. Chap. 0,05-0,08, jaune-sale, à bord ondulé et roulé en dessous. Aut. AR. Bois, champs. (Suspect.)

—Pied et chap. jaunes.

M. Cantharellus (Chanterelle). Pied 0,03-0,04, charnu, épais de 0,012-0,015, dilaté en entonnoir irrég., à bord frisé; veines très-saill. Juin, oct. C. Ombrages. (Comest.)

10—Surface fructifère formée de papilles ou de pointes. 14
—Surface fructifère formée de tubes. 11
11—Tubes adhérents entre eux. 12
—Tubes libres et non soudés entre eux. 13
12—Tubes adhérents à la chair du chapeau.

Polyporus [Boletus DC]. Champignons charnus, coriaces ou subéreux, le plus souvent sessiles, qqf. renversés. Extrémité infér. des tubes enchâssée dans une membrane ne laissant voir que leur ouverture. (67 esp.).

1—Plante sessile. 2
—Pl. portée sur un pied latéral ou central. 10
2—Surface supér. plane ou convexe 3
—Surface supér. concave et irrégulière.

P. cryptarum. Très-variable, coriace, spongieux, mince, bistre. Tubes très-longs. AC. Caves, où il forme de larg. plaques sur les poutres.

3—Surface infér. de la même couleur que la supér. 4
—Surface infér. de couleur différente 8

344 (suite).

4—Epaisseur du chap. moindre, au point d'attache, que la longueur des tubes.

P. unicolor. Mince, coriace, gris. Surface supér. laineuse, zonée. Tubes irrég., flexueux, puis lacérés. Troncs. C.

—Epaisseur plus grande. . 5

5—Chap. marqué de zones parallèles aux bords. 6

—Non 7

6—Ecorce dure et d'un noir luis. sous l'épiderme du chap.

P. ungulatus [Boletus fomenrius L]. Très-gros, en sabot de cheval, brun, d'abord mou, puis dur comme du bois. Tubes par couches annuelles, petits, rég., pâles. Hêtres, Chênes. C. (Amadou.)

—Non.

P. obtusus. Dur. Chap. presq. lisse, ferrugineux, demi-orbic. Tubes par couches annuelles, courts, rég., cannelle. Arbres. C.

7—Epaisseur du chap. au moins quadruple de la longueur des tubes.

A. pseudo-igniarius. Très-gros, mou, lisse, gris en dehors, à bords gonflés, exhalant des gouttes de liquide. Tubes non disposés par couches, très-longs. ① ou ②. Arbres. C.

—Epaiss. du chap. au plus double de la longueur des tubes.

P. suberosus. Très-gros, roux, irrég. Chap. d'abord aqueux, puis coriace, lisse. Tubes larg., irrég., très-nombr. Arbres. C.

8—Tubes sin. et irréguliers.

P. suaveolens. Très gros, coriace, glabre, zoné, blanc, puis foncé. Tubes allong. Odeur de vanille. Saules. AR.

—Tubes arrondis et rég. . 9

9—Surface infér. blanchâtre ou pâle.

P. versicolor. 0,03-0,06 ; imbriqué. Chap. coriace, mince, à surface supér. cotonneuse-soyeuse, marquée de zones multicolores. Tubes très-courts, étroits, pâles. Qqf. renversé. Arbres morts, poutres. CCC.

—Surface infér. jaune, brune ou rouge.

P. hispidus. Très-gros. Chap. charnu, couvert de poils rudes, bruns. Tubes petits, longs. Rend, coupé, une eau rouge-sang. Aut. Cicatrice des vieux arbres. AC.

10—Pied latéral. 11

—Pied central, ou peu excentrique.

P. fuligineus Mérat. Chap. 0,04-0,06, glabre, orbic., fuligineux. Pores très-petits, blancs. Aut. Sur la terre, dans les bois et les jardins.

11—Pied et chap. écailleux ou crevassés.

P. Juglandis. Pied gros, court, de même couleur que le chap. Chap. pouvant atteindre 0,60, charnu, visq., ocracé, à écail. noirâtres. Tubes flex. Odeur forte. ①. Vieux Noyers. AC. (Comest.)

—Pied et chap. glabres. . 12

12—Tubes blancs.

P. obliquatus. Pied de longueur variable. Chap. subéreux, luisant, passant du jaune-pâle au rouge, puis au noir. Tubes pâles, très-longs. Creux des Chênes. AC.

—Tubes jaun. ou fauves. 13

13—Chap. zoné en dessus, à bord lobé.

P. giganteus Mérat. Pied épais, très-court. Chap. mou, très-large, en demi-entonnoir, rouge-brun. Tubes inég., courts. ①. Vieilles souches, où il peut former des groupes d'un mètre. C.

—Chap. non zoné, à bord seul[t] sinué

P. calceolus. Pied 0,01-0,06,

344 (suite).

pâle, subitement noirâtre, à base creuse. Chap. variable, lisse, sec, du jaune au brun. Tubes petits, courts, pâles. ♃. Aunes, creux des Saules. AC.

—Tubes faciles à séparer de la chair du chapeau.

Boletus (Bolet). Pied central. Chapeau charnu, subhémisph., étalé, souvent réticulé. Dans les bois. (19 esp.)

1—Tubes à orifice blanc ou bleuâtre. 2
—Tubes à orifice jaune ou rouge. 9
2—Pied hérissé comme une râpe. Chap. visq. 3
—Pied glabre. 5
3—Chap. orangé. Ecail. du pied rouges.
B. aurantiacus (Roussile, Gyrole rouge). Pied 0,05-0,10, gros. Chap. large; chair blanche, qqf. rosée; tubes blancs. Aut. C. (Mangeable.)
—Chap. fauve ou gris. Ecail. du pied noires 4
4. *B. scaber*. Pied 0,12-0,15. Chap. 0,08-0,15; chair blanche, molle; tubes blancs ou jaun. Acide. Eté, aut. CC. (Mangeable.)
5—Pied épais, à base renflée. 6
—Pied cylindrique. 8
6—Chair blanche devenant bleu-d'azur à l'air. Pied bistre à la base, blanc au sommet.
B. cyanescens. Pied 0,05-0,08. Chap. 0,08-0,11, bistre; tubes gris en vieillissant. Août, sept. AC. (Suspect.)
—Chair ne bleuissant pas. Pied blanchâtre ou fauve. 7
7. *B. edulis* (Cèpe, Gyrole). Pied 0,05-0,15. Chap. gros, large, brun; chair blanche, qqf. vineuse sous la peau; tubes blancs, puis jaune-vert. Eté. CC. (Comest.). Peut atteindre le poids d'une livre.
8—Pied marqué de lignes rouges en réseau. 13
—Non 17
9—Tubes rouges 10
—Tubes jaunes 15
10—Pied hérissé. 4
—Pied glabre 11
11—Pied marqué de rouge. 12
—Non 14
12—Tubes lilas-pâle. Chair rose à l'air. 13
—Tubes vermillon. Chair noircissant à l'air. 22
13. *B. felleus*. Pied 0,05-0,08. Chap. fauve ou bistré, mou. Amer. Juill., août. AC. (Vén.)
14—Pied et chap. citron. Chair jaune, ne changeant pas de couleur.
B. piperatus. Pied 0,05-0,08. Chap. plan; tubes s'avançant sur le pied. Saveur poivrée. Aut. AR. (Vén.)
—Pied et chap. grisâtr. ou jaunâtr. Chair changeant de couleur. 22
15—Pied hérissé, crevassé ou écailleux. 16
—Pied glabre et non crevassé 18
16—Pied hérissé d'écail. sur presq. toute sa surface. . . . 4
—Pied crevassé à la base. 17
17. *B. castaneus*. Pied 0,05-0,08, brun-marron. Chap. marron, velouté; chair blanchâtre, molle. Sept. AC. (Insipide, non vén.)
18—Pied sans lignes ni taches, et de même couleur que le chap. 17
—Pied rayé ou taché, ou de couleur différente de celle du chap.. 19
19—Chair blanchâtre. . . . 20

344 (suite).

—Chair jaune, changeant fort[t] à l'air. 21

20—Tubes de 0,02-0,03. . . 7

—Tubes de 0,005-0,006.

B. æreus. Pied 0,05-0,12, qqf. renflé, fauve. Chap. 0,08-0,15, épais, bronze-noir; chair verdissant légèrement à l'air. Juill., oct. AR. (Mangeable.)

21—Chapeau gercé en plaques brunes irrég., cloisonné de blanc.

B. chrysenteron. Pied brun ou jaune, qqf. rayé ou réticulé. Chap. 0,07-0,12; chair jaune; tubes de 0,01, larg., irrég. angul. Eté. AC. (Suspect.)

—Non 22

22. *B. rubeolarius* (Faux Cèpe). Pied 0,10-0,13, gros, ord[t] à base renflée. Chap. 0,08-0,30, du gris au brun; tubes minces et serrés, ord[t] roug. à l'orifice. Eté, aut. CC. (Vén.)

13. **Fistulina**. Tubes libres entre eux. (1 esp.)

F. buglossoides Mérat [Boletus hepaticus L] (Foie-de-bœuf, Langue-de-bœuf). Pied épais, court ou nul, latéral. Chap. en forme de langue de bœuf épaisse, rouge supér[t]; chair rouge, zonée de blanc; tubes d'abord blancs, puis jaunâtr. Eté, aut. Sur les troncs ou les vieilles souches. AR. Poissy, Marly, Vaucresson. (Mangeable.)

14—Plante se renversant pendant la végétation. Surface fructifère garnie de très-petites papilles.. 15

—Pl. ne se renversant pas. Surface fructif. hérissée de pointes.

Hydnum. Thèques à l'extrémité des pointes garnissant la partie infér. du chap. Chap. sessile ou pédonculé. (28 esp.)

1—Plantes ou étendues sur les troncs, ou indistinctement rameuses. 2

—Pl. ayant un chap. distinct.

H. repandum (Rignoche, Eurchon). Chap. 0,04-0,08, charnu, sinué, convexe, blanc-roux. Eté, aut. Bois. AC. (Comest.)

2—Pl. indistinctement rameuse au sommet. 3

—Pl. étendue sur les troncs par la surface non garnie de pointes.

H. Barba-Jobi. Très-étalé, toment., blanc-pâle, coriace. Pointes blanch., à bout orangé, barbues. Eté, aut. Appliqué sur les vieux bois par tous les points de sa surface supér. AR.

3—Pointes pend. dès la naissance.

H. Erinaceus (Hérisson). Grand, convexe, sess., ou à pied court; pointes minces, étagées. Blanc en naissant, puis jaune-pâle. Chair ferme, blanche. Aut. Vieux Chênes. AR. (Comest.)

—Pointes ondulées en tout sens.

H. Caput-Medusæ. Pied oblique, court, charnu, passant du blanc-de-lait au gris, et portant des pointes grêles, allongées, à la fin en forme de perruque. Sept. Sur le bois mort. AR. Versailles. (Comest.)

15. **Thelephora** (Auriculaire). Chap. sess., coriace, irrég., attaché par le côté ou par le dos, muni de thèques à sa surface extér. lisse ou chargée de qq. papilles. Appliqué d'abord

344 (suite).
contre les arbres par sa surface stér., le chap. s'en détache pour devenir horizontal, et la surface fructif. devient l'inférieure. (33 esp.).

1—Chap. en entonnoir attaché par le centre. 4
—Non 2
2—Chap. plan attaché par le côté. 3
—Chap. appliq. par l'une de ses surfaces.
T. phylacteris. Grand, peu adhér., mou, membr., glabre, larg[t] étalé, à div. ondulées, blanch., puis noirâtr., plissées à la base. Bois. Sur la terre et s'élevant sur les pierres ou les troncs. AR.
3—Chap. charnu ou gélatineux, un peu épais 4
—Chap. mince et coriace.
T. reflexa. Varie de couleur et de dimension. Surface supér. zonée, vel ; surface infér. unie, purpurine. Aut. Arbres morts, pieux. AR.
4—Surface infér. ridée, gélatineuse.
T. tremelloides. Couleur variable. Forme d'abord une croûte crevassée, puis se détache par le haut et figure un cornet, à bords réfl., zoné ou plissé, plus foncé en dessus qu'en dessous. ♃. Aut. Vieilles souches, surtout celles de Noyer. AC.
—Surface infér. lisse, non gelatineuse.
T. caryophyllea. Chap. en entonnoir, str., fibreux, peluché, à bords ord[t] déchirés, fauve-pourpre. ①. Aut. Sur la terre ou les souches pourries. Touffu. Figure grossièrement un œillet.

16—Pl. charnue, coriace ou membraneuse. 17
—Pl. gélatineuse. 19
17—Pl. se renversant pendant l'accroissement. 15
—Non. 18
18—Plante en forme de coupe. 20
—Pl. en corne plus ou moins rameuse, ou élargie en massue au sommet.

Clavaria. Point de chapeau distinct. Spores sur toute la surface. Croissent sur la terre. (Non vénéneux). (30 esp.)

1—Pl. simple, non ramifiée. 2
—Pl. plus ou moins divisée. 3
2—Plante charnue.
C. pistillaris. Plein, en massue ou en pilon, jaune ou brun. Se fend par le sommet. Sept., oct. AR.
—Plante coriace.
C. ophioglossoides. 0,03-0,05. Glabre, sec, noir, en forme de langue qqf. fendue au sommet, souv[t] contournée, à base blanche, velue. Aut. Bois. AR.
3—Substance dure, coriace. (Voir le genre **Sphæria**, p. 258.)
—Subst. molle, flexible. . 4
4—Pl. blanche ou jaune . . 5
—Pl. violette.
C. amethystea. 0,04-0,05. Glabre, fragile, div. en branches. Août, sept. Bois, bruyères. AR.
5—Rameaux inégaux.
C. coralloides (Menottes, Cheveline). 0,08-0,11. Tronc épais, se div., comme le corail, en un grand

344 (suite).

nombre de ram. cylindr., ondulés. Odeur et saveur agréables. Aut. Bois. AC. (Comest.)

—Ram. atteignant tous la même hauteur.

C. fastigiata. 0,04-0,05. Tronc épais, à ram. droits bifurq. au sommet, jaune. Aut. Terrains herbeux, chemins. AR.

19—Fructifications sur la surface entière de la plante.

Tremella. (14 esp.).

T. mesenteriformis. Substance cartilagineuse, div. en lobes minces plissés, blanchâtre ou fauve. Groupé. Aut. Sur le bois mort. AC.

—Fructificat. sur un chapeau en disque ou en cupule. . 20

—Fructifications sur un chap. à lobes irrég. rabattus.

Helvella. Pl. fragiles, demi-transparentes, ord[t] pédonculées. Chap. lisse, sans veines, ni aréoles, presq. toujours irrég[t] plissé. (8 esp.)

1—Chap. marqué en dessous de nervures proéminentes.

(Voir le genre **Merulius,** n° 9).

—Non. 2

2—Pied cannelé ou lacuneux.

H. mitra. Pied 0,02-0,10. Chap. 0,04-0,08, blanc, fauve ou brun, recourbé en mître; chair blanc-de-lait. Aut. Taillis hum. AC. (Comest.)

—Pied lisse et uni.

H. elastica. Pied 0,03-0,06, grêle, élastique. Chap. 0,03-0,05, mince, ord[t] 2-3-lobé, blanc ou cendré. Sept., oct. AC.

20.**Peziza.** Récept. fructif. en coupe ou hémisph., d'abord fermé, glabre. Thèques ampl., fixes. (110 esp.).

1—Pl. coriace en coupe rég.

(Voir le genre **Cyathus** n° 21.)

—Pl. gélatineuse 2

—Pl. charnue ou cireuse. . 3

2—Surface supér. d'un noir de charbon.

P. nigra. Sess., en cône tronq. renversé; peut atteindre 0,05 de diamètre. Bois mort et coupé. CC.

—Non.

P. auricula (Oreille de Juda). Cupule mince, transparente, plissée, sin., larg[t] échancr., brun rouge, toment. en dessous. Hiver.

3—Pl. croissant sur la terre. 4

—Sur le bois, les écorces ou les fr. morts ou vivants. 8

4—Pl. rouge-orangé 5

—Pl. blanchâtre, jaunâtre, fauve ou brune. 7

5—Pl. charnue, orbic. . . . 6

—Pl. cireuse, à bords irrég., ondulés.

P. coccinea. Cupule variable, de 0,01-0,05, sess., orangée en dedans, jaune en dehors, souv[t] div. en 2 lob. roulés. Sept. Pelouses, chemins. AR. Sceaux.

6.*P. scutellata.* Sess., rouge en dedans, pâle et hériss. de poils noirs en dehors. Mai, juin. Vieilles souches, sur la terre. AC.

7—Pl. sess., en forme d'oreille à lobes en spirale.

P. cochleata. Cupule de 0,04-0,06, cireuse, comme transparente, figurant une coquille de limaçon, souv[t] trouée au milieu. Groupé par 5-6. Août, sept. Bois, jardins. AC.

—Pl. pédonculée.

P. acetabulum. Cupule de 0,04-0,06, cireuse, à veines épaisses,

344 (suite).

rameuses extér[t]. C.

8—Coupe ou disque sess. . 6

—Coupe ou disque pédonc. 9

9—Plante brune.

P. echinophila. Pied égal au diamètre de la cupule. Cupule de 0,01, en entonnoir. Croît dans l'enveloppe épin. de la châtaigne. C.

—Pl. blanche, grise ou brune.

P. clandestina. Cupule de 0,003-0,007, pédic., ent., vel. extér[t], à disque pâle. Print. Se trouve sous les feuil. mortes, attaché aux branches tombées. CC.

21. **Cyathus** (Nidulaire). Petites coupes à orifice d'abord voilé par une membrane, remplies d'un suc volatile et contenant 3-15 caps. fructif. en forme de lentilles. (6 esp.)

C. striatus [Peziza lentifera L]. Brun, laineux extér[t], str. en dedans. Groupé sur la terre et le bois pourri. AR.

22—Plusieurs Champignons sur une membrane commune. 28

—Non 23

23—Réseau mou et irrég., entourant une pulpe qui se change en poussière. 27

—Membrane plus ou moins consistante, enveloppant une pulpe qui se change en poussière. 24

24—Membrane simple 25

—Membrane double. Pl. sphér.. sans pied.

Geastrum. La membrane extér. se fend au sommet en rayons se roulant en dessous et supportant la membrane intér., qui est globul., percée au sommet d'un trou et formant récept. à une poussière brune (spores). (5 esp.)

G. hygrometricum [Lycoperdon stellatum L]. Roussâtre. Enveloppe extér. à 6-8 rayons, et atteignant jusqu'à 0,07, quand elle est étal. Bois sabl., sur la terre. AR.

25—Récept. sur un pied cylindr., et s'ouvrant au sommet par un orifice cartilagineux.

Tulostoma. (1 esp.)

T. brumale [Lycoperdon pedunculatum L]. Pied 0,03, creux. Pl. blanchâtre. Mars, avr. Lieux sabl., vieux murs. AR.

—Récept. sess., ou en toupie, s'ouvrant irrég[t]. . . . 26

26—Récept. rempli, dans la jeunesse, d'une chair ferme.

Lycoperdon (Vesseloup). Globul. ou en toupie. Chair se changeant en une poussière (spores), entremêlée de filaments, s'échappant par un trou au sommet du récept. Croîssent sur la terre. (Suspects). (9 esp.)

1—Collet de la racine prof[t] plissé.

L. verrucosum. Ne dépasse pas 0,10. Surface souv[t] garnie de verrues, jaune-brun. Aut. Prés, bois. C.

—Non. 2

2—Pl. croissant sur le bois. (Voir le genre **Lycogala,** même numéro).
—Sur la terre. 3
3—Récept. globul. Rac. très-courte et très-grêle. 4
—Récept. plus ou moins allongé en toupie ou en pédoncule. . . 5
4—Diamètre ne dépassant pas 0,04 6
—Diamètre de 0,15-0,25.
L. giganteum. Lisse ou légèr[t] pelucheux, du blanc au roux. R. Chaville.
5—Diamètre de 0,06-0,08. Rac. peu développée 6
—Diamètre de 0,10-0,15. Large touffe de fibres radicales.
L. cœlatum. Pied 0,05-0,10. Récept. à écail. larg., disposées en marqueterie, du blanc au brun. Sept., oct. Pelouses, taillis. AC.
6. *L. Proteus*. Polymorphe, arrondi, en toupie ou pédonc., du blanc au brun, lisse ou peluché, qqf. muni de pointes courtes. Prés, collines herb. AC.

—Récept. rempli, dans la jeunesse, d'une pulpe liquide.

Lycogala. (3 esp.)

L. miniata. 0,003-0,010. Sess., presq. sphér., d'abord rouge, puis brun. Poussière rose. Groupé. Aut. Troncs pourris. AC.

27—Étuis fructif. coriaces, cachés sous la pulpe.

Spumaria. Apparence d'écume venant sur les plantes. (1 esp.)

S. alba. Prend de la consistance et montre des récept. agglomérés; souv[t] pendant. Aut. Sur les feuil., les tiges, les ram. tombés, les Mousses. AR. St-Cloud.

—Point d'étuis coriaces sous la pulpe.

Reticularia. (8 esp.)

28—Récept. n'ayant qu'une enveloppe 29
—Récept. entouré d'une double enveloppe.

Diderma. (2 esp.)

29—Récept. traversé par un axe prolongeant le pied.

Stremonites. (3 esp.)

—Récept sess., ou porté sur un pédicule qui ne se prolonge pas en axe.

Trichia. (18 esp.)

345. **URÉDINÉES.** Pl. se développant sous ou sur l'épiderme des végétaux, qui leur forme souvent une sorte de réceptacle.

D'après Mérat, 25 genres, comprenant 194 esp. Genres principaux : **Uredo, Æcidium, Puccinia, Ægerita.**

346. **MUCÉDINÉES.** Filaments simpl. ou ram., venant

16

sur les substances végétales mortes ou putréfiées. Spores à l'extér. des filaments.

D'après Mérat, 43 genres, comprenant 148 esp. Genres principaux : **Mucor**, **Erineum**, **Sporotricum**, **Botrytis**, **Oidium**, **Byssus**.

347. ALGUES. Pl. d'eau ou de lieux hum., qqf. flottantes. Formes très-diverses, depuis la simple vésicule jusqu'aux filaments isolés, pelotonnés, allongés en tige (Conferves), ou aux membranes aplaties en lame (Ulves).

D'après Mérat, 18 genres, comprenant 82 esp. Genres principaux : **Conferva**, **Vaucheria**, **Nostoc**, **Ulva**.

FIN

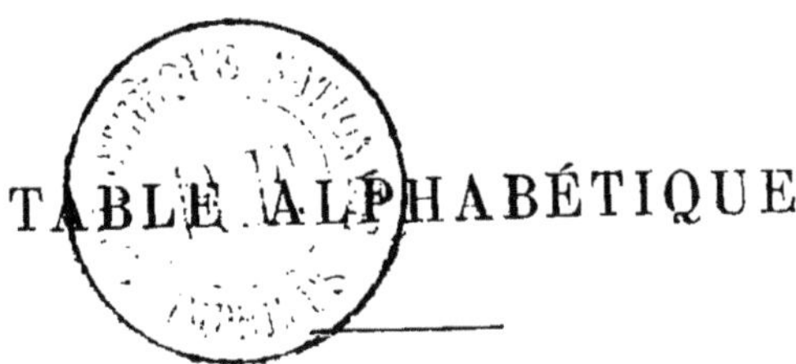

TABLE ALPHABÉTIQUE

Les noms d'ordre sont écrits . . . . en CAPITALE.
Les noms latins de genre adoptés dans l'ouvrage, en **normande**.
Les noms latins d'espèce adoptés dans l'ouvrage, en *italique*.
Les noms synonymes latins et les noms vulgaires français (de genre ou d'espèce). . . . . en romain.

Nous rappelons ici que les noms de genre et d'espèce admis dans l'ouvrage sont, à de rares exceptions près, ceux de Linné, de MM. Grenier et Godron, ou de MM. Cosson et Germain.

D

M

P

S

PARIS — IMP. VICTOR GOUPY, RUE GARANCIÈRE, 5.

A LA MÊME LIBRAIRIE

[illegible] (Paul), professeur agrégé à la Faculté de [illegible] Paris, chirurgien des hôpitaux, etc. **Etudes sur [illegible] ressuscitants.** Paris, 1860. In-8 avec figures [illegible]

BRUC (de). Formulaire médical des familles. 1 vol. in-12 de 600 pages. . . . . [illegible]

CHEVALIER (Arthur). **L'étudiant micrographe.** Traité théorique et pratique du microscope et des préparations [illegible] orné de planches représentant 300 infusoires et de [illegible] dans le texte. 2ᵉ édition, augmentée des applications [illegible] de l'anatomie, de la botanique et de l'histologie, par MM. [illegible] de Brebisson, Henri van Heurck et G. [illegible] 1 vol. [illegible] de 563 pages. Paris, 1865. . . . . [illegible]

DUMONT (de Monteux), ancien médecin de [illegible] Mont Saint-Michel, etc. **Testament médical [illegible] et littéraire,** ouvrage destiné non seulement aux médecins [illegible] aux hommes de lettres, mais encore à toutes les personnes [illegible] rées qui souffrent d'une manière occulte, publiée par une commission composée de MM. Davaine, président, docteurs [illegible] Bourguignon, Cabanellas, Cerise, Foissac, [illegible] baron Larrey, docteur Amédée Latour et docteur Moreau [illegible] Tours). 1 beau vol. in-8 de 636 pages. Paris, 1865. . . . [illegible]

FOURNIÉ (Édouard), docteur en médecine. **Physiologie de la voix et de la parole.** 1 fort vol. in-8 avec figures dans le texte. Paris, 1866 . . . . [illegible]

Histoire d'un atome de carbone depuis l'origine des temps jusqu'à ce jour. 1 vol. in-12 de 102 pag. Paris, 1864. [illegible]

NYSTROM. Du pied et de la forme hygiénique des chaussures. In-8, avec figures dans le texte. . . . . 1 fr. [illegible]

REVEIL, professeur agrégé à la Faculté de médecine et à l'École supérieure de pharmacie de Paris, etc. **Recherches de physiologie végétale. De l'action des poisons sur les plantes.** 1 vol. in-8 de 180 pages. Paris, 1865. . . . . 2 fr. [illegible]

VAN HEURCK, professeur de botanique, etc. **Le microscope,** sa construction, son maniement et son application aux études d'anatomie végétale. 1 vol. in-12 de 108 pages avec 35 figures dans le texte. Paris, 1865. . . . . 3 [illegible]

PARIS. — IMP. VICTOR GOUPY, RUE GARANCIÈRE, 5.

www.ingramcontent.com/pod-product-compliance
Ingram Content Group UK Ltd.
Pitfield, Milton Keynes, MK11 3LW, UK
UKHW020432200726
13857UKWH00002B/391